非金属元素同素异形体综论

General Discussion on Allotropes of Nonmetallic Elements

高胜利　主　编

周春生　曹宝月　副主编

科 学 出 版 社

北 京

内 容 简 介

本书为基础无机化学教学的辅助用书，其宗旨是以利于促进学生科学素养发展为出发点，突出创新思维和科学研究方法，以教师好使用、学生好自学为努力方向，以提高教学质量、促进人才培养为目标。全书共 11 章，第 0 章绪论包括“元素同素异形体之新定义”和“元素同素异形体研究发展之原因”两节，其余 10 章分述非金属元素氢、硼、碳、硅、氮、磷、砷、氧、硫和硒的同素异形体研究发展状况，包括它们的分类、组成、性质、结构、制备和应用。撰写中力图体现内容紧跟科学前沿发展，突出文献使用，图文并茂，章末附有学习思考题。

本书可供高等院校化学、化工、材料及相关专业师生，中学化学教师以及从事化学相关研究的科研人员和技术人员参考使用。

图书在版编目（CIP）数据

非金属元素同素异形体综论/高胜利主编. —北京：科学出版社，2023.2

ISBN 978-7-03-073675-8

Ⅰ. ①非…　Ⅱ. ①高…　Ⅲ. ①非金属元素　Ⅳ. ①O613

中国版本图书馆 CIP 数据核字（2022）第 203584 号

责任编辑：杨　震　杨新政 / 责任校对：杜子昂
责任印制：吴兆东 / 封面设计：东方人华

科 学 出 版 社 出版
北京东黄城根北街 16 号
邮政编码：100717
http://www.sciencep.com

北京九州迅驰传媒文化有限公司 印刷
科学出版社发行　各地新华书店经销

*

2023 年 2 月第　一　版　开本：720 × 1000　1/16
2023 年 2 月第一次印刷　印张：23 3/4
字数：478 000

定价：160.00 元

（如有印装质量问题，我社负责调换）

序

高胜利教授等撰写的《非金属元素同素异形体综论》通过对非金属元素的各种结构与形态的描述，丰富和扩展了已有无机化学教材和教学参考书中有关非金属元素单质的内容，让读者有机会学习和了解无机化学发展的前沿与进展。该书特别地介绍了非金属元素单质的原子团簇和纳米材料。我个人认为，原子团簇是具有确定结构和组成的分子，原子团簇的发现和研究展示了种种新颖的结构，极大地丰富了结构化学的认知。各种非金属元素的纳米晶体实际上是其大块原子晶体在纳米尺度上的分割，虽然基本结构没有变化，但是具有更为丰富的形貌，而且由于更高的化学活性和量子效应等特殊性能，得到高度的关注。书中对这些新的结构和形态都分类进行详述，大大丰富了读者对非金属元素单质的认识，不仅可供教学参考，对于相关专业的研究人员也具有一定的参考价值。

在我国的化学分类中，无机化学的学科分类一直偏窄，影响了无机化学学科的发展。在本科教学中，各高校开设的无机化学的基础课程及所教授的无机化学基础知识也相应偏少。尽管“无机化学”课程是一年的课程，但是“无机化学（上）”（又称普通化学、化学概论等）所教授的内容主要是物理化学（包括结构化学）及分析化学的基础知识，为了实现与中学学习的化学知识的衔接。“无机化学（下）”（又称元素化学）才实际教授无机化学的专业知识，在各院校大都为 3 个学分，内容仅限于各种化学元素的介绍（包括配位化学的一些基础知识），这些内容显然不足以涵盖化学类专业学生所必须掌握的无机化学相关知识。近二十多年来，我国纳米化学和配位化学的发展，带动了无机化学学科的快速发展，大多数高校所教授的无机化学专业知识与学科发展的差距更显突出。

教育部高等学校化学类专业教学指导委员会曾按教育部要求制定了《高等学校化学类专业指导性专业规范》（简称《专业规范》）（高等教育出版社出版），在附件中以知识点的形式明列了所有化学类专业必须教授的化学专业知识；其后，在由教育部颁发的《普通高等学校本科专业类教学质量国家标准》（简称《教学质量标准》）中，简明地列出了这些知识点。必须强调的是，无论是《教学质量标准》或是《专业规范》，都是所有化学类专业的最低标准。但是据我了解，其中的一些知识点并没有在许多高校的本科生必修课程中教授。另一方面，教学指导委员会为了对新教材的内容编写更具指导性，细化和丰富了化学类专业教学内容的知识点，力求反映化学学科发展的前沿，已经以“建议”的形式在《大学化学》上发表[①]。《非金属元素同素异形体综论》一书体现了教学指导委员会的要求和意图。

高胜利教授是化学教学界的前辈。多年来，他立足于丰厚的教学与科研经验积累及对学科发展前沿的跟踪，笔耕不辍，撰写了多部（套）教材和教学参考书，在化学教学界产生了重要影响。他及他主持编写的教材无论在内容还是形式上都注重改革与创新，将科研进展与教学实践紧密结合起来，弥补了化学教材相关方面的空白。我们应当以高老师为楷模，为我国化学学科的发展辛勤耕耘。

中国科学院院士 郑兰荪

教育部高等学校化学类教学指导委员会主任

2022 年 8 月 12 日

① 2013—2017 年教育部高等学校化学类专业教学指导委员会. 化学类专业化学理论教学建议内容. 大学化学，2016，31（11）：11-18.

编 者 的 话

石墨烯引起的思考

2004 年，英国曼彻斯特大学的两位科学家安德烈 • 海姆（Andre Geim，1958 年～）和康斯坦丁 • 诺沃肖洛夫（Konstantin Novoselov，1974 年～，图 1）发现能用一种非常简单的方法得到越来越薄的石墨薄片[1]。即从高定向热解石墨中剥离出石墨片，然后将薄片的两面粘在一种特殊的胶带上，撕开胶带，就能把石墨片一分为二。不断重复该操作，于是薄片越来越薄，最后，他们得到了仅由一层碳原子构成的薄片，这就是石墨烯（graphene，图 2）。

图 1　海姆（左）和诺沃肖洛夫（右）

图 2　单层石墨烯

在发现石墨烯以前，大多数物理学家认为，热力学涨落不允许任何二维晶体在有限温度下存在。虽然理论和实验界都认为完美的二维结构无法在非绝对零度稳定存在，但是单层石墨烯在实验中被制出来！所以，它的发现立即震撼了凝聚态物理学学术界。很快，人们发现石墨烯材料有许多特殊的性质：理论比表面积高达 $2.6\times10^3\ m^2/g$[2]，优异的导热性能 $3\times10^3\ W/(m\cdot K)$，力学性能 $1.06\times10^3\ GPa$[3]，杨氏模量为 1.0 TPa[4]；在已知的材料中，石墨烯具有最高的强度 130 GPa，是钢的 100 多倍[4]；施加 55 N 的压力才能使 1 μm 长的石墨烯断裂（参见图 3）；具有优良的导电性，室温下的电子迁移率高达 $1.5\times10^4\ cm^2/(V\cdot s)$[5]，比商用硅片的最大迁移率高 10 倍；具有很高的光透射率（可达 97.7%[6]）等。特别是 2009 年，海姆和诺沃肖洛夫在单层和双层石墨

图 3　用石墨烯制成的包装袋

烯体系中分别发现了整数量子霍尔效应[7]及常温条件下的量子霍尔效应[8]，他们也因此共同获得 2010 年诺贝尔物理学奖！一石激起千层浪，这被称为“黑金”的材料研究，霎时就成为各国科学前沿领域中的研究热点。

至今，石墨烯的研究与应用开发持续升温，石墨和石墨烯有关的材料广泛应用在电池电极材料、半导体器件、透明显示屏、传感器、电容器、晶体管等方面。鉴于石墨烯材料优异的性能及其潜在的应用价值，在化学、材料、物理、生物、环境、能源等众多学科领域已取得了一系列重要进展。中国在石墨烯研究上也具有独特的优势，从生产角度看，作为石墨烯生产原料的石墨，在我国储量丰富，价格低廉。正是看到了石墨烯的应用前景，国内纷纷建立石墨烯相关技术研发中心，并把这项研究推向了高潮。

基础课教师出于教学考虑，首先注意到石墨烯是一种以 sp^2 杂化连接的碳原子紧密堆积成单层二维蜂窝状晶格结构的新材料。这不光是拓宽了碳的性质，也丰富了化学键内容，更是体现了“构效关系”（structure activity relationship）。显然，在教学中及时地引入是有意义的。此后，二维结构的单质烯材料层出不穷，例如硼烯、硅烯、锗烯、锡烯、磷烯、砷烯、锑烯和铋烯（图 4），由于其新奇的特性，被广泛应用在电子器件与光电纳米器件领域，已成为新的材料宝库。

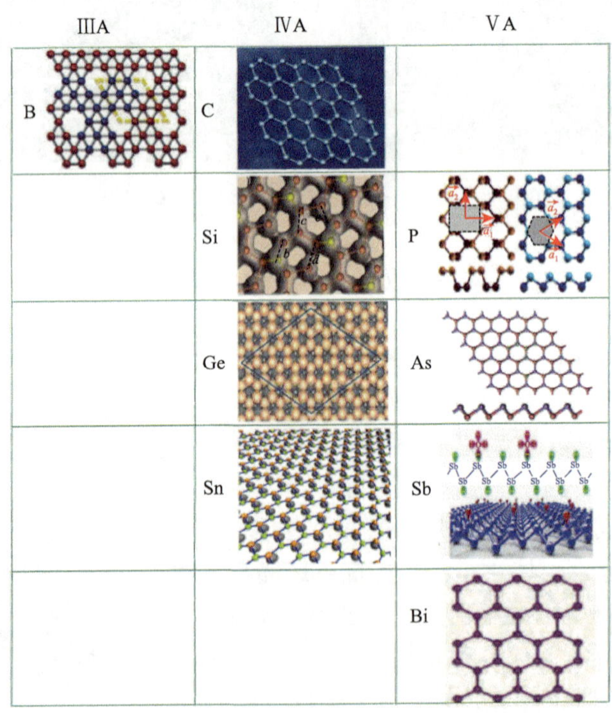

图 4　已发现的二维结构单质烯材料在周期表中的位置

再回看过往，国内外大多数基础无机化学教学参考书中对非金属单质同素异形体的介绍非常有限，例如，碳只是简单地提及石墨、金刚石和巴基球，硫只提及斜方硫、单斜硫和弹性硫，硒只提及红硒、灰硒和无定形黑硒这几种同素异形体等。凡此种种，其结构和性质并未描述。对于现今教学，不能不说是一种遗憾！从那时起，我们便有了查阅文献、整理资料，将非金属单质同素异形体知识较详细地补充进基础无机化学教学参考书中以提供参考的想法。

无机化学教学改革又到了一个新的阶段

大学本科教育的目标是培养人才，基础课教材的改革必然是首要任务。不可否认的是，近年来"质量工程"和"本科教学工程"等一系列高等教育教学改革项目，全面推动了高等教育教学改革，实现了高等教育教学跨越式发展[9-11]。其中，精品课程建设、国家级精品资源共享课建设和在线开放课程建设等项目都对教材建设提出了更高的要求。目前的大学无机化学教材与 20 世纪 80 年代的教材相比，已经注意紧跟时代和科技发展潮流，为教材配套了光盘、网站，使教材立体化，有些教材做到了极致，多次获奖。但也存在着"作为知识主要载体的纸质教材编写风格依旧，教材从知识体系、内容结构到栏目设置几乎都没有太大变化"，没有突破性进展，并未反映出中华民族的特色。对此，我们需要深入探索和思考。

自从 2018 年教育部高等教育司吴岩司长在第十一届"中国大学教学论坛"上，作了题为"建设中国金课"的报告[12]后，全国高校都在努力实现教学的"高阶性、创新性和挑战度"实践。这已成为国家级一流课程建设的总体要求。2021 年吴岩司长在全国教务处长会议上又明确指出："教材是人才培养的主要剧本"，只有"把最新研究成果引入教学内容"才能做到"知识-能力-素质有机融合"。无机化学教学改革又到了一个新的阶段。

看看我们教学面临的窘境：即便不是水课，学生上课也不起劲？普遍是听课兴趣不高，认为不好好听课光看书考试也能及格！张树永等[13]认为：一定程度上说，在目前的本科教学中，激发学生的求知欲、好奇心和学习兴趣是首要的。我们认为，原因重在教材和课程设计：①教学理念不先进，体现知识的"深、厚、实"不足；②知识条块僵硬、内容陈旧，未将学术研究、科技发展前沿成果、课程思政理念等引入课程；③教学和科研关系不清，教学目的不明。总之，反映前沿性和时代性不够，学生才没有学习兴趣。

怀特海

英国数学家、哲学家、教育家怀特海（A. N. Whitchead，1861～1947 年）在《教育的目的》里说："大学存在的理由

钱伟长

是：它使青年和老年人融为一体，对学术进行充满想象力的探索，从而在知识和追求的热情之间架起桥梁。”[14]中国近代力学之父，世界著名的科学家、教育家，上海大学前校长、已故中国科学院资深院士钱伟长教授说：“教学没有科研作为底蕴，就是一种没有观点的教学，没有灵魂的教育。”[15]

如此说来，可以这样理解吴岩司长 2021 年的报告：教材和课程设计要体现教学与科研的结合，展示学科前沿，凸显最新的理论观点、科研成果、前沿进展及实践成果等，体现“知识-能力-素质有机融合”，起到激发学生洞察新发展，体会科研乐趣的作用，利于培养学生自我获取知识、更新知识、开发独立创新的能力。

这就是无机化学教学改革新精神给我们的启示，坚定了我们查阅文献、整理资料，将非金属单质同素异形体较详细地补充进基础无机化学教学中提供参考的信念。

如何圆梦是一个新的探索

基于上述观念，我们实行了“通过基础课改革培养学生科研意识”[16]的尝试，进行了 10 种典型的非金属元素（H、B、C、Si、N、P、As、O、S、Se）形成的各种同素异形体的存在、组成以及结构、制备和性质差异的文献检索、分析、综合整理并加以阐述引入教学，全程引入最新理论、最新研究成果、最新前沿和实践成果；全程贯穿哲学思想和批判性思维应用、科学研究方法建立；全程展现科学史给我们的智慧、宣扬科学家的献身精神、赞扬中国科学家对世界科学进展的巨大贡献以提高课程思政质量，促使学生科学素质、道德素质增长，树立社会主义的世界观、价值观、人生观，把“知识-能力-素质”三融合落在实处。

目前该研究结果已以论文形式得以发表[17-26]。本书的编写即是以此为基础。试图使学生在获得基础知识的同时，能学到些许科学的思想方法、学习方法和科学研究方法。

不言而喻，探索过程对教师也是一个知识消化和吸收的过程，也是一个提高和历练的过程，更是一个把观念演变为理念、观点和方法而能圆梦的过程。也许，这些就是本书的特点。

傅鹰

（1）突出科学研究方法。我国著名教育家、化学家傅鹰（1902～1979 年）教授曾经多次指出：“一门科学的历史是这门科学中最宝贵的一部分，因为科学只能给我们知识，而历史却能给我们智慧”。所以，本书撰写过程中非常注重非金属元素同素异形体的历史和发展的文献查阅。一是为了获得全面的资料，尊重历史，便于分析撰写；二是为了保证事件的原汁原味，让学生能从中体会到科学家的原始想法、做法，即科学思维、哲学思想、科学方法，获得灵感，起到激发学生洞察新发展，体会科学研究乐趣的作用，利于培养学生自我获取知识、更新知识、开发独立创新能力，能够在今后的研究中从“老师给的一碗水”转移到让学生“会去找水”的高级学习境界；第三，显然学习科学家特别是中国科学家为科学事业献身的精神一定会使学生深受感染，终生难忘。

（2）注重理论与实践的结合。一种新材料的宏观性质及应用前景与其微观原子结构密切相关。得益于超级计算机计算能力的飞速提升以及第一性原理计算方法的发展，人们现在可以通过计算模拟来研发设计新材料。即只需要给定凝聚态物质内部的原子比例，人们就可以通过大规模的第一性原理模拟计算，分析出这种新材料可能的微观结构，获得其电子结构性质，进而评估其潜在的应用价值以及设计可能的合成路径。计算化学的发展同样为元素同素异形体的深入研究和创新探索提供了重要的理论支撑[27]。因此，我们在撰写本书的过程中，也列入了可能现今尚未制备得到的那些理论计算潜在存在的非金属元素同素异形体。读者会看到丰富的实例，有时会看到理论计算与实验是那样的吻合，甚至会表现出惊讶！

一个有趣的事件是：2014 年 Wen 等[28]采用高温高压方法，以碱金属钠和硅为原料合成了 Na_4Si_{24}，然后除去其中的钠原子，制备了一种带隙约为 1.3 eV 的隧道型准直接带隙硅同素异形体 Si_{24}；2018 年 Sung 等[29]理论预测了超导 $P6/m$-Si_6 结构，设计的合成路径也是通过除去对应理论预测的 $P6/m$-$NaSi_6$ 结构中的钠原子制备新型的超导硅结构 $P6/m$-Si_6。孙磊等[27]受此启发，效仿 Si_{24} 的合成方法，先合成对应的金属硅化物 $LiSi_{12}$，再除去其中的金属 Li 原子，得到了一种新型金属性硅的同素异形体 hP12-Si。该结构具有金属导电性，并且可以在常压下以亚稳相形式存在。新的制备方法增加了获得新型硅材料的技术手段，使发掘新型硅材料的可能性大幅增加。难怪计算化学被人们称为“探索化学世界的罗盘”！

科恩

波普

与时俱进，学科交叉，充分合理利用计算化学有时可能是解决棘手问题的钥匙。1998 年诺贝尔化学奖授予了科恩（W. Kohn，1923～2016 年）和波普（J. Pople，1925～2004 年），他们分别发展了密度泛函理论以及将这种量子力学计算方法融入到计算化学中[30, 31]。经过多年的发展，今天，量子化学已经闯入化学学科的主流。正如波普教授在获奖感言中谈到的：今天，化学学科正在经历着一场革命的阵痛，他正在从实验科学向数学科学拓展。

徐光宪

（3）学以致用。撰写教科书也是为了提高自己，更是为了应用。徐光宪院士[32]认为一本好的教材要能经得起时间的考验，秘诀只有一条，就是“千方百计为读者着想”。要做到：①掌握本课程的基础知识，了解本学科的最新成就和发展趋势。②在读完这本书和做完每章的习题后，在潜移默化中学到了科学的思想方法、学习方法和研究方法，用学到的知识能够分析和解决遇到的问题。③要易学、易懂、易教。朱清时院士[33]认为最好的基础课教材应该要尽量保持系统性，即尽量保证系统、清晰、易懂。清晰、易懂就是自学的人拿来读都能够引人入胜。为此，本书撰写过程中非常重视如何适于元素化学教学的要求。增加第 0 章“绪论”，包括“元素同素异形体之新定义”和“元素同素异形体研究发展之原因”两节，避免分述再重复；每章增加“某元素的一般介绍”，包括一般性质、在自然界的存在、发现和命名、成键特点，便于相关内容理解、关联；内容叙述基本按分类、结构、制备和性质次序进行；撰写了一定量的思考题，便于学生运用课文和文献展开思考；图文并茂，便于教师授课使用；文献明晰，便于使用者查询；每章最后增加了“教学提示”，力求突出内容与教学的结合点。

朱清时

本书由西北大学高胜利（策划、撰写第 0 章并统稿）和杨奇（撰写第 3 章），商洛学院周春生（撰写第 1、2 章）、曹宝月（撰写第 6、9 章）和乔成芳（撰写第 4、8 章），陕西师范大学魏灵灵（撰写第 5 章）、马艺（撰写第 7 章）和顾泉（撰写第 10 章）撰写。

本书由周春生在商洛学院教材研究立项（商教函〔2017〕55 号）并获得“特支计划”资助（中共陕西省委组织部：陕组通字〔2020〕44 号）。

书中引用了较多书籍、研究论文的成果，在此对所有作者一并表示诚挚的感谢。

总之，这是一次探索。虽然只牵扯到元素化学的一小部分，然仍恳望能够得到使用者的欢迎和反馈，使我们能够不断吸取意见和建议，结合学科发展和教学实践，不断修改完善，成为一部大家喜欢的好书。

高胜利

2022 年春于西北大学长安校区

参 考 文 献

[1] Novoselov K S，Geim A K，Morozov S V，et al. Science，2004，306（5696）：666-669

[2] Chae H K，Siberio-Pérez D Y，Kim J，et al. Nature，2004，427（6974）：523-527

[3] Schadler L S，Giannaris S C，Ajayan P M. Appl Phys Lett，1998，73（26）：3842-3844

[4] Lee C，Wei X D，Kysar J W，et al. Science，2008，321（5887）：385-388

[5] Zhang Y B，Tan Y W，Stormer H L，et al. Nature，2005，438（7065）：201-204

[6] Zhu Y，Murali S，Cai W，et al. Adv Mater，2010，22（35）：3906-3924

[7] Novoselov K S，Jiang Z，Zhang Y，et al. Science，2007，315（5817）：1379-1380

[8] Novoselov K S，Geim A K，Morozov S V，et al. Nature，2005，438（7065）：197-200

[9] 李颖，鲍浩波. 化学教育，2019，40（16）：10-15

[10] 鲍浩波. 化学教育，2015，36（24）：12-17

[11] 鲍浩波. 化学教育，2018，4：12-16

[12] 吴岩. 中国大学教学，2018，12：4-9

[13] 张树永，宋其圣. 大学化学，2005，20（4）：14-15

[14] A. N. 怀特海. 教育的目的. 徐汝舟译. 北京：生活•读书•新知三联书店，2001

[15] 钱伟长. 群言，2003，10：16-21

[16] 杨奇，陈三平，谢钢，等. 中国大学教学，2016，4：31-35

[17] 邸友莹，杨奇，周春生，等. 大学化学，2017，32（9）：21-34

[18] 杨奇，乔成芳，崔孝炜，等. 化学教育，2017，38（22）：12-31

[19] 乔成芳，崔孝炜，曹宝月，等. 化学教育，2020，41（8）：24-37

[20] 魏灵灵，李淑妮，马艺，等. 化学教育，2021，42（4）：17-20

[21] 曹宝月，崔孝炜，乔成芳，等. 化学教育，2019，40（16）：19

[22] 曹宝月，崔孝炜，乔成芳，等. 化学教育，2020，41（20）：11-16

[23] 马艺，魏灵灵，李淑妮，等. 化学教育，2021，42（8）：5-9

[24] 乔成芳，夏正强，乔佳乐，等. 化学教育，2021，42（22）：1-6

[25] 曹宝月，崔孝炜，乔成芳，等. 化学教育，2022，43（2）：19-30

[26] 顾泉，籍文娟，魏灵灵，等. 化学教育，2022，43（2）：8-26

[27] 孙磊，罗坤，刘兵，等. 高压物理学报，2019，33（2）：201-206

[28] Wen Z，Lu G，Mao S，et al. Electrochem Commun，2013，29：67-70

[29] Sung H J，Hang W H，Lee I H，et al. Phys Rev Lett，2018，120（15）：157001-157005

[30] Hohenberg P，Kohn W. Phys Rev，1964，136（3B）：864-871

[31] Kutzelnigg W H C，Longuet-Higgins P J A. Angew Chem，2004，116：2796-2799

[32] 徐光宪. 大学化学，1989，4（6）：15-17

[33] 朱清时. 中国大学教学，2006，8：4-8

目　录

第0章 绪　　论

提要　本章作为全书非金属元素单质研究进展叙述的基础，首先介绍了同素异形体概念随着科学技术的发展而发生的演变；接着简要介绍了元素同素异形体研究发展飞速的原因，包括密度泛函理论对计算化学的推进及计算化学对新型同素异形体的预测，极端条件下进行化学合成反应成为可能，非金属元素单质相图研究进展对同素异形体合成的指导。

0.1　元素同素异形体之新定义

当今化学，日新月异。随着化学理论和科学技术的发展，化学的许多概念和定义也随之发生变化，它们的内涵也从模糊逐渐走向清晰、准确，外延也在变化、扩大。例如，人们根据经典的化合价理论，向来认为稀有气体具有稳定的外层电子构型，一般不与其他元素化合，因此化合价一直被认为是 0，还给它起了个老实巴交的名字“惰性气体”。但是，1962 年 3 月 2 日下午 6 时 45 分，英国年轻的化学家巴特列（N. Bartlett，1932～2008 年）依据热力学原理设计巧妙地在室温条件下，把 Xe(g)和 PtF_6(g) 混合后，就立即反应生成一种黄色的晶体——$Xe[PtF_6]$[1]：

巴特列

$$Xe + PtF_6 \longrightarrow Xe[PtF_6] \quad (0\text{-}1)$$

Bartlett 教授成为揭开稀有气体化学新篇章的第一人。此时及稍后，有关氙的氟化物制备如雨后春笋般被报道出来。至今合成的稀有气体物质有数百种之多。显然，随着物质结构测定技术的进步、合成化学和量子化学的发展，人们认识的不断深入，改变了化学家对化学键的概念。同样，对元素同素异形体（elemental allotropy）的概念也存在与时俱进的问题。

0.1.1　元素同素异形体概念的演变

同素异形体（allotropes）的概念最早于 1841 年由瑞典科学家贝采里乌斯

（J. J. Berzelius，1779～1848 年）提出[2]。该术语出自希腊语（άλλοτροπα），意为变异性[3]。在 1860 年阿伏伽德罗（A. Avogadro，1776～1856 年）的原子学说被广为接受后，人们开始认识到元素可以多原子分子的形式存在，氧的两个同素异形体即被公认为 O_2 和 O_3[4]。1912 年，奥斯特瓦尔德（F. W. Ostwald，1853～1932 年）提出元素的同素异形现象仅是已知化合物多态现象的一个特例，并提议弃用同素异形体和同素异形现象这两个概念而用多形体（polymorph）和多形性（polymorphism）来代替[4]。尽管许多化学家遵从了这一提议，但国际纯粹与应用化学联合会（IUPAC）和大多数教科书仍支持同素异形体和同素异形现象这种说法[4-6]，现国内外主流无机化学教科书仍沿用此说法[7-19]。

贝采里乌斯

阿伏伽德罗

奥斯特瓦尔德

0.1.2 对概念的一般理解

对同素异形体的一般理解是指由同样的单一化学元素构成，但性质却不相同的单质。同素异形体之间的性质差异主要表现在物理性质上，化学性质上也有着活性的差异。例如磷的两种同素异形体红磷和白磷，它们的着火点分别是 240℃和 40℃，充分燃烧之后的产物都是 P_4O_{10}；白磷（P_4）有剧毒，可溶于 CS_2，红磷（P_n）无毒，却不溶于 CS_2。此外，磷元素还有两种同素异形体黑磷和紫磷，黑磷由白磷在 12 000 大气压下加热转化而成，其外观像石墨，2014 年被指出黑磷晶体具有石墨烯的结构，是直接带隙半导体（即导带底部和价带顶部在同一位置），有可能成为新型非线性光学材料[20]。此外，黑磷还具有独特的力学、电学和热学的各向异性。紫磷可以通过多种方法制得，其结构为与黑磷不同的层状结构。同素异形体之间在一定条件下可以相互转化，这种转化有的是一种化学变化（因为生成了新物质），例如

$$\text{C(石墨)} \longrightarrow \text{C(金刚石)} \qquad \Delta_r H_m^{\ominus} = +1.987\ \text{kJ} \cdot \text{mol}^{-1} \tag{0-2}$$

有的不是化学变化，例如：

$$\text{S(单斜)} \xrightleftharpoons{95.5℃} \text{S(斜方)} \tag{0-3}$$

一般来说，判断同素异形体间的转变是化学变化还是物理变化，与判断其他

物质间转变是相同的，可以观察生成物与反应物的化学性质是否相同，相同是物理变化，不同是化学变化；也可以观察生成物与反应物分子结构是否相同，相同是物理变化，不同是化学变化。

0.1.3 严格定义的探讨

大多数教材和手册都认为同一种元素形成同素异形体的方式有三种[21, 22]：①组成分子的原子数目不同，例如，氧气（O_2）和臭氧（O_3）；②晶格中原子的排列方式不同，例如，金刚石、石墨和 C_{60}；③晶格中分子排列的方式不同，例如，正交硫和单斜硫。

问题出在第③点，引起了极为不同的观点。例如：有人认为“同素异形体”与“多晶型体”是两个不同的化学概念[23]，并从定义的出发点、结构单元、结合方式、存在状态以及化学键参数给予了详细区别；又有人提出“各种富勒烯能否互称为同素异形体”[24]？

实际上，上述第③点指的正是“多晶型体”这一概念。无论是德国化学家米切尔利希（E. Mitscherlich，1794～1863 年）在 1822～1823 年开始使用“多晶型体”术语[25]，还是贝采里乌斯于 1841 年开始使用“同素异形体”术语[2]，都是对物质结构认识的深入。时至今日，随着科学技术的不断发展，人们对物质结构的认识更加准确，加之发现的同种元素组成的物质种类也越来越多，对术语的定义也越来越明确。我们认为，“同素异形体”包含了“多晶型体”的概念；当专门研究“同素异形体”中固体部分时，涉及更多的是分子中结构单元的空间排列，则使用“多晶型体”更好些。或者说前者的定义范围广些，后者是其中特指的一种。因此，我们建议从上述同素异形体形成方式出发，将其定义为“同一元素的不同形态的纯单质互称同素异形体”为好。这里包含着：同一种化学元素、不同形态（包括不同物态）、组成和结构（包括原子、分子、离子）确定的单质等信息。这就不会出现“单斜硫和斜方硫不是同素异形体”“富勒烯不能互称为同素异形体”等看法。这里与文献[23-25]的区别在于没有认同“同素异形体的结构单元只能是同一元素的原子”的说法。

0.1.4 同素异形体与原子电子层结构的关系

同素异形体的形成与它们对应元素原子的电子层结构是密切相关的[26]。若在原子中含有 2 个或 2 个以上的未成对电子的非金属元素，往往能形成多种同素异形体；如原子中只含有一个未成对电子的非金属元素，它们的单质一般只形成 X_2 型分子，而不存在同素异形体。如卤素（ns^2np^5）就没有同素异形体的存在。但硼

（$2s^22p^1$）例外，晶态硼可能有 16 种同素异形体存在[27-29]；至于稀有气体元素，因原子中不含未成对电子，故它们也都没有同素异形体存在。这显然与它们在形成纯单质时的成键相关。在后面的叙述中，我们会看到同一种元素的原子就是因为成键不同而有多种同素异形体，例如碳，因为 C 原子有 sp^3、sp^2、sp 等杂化方式，可以形成如三维的金刚石、二维的石墨烯、一维的碳纳米管、零维的富勒烯等结构。

0.1.5 同素异形体的稳定性判断

纯物质的热力学稳定性是重要的性质，直接影响到制备、保存和应用各个环节。根据能量判据进行判断，具有较低能量状态的纯物质形体更加稳定（图 0-1）。自然，物理化学中的能量判据形式与实际条件有关，例如吉布斯自由能变是等温等压化学变化的判据，亥姆霍兹自由能变是等温等容化学变化的判据等。在热力学中，标准摩尔生成焓（standard enthalpy of formation）可近似作为衡量标准状况下某物质能量高低的标准。同素异形体的热力学稳定性即可以依此判断[30]。例如，对于碳的同素异形体的热力学稳定性，理论和实验结果均说明[31]，无论是 C_{60} 还是 C_{70} 都具有正的标准摩尔生成焓（表 0-1，以石墨为参考态）；计算还说明不同碳原子数的富勒烯的标准摩尔生成焓，随着碳原子数的增多，富勒烯的生成焓也越来越小（图 0-2）[32]；由实验得到的碳纳米管和石墨烯没有一定的分子结构，其生成焓也不能完全确定，若将其结构类比为更多碳原子的富勒烯式结构，其生成焓仍然应当是正值[33]。直链碳炔的理论计算数据也说明其具有较大的标准摩尔生成焓[34]。

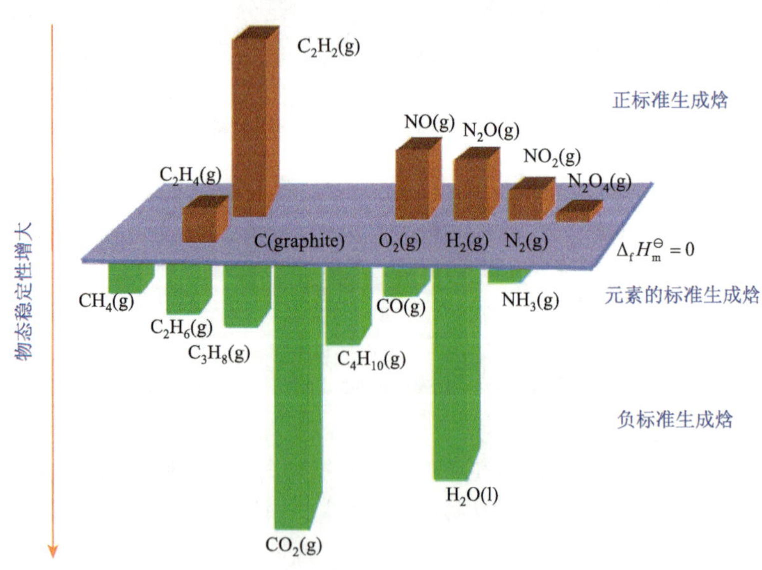

图 0-1 物质标准摩尔生成焓的形象表示

表 0-1　碳元素同素异形体在 298 K 下的标准摩尔生成焓（以碳原子为单位）

碳元素同素异形体	$\Delta_f H_m^\ominus$ (s)/(kJ·mol^{-1})	$\Delta_f H_m^\ominus$ (g)/(kJ·mol^{-1})	$\Delta_f H_m^\ominus$ /(kJ·mol^{-1})
石墨	0.0	715.99	—
金刚石	1.893	715.99	—
C_{60}	38.74	42.47	41.26
C_{70}	36.47	40.34	41.21
直链碳炔 $\lnot$C≡C$\lnot$	—	—	97.11
=C=C=	—	—	129.1

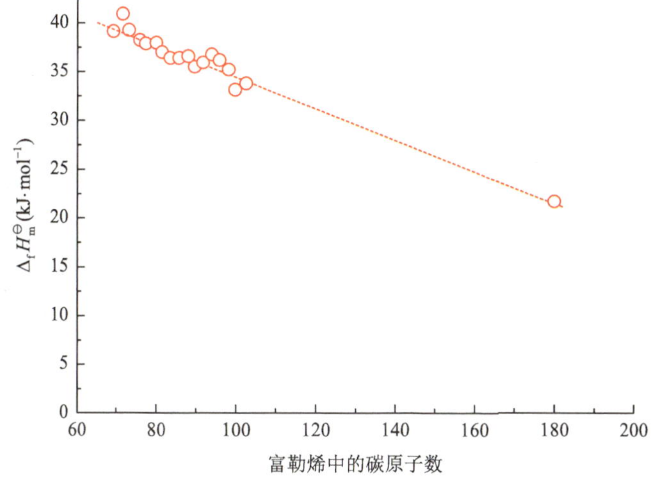

图 0-2　不同富勒烯的平均标准摩尔生成焓 $\Delta_f H_m^\ominus$（以碳原子为单位）

0.2　元素同素异形体研究发展之原因

0.2.1　背景分析

郑兰荪

非金属的同素异形体本身就是“材料的宝库”之一（图 0-3）。郑兰荪院士说过：化学的魅力主要还是能够创造新物质，认识新物质，这些物质不但非常有用，本身也非常美妙。这个诱惑使得人们不断努力进行研究。例如，一个国家工业金刚石的应用广度和深度往往标志着这个国家的工业发展水平，而人造金刚石正是由高压高温合成制得的（图 0-4）[35]。然而，人们并不满足于金刚石仅在石油开采、地质钻探、机械加工以及国防工业中的重要应用（图 0-5），而是努力研发碳的其他形式的成键，果然就发现了碳元素的众多原子轨道杂化状态。不同的杂化态及其组合造就了众多的同素异形体：金刚石是 sp^3 杂化，石墨和单层石墨烯是 sp^2 杂化，C_{60}（富勒烯）和碳纳米管是 $sp^3 + sp^2$ 杂化，石墨炔是 $sp^2 + sp$ 杂化，卡宾碳是 sp 杂化。于是乎，众多的具有显著潜在性能的碳材料就被发现和制备了，而且都是材料中的“明星”，在结构上构成了一个从三维、二维、一维到零维的完整系列。它们的性质可从最硬到极软，从绝缘体、半导体到导体甚至超导体，从绝热到良导热体等。对它们的研究不仅丰富了碳的化学，而且具有诱人的应用前景，无一不受到国际化学及材料科学界关注，无时不掀起跟进热潮。

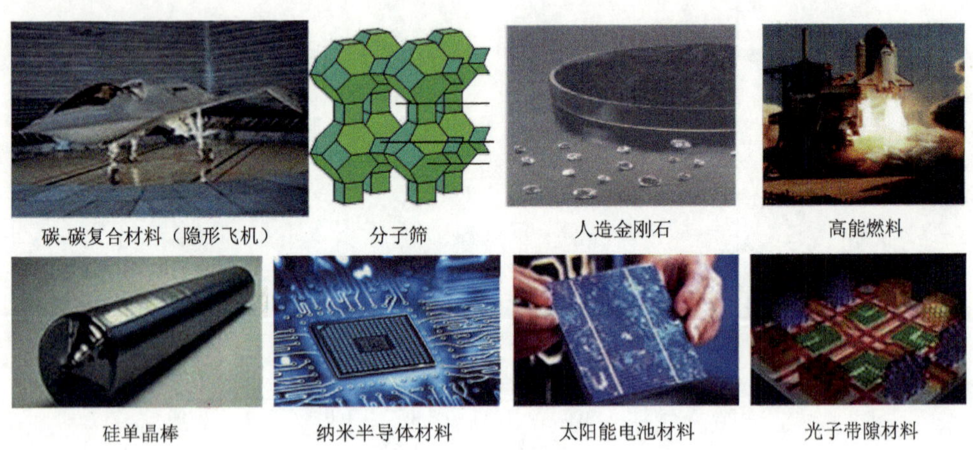

图 0-3　一些非金属材料

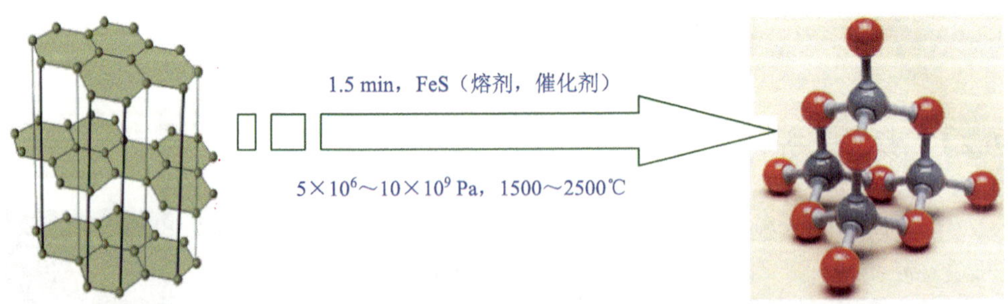

图 0-4　由石墨转变成金刚石的相变反应

图0-5 人造金刚石的重要应用

0.2.2 元素同素异形体快速研究发展之条件

同素异形体由于结构不同，物理性质与化学性质上也有差异，常用于晶体材料。进入新世纪，非金属化学不但是无机化学中元素化学的重要内容，其中非金属同素异形体又成为新型功能材料的宝库之一。元素同素异形体虽然只是元素化学中的一个小概念，但它融合了合成化学、结构化学、计算化学、相化学、材料化学等学科之精华，体现了交叉学科之特点，解析它们快速研究发展之条件，有助于学生科研思维的成长，有助于触类旁通哲学思想在研究中的应用。

0.2.2.1 计算化学是同素异形体预测的利剑

1. 计算化学概念

理论化学（theoretical chemistry）是运用非实验的推算来解释或预测化合物各种现象的方法，泛指采用数学方法来表述化学问题，而计算化学（computational chemistry）作为理论化学的一个分支，常特指那些可以用计算机程序实现的数学方法。计算化学并不追求完美无缺或者分毫不差，因为只有很少的化学体系可以进行精确计算。不过，几乎所有种类的化学问题都可以并且已经采用近似的算法来表述。理论上讲，对任何分子都可以采用相当精确的理论方法进行计算。很多计算软件中也已经包括了这些精确的方法，但由于这些方法的计算量随电子数的增加呈指数或更快的速度增长，所以它们只能应用于很小的分子。对于更大的体系，往往需要采取其他一些更大程度近似的方法，以在计算量和结果的精确度之间寻求平衡（图0-6）。

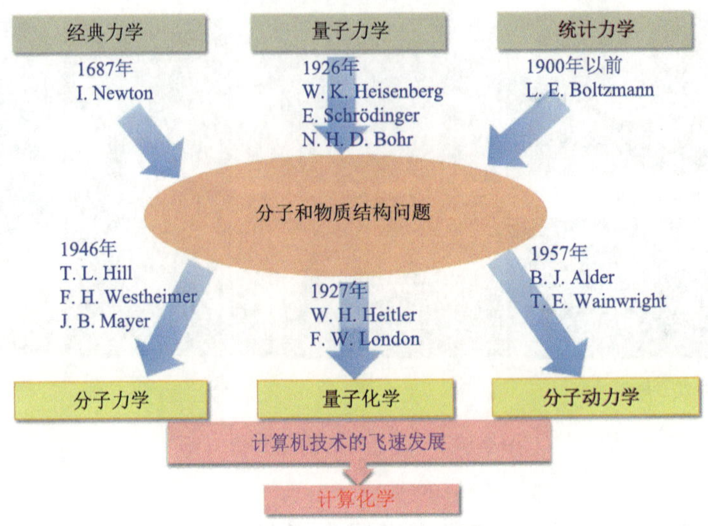

图 0-6　计算化学概念简图

1990 年，密度泛函理论（density functional theory，DFT）的提出[36]将理论和计算化学带到了一个新纪元。和以往的方法相比，密度泛函理论解决了以往的分子模型中电子交换和相关作用的近似，由其得出的分子几何结构和电子结构的预测与实验数据吻合得非常好。前面讲了，两位科学家科恩和波普因为分别发展了密度泛函理论以及将这种量子力学计算方法融入到计算化学中而获得了 1998 年的诺贝尔化学奖。按照密度泛函理论，粒子的哈密顿（Hamilton）量由局域的电子密度决定，由此导出局域密度近似方法，这是计算固体结构和电子性质的主要方法，将基于该方法的自洽计算称为第一性原理（first principle）方法。

现在，计算化学已在“发展多尺度模型研究复杂化学体系”中做出巨大贡献。2013 年，诺贝尔化学奖授予了为此做出巨大贡献的三位美国科学家卡普拉斯（M. Karplus）、莱维特（M. Levitt）和瓦谢尔（A. Warshel）。

卡普拉斯

莱维特

瓦谢尔

2. 计算化学对非金属元素同素异形体的预测

计算化学的发展同样为非元素同素异形体的深入研究和创新探索提供了重

要的理论支撑[24]。使用计算模拟设计新材料的关键一环是如何依据元素组分（即原子比例）来确定原子的微观堆垛方式（stacking mode），这一过程称作结构搜索（structural search）。计算前的大体方案设计应包括如下几步：①依据研究问题确定的准确体系和目的选择适应的理论方法，建立分子模型；②依据体系和目的选择合适的算法，即选择计算软件；③建立计算平台，即选择基组；④通过计算机运算获得丰富、可靠的计算信息并进行分析处理；⑤得出有说服力的结果（图 0-7）。

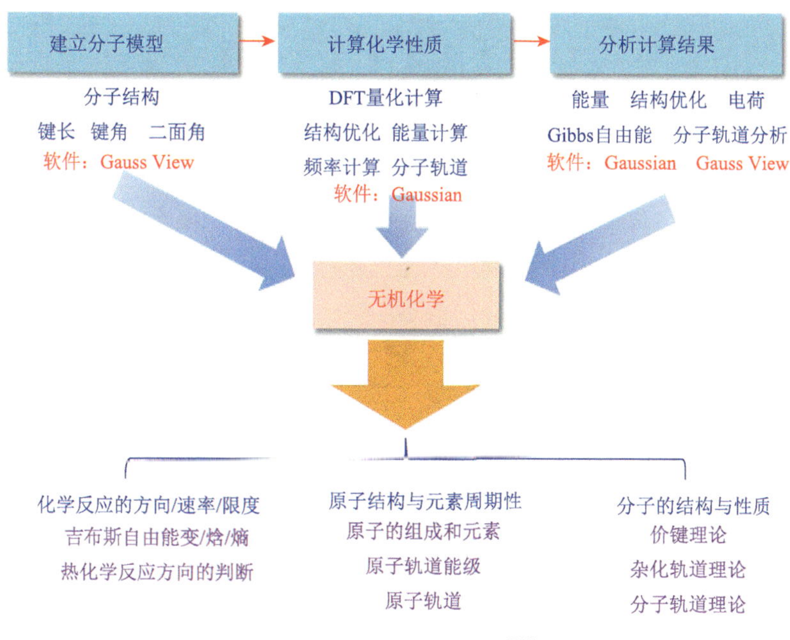

图 0-7 结构搜索示意图[37]

由于磷光材料具有高的电子/空穴迁移率和高的开/关比这些特性，在纳米电子中有非常理想的潜在应用，引起了材料科学家的极大关注。他们发现，黑磷除了非晶体，还有 3 种具有金属光泽的晶体：正交晶系、六方晶系与简立方[38, 39]，常温常压下为正交相（图 0-8）。由 6 个磷原子组成的六元环结构单元组合成层状结构，磷原子之间结合方式为共价键，形成 sp^3 杂化，使得褶皱层状结构十分稳定。层与层之间主要依靠范德瓦耳斯力结合[40, 41]，还包括波函数的交叠对层间的相互作用[42]。Dai 等[43]认为黑磷的层与层之间可能有 3 种堆垛方式，即 AA、AB、AC（图 0-9），这可能就是黑磷有 3 种晶体结构的原因。他们经计算预言这 3 种堆垛方式最大的差异是层间距（表 0-2），磷原子以 AB 方式堆垛时所需的能量最低。

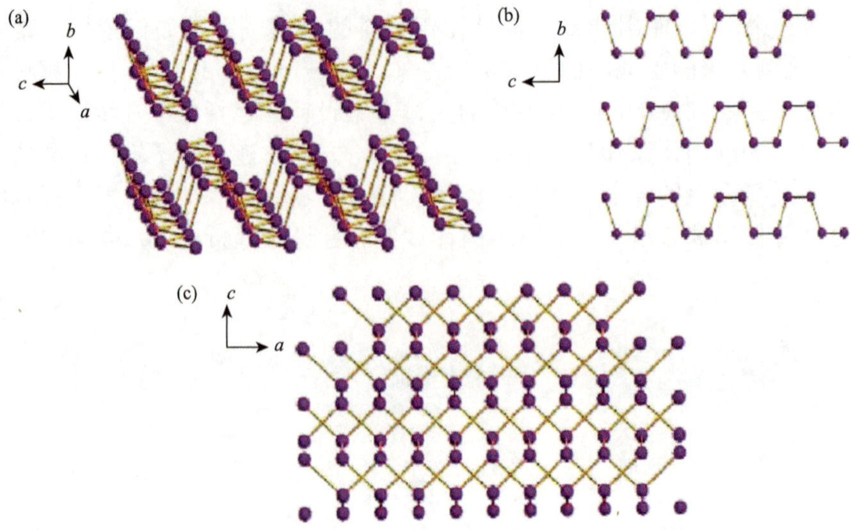

图 0-8　黑磷的晶体结构

（a）黑磷晶体结构示意图；（b）（a）图的侧视图；（c）（a）图的俯视图

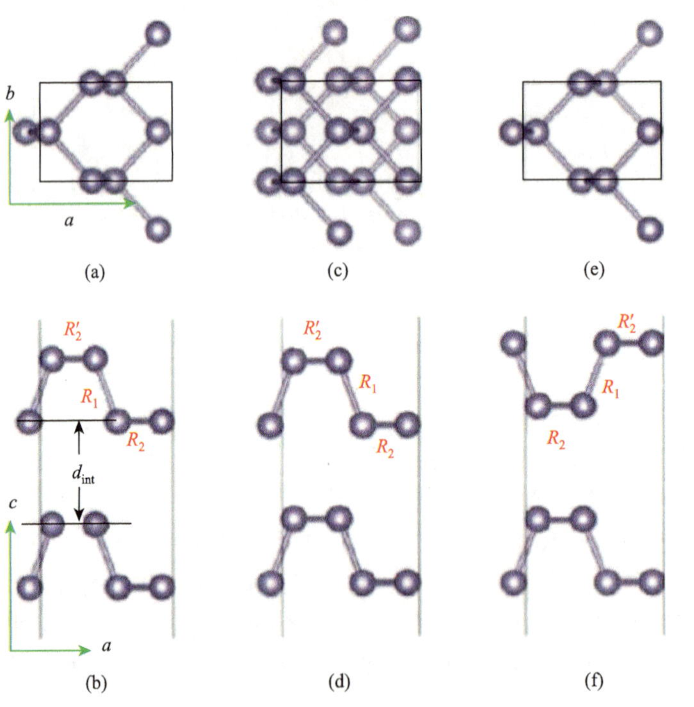

图 0-9　双层黑磷的堆垛结构

（a）、（c）和（e）分别为 AA、AB、AC 堆垛的俯视图；（b）、（d）和（f）分别为 AA、AB、AC 的侧视图，R_1、R_2、R'_2 指键长，d_{int} 指层间距

表 0-2 3 种堆垛方式双层黑磷的晶格常数（a、b），键长（R_1、R_2、R_2'）和层间距（d_{int}）

堆垛方式	a/pm	b/pm	R_1/pm	R_2/pm	R_2'/pm	d_{int}/pm
AA	455.0	332.6	228.3	224.3	223.5	349.5
AB	452.6	333.1	227.7	224.2	223.8	311.4
AC	452.3	332.4	227.4	223.8	223.6	337.9

计算化学对非元素同素异形体预测的一个最为经典的实例，莫过于磷烯（phosphorene）。科学家们依据上述黑磷的结构特点，考虑到磷烯是褶皱层状结构，其中的 P—P 键比石墨烯中的 C—C 键弱得多，给它们的结构变形创造了有利条件。文献显示磷烯是一个有 9 兄弟的大家族，包括 α-P17、α-P7、β-P、γ-P、δ-P、ε-P、η-P、θ-P 和 ζ-P 等 9 种形态（图 0-10）。实际上，除了 α-P17，即黑磷烯是利用物理、化学方法得到[44, 45]的外，其余的同素异形体均为利用计算化学“利剑”计算指导而得。

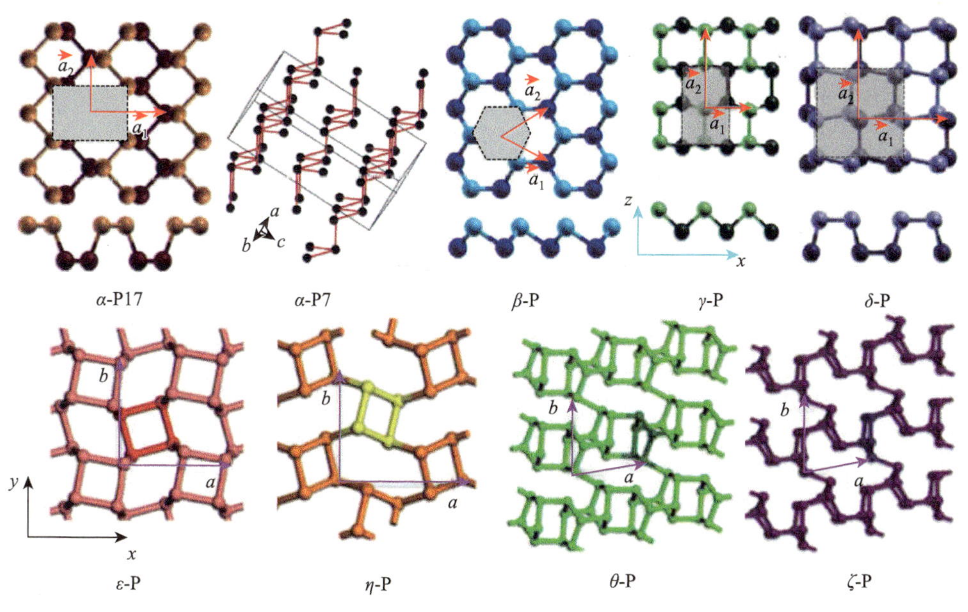

图 0-10 优化的磷烯 9 种同素异形体单分子结构

可能是受 2010 年 Clark 等[46]观察到当压强增大至约 5 GPa 时，α-黑磷开始由半导体的正交结构向半金属的六方结构转变的启发，2012 年，Boulfelfel 等[47]进行了 α-P17 到 α-P7 的压力诱导相变研究。他们认为：磷 α-P17 的 3 个键和 1 个孤对电子，在极端的压力和温度条件下是很有希望发生奇异的晶体结构和特性变化：

挤压孤对电子。这已经被从衍射中得到的 12～18 个优先取向通过实验验证了结构的转化途径，相互转换（＞12 GPa）是通过对相邻（010）层的反平行位移±1/4 沿[100]与剪切变形耦合，降低了单斜角 β 从 90℃到 86.62℃（图 0-11）。他们通过计算和实验证明了这种转变的机理。

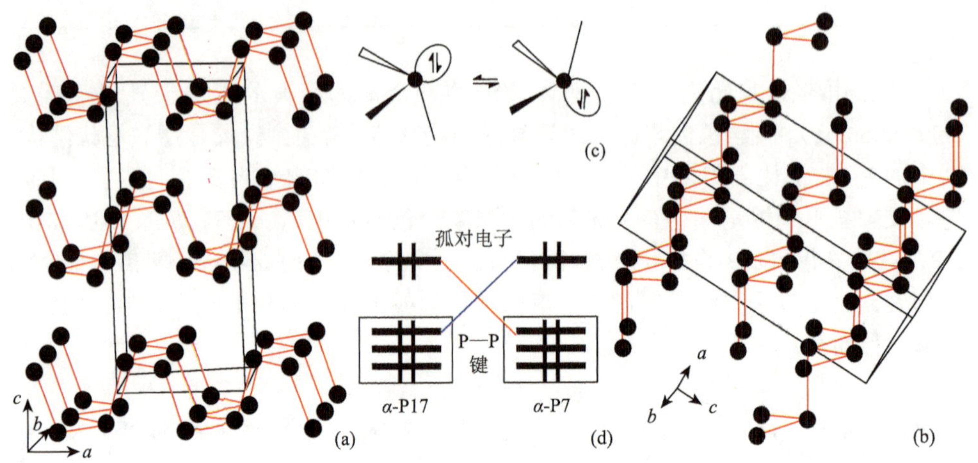

图 0-11　相转变的分子轨道相关图

2014 年，Zhu 和 Tománek[48]用理论计算预示了更稳定的分层结构的磷烯 β-P，称之为“蓝色”磷，即蓝磷烯（blue phosphene）。其平面内的六角形结构和体积层的堆积与石墨密切相关（更趋于平面），使其基本带隙超过 2 eV。蓝磷烯应更易形成潜在电子的准二维结构。

接着，2014 年，Guan 等[49]在从密度函数计算的基础上，提出另外 2 个稳定层状磷烯在层状之外的结构相同素异形体：磷烯 γ-P 和 δ-P。同时发现它们的单分子有很大的带隙，显示出由层内应变或层数变化引起的金属绝缘体过渡。

2015 年，Wu 等[50]使用密度泛函理论计算，成功预测出 4 种以 P_4 方形或 P_5 五边形为单元组成的磷烯新构型，并分别命名为 ε-P、η-P、θ-P 和 ζ-P，其中 θ-P 型磷烯在能量上与单层黑磷烯 α-P17 几乎相等，并比之前预测的所有形态 β-P、γ-P、δ-P 都要稳定。

这些研究结果极大拓宽了磷烯单层同素异形体结构的多样性和人们对磷烯族材料的认识。

更多相关磷烯单层同素异形体及其他非金属元素同素异形体的理论计算实例和文献介绍将在后面各章介绍，这里不再赘述。

0.2.2.2　极端条件技术是同素异形体发现的催化剂

1. 极端条件

极端条件又称极限条件（extreme conditions），顾名思义指最严重的条件或最恶劣的条件。这里极端条件通常是指实验室中人为创造出来的、达到或接近目前技术极限的低温、高压、强磁场、超快光场等单项或综合物理条件。例如，我们赖以生存的世界上的任何物质都是在一定的物理条件（如温度、压强和磁场等）下形成和存在的。通过拓展物理实验条件到极端状态，可以形成许多在常规条件下不能得到的新物态、发现许多在常规物理条件下不能出现的新现象，从而大大拓展了人们探索新物质、认识自然、改造自然、造福人类的能力（图 0-12）。

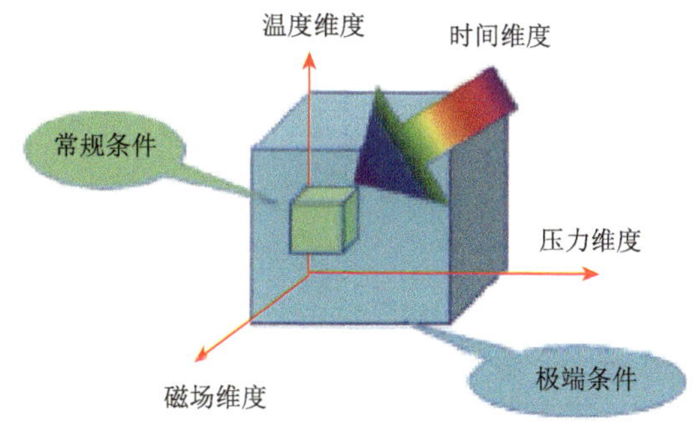

图 0-12　综合极端条件极大地拓展了物质研究的物理维度范围[51]

显然，综合极端条件可以大大拓展物质科学的研究空间，为解决当前科学技术中的疑难问题，为发现新物态、探索新现象、开辟新领域，创造了前所未有的机遇。表 0-3 列出的百年来涉及极端条件下获得诺贝尔奖的基础研究和技术进步重大成果足以使人深信不疑！

表 0-3　百年来涉及极端条件获得诺贝尔奖的重大突破

科学突破	获诺贝尔奖时间与奖项	涉及的极端条件
低温下物体性质的研究	1913 年/物理学奖	极低温
超高压装置的发展及贡献	1946 年/物理学奖	高压
在化学热力学领域的贡献，特别是对超低温状态下的物质的研究	1949 年/化学奖	极低温
半导体和超导体的隧道效应	1973 年/物理学奖	低温
低温物理领域的基本发明和发现	1978 年/物理学奖	极低温

续表

科学突破	获诺贝尔奖时间与奖项	涉及的极端条件
量子霍尔效应	1985 年/物理学奖	极低温、强磁场
原子钟和离子陷阱	1989 年/物理学奖	极低温
^{3}He 超流态的发现	1996 年/物理学奖	极低温、强磁场
激光冷却原子	1997 年/物理学奖	极低温
分数量子霍尔效应	1998 年/物理学奖	极低温、强磁场
化学反应动力学	1999 年/化学奖	超快激光
原子玻色-爱因斯坦凝聚	2001 年/物理学奖	极低温
光频梳与精密测量	2005 年/物理学奖	超快激光

反过来说，对于化学家和材料学家，更重视极端条件下对新物态及其性质的研究（图 0-13）。

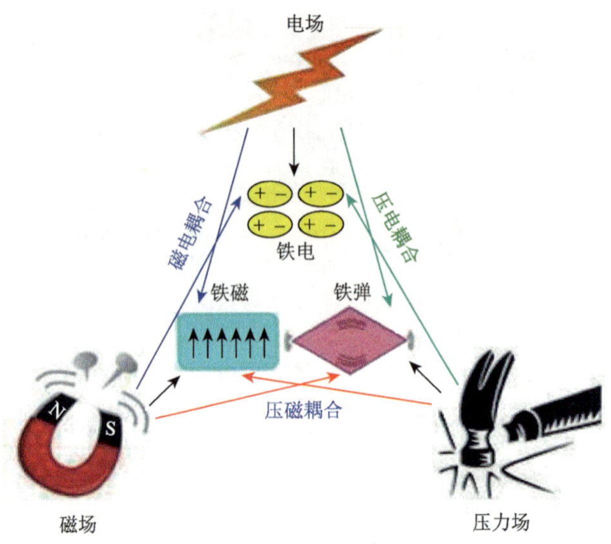

图 0-13　外场作用力下产生新物态的形象表示

2. 极端条件技术

所谓极端条件技术（extreme condition technique）即是能实现实验极端条件的科学技术，泛指能落实造就极端条件的装置。例如，由中国科学院物理研究所联合吉林大学承建的国家重大科技基础设施建设项目“综合极端条件实验装置”（Synergetic Extreme Condition User Facility，SECUF），已于 2017 年 9 月 28 日在北京怀柔科学城正式开工建设[52]，其目标是建成集极低温、超高压、强磁场和超快光场等极端条件为一体的、国际一流的综合极端条件用户实验装置。装置的单项极端条件实现 1 mK 的极低温、300 GPa 的超高压、26 T（超导磁体）的强磁场和 100 as 的超快光场，综合极端条件实现 10 000 T/K 的 B/T 值（磁场/温度）、2 800 T·GPa/K 的 B·P/T 值（磁场·压力/温度）和 60 000 GPa·K 的 P·T 值（压力·温度），并提供多种综合极端条件下开展材料制备、物性表征、量子调控和超快动力学研究的手段。利用综合极端条件装置，拓展了物质科学研究空间，开展了极端条件下的物质科学研究及量子态调控与超快条件物质研究等物质科学前沿领域研究，促进了新物态、新现象、新规律的发现，使我国在物质科学及相关的多个前沿研究领域达到世界一流水平，力争在新型高温超导体的发现、非常规超导机理的突破、量子计算核心技术突破、物性的超快调控等研究方向取得国际一流研究成果。

3. 化学实验常用极端条件技术

化学家总是希望能在常温常压下进行化学反应得到理想的新物质信息。但是，有些研究就必须在极端条件下才能实现。

（1）低温的获得。在现代低温实验中，获取低温的方法通常是利用液化气体、微型制冷及超低温技术等手段。表 0-4 列出了获得低温的基本方法及目前所达到的最低温度。图 0-14 是低温与超导技术研究使用的大型氦制冷机[53]。

表 0-4 获取低温的基本方法及目前所达到的最低温度

基本方法	目前所达到的最低温度			
液氧	正常沸点	90 K	减压降温到 54 K（三相点）	
液氮	正常沸点	77 K	减压降温到 634 K（三相点）	
液氖	正常沸点	27 K	减压降温到 24 K（三相点）	
液氢	正常沸点	20 K	减压降温到 14 K（三相点）	
液 ^{4}He	正常沸点	4.2 K	减压降温到 0.84 K	
液 ^{3}He	正常沸点	3.2 K	减压降温到 0.3 K	
稀释制冷	1965 年	0.22 K	1966 年	25 mK
	1968 年	5.5 mK	1972 年	3 mK
	1978 年	2 mK		
波麦兰丘克制冷		1.2 mK（在 0.319 K 以下沿溶解曲线绝热压缩 ^{3}He 固液混合物）		
顺磁盐绝热去磁		1.9 mK（顺磁盐硝酸铈镁的有序温度）		
核绝热去磁		9×10^{-6} K（二极铜核去磁，晶格和电子系统温度）		
		5×10^{-8} K（二极铜核去磁，核系统温度）		

（2）高压的获得。最常用的是利用天然金刚石作钉锤（压砧）制成的微型金刚石对顶砧（diamond anvil cell，DAC；图 0-15）高压装置[54]，它可产生几十 GPa 到三百多 GPa 的高压，同时可与同步辐射光源、X 射线衍射、Raman 散射等设备连用[55]。目前利用 DAC 技术已经可以达到 550 GPa 的压力[56]。

图 0-14　中国科学院理化技术研究所研制的 2500 W@4.5 K & 500 W@2 K 氦制冷机

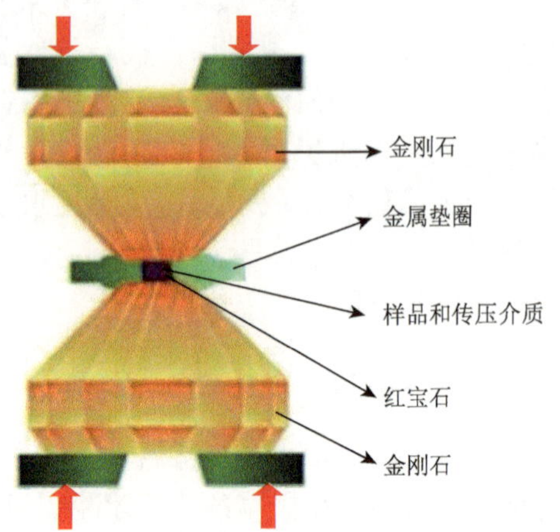

图 0-15　DAC 高压装置示意图

其实，DAC 高压技术这一看似简单的技术也是经过了几十年的发展才逐步成熟和完善起来的，经历了以下几个主要阶段[57]：

（1）DAC 最早的模型：借助杠杆原理，把两个金刚石表面对压，结果金刚石表面之间的样品很快被压碎。这是 DAC 最原始的简单模型，当时最高压力达到约 10 GPa。

（2）金属垫圈的使用：一个垫圈放置于两个金刚石砧之间对产生高压非常有利，同时垫圈的使用使 DAC 有一个小腔来装固体或液体样品。

（3）对顶砧的完美定位：金刚石对顶砧的定位十分重要，因为金刚石十分易碎，工作平台必须平行而且直径吻合。约 90%的钻石碎裂不是在很高的压力下发生的，而是由于操作不当或压力槽结构不佳（比如没调准线性）等造成的。使用一定强度的金属垫圈并且定位完美的 DAC，可以达到较高的压力。

（4）红宝石压力内标的使用：DAC 样品池内压力的检测曾经是限制 DAC 技术应用的因素。20 世纪 70～80 年代发现并证实了红宝石（ruby）的荧光发射光谱峰位置（694.2 nm，692.8 nm）随着压力的增加在很大范围内线性红移（27.4 kbar/nm），使高压检测变得十分容易。以 440 nm 左右的激光激发，检测样品池内红宝石微粒发射光谱峰值的变化，便可得到样品池内的压力。

（5）10 GPa 以下的压力范围内的传压介质的发现：当压力小于 10 GPa 时，

甲醇-乙醇（4∶1）混合溶液和其他一些在该压力下未固化结晶的液体可用作传压介质。传压介质的发现在高压科学的发展中也起了非常重要的作用。要在一定高的压力下作静压研究，必须使用在该压力下各向同性传压介质。因此，传压介质必须是在所要求的压力范围内保持流体或近似流体状态。

（6）极高压力（100 GPa 以上）条件下传压介质的发现：研究表明，氮气和其他气体可以用作 100 GPa 以上压力的传压介质，这一发现使在 100 GPa 以上压力条件下的静压研究成为可能。

（7）斜面高压槽的出现：这种经过改造的 DAC 把静压极限提高到远远高于 100 GPa。

4. 高压发生相变时常常需要高温并行

因为单单的高压下相变就是利用外加的高压力，使物质产生多型相转变得到新物相。但是，当施加的外高压卸掉之后，大多数物质的结构和行为会产生可逆变化，又失去高压状态的结构和性质。因此，通常的高压相变都采用高压和高温两种条件交加，目的是寻求经卸压降温以后的高压高温相变产物能够在常压常温下保持其高压高温状态时的特殊结构和性能。

表 0-5 列出了获得高温的一些方法和所达到的温度。

表 0-5　获得高温的一些方法和所达到的温度

获得高温的方法	温度/K
各种高温电阻炉	1 273～3 273
聚焦炉	4 000～6 000
闪光放电	＞4 273
等离子体电弧	20 000
激光	10^5～10^6
原子核的分离和聚变	10^6～10^9
高温粒子	10^{10}～10^{14}

5. 极端条件下非金属元素同素异形体的发现

我们说极端条件技术是同素异形体发现的催化剂是客观的。因为，几乎每个非金属元素同素异形体的若干发现都离不开高压低温或高压高温条件。详细的事件展示仍然放在后面章节，不再赘述。这里仅举有趣的几例说明。

（1）如何得到金属氢是凝聚态物质的一大挑战，当压力释放时，金属氢可能是一种室温超导体和亚稳态，并可能对能源和火箭产生重要影响。1935 年，物理学家维格纳（E. P. Wigner，1902～1995 年，1963 年诺贝尔物理奖获得者）和亨廷顿（H. B. Huntington）预测，在约 25 GPa 下，氢原子会失去对电子的束缚能力，呈现出金属性质[58]。此后的实验表明，对压力的最初假设不足[59]。理论计算表明，使氢金属化需要更高的压力，但是仍然是实验可能达到的，在超高压下得到金属氢是可能的。2017 年，Dias 和 Silvera[60, 61]在 495 GPa 的压力、5.5 K 温度下，使氢变成了金属，反射率高达 0.91。他们使用 Drude 自由电子模型拟合反射率，以确定在 5.5 K 温度下等离子体频率为（32.5±2.1）eV，相应的电子载流子密度为（7.7±1.110 23）粒/cm^3，证明了这些特性是原子金属的特性，与原子密度的理论估计是一致的。

（2）2018 年，中国科学院合肥物质科学研究院固体物理研究所的科研人员 Jiang 等[62]以普通氮气为原料，通过脉冲激光加热技术和超快光谱探测方法，建成了集高温高压产生及物性测量为一体的原位综合实验系统。利用该合成与测试实验系统，研究人员获取了高达 8 000 K 和 170 GPa 的高温高压极端条件，并在此条件下通过原位测试研究分子氮历经绝缘体—半导体—金属转变过程中的光学吸收特性和反射特性，确定了氮分子解离的相边界及“金属氮”合成的极端压强温度条件范围。

（3）理论研究表明，高压室温下，固态氧有 3 相，分别是橘色的 δ-O_2 相、暗红色的 ε-O_8 相和金属 ζ-O_8 相[63-65]。当压力增加到约 6 GPa 时，α-O_2 相转变为另一个绝缘相 δ-O_2 相[66-68]。在约 8 GPa 的较高压力下，氧的磁序被破坏，形成由 O_8 团簇组成的第三个绝缘相 ε-O_8 相[69, 70]。大约 10 GPa 时，固态氧晶体呈透明浅蓝色，随着压力的增加依次转变为橙色、红色[71, 72]。进一步加压到大约 40 GPa 时，由红色转为暗红色，并且几乎是不透明的。当压力高于 96 GPa 时，ε-O_8 相经等结构转变为金属 ζ-O_8 相[64, 73]；在压力大约 100 GPa，固体氧变成超导体，转变温度为 0.6 K，且电阻率测量和迈斯纳退磁信号已证实这一转变[74]。压强在 220 GPa 之前，没有新相出现，当压强大于 260 GPa 时有新相出现，预示着金属结构不稳定[75]。

（4）同样是理论研究表明，常压低温下，固态氧也有 3 相[63]，分别为单斜 α-O_2 相[66, 76]、菱方状 β-O_2 相[77]、立方 γ-O_2 相[74, 78]，其温度稳定区间分别为 0～45.6 K、23.9～43.8 K、43.8～54.3 K。

0.2.2.3 热力学相图的完善和指导作用

由于这些同素异形体均为非金属无机物，属无机化学范畴，其性能取决于其内部的组织和结构，由基本的一个相所组成，称为单相组织。单相相图只与温度和压强有关，可以在不同的相区域显示其不同的组织和结构；同时，在相图

(phase diagram) 的热力学指导下也可发现和合成同素异形体新相。这就是为什么研究非金属同素异形体需要首先重视相平衡状态图构建的原因。

因此，编书过程中也非常注重有关它们相图的收集以飨读者。例如，对于氮单质，梳理过往基础无机化学教材，对氮单质也只是提到“双原子氮 (N_2) 是无色无臭的气体，临界温度为 126 K，难以液化，在水中的溶解度很小，在 283 K 时，1 体积水约可溶解 0.02 体积的。氮气在极低温下会液化成白色液体，在合成反应中可用作深度冷冻剂，如进一步降低温度时，更会形成白色晶状固体”[79, 80]。然而，氮的相图非常丰富[81-84]，可以显示出氮在不同压强和温度条件下的相分布以及相转化研究进展，单是在 100 K 以下，随着压强逐渐增加至 100 GPa，氮就分别呈现 α 相、β 相、γ 相、δ 相、ε 相和 ζ 相等固体分子相。随着压强的继续增大，分子间距离不断被压缩。固体分子中分子间距逐渐接近于原子尺寸级别，且不同分子中相邻原子之间的相互作用逐渐增强。当分子间相互作用与分子内部的原子间共价作用相当时，分子内部原有的共价键会被破坏发生断裂，从而使得双原子分子结构发生解离，转变为原子相。相图指导合成，合成证明和丰富相图。

自然，相图不光能指出新相物质处在区域，而且能引导研究者如何利用“极端条件技术”设计和检测合成路线。读者会在本书中看到许多制备的奇思妙想和色彩斑斓的技巧。显然，这些学习对提高学生对科学问题的理解力、思考力和判断力以及释放出创造能力是有利的。

0.3　教 学 提 示

(1) 由于物质结构测定技术的进步、合成化学和量子化学的发展，以及人们认识的不断深入，原有书本上的许多化学概念和定义会有所改变。上文举出了巴特列[1]对“惰性气体”概念改变的例子。还有一个生动并震撼的例子也能说明问题。这就是由于碱金属阴离子的研究改变了“碱金属化合物的历史一直是阳离子的历史”[85, 86]。奇怪的是，碱金属也能形成阴离子。气相中碱金属阴离子的存在已有几十年的历史[87, 88]，并在 20 世纪 60 年代已考证它们是金属氨溶液[89, 90]和金属胺溶液中[91]的主要物种。当时仅是作为科学奇观，并未引起更加深入的研究。1974 年，美国密西根州立大学的戴伊 (James L. Dye，1927 年～) 成功制备了 Na^- 阴离子的固体盐[92, 93]。这的确是一个稀奇的发现，因为连中学生也熟悉碱金属容易失去电子形成阳离子的倾向。戴伊在碱金属氨溶液（一个“太好的溶剂”）中加入大环穴醚配位体，则发生了如下反应：

$$M(s) + cryp(soln) + am(l) = [M(cryp)]^+[M(am)]^-(s) \qquad (0\text{-}4)$$

M 代表碱金属原子，“cryp”代表穴醚配位体，“am”代表氨，反应产物为穴醚配位的碱金属阳离子与氨合碱金属阴离子形成的固体盐。X 射线衍射实验明确证实[93, 94]，该固体盐的结构为“钠化钠”[图 0-16（a）]，其中的Na^-阴离子对应于 NaCl 中的Cl^-离子。如果式中的 M 代表钠，除氨后则得到“电子化钠”，其中的e^-相应于 NaCl 中的Cl^-[图 0-16（b）]。这就牢固地确立了碱金属的–1 氧化态可以以凝聚相存在。这为研究溶液和固体中高还原性物质的性质开辟了一个新的领域。因此，百年之久的碱金属只能形成阳离子的教条被粉碎了！

同理，人们对元素同素异形体的概念也存在与时俱进的问题。

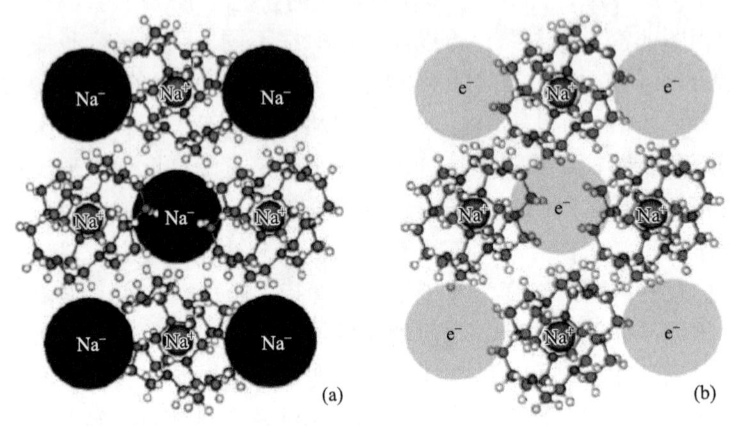

图 0-16　“钠化钠”$Na^+(222)Na^-$（a）和“电子化钠”$Na^+(222)e^-$（b）的结构

（2）元素的同素异形体由于结构不同，物理性质与化学性质上也有差异，常用于“完美”晶体材料的构筑和应用。进入新世纪，非金属化学不但是无机化学中元素化学的重要内容，其中非金属同素异形体又成为新型功能材料的宝库之一。这正应了马克思主义的基本原理“科学技术是生产力”。1988 年 9 月，邓小平同志根据当代科学技术发展的趋势和现状，在全国科学大会上提出了“科学技术是第一生产力”的论断。邓小平同志的这一论断，体现了马克思主义的生产力理论和科学观。“科学技术是第一生产力”，既是现代科学技术发展的重要特点，也是科学技术发展的必然结果。显然，在无机化学中，其科学的研究方法和技术应归结于：①计算化学的理论和算法发展；②大型高性能强力计算机的开发和应用；③科学技术的进步——极端条件下（高温高压、室温高压、低温高压）进行化学合成反应成为可能；④热力学相图的完善和指导作用。

学习思考题

1. 通过对元素同素异形体概念的演变和发展，您认为它的新定义应该怎么科学定义？面对科学技术的进步，您还能举出哪个化学概念和定义的演变与发展？

2. 同素异形体与原子电子层结构有什么相关性？请举例说明。

3. 为什么说标准摩尔生成焓可近似作为衡量标准状况下某物质能量高低的标准？“近似”在哪里显现？

4. 历史上曾就碳元素在室温附近标准状况下的稳定单质是石墨还是金刚石产生过争议[王正烈. 大学化学，1993，8（3）：46]，您考量问题出在哪儿？

5. 为什么说非金属同素异形体已成为新型功能材料的宝库之一？请您举一例熟悉的事件说明之。

6. 就您的理解，分析并说明元素同素异形体快速研究发展的条件有哪些？

7. 举例说明计算化学是同素异形体预测的“利剑”。

8. 什么是极端条件和极端条件技术？

9. 中国建立“综合极端条件实验装置”的意义何在？

10. 金刚石对顶砧（DAC）高压装置的各部设计要求是什么？

11. 高压下实验检测的难度是什么？常采用哪种方法实现？

12. 实验室如何获得高压/超高压、低温/超低温、高温/超高温？

13. 2017 年，Dias 和 Silvera 在 495 GPa 的压力、5.5 K 温度下，使氢变成了金属，却引起了一场辩论。阅读文献 Dias R P，Silvera I F. Science，2017，355：715；Silvera I F，Dias R P. Science，2017，357：2671；Liu X D，Dalladay-Simpson P，Howie R T. Science，2017，357：eaan2286. 了解辩论问题实质所在。

14. 结合相图说明同是高压下，制备不同的同素异形体却又选用不同温度？

15. 举例说明相图指导合成，合成证明和丰富相图的唇辅关系。

参 考 文 献

[1] Bartlett N. Process Chem Soc，1962，6：218-221

[2] Berzelius J. Jahres-Bericht，1841，20：7-12

[3] James A H M，Henry B，William A C，et al. New English Dictionary on Historical Principles. London：Oxford UniversityPress，1888

[4] Jensen W B J. Chem Educ，2006，83（6），838-841

[5] IUPAC. Compendium of Chemical Terminology. 2nd ed. 1997. 2017-05-15. http://goldbook.iupac.org/pdf/goldbook.pdf

[6] Raj G. Advanced Inorganic Chemistry. Meerut：Krishna Prakashan Media，1995

[7] 宋天佑，程鹏，徐家宁，等. 无机化学. 第 4 版. 北京：高等教育出版社，2019

[8] 申泮文. 近代化学导论. 第 2 版上册. 北京：高等教育出版社，2008

[9] 傅献彩. 大学化学. 下册. 北京：高等教育出版社，1999

[10] 华彤文，陈景祖. 普通化学原理. 第 3 版. 北京：北京大学出版社，2005

[11] 金若水，王韵华，芮承国. 现代化学原理. 上册. 北京：北京大学出版社，2003

[12] 北京师范大学，华中师范大学，南京师范大学. 无机化学. 第 4 版上册. 北京：高等教育出版社，2002

[13] 天津大学无机化学教研室. 无机化学. 第 4 版. 北京：高等教育出版社，2010

[14] Chang R. Chemistry. 10th ed. New York：McGraw Hill，2010

[15] Ralph H P，William S H，Geoffery F H. General Chemistry：Principles and Modern Applications. 8th ed. Upper Saddle River：Prentice Hall，2002

[16] Theodore L B，Eugene H L，Brnce E B，et al. Chemistry：The Central Science. 10th ed. Upper Saddle River：Prentice Hall，2000

[17] Gary L M，Donald A T. Inorganic Chemistry. 3th ed. Hong Kong：Pearson Education Asia，2004

[18] David W，Oxtoby H，Gillis N H. Principles of Modern Chemistry. 4th ed. New York：Thomson Learning，2002

[19] Weller M，Overton T，Rourke J，et al. Inorganic Chemistry. 6th ed. London：Oxford University Press，2014

[20] Li K L，Yi J Y，Guo J Y，et al. Nature Nanotech，2014，9：372-376

[21] 戚家俊. 黔南民族师专学报，1999，19（6），42-47

[22] 常文宝，李克安. 简明分析化学手册. 北京：北京大学出版社，1981

[23] 祝心德，冯美键，阮德水. 化学教育，1989，10（6）：39-41

[24] 周改英. 化学教育，2010，31（8）：80-85

[25] Mitscherlich E. Ann Phys，1823，105：231-234

[26] 孙德成. 江苏教育，1990，12：33-37

[27] Organov A J，Chen C. Nature，2009，457（12）：863-868

[28] Buschbeck K C. Boron Compounds，Elemental Boron and Boron Carbides. Berlin Handbook of Inorganic Chem. XIII，Supplement 2. Berlin：Springer，1981

[29] Albert B，Hillebrecht H. Angew Chem Int Edit，2009，48：8640-8644

[30] 邓耿，尉志武. 大学化学，2015，30（3）：85-87

[31] Cataldo F. Fuller Sci Tech，1997，5（7）：1615-1619

[32] 安绪武，陈斌，何俊. 中国科学（B 辑），1998，28（5）：466-468

[33] Cioslowski J，Rao N，Moncrieff D. J Am Chem Soc，2000，122：8265-8269

[34] Sabourin J L，Dabbs D M，Yetter R A，et al. ACS Nano，2009，3（12）：3945-3947

[35] Bundy F P，Hall H T，Strong H M，et al. Nature，1955，176：51-55

[36] Parr R G，Yang W. Density-Functional Theory of Atoms and Molecules. Oxford：Oxford University Press，1989

[37] 杨文昭. 化学通报，1983，（3）：42-45

[38] 栾山. 黑磷的表面改性和 CO 吸附的理论研究. 南京：东南大学，2017

[39] Morita A. Appl Phys A，1986，39，227-242

[40] Clark A M，Zhang J M. Phys Rev B，2010，82（13）：4393-4397

[41] Zhang C D，Lian J C，Yi W，et al. J Phys Chem C，2009，113（43）：18823-18826

[42] Gagarin S G，Teterin Y A. J Struc Chem，1985，26（4），535-539

[43] Dai J，Zeng X C. J Phys Lett，2014，5（7）：1280-1286

[44] Li L K，Yu Y J，Zhu Z，et al. Nature Nanotech，2014，9（5）：372-375

[45] Liu H，Neal A T，Zhu Z，et al. ACS Nano，204，8：4033-4041

[46] Clark S M，Zaug J. Phys Rev B，2010，82（13）：4394-4397

[47] Boulfelfel S E，Seifert G，Grin Y，et al. Phys Rev B：Conden Matter，2012，85（1）：64-68

[48] Zhu Z，Tománek D. Phys Lett，2014，112（17）：176802-176807

[49] Guan J，Zhu Z，Tománek D. Phys Lett，2014，113（4）：46504-46509

[50] Wu M H，Fu H H，Zhou L，et al. Nano Lett，2015，15（5）：3557-3562

[51] 丁洪，吴奇. 中国科学：物理学力学天文学，2014，44（10）：1108-1113

[52] 中国科学院物理研究所. 中国科学院院刊，2019，34（Z2）：114-118

[53] 李静，刘立强，熊联友，等. 低温工程，2020，（5）：12

[54] 游长江，卢雪芳，杨国强. 感光科学与光化学，2002，20（3）：197-203

[55] Jayaraman A. Rev Modern Phys，1983，（55）：65-108

[56] Xu J A，Mao H K，Bell P M. Science，1986，232：1404-1406

[57] Erements M I. High Pressure Experimental Methods. Oxford：Oxford University Press，1996

[58] Wigner E P，Huntington H B. J Chem Phys，1935，3（12）：764-770

[59] Loubeyre P，LeToullec R，Hausermann D，et al. Nature，1996，383：702-704

[60] Dias R P，Silvera I F. Science，2017，355：715-718

[61] Silvera I F，Dias R P. Science，2017，357：2671-2674

[62] Jiang S Q，Holtgrewe N，Lobanov S S，et al. Nature Comm，2018，9：2624-2626

[63] 刘艳辉. 固态氧高压相变的第一性原理研究. 长春：吉林大学，2008

[64] Akahama Y，Kawamura H，Usermann D H，et al. Phys Rev Lett，1995，74：4690-4695

[65] Desgreniers S，Brister K E. Crystalline structure of the high density ε-phase of solid O_2//Trzeciakowski W A. High Pressure Science and Technology. Singapore：World Scientific，1996：363-365

[66] Schiferl D，Cromer D T，Schwalbe La，et al. Acta Crystallogr B，1983，39：153-157

[67] Gorelli F A，Santoro M，Ulivi L，et al. Phys Rev B，2002，65：172106-172109

[68] Goncharenko I N，Makarova O L，Ulivi L. Phys Rev Lett，2004，93：055502-055506

[69] Fujihisa H，Akahama Y，Kawamura H，et al. Phys Rev Lett，2006，97：085503-085508

[70] Lundegaard L F，Weck G，McMahon M I，et al. Nature，2006，443：201-204

[71] Desgreniers S，Brister K E. High Pressure Science and Technology. Singapore：World Scientific，1996

[72] Sun Y X，Xi W H，Wei G H. J. Phys Chem B，2015，119：2786-2794

[73] Weck G，Desgreniers S，Loubeyre P，et al. Phys Rev Lett，2009，102：255503-255508

[74] Shimizu K，Suhara K，Ikumo M，et al. Nature，1998，393：767-770

[75] GonchArov A F，GregoryAnz E，Hemley R. J Phys Rev B，2003，68：100102-100106

[76] Venables C A E A. P Roy Soc Lond Mat，1974，340（1620）：57-59

[77] Horl E. Acta Crystallogr，1962，15：845-848

[78] Lesar R，Etters R D. Phys Rev B，1988，37：5364-5367

[79] 宋天佑，程鹏，徐家宁，等. 无机化学. 4版. 北京：高等教育出版社，2019

[80] Weller M，Overton T，Rourke J，et al. Inorganic Chemistry. 6th ed. London：Oxford University Press，2014

[81] Jiang S Q，Holtgrewe N，Lobanov S S，et al. Nature Comm，2018，9：2624-2628

[82] Lipp M J，Klepeis J P，Baer B J，et al. Phys Rev B，2007，76（1）：014113-014116

[83] Gregoryanz E，Goncharov A F，Sanloup C，et al. J Chem Phys，2007，126（18）：18450 18455

[84] Weck G，Datchi F，Garbarino G，et al. Phys Rev Lett，2017，119（23）：235701-235705

[85] Dye J L. Angew Chem Int Rd Egel，1979，18：587-590

[86] Dye J L，Redko M Y，Huang R H，et al. Adv Inog Chem，2006，59：205-208

[87] DukelSkii V M，Zandberg E Y，Ionoc N I，et al. SSSR，1948，2：232-237

[88] Parrerson A，Hotop H，Kusdan A，et al. Phys Rev Lett，1974，32：189-193

[89] Golden S，Gurrman C，Tutrle T R. J Am Chem Soc，1965，87：135-139

[90] Golden S，Gutrman C，Tutrle T R. J Chem Phys，1966，44：3791-3796

[91] Moralon S，Golden S，Orrolenghi M. Phys Chem，1969，73：3098-3101

[92] Dye J L，Ceraso J M，Lok M T，et al. J Am Chem Soc，1974，96：608-609

[93] Tehan F J，Bornetr B L，Dye J L. J Am Chem Soc，1974，96：7203-7207

[94] Dye J L，Huang R H，Ward D L. J Coord Chem，1988，18：121-124

第 1 章　氢元素单质的同素异形体

提要　本章根据氢物理化学的最新研究进展，全面考察了氢的同素异形体的种类，包括原子氢、H_2、H_3和金属氢 4 种同素异形体。讨论了它们的发展史、制备及其应用。最后介绍了反氢原子的最新研究。

1.1　氢的一般介绍

1.1.1　氢的一般性质

氢（hydrogenium）元素符号为 H，原子序数为 1，原子质量为 1.007 94 u，是最轻的元素。氢通常的单质形态是氢气，无色无味无臭，是一种极易燃烧的由双原子分子组成的气体。氢气的爆炸极限为 4.0%～74.2%。氢原子核中只含 1 个质子，它的三种同位素^1_1H、^2_1H和^3_1H中的中子数分别为 0、1 和 2。表 1-1 列出了各自的名称和符号。

表 1-1　氢的同位素

同位素	符号	英文名称	中文名称	备注
^1_1H	H	protium	氕（音撇）	稳定同位素
^2_1H	D	deuteriun	氘（音刀）	稳定同位素
^3_1H	T	tritium	氚（音川）	放射性同位素

氕（^1_1H）是丰度最大的氢同位素，占 99.9844%；同位素^2_1H称氘，占 0.0156%，两者都是稳定同位素。第三种同位素氚（^3_1H）存在于高层大气中，它是来自外层空间的中子轰击 N 原子产生的：

$$^{14}_{7}N + ^{1}_{0}n \longrightarrow ^{12}_{6}C + ^{3}_{1}H \tag{1-1}$$

氚是放射性同位素，由于半衰期短（12.3 a），自然界只有痕量存在。

$$^{3}_{1}H \longrightarrow ^{3}_{2}He + ^{0}_{-1}e \qquad t_{1/2} = 12.3\ a \tag{1-2}$$

氢与除稀有气体外的几乎所有元素都可形成化合物，可存在于水和几乎所有的有机物中。它在酸碱化学中尤为重要，酸碱反应中常存在氢离子的交换。氢作为最简单的原子，在原子物理中有特别的理论价值。对氢原子的能级、成键等研究在量子力学的发展中起了关键作用[1]。

1.1.2　氢在自然界的存在

原子氢（H）是宇宙中最常见的化学物质，占重子总质量的 75%[2]。主星序上恒星的主要成分都是等离子态的氢。而在地球上，自然条件形成的游离态的氢单质相对罕见。在地球上和地球大气中只存在极稀少的游离状态氢。在地壳里，如果按质量计算，氢只占总质量的 1%，而如果按原子百分数计算，则占 17%。氢在自然界中分布很广，水便是氢的“仓库”——氢在水中的质量分数为 11%；泥土中约有 1.5%的氢；石油、天然气、动植物体也含氢。在空气中，氢气倒不多，约占总体积的千万分之五。在整个宇宙中，按原子百分数来说，氢却是最多的元素。据研究，在太阳的大气中，按原子百分数计算，氢占 81.75%。在宇宙空间中，氢原子的数目比其他所有元素原子的总和约大 100 倍[3]。

1.1.3　氢的发现和命名

在 18 世纪末以前，曾经有不少人做过制取氢气的实验，所以实际上很难说是谁发现了氢，即使公认对氢的发现和研究有过很大贡献的英国化学家、物理学家卡文迪什（H. Cavendish，1731～1810 年）也认为氢的发现不只是他的功劳。早在 16 世纪，瑞士著名医生帕拉塞斯（P. A. Paracelsus，1493～1541 年）就描述过铁屑与酸接触时有一种气体产生。1671 年，波义耳（R. Boyle，1627～1691 年）发现铁屑和稀释酸之间会发生反应，并产生气体——也就是氢气[4]。17 世纪时，比利时著名的医疗化学派学者范 • 海尔蒙特（J. B. Van Helmont，1579～1644 年）曾偶然接触过这种气体，但没有把它离析、收集起来。波义耳虽偶然收集过这种气体，但并未进行研究。他们只知道它可燃，此外就知之甚少。1700 年，法国药剂师勒梅里（N. Lemery，1645～1715 年）在巴黎科学院的讨论会上，曾对氢气进行过讨论。最早把氢气收集起来，并对它的性质仔细加以研究的是卡文迪什。1766 年，卡文迪什同样利用金属和酸之间的反应，首次发现氢气是一种独立的物质，并将其命名为“易燃气”。他猜想，“易燃气”就是当时假想的燃素[5]。1781 年，他又发现该气体在燃烧后会生成水。故此，卡文迪什一般被后世尊为氢元素的发现者[6]。1783 年，拉瓦锡（A. Lavoisier，1743～1794 年）和拉普拉斯

（P. Laplace，1749～1827年）重复并证实了卡文迪什的实验。拉瓦锡为这一元素命名为“hydrogen”，词源为希腊文中的“水”（ὑδρο）和“创造者”（γενής）[5]。

1855年在中国传教的英国医生合信编写中文自然科学著作《博物新编》时，把“hydrogen”翻译为“轻气”，意为最轻气体。1868年后，徐寿与傅兰雅共同翻译《化学鉴原》[7]，系统地介绍了19世纪七八十年代化学知识的主要内容。在翻译中，徐寿根据自己发明的一套规则，命名了一套化学元素的中文名称，其中就包括将“轻”改为“氢”这个字。

波义耳

卡文迪什

拉普拉斯

拉瓦锡

徐寿

傅兰雅

1.1.4　氢的成键特征

氢原子的价电子结构为$1s^1$，电负性为2.2，当氢原子同其他元素的原子化合时，具有如下成键特征：

（1）形成离子键　H（电子亲和能0.754 2 eV）与活泼金属（Na、K、Ca等）形成氢化物时，H获得一个电子形成H^-离子。这个离子因具有较大的半径（208 pm）而仅存在于离子型氢化物的晶体中。它们的电子结构、晶体结构和键价已被广泛研究[8-10]。H^-离子被认为是一个自由电子添加到一个分子上，如果此过程成功地使分子由基态到达激发态，当激发态解离时，就有可能产生负离子。氢分子的离解吸附反应可以表示为[10]

$$E + H_2 \longrightarrow H_2^- \longrightarrow H^- + H \tag{1-3}$$

（2）形成共价键　形成非极性共价键（H_2）和极性共价键（H与非金属元素原子形成的氢化物，如H_2O、HCl等）。

（3）独特的键型　①H原子可以填充到许多过渡金属晶格的空隙中，形成一类非整比化合物，一般称之为金属氢化物，如$ZrH_{1.30}$和$LaH_{2.87}$。②在硼氢化合物（如B_2H_6）和某些过渡金属配合物（如$H[Cr(CO)_5]_2$）中均存在着氢桥键。氢桥不属于经典的共价键。③在含有强极性共价键的共价氢化物中，近乎裸露的氢原子核可以定向吸引邻近电负性高的原子（如F、O、N）上的孤电子对而形成分子间或分子内氢键。

1.2 原　子　氢

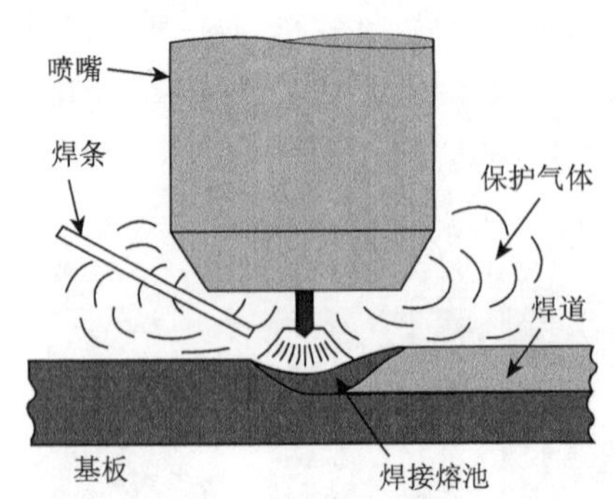

图 1-1　原子氢焰焊接

将 H_2 分子加热（在 4000 K 和 5000 K 时离解度分别为 62.3%和 94.2%），特别是通过电弧或低压放电，皆可得到原子氢（atomic hydrogen）[10]。原子氢仅能存在 0.5 s，随后，便重新结合成 H_2 并放出大量热。若将原子氢气流通向金属表面，则原子氢结合成分子氢的反应热足以产生高达 4273 K 的高温，这就是常说的原子氢焰。可利用此反应来焊接高熔点金属（图 1-1）。原子氢是一种比分子氢更强的还原剂。它可以同锗、锡、砷、硫、锑等直接作用生成相应的氢化物。

韩国学者报道了一种水包裹氢原子 $H(H_2O)_m$，因为氢原子具有非常优异的还原性，使用这种水分子包裹氢原子进行了保护紫外线诱导的皮肤老化研究[11]。观察到这种氢原子能避免紫外线诱导皮肤红斑和 DNA 损伤，能显著减少紫外线诱导的人类皮肤细胞内活性氧水平，同时抑制金属蛋白酶-1、cox-2、IL-6 和 IL-1b 的表达（图 1-2）。氢原子也能降低紫外线诱导 HaCaT 细胞 JNK 和 c-Jun 磷酸化。随后研究了氢原子水对延缓老年人皮肤衰老的保护效果。发现氢原子水能显著降低老年人面部皮肤金属蛋白酶-1、IL-6 和 IL-1b 的 mRNA 表达，显著增加胶原 mRNA 表达。这些结果表明，氢原子水能阻止紫外线诱导的皮肤炎症反应，可以调节内在的皮肤老化过程。研究结果说明，利用这种方法对室内进行大气环境改造，可让室内空气具有抗人体皮肤老化的作用。

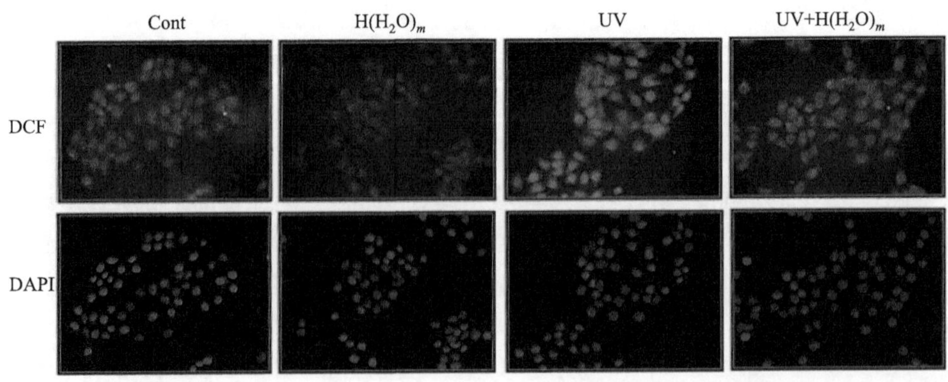

图 1-2　$H(H_2O)_m$ 能减少紫外线诱导的 HaCaT 细胞中 ROS 的产生

图 1-3　巨米波电波望远镜

2020 年，*Nature* 上发表论文报道了对平均红移值为 1 的一组星系所释放的原子氢的测量结果，这是已知的首次测量——由印度升级后的巨米波电波望远镜（Giant Metrewave Radio Telescope，图 1-3）完成，或有助于我们理解星系中恒星的形成[12]。恒星形成涉及气体落入星系形成原子氢，原子氢继而转化为分子态（H_2），再被用来形成恒星。而在天文学及物理学领域，一般情况下，红移现象表示天体的电磁辐射由于某种原因频率降低——光源远离观测者运动时，观测者观察到的电磁波谱会发生红移。在可见光波段，表现为光谱的谱线朝红端移动了一段距离，即波长变长、频率降低。此前在红移最大为 0.4 的星系中检测到原子氢，但是已有的望远镜一直难以测量红移更大的星系。红移衡量的是天体向远处移动时发出的光波长增加了多少，它可以用于测量距离星系的距离。由于缺少对更遥远的星系的测量，限制了人类对于星系演变的理解。印度浦那国家射电天体物理学中心的 Aditya Chowdhury、Nissim Kanekar 及其同事搜索了红移在 0.74～1.45 之间的 7653 个恒星形成星系所释放的原子氢[12]，发现原子氢的平均总质量比得上或可能大于恒星的平均质量，为恒星形成提供了大量的燃料。他们在估算恒星形成速率时发现，观测到的原子氢质量只能再为恒星形成提供 10 亿～20 亿年的燃料。这意味着落入红移为 1 的星系的气体可能不足以维持高恒星形成速率。人类对恒星演化过程的研究还远未完成，而此次研究有助于完善对这一领域的认知空缺。

1.3　氢　　气

氢气化学式为 H_2，是目前已知的世界上最轻的气体。它的密度非常小，只有空气的 1/14，即在标准大气压、0℃下，氢气的密度为 0.0899 $g \cdot L^{-1}$。氢气是一种可燃烧的气体，燃烧热度大、效率高，此外用途也非常广泛。氢气在化工、生物、医药等行业主要是用于加氢装置合成基础化工原料：比如汽柴油油品升级进行加氢，糖醇在雷尼镍催化剂作用下进行加氢合成，甲醇、液氨生产也都需要氢气作为原料。加氢装置还运用于其他领域和行业，如 1, 4-丁二醇、己内酰胺、脂肪醇、有机胺、丁辛醇、环氧丙烷（HPPO）、石油加氢树脂、染料中间体、医药及农药中间体等行业用催化剂（加氢、脱氢、还原胺化等领域）。此外，在电子工业、冶金工业、食品工业、浮法玻璃、精细有机合成、航空航天工业等领域也有应用。

1.3.1　氢气的制备

由于氢气的需求量非常大，所以氢气的制取方法的选取也就比较重要。常规氢气的制取方法分为两大类：一类是实验室制取氢气，另一类是工业制取氢气[13]。

1.3.1.1　实验室制氢

实验室常用制取氢气的方法是用金属与酸反应。凡是金属活动性在氢气前面的金属，都可用来制取氢气，一般是锌和铁。实验室里制取较多的氢气时，常用启普发生器。

用锌与稀硫酸反应：

$$Zn + H_2SO_4 = ZnSO_4 + H_2\uparrow \tag{1-4}$$

注意：这里最好不用盐酸，因为该反应放热，盐酸会挥发出氯化氢气体，使制得的气体含有氯化氢杂质。

实验室也可用金属铝和氢氧化钠溶液反应制取：

$$2Al + 2NaOH + 6H_2O = 2Na[Al(OH)_4] + 3H_2\uparrow \tag{1-5}$$

1.3.1.2　工业制氢

目前工业制氢的方式主要有：煤制氢、天然气制氢、甲醇制氢、工业副产物制氢、炼厂气制氢、焦炉煤气制氢、电解水制氢以及太阳能分解水制氢等其他制氢技术[14]。

1. 煤气化制氢

煤制氢是先将煤炭与氧气发生燃烧反应，进而与水发生反应，得到以氢气（H_2）和一氧化碳（CO）为主要成分的气态产品，然后经过脱硫净化，一氧化碳继续与水蒸气发生变换反应生成更多的氢气，最后经分离、提纯等过程得到一定纯度的产品氢（图 1-4）。煤气化制氢技术的工艺过程一般包括煤气化、煤气净化、一氧化碳变换以及氢气提纯等主要生产环节[15]：

气化反应：$C + H_2O(g) \longrightarrow CO(g) + H_2(g)$　　（1-6）

变换反应：$CO(g) + H_2O(g) \longrightarrow CO_2(g) + H_2(g)$　　（1-7）

总反应：$C + 2H_2O(g) \longrightarrow CO_2(g) + 2H_2(g)$　　（1-8）

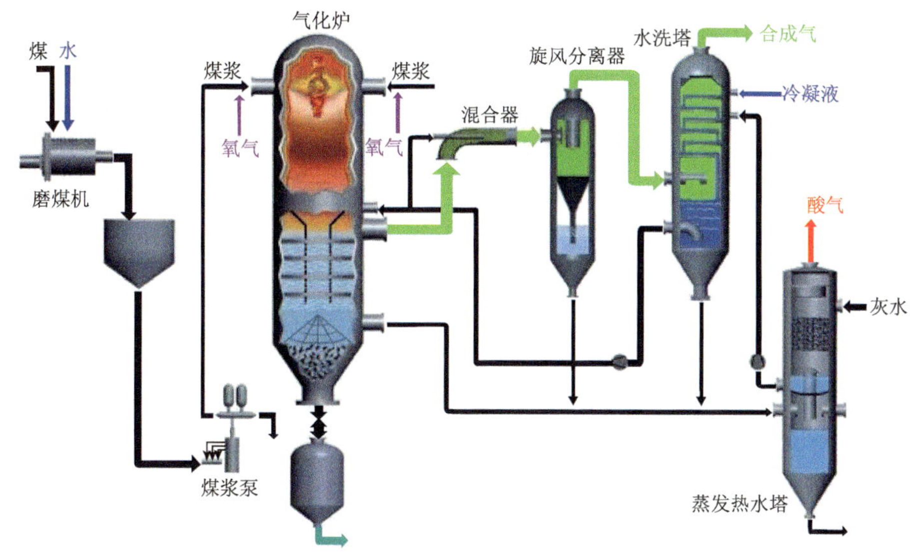

图 1-4　煤制氢技术工艺流程框图

2. 天然气制氢

天然气制氢工艺的原理就是先对天然气进行预处理，然后在转化炉中将甲烷和水蒸气转化为一氧化碳和氢气等，余热回收后，在变换塔中将一氧化碳变换成二氧化碳和氢气的过程，这一工艺技术的基础是在天然气蒸汽转化技术的基础上实现的[16]（图 1-5）。在变换塔中，在催化剂存在的条件下，控制反应温度，转化气中的一氧化碳和水反应，生成氢气和二氧化碳。天然气和水在 800～900℃高温和氧化镍催化剂的条件下反应生成一氧化碳和氢气：

$$CH_4 + H_2O \longrightarrow CO + H_2 \tag{1-9}$$

一氧化碳和水在 300～400℃条件下和三氧化二铁催化剂的条件下反应生成二氧化碳和氢气：

$$CO + H_2O \longrightarrow CO_2 + H_2 \tag{1-10}$$

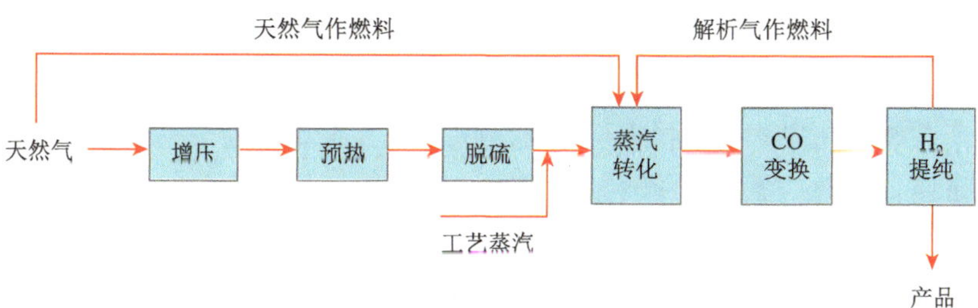

图 1-5　天然气制氢工艺流程图

3. 甲醇制氢

甲醇制氢工艺为：甲醇与水蒸气在一定的温度、压力条件下通过催化剂，在催化剂的作用下，发生甲醇裂解反应和一氧化碳的变换反应，生成氢和二氧化碳，这是一个多组分、多反应的气固催化反应系统（图 1-6）[17]。

$$CH_3OH \xrightarrow{\text{催化剂}} CO + 2H_2 \tag{1-11}$$

$$H_2O + CO \longrightarrow CO_2 + H_2 \tag{1-12}$$

$$\text{总反应}\quad CH_3OH + H_2O \xrightarrow{\text{催化剂}} CO_2 + 3H_2 \tag{1-13}$$

重整反应生成的 H_2 和 CO_2，再经过变压吸附法（PSA 法）将 H_2 和 CO_2 分离，得到高纯氢气。

甲醇蒸汽重整制氢由于氢收率高（由反应式可以看出其产物的氢气组成可接近 75%），能量利用合理，过程控制简单，便于工业操作而更多地被采用。

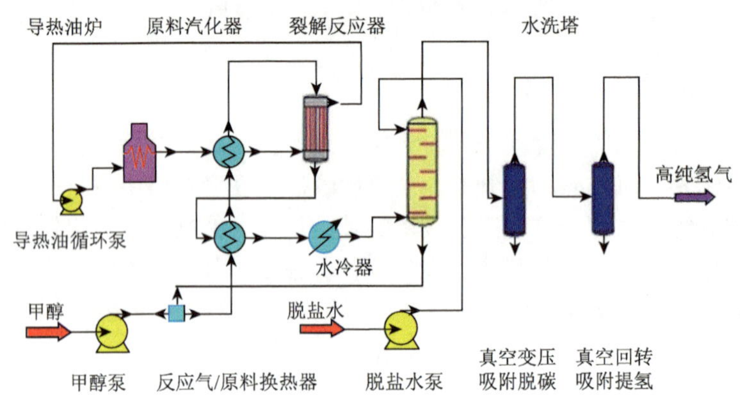

图 1-6　甲醇水蒸气重整制氢技术工艺流程框图

4. 工业副产物制氢

工业副产物制氢就是将富含氢气的工业尾气作为原料，主要采用 PSA 法，回收提纯制氢[18]。目前主要尾气来源有氯碱工业副产气、焦炉煤气[19]。与其他制氢方式相比，工业副产品制氢的最大优势在于几乎无需额外的资本投入和化石原料投入，所获氢气在成本和减排方面有显著优势。其中氯碱副产物制氢具备提纯难度小、杂质含量低、氢气得到有效利用等优势。氯碱厂以食盐水为原料，采用离子膜或石棉隔膜电解槽，生产出烧碱、氯气以及副产品氢气。大部分氯碱厂采用物理吸附法如 PSA 法，将其副产品氢气提纯，可获得高纯度氢气。该工艺具备能耗低、投资少、自动化程度高、产品纯度高、无污染等优势。

5. 焦炉煤气制氢

我国是全球最大的焦炭生产国，焦炉煤气是炼焦过程的副产物，除含大量氢气（55%以上）、甲烷（一般在 20%～30%之间）之外，其他组分有一氧化碳、二氧化碳，随原料煤的不同有较大的差别。焦炉煤气变压吸附制氢工艺过程分为甲烷分离[制液化天然气（LNG）、压缩天然气（CNG）等]、冷冻净化分离、变压吸附脱碳、脱硫压缩、变压吸附制氢和脱氧等五道工序，最终制取氢气的纯度超过 99.999%。国内焦炉煤气制取氢气的理论空间最大，但是钢铁联合焦化企业自身循环利用系统通常较为完善，大部分焦化气已实现充分利用。目前焦炉气应用范围广，如用于制甲醇、合成氨、LNG 后提氢等[20]。

6. 电解水制氢

电解水制氢是在阴极上发生还原反应析出氢气和在阳极上发生氧化反应析出氧气的反应。电解水制氢具备工艺简单，可完全自动化，操作方便，无污染等优势。其氢气产品的纯度也极高，一般可以达到 99%～99.9%水平，且主要杂质为 H_2O 和 O_2，特别适合于对 CO 等杂质含量要求极为严格的质子膜燃料电池（图 1-7）[21, 22]。但其缺点在于成本高、耗电量大等。

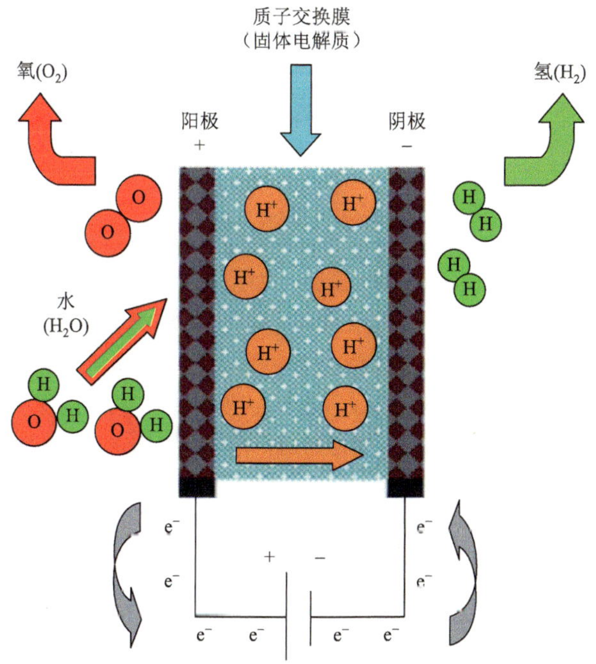

图 1-7　碱性电解水制氢工艺

7. 其他方式制氢

除了上述提及的主要制氢工艺外，还有生物质制氢、太阳能光解水制氢、核能制氢等，但目前这些工艺还处于实验阶段，在工艺稳定性、高效性和长期性等方面还有很多难点需要解决。

1）生物质制氢

生物质是一种可再生能源，具有巨大的能源生产潜力。生物质制氢可以通过暗发酵（厌氧过程）或光发酵（光异养过程）途径实现。图 1-8 为生物质制氢的原理图。生物质制氢中约 50%的氢是在水裂解过程中通过蒸汽重整反应产生的。该工艺对原料的能量含量有固有限制[23]。另外，生物质的氢含量非常低，导致生物质产生的氢气产量较低。由于生物质制氢技术尚不成熟，目前还未实现应用。

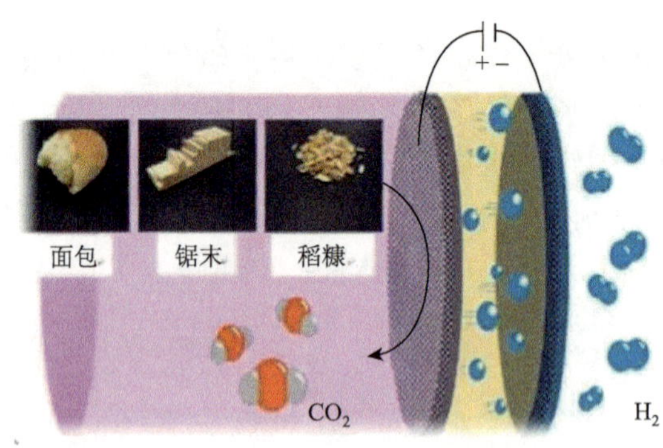

图 1-8　生物质制氢的原理示意图

2）太阳能光解水制氢

自 1972 年，由日本东京大学 Fujishima 和 Honda 两位教授首次报告发现 TiO_2 单晶电极光催化分解水从而产生氢气这一现象，从而揭示了利用太阳能直接分解水制氢的可能性，开启了利用太阳能光解水制氢的研究道路[24]。随着电极电解水向半导体光催化分解水制氢的多相光催化（heterogeneous photocatalysis）的演变和 TiO_2 以外的光催化剂的相继发现，开启了以光催化方法分解水制氢（简称光解水）的研究。光解水的原理为：光辐射在半导体上，当辐射的能量大于或相当于半导体的禁带宽度时，半导体内电子受激发从价带跃迁到导带，而空穴则留在价带，使电子和空穴发生分离，然后分别在半导体的不同位置将水还原成氢气或者将水氧化成氧气（图 1-9）[25]。利用太阳光照射光催化剂分解纯水制取氢气，将太阳能转化为可储存和运输的氢能，是实现“液态阳光”能源计划最为理想的方法之一。2020 年，日本信州大学 Kazuhiko Seki 教授和东京大学 Kazunari Domen 教授等的研究团队成功利用铝掺杂钛酸锶（$SrTiO_3$：Al）光催化剂，并且选择性

将两种助催化剂 Rh/Cr_2O_3、CoOOH 引入到析氢反应以及析氧反应中，实现了在波长 350～360 nm 的紫外光照射下，极高的光催化全解水的外量子效率（EQE，高达 96%），创下了光催化全解水的新纪录。这一技术的实现，意味着在 350～360 nm 紫外光的照射下，催化剂所吸收的光子能量几乎全部用于分解水，能量损失极低，同时也避免了其他副反应。该研究成果发表在 *Nature*[26]上。

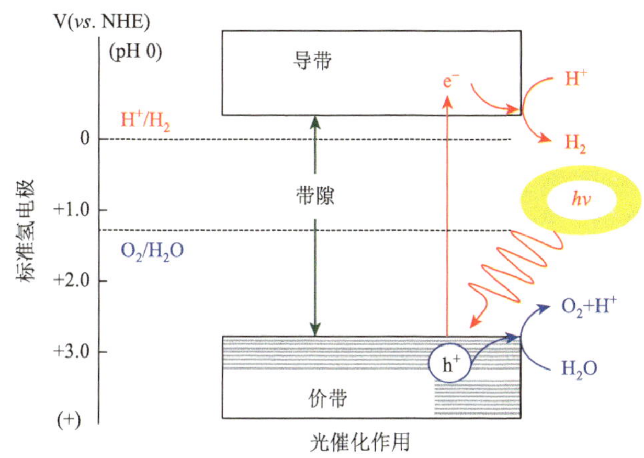

图 1-9　半导体光催化分解水机理图和光催化分解水产氢示意图

3）核能制氢

核能作为清洁能源不仅可以提供大规模制氢所需的电力，还可以提供热化学循环制氢所需的热能。目前世界各国研究核能制氢的工艺主要有天然气制氢、高温蒸汽电解制氢等。与天然气制氢相比，用核能替代天然气作为热源制氢可降低 35%的 CO_2 排放量；与高温蒸汽电解制氢相比，用核能可节约电耗约 35%。

1.3.2　氢气的用途

据估计，全世界每年生产的氢接近 500×10^9 m^3。氢无疑是用途最大的元素之一，图 1-10 给出其主要用途。

1.3.2.1　用作合成氨/甲醇/盐酸的原料

氢最重要的用途是合成氨，合成氨耗去氢产量的 40%以上：

$$N_2(g)+3H_2(g)\xrightarrow[\text{催化剂}]{\text{高温、高压}}2NH_3(g) \tag{1-14}$$

然而，该反应消耗能源，设备昂贵，加重了大气污染和温室效应，破坏了生

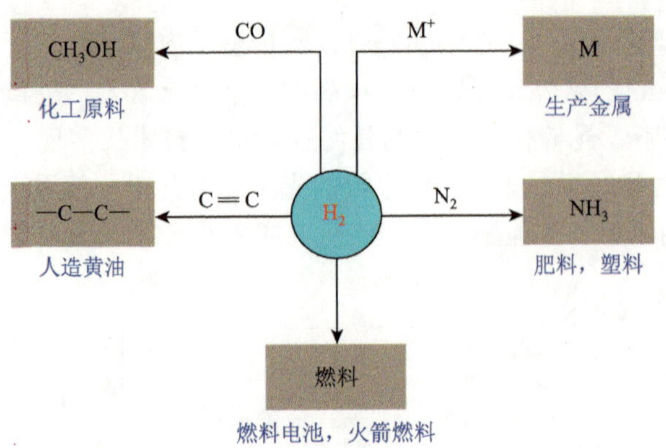

图 1-10　氢气的主要用途

态平衡。虽然有研究者[27]向其开发的超导物质 C12A7（钙铝酸盐化合物，是高铝水泥的主要成分）中加入现在合成氨时常用的钌微粒，制成催化剂 C12A7∶e^-，氮和氢能高效合成氨消耗的能源只有传统方法的十分之一，但仍需要消耗氢。

其次是石油炼制工业，耗氢量略低于 40%。例如与二异丁烯反应生产异辛烷，后者是高辛烷值汽油的成分：

$$H_3C-\underset{CH_3}{\overset{CH_3}{\underset{|}{\overset{|}{C}}}}-\underset{H}{\underset{|}{C}}=\underset{CH_3}{\underset{|}{C}}-CH_3(l)+H_2(g)\longrightarrow H_3C-\underset{CH_3}{\overset{CH_3}{\underset{|}{\overset{|}{C}}}}-\underset{H}{\overset{H}{\underset{|}{\overset{|}{C}}}}-\underset{CH_3}{\overset{H}{\underset{|}{\overset{|}{C}}}}-CH_3(l) \quad (1\text{-}15)$$

这种类型的反应称为加氢反应（hydrogenation reaction），在催化剂存在的条件下，氢原子加到其他分子的双键或三键上。通过加氢可将液体油酸（$C_{17}H_{33}COOH$）转化为固体硬脂酸（$C_{17}H_{35}COOH$），超市货架上摆放的人造黄油、食用油、洗发精、润滑剂、家庭清洁剂就是通过加氢反应制造的。

甲醇是一种重要的工业原料，制造甲醇是氢的另一个重要用向。由 CO 与 H_2 合成甲醇的反应是在高温、高压和 Cu/Zn 催化剂存在的条件下完成的：

$$CO(g)+2H_2(g)\xrightarrow{\text{催化剂}}CH_3OH(g) \quad (1\text{-}16)$$

1.3.2.2　用作金属冶炼中的还原剂

氢还原是指在高温下用氢将金属氧化物还原以制取金属的方法。与其他方法（如碳还原法、锌还原法等）相比，产品性质较易控制，纯度也较高，广泛用于钨、钼、钴、铁、锗等金属粉末和硅的生产。例如，用氢还原 WO_3 大致可分三个阶段：

$$2WO_3+H_2=\!=\!=W_2O_5+H_2O \quad (1\text{-}17)$$

$$W_2O_5 + H_2 \xlongequal{\quad} 2WO_2 + H_2O \tag{1-18}$$

$$WO_2 + 2H_2 \xlongequal{\quad} W + 2H_2O \tag{1-19}$$

1.3.2.3　用作燃料电池的燃料和火箭燃料

1. 氢燃料电池

燃烧过程产生的热可将水转化为蒸汽，后者经由汽轮机驱动发电机发电，从而实现热能至电能的转化。这一过程的最大热转化效率约为 40%，其余则散失在环境中。燃料经由电池反应可以直接产生电能，而且转化效率比较高。实行这种转化的电池称为燃料电池（fuel cell）。

氢燃料电池原理类似于原电池（图 1-11），区别仅在于作为反应物的氢气和氧气是连续提供的。因此，既克服了原电池容量有限的缺点，也克服了蓄电池蓄电容量限制的不足。H_2 在左电极的催化表面发生氧化生成氢离子（H^+）和电子，后者流经外电路到达右电极。与此同时，H^+流过两电极之间的电解质到达右电极，在那里与电子和以鼓泡方式透过电极的 O_2 结合产生 H_2O。电极反应如下：

负极：$H_2 \longrightarrow 2H^+ + 2e^-$　(1-20)

正极：$4H^+ + O_2 + 4e^- \longrightarrow 2H_2O$　(1-21)

总反应：$2H_2 + O_2 \longrightarrow 2H_2O$　(1-22)

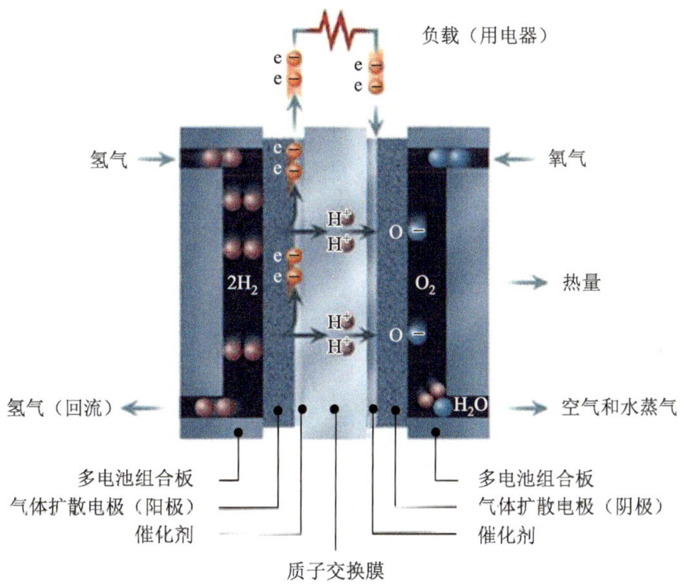

图 1-11　氢燃料电池示意图

H_2在阳极发生氧化，O_2在阴极发生还原，反应的总结果相当于 H_2在 O_2中燃烧。与 H_2在空气中的燃烧不同，这里发生的是无焰燃烧，不会产生空气污染物 NO_x。

20 世纪 60 年代，氢燃料电池就已经成功地应用于航天领域。往返于太空和地球之间的“阿波罗”飞船就安装了这种体积小、容量大的装置。进入 70 年代以后，人们掌握了多种先进的制氢技术，很快，氢燃料电池就被运用于发电和汽车领域。据悉，氢燃料电池汽车最大输出功率高达 60 kW，燃料消耗仅为每百千米 1.2 kg 氢气，大约相当于 4 L 93 号汽油。

2. 火箭燃料

图 1-12　我国“长征五号”液氢液氧火箭成功发射

火箭的核心部分是火箭发动机。液体火箭发动机使用液体推进剂（包括燃烧剂和氧化剂），是当今世界航天发射的主流技术。液氢液氧火箭发动机是一种以液态氧为氧化剂、以液态氢为燃烧剂的液体火箭发动机，由于以液氢液氧作为推进剂能大幅降低发动机起飞重量，成为大推力液体火箭发动机的首选。2016 年我国“长征五号”液氢液氧火箭成功发射（图 1-12），标志着我国航天技术上了一个新的台阶。

除此之外，在石化工业中，加氢通过去硫和氢化裂解来提炼原油，在玻璃制造的高温加工过程及电子微芯片的制造中，在氮气保护气中加入氢以去除残余的氧，都是氢气的重要用途。

1.4　三 原 子 氢

三原子氢（H_3）是一种由三个氢原子构成的不稳定分子。它的基态是不稳定的，一般的化学反应并不能形成 H_3，必须用一个两原子的氢分子 H_2 轰击处于基态的一个氢原子才能形成（低压放电管中）[28]。但是，当一个 H^+被 H_2 吸引时，就可形成为质谱学研究工作者所熟知的分子态离子 H_3^+。而如果再对这个系统加进一个电子，使它处在里德伯轨道上，这样就能得到处于稳定激发态的中性三原子氢（H_3）。$2p^2A_2'$ 激发态的寿命为 700 ns；如果分子失去能量并回到低能级，它将迅速自动分解能量最低的介稳态 $2sA_1'$（能量为–3.777 eV），比 H_3^+ 和 e^-状态低，但是只能存在大约 1 ps[29]。

用里德伯光谱可直接测定里德伯激发态的场结构，它的三个氢原子核排列成一个等边三角形，三边长约 8.7 nm，不同激发态的差异很小。这三个原子核之间的距离的实测结果与 H_3^+ 的理论值符合得很好。

H_3 很容易通过下列方式分解[30]：

$$H_3 \longrightarrow H_3^+ + e^- \quad (1\text{-}23)$$

$$H_3^+ + e^- \longrightarrow H_3^* \longrightarrow H + H_2 \quad (1\text{-}24)$$

$$H_3^+ + e^- \longrightarrow H_3^* \longrightarrow H + H + H \quad (1\text{-}25)$$

1.5 金 属 氢

1.5.1 金属氢的发现史

1. 前期工作

英国物理学家贝尔纳（J. B. Bernal，1901～1971 年）早在 1925 年就提出假说：任何材料在足够大的压强下就可以变成金属[31]。1935 年美籍匈牙利理论物理学家维格纳（E. P. Wigner，1902～1995 年）等从理论计算说明，金属氢作为氢的金属相是可能存在的，而且在不低于 400 kbar①的压强下，固氢可以向金属氢转变[32]。自此以后，“金属氢”一直是人们梦寐以求的目标，被称为高压物理的“圣杯”。理论计算表明：在 450 GPa 下，“金属氢”具有接近室温的超导特性（$T_c \approx 242$ K）。但是，如此高的压力对于实验是一个极大的挑战，令实验论证步履维艰。此后，不同的研究者对这个问题进行了很多研究，预言金属转变压强在 0.25～18 MPa 之间[33-35]。徐济安和朱宰万[36]对有关金属氢的转变压力和超导临界温度的计算结果是：$P = 1.35$ MPa，$T_c \approx 80$ K。1988 年，美国国家科学院院士、中国科学院外籍院士、英国皇家学会外籍院士，美国卡内基研究所地球物理实验室美籍华人毛河光（1941 年～）等首次宣称实现氢金属化，观察到氢在 150 GPa、77 K 时发生分子内伸缩振动的 Vibron 频率不连续变化的相变[37]。根据拉曼信号的减弱和样品吸收的增加，他们得出已经实现金属氢的结论（压强大于 200 GPa）。一年后，哈佛大学的 Silvera 小组证实了它[38]。1989 年，毛河光等用金刚石对顶砧（DAC）容器在低温高压下发现了黑色金属氢相[39]：

$$H_2(g) \xrightarrow[77\ \mathrm{K}]{>2.5\times10^8\ \mathrm{kPa}} 2H(s) \quad (1\text{-}26)$$

1996 年通过冲击波的方法观察到了高温熔化的液态金属氢[40]。科学家一直在为制造金属氢需要的超大压力付出不懈努力。最早接近这个压力的时间是

① bar 非法定单位，1 bar = 1.0×10^5 Pa。

1998 年，纽约康奈尔大学和马里兰大学的一组工程师将氢样本压缩在一个被称为“钻石砧”的地方[41]。本质上钻石砧是一对钻石，它们的尖端非常锋利，大约是人类头发直径的四分之一。它们的尖端虽然微小，却能够对氢进行捕捉。研究人员之后转动螺丝，将两颗钻石紧压，进而压缩捕获的氢气。最终在打碎了 15 对钻石后，该团队设法将尖端之间的压力提高到 342 GPa，这已经是接近地球核心的压强。根据已知理论，这样高的压强应该足以使氢金属化，然而结果证实它不是金属氢。

贝尔纳

维格纳

徐济安

毛河光

2. *Science* 杂志上的争论

根据已知理论，这样高的压强应该足以使氢金属化，然而结果它不是。2002 年，由法国原子能委员会的保罗・鲁贝雷领导的一个小组表明，这样的结果是意料之中的[42]。金属化压力的计算是基于对氢原子中电子所能达到的两种完全不同的能态之间的“间隙”的测量。随着压力的增大，这种间隙缩小了。于是进而改变了电子吸收或发射光的方式。就在间隙关闭、材料变成金属之前，氢的电子吸收光但不释放光，也导致材料变得越来越不透明。但是一旦间隙关闭，电子能够以自由移动的导体的形式存在，它们将重新释放出被吸收的光能，使材料具有高反射性。根据他们的观察推断，鲁贝雷和他的同事认为，要产生金属氢，需要大约 450 GPa 的压力。

直到 2017 年 1 月，来自哈佛大学自然科学系教授伊萨克・席尔瓦拉（Issac Silvera）和他的博士后研究员兰加・迪亚斯（Ranga Dias）宣布他们发现了这个星球上最有价值的材料：金属氢[43]。相关论文发表于 1 月 26 日出版的 *Science* 杂志上。该课题组在实验室中成功制造出 495 GPa 的超高压力，首次报道了真正意义上的“金属氢”，轰动全球（图 1-13，图 1-14）。

不过这一研究发表后，也有科学家提出了质疑。中国科学院合肥物质科学研究院固体物理研究所两科研团队针对哈佛大学称高压下发现金属氢的科研成果发表了不同看法，对“金属氢”的研究发现提出质疑，相关科研成果发表在 *Science* 上[44]。该团队科研人员在与哈佛大学相同尺寸台面的金刚石压力装置下进行了

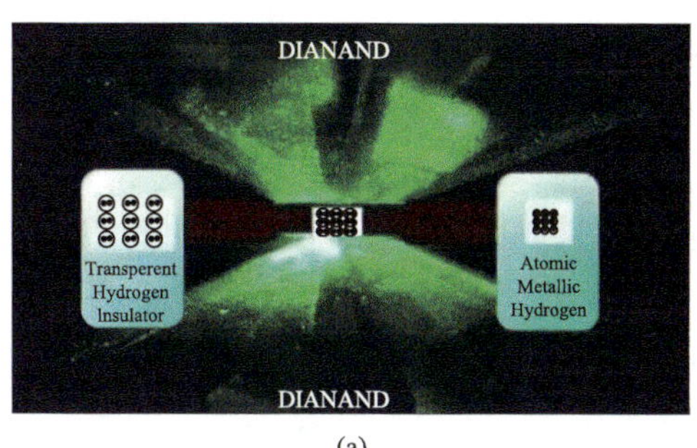

(a)

(b)

图 1-13　哈佛报道的金刚石高压砧正在压缩分子态氢气的示意图（a）；席尔瓦拉（左）和迪亚斯（右）（b）

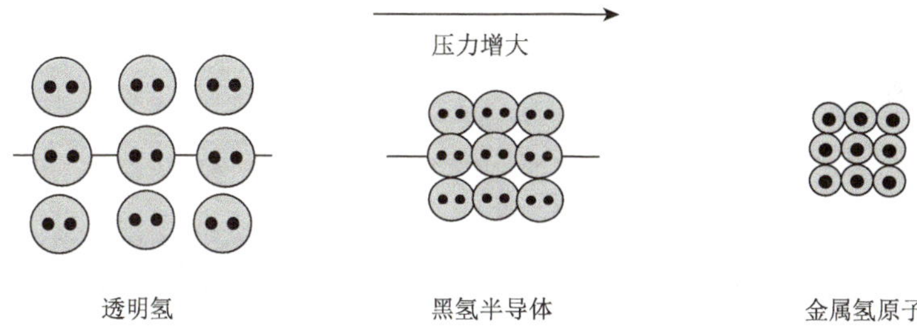

图 1-14　样品氢在不同压强下的状态：透明态、不透明态和金属态

上百次超高压实验，最高值做到了 300 万倍标准大气压，根本不可能达到哈佛研究团队所说的近 500 万倍标准大气压，并且在如此大的压力条件下，前人都没有发现氢金属相。何况哈佛大学研究团队没能提供氢从气态连续演化到原子金属态的详细过程和路径，所以认为他们的观察结果与氢性质的转化没有必然联系[44]。保罗·鲁贝雷在 *Nature* 杂志上发表意见回应说，“我不认为这篇论文有任何说服力”[45]。认为他们发现的金属光泽或许不是来自于金属氢，也有可能是来自于氧化铝，因为实验之前席尔瓦拉团队在金刚石表面镀上了一层氧化铝以防止氢扩散到金刚石晶体结构中。这篇关于氢金属化的声明是基于氢的反射率的测量：在 495 GPa 时它开始发光。鲁贝雷解释说，这种情况也可能是由于其他原因造成的，比如钻石顶端的氧化铝涂层改变了氢气在压力下的反射率。德国美因茨马克斯·普朗克化学研究所的米哈伊尔·埃雷梅斯也认为哈佛研究团队的说法尚未得到证实。他和他的同事亚历山大·德罗兹多夫在 arXiv 论坛回复说，“在他们公布的数据中，我们没有发现关于金属氢的令人信服的证据”。他们的反对主要来自两点，除了指出反射率变化可能来自钻石上的涂层外，压力测量也是“模糊的”。

面对这些质疑，席尔瓦拉团队准备继续观察金属氢的更多特性，可当他们用低功率激光器测量压力时，却传出了一声微弱的“咔嗒声”，这是其中一块金刚石没有承受住如此高的压强而碎成了粉尘，这也意味着唯一一块金属氢样本随之消失了。

之后，由法国原子能委员会保罗·鲁贝雷领导的研究小组宣布他们几乎发现了金属氢的存在。这项研究最早出现在 arXiv 预印本平台上面，六个月之后，该研究正式发表在 *Nature* 期刊上[46]。与哈佛大学席尔瓦拉团队类似，鲁贝雷和他的团队也是采用“金刚石压砧”的方法，他们改进设计了一种新的金刚石压砧，称为“环形金刚石压砧”，这种金刚石的尖端设计可以承受更高的压强，有效地避免了金刚石扛不住过高的压强而粉碎。通过实验，鲁贝雷发现了氢样本在不同压强下对光的反射率（图 1-15）。当压强为 1 GPa 时，样品氢对于可见光和红外光都是透明的。当压强升高至 300 GPa 时，样品氢变成固态，可见光已经不可穿过，只有能量比可见光更低的红外光可以穿透固态氢。随着压强增加到 425 GPa，固态氢的反射率急剧增大，这时，可见光与红外光都不可穿透，意味着此时的固态氢可以阻挡所有的光，已经变得不再透明。

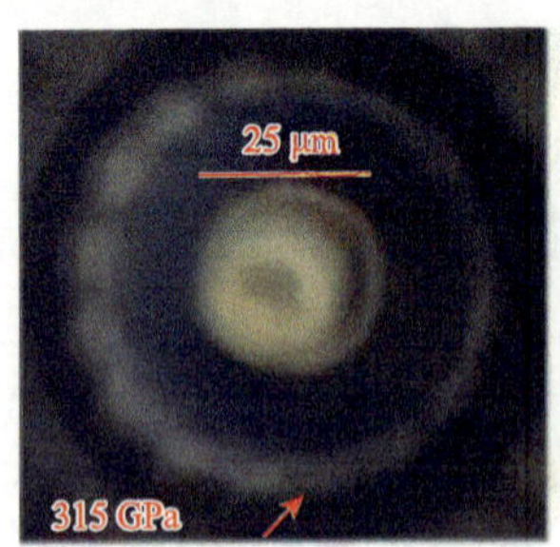

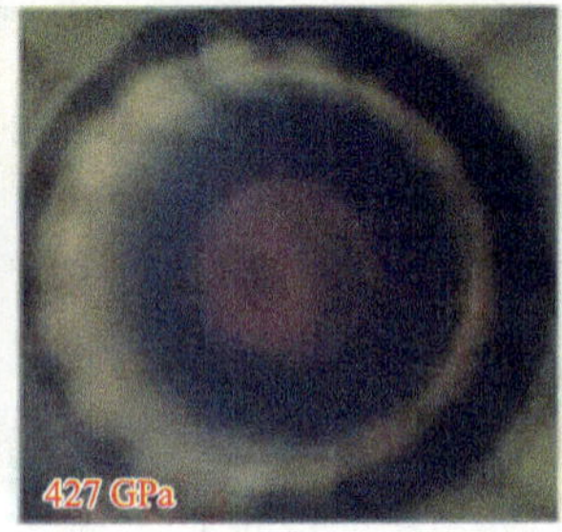

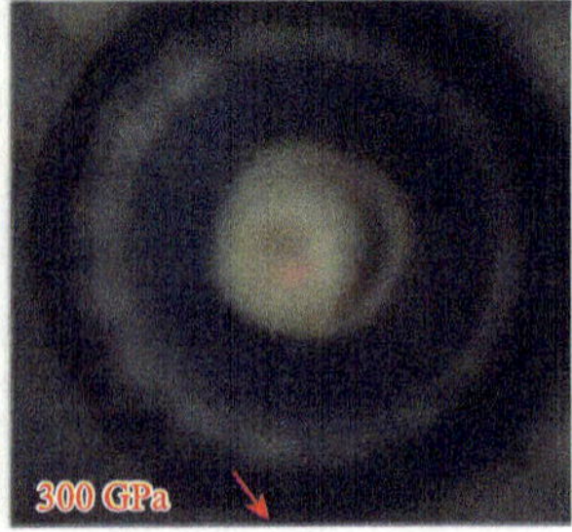

图 1-15　氢样本在不同压强下对光的反射率

而研究人员认为，固态氢在极端压强和低温下呈现出的光学反射率不连续且可逆的变化，这正是固态氢变成金属氢的一个有力证据。只不过这还不能作为金属氢出现的“实锤证据”，实际上，研究人员也没有断言他们观测到的就是金属氢，就像他们论文标题所指出的，发现的是“固态氢可能过渡到金属氢”的证据。现在来说，如果真要证明金属氢的存在，其实只需在高压低温下对氢样本的导电性进行测试，如果氢样本可以展现出高水平的导电性，那么基本上就可以证明金属氢的存在。然而，要给这种状态下的氢样本做导电测量是一件很难完成的事，因为这意味着金刚石的尖端需要连上微型电极，并将电极与少量的固态氢接触，目前来说，很难做到如此精确的连接。虽然鲁贝雷的实验还无法给出“我们已经创造了金属氢”这样结论性的科学声明，但该领域的科学家普遍认为这一实验结果几乎是证明金属氢产生的决定性证据[47, 48]。

3. 中国科学家的工作

2019 年，山东大学赵明文教授团队提出利用碳纳米管高机械强度的特点，在碳纳米管中以相对“较低”的压力制备与保护准一维“金属氢”[49]：利用碳纳米管高机械强度的特点，在碳纳米管内形成超高密度的准一维“金属氢”。碳纳米管不仅可以保护稍纵即逝的“金属氢”，而且能有效地降低氢金属化的临界压力，在相对“较低”的压力下实现氢的金属化和超导特性。该成果表明，基于量子力学第一性原理的分子动力学模拟显示，束缚于碳纳米管的准一维氢在 163.5 GPa（即 163.5 万倍标准大气压）下就可以变成金属，其超导临界温度（T_c = 225 K）也接近室温（图 1-16）。在 Eliashberg 超导理论的基础上，该研究团队发展了相应的理论模型，成功解释了准一维“金属氢”的超导特性。这项理论成果为实验上制备和研究常温超导体“金属氢”提供了新的方案。

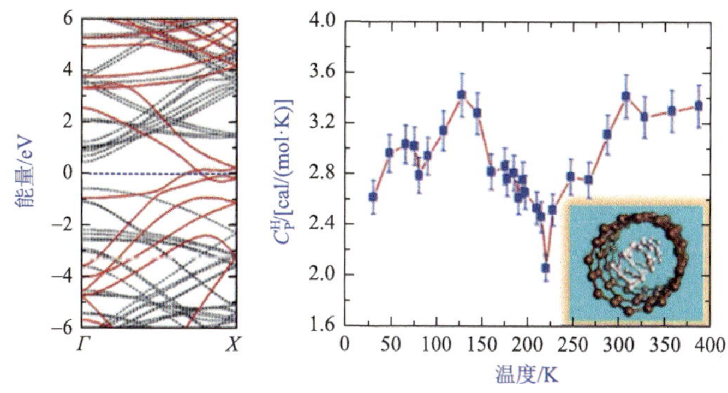

图 1-16　超导的临界温度接近室温

1.5.2　金属氢的应用

那么，科学家为什么要这样费劲折腾“金属氢”呢？因为“金属氢”一旦问世，就有可能像当年蒸汽机的诞生一样，会掀起整个科学技术领域一场划时代的革命：金属氢是一种亚稳态物质，用它所产生的电能将是廉价的且干净的，从而一举解决困扰人类的能源危机。同时，用金属氢输电，大幅提升输电效率，可使全世界的发电量增加四分之一以上[50]。金属氢是目前化学威力最强的爆炸物，爆速约为 15 000 m/s，具有前所未有的军事威力[51]。如果将金属氢用于航空技术，就可以制造出更加灵巧小型、速度超过音速许多倍的火箭。用它作能源的汽车，无污染，清洁高效。由于金属氢的特殊性能，它可能是高密度、高储能材料，高 T_c（超导临界温度）材料和高导电、导热材料[52]（图 1-17）。

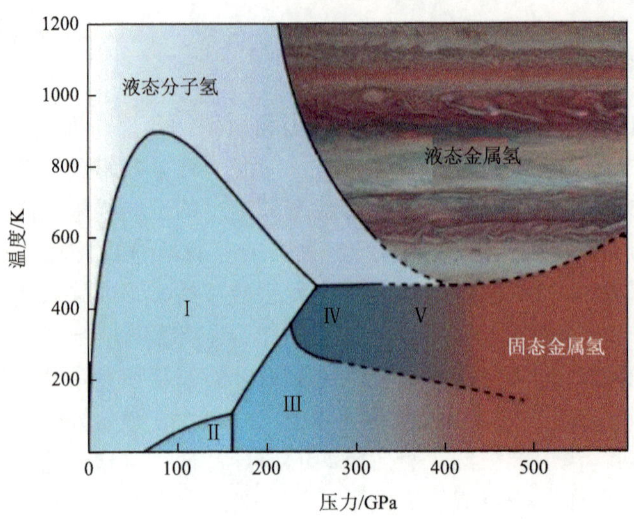

图 1-17　氢分子的 p-T 相图

1. 高密度、高储能材料

由于金属氢的密度达到 0.562 g/cm^3，比固氢（0.089 g/cm^3）高 6.3 倍，比液氢（0.071 g/cm^3）高 7.9 倍。作为超高能炸药，金属氢储存有极高的能量，约为 218 kJ/g，比环四亚甲基四硝胺（HMX）（5.53 kJ/g）高约 40 倍，比 TNT（4.65 kJ/g）高 30～40 倍，比最好的航空燃料能量高 200 倍；如果用金属氢作为火箭燃料，因其比冲近于 1700 s（而 JP4 加液氧只有 400 s 左右），可用于小尺寸、小重量、高性能的运载火箭[53]。

2. 高 T_c（超导临界温度）材料

金属氢的高超导电性是由于氢的质量小，德拜频率高，德拜温度 3000 K，比一般材料高出 6 倍[根据麦克米伦（McMillan）方程]。阿什克罗夫特（Neil W. Ashcroft，1938～2001 年）指出[54]：金属氢可能是室温超导体，也就是说，利用金属氢就可以把超导现象的应用从零下 200 多度提高到室温附近，那么，利用金属氢就可以实现没有电力损耗的电力输送，不用低温装置的超导强磁场、储能线圈、高速磁悬浮列车、高灵敏的超导陀螺和超导天线等，从而大大开拓了超导技术应用的前景。李俊杰等用强耦合超导电-声强耦合常数计算公式得出六方密堆积（HCP）结构金属氢的超导转变温度为 158.2 K[55]。详细的报道可参考文献[56-59]。

3. 高导电、导热材料

根据塞曼方程可以计算金属氢在零压下的电阻率为 0.638×10^{-6} Ω·cm，比电的良导体铜（$1.692\times10^{-6}\ \Omega\cdot cm$）还小。从高的导电性能可以预期金属氢具有良好的导热性能。计算表明，金属氢的热导率为 10.5 W/(K·cm)，比铜大一倍以上[60, 61]。

4. 推动地球物理、天体物理、固体物理学科的发展

在宇宙空间中，许多天体包含着大量的氢，例如木星和土星主要是由氢组成。德马库斯（C. DeMarcus）认为[62]，在木星、土星内存在着很高的压力，其中大部分氢可能处于金属态（图 1-18），氢的含量分别达到了 78%和 63%。金属氢良好的导热性表明，在这些星球内部，不应当有很大的温度不均匀性。在地球内部，根据地震波在 2900 km 深处的不连续现象，认为此处可能存在一定比例的金属氢。因此，金属氢的研究对认识星球的内核构造也具有重要的意义。

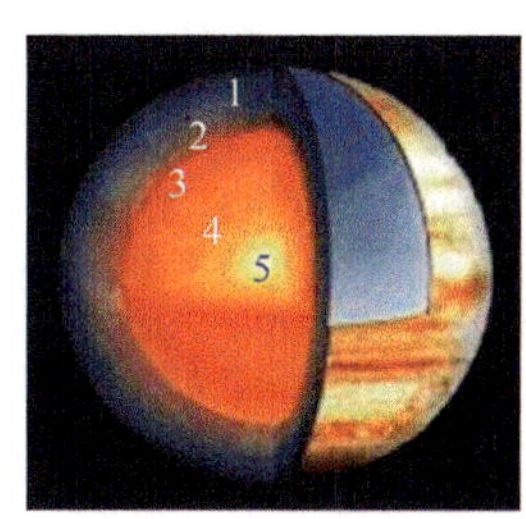

图 1-18　木星的构成

1-大气层顶；2-云层顶；3-液氢；4-液态金属氢；5-岩石核心

1.6　反 氢 原 子

1.6.1　反氢原子的定义和结构

氢原子核是质子，与围绕作轨道运动的一个电子组成氢原子。那么是否存在相应反粒子组成的反原子呢？人们很自然地期望首先看到反氢原子（antihydrogen atom)，即由正电子围绕反质子运动的奇特原子，进一步想到应当还会有其他的反原子，甚至再进而是反分子，乃至反物质世界（antiworld)。自从狄拉克预言反粒子的存在后，虽然人们已经找到了几乎每个粒子的反粒子，但几代物理学家苦苦寻找着由反粒子组成的反原子[63, 64]。

1.6.2　反氢原子的研究发展史

自然界的环境不会存在反氢，因此需靠人们以粒子加速器来制造。科学家使用庞大粒子加速器将一束具有高能量的质子发射进目的里，强大的磁铁会使目的分辨出反质子。这些反质子的速度会减到非常慢，然后暴露在钠-22 自然发射出来的反电子下。反电子会围绕着反质子运动，因此就产生了反氢原子。假设是在真空的纯真环境中，制造出来的反原子可以存在。但是理想中反原子会与空气中的杂质或许其他物质相撞，从而使反原子被撞回普通的原子，释放出巨大的能量。

1928 年，狄拉克（P. A. M. Dirac，1902～1984 年）就预言了第一个反粒子——正电子的存在，正电子的工作曾两度获得诺贝尔奖[65]。

1933 年，此前一直研究宇宙射线的安德森（C. D. Anderson，1905～1991 年）发现带正电荷的电子：正电子[66]。

1955 年，塞格雷（E. Segrè，1905～1989 年）和张伯伦（O. Chamberlain，1920～2006 年）通过使用粒子加速器“Bevatron”发现了反质子，即反氢的原子核。在此实验中还发现了反中子[67]。自发现了正电子与反质子后，人们自然期望找到反氢原子。

1996 年 1 月 11 日，*Nature* 以《欧洲核子研究中心（CERN）庆贺探测到第一反原子》为题报道了 CERN 宣布制得总数为 11 个的反氢原子，打开了通向反物质世界的大门，引起了轰动[68]。紧接着 1 月 12 日，*Science* 也以《物理学家制得第一个反原子》为题作了报道[69]。物理学界重要的杂志 *Physics Letters* 于次月发表了题为《反氢原子的产生》的正式学术论文[70]。

2002 年 9 月 18 日，欧洲核子研究中心在 *Nature* 上宣布[71]，成功制造出约五万个反氢原子，这是人类首次在受控条件下大批量制造反物质。该方法于 2002 年首度试验，至 2004 年共生产了数十万个反氢原子（图 1-19）。

图 1-19　反氢原子

在实验室中，有好几种方法可以产生反氢原子，其中一种方法叫作反质子-电子偶素散射反应[72]。到目前为止，大多数这种反应被证明处于基本态。这是首次验证了低能耗生产反氢原子效率的理论。科学家希望这种方法能够大量生产冷的反氢原子，进而用于测试反物质的基本属性。2010 年 11 月下旬，阿尔法国际合作组宣布将 38 个反氢原子俘获在阱中长达 170 ms 之久[73]。而这么长的时间足够对反氢原子的光谱特性进行详细的测量。仅仅几周以后，在 CERN 的 ASACUSA 合作组宣布了他们在产生适合做光谱研究的反氢束流方面获得重要突破，这两项突破性进展使得首次对反氢原子能级进行详细研究成为可能[74]。该项研究成果获评 *Physics World* 2010 年分布的物理学 10 项重大突破之一[75]。

2011 年，欧洲物理实验室欧洲粒子物理研究所的科学家捕获反物质长达 16 min，这打破了世界纪录[76]。2015 年，来自澳大利亚科廷大学和英国斯旺西大学的科学家在理论上找到了一种可以将反氢原子生产效率提高几个数量级的方法。他们认为自己的发现可以满足未来实验的需求——在更低的温度下大量生产出能被长时间约束的反氢原子。此次，科学家从理论上证明，利用处于兴奋态的电子偶素与反质子碰撞（图 1-20）能显著提高反氢原子的生产能力，特别是耗费的能源显著降低。这是首次验证了低能耗生产反氢原子效率的理论。科学家希望这种方法能够大量生产冷的反氢原子，进而用于测试反物质的基本属性。

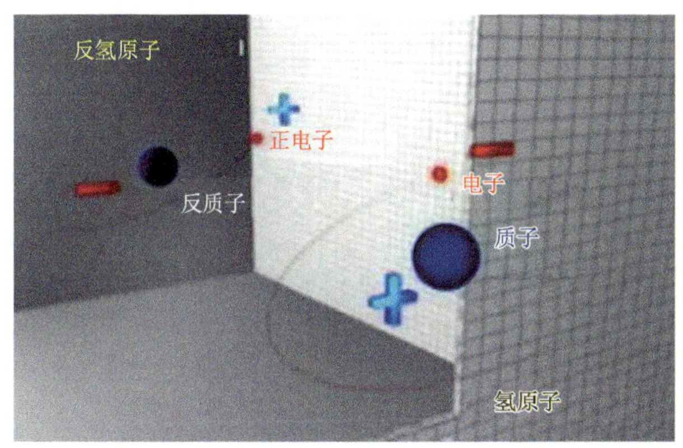

图 1-20　利用处于兴奋态的电子偶素与反质子碰撞制备反氢原子

2016 年，*Nature* 杂志登出 CERN 的反氢激光物理仪器（Antihydrogen Laser Physics Apparatus，ALPHA）反质子减速器测得反氢中最低的两个能级（1s 与 2s）之间的电子跃迁，其结果在实验误差内与一般的氢原子一致，吻合物质-反物质对称性的 CPT 对称性定律概念[77]。2021 年 3 月，研究人员首次成功演示了反氢原子的激光冷却，将样品冷却到了接近绝对零度，相关论文刊登于 *Nature*[78]。该研究中产生了比以往任何时候都更冷的反物质，并使一种全新的实验成为可能，有助于科学家在未来更多地了解反物质。加拿大国家粒子加速器中心的 Makoto Fujiwara 团队与合作者，在瑞士日内瓦附近的欧洲核子研究中心粒子物理实验室进行了一项名为 ALPHA-2 的反氢捕获实验（图 1-21）。他们在一个磁阱中创造了由约 1 000 个反氢原子组成的“云”。该团队开发了一种激光，它能以适当的波长发射被称为光子的光粒子，从而降低正在直接朝向激光移动的反原子的速度，并且是一点点地放慢它们的“步伐”。当原子从紫外线激光束中散射出光时，被困在磁瓶内的反氢原子的温度就会降低，从而减缓原子的速度，并减少它们在瓶子中占据的空间，这两个方面都是未来需更加详细研究反物质特性的重要方面。

除了表明反氢原子的能量降低外，物理学家还发现冷原子能吸收或发射光的波长范围缩小了，所以光谱线（或色带）因运动减少而变窄。后一种效应值得特别关注，因为它将使光谱的测定更加精确，进而揭示反氢原子的内部结构。研究人员设法将反原子的速度降低到 1/10 以下。而对于冷却的反氢原子，该团队获得的测量精度几乎是未冷却的反原子的 3 倍。参与了该实验的英国斯旺西大学教授 Niels Madsen 说："这是一项了不起的成就。我们现在可以用激光冷却反氢，并进行非常精确的光谱测量，这一切都能在不到一天内完成。而两年前，仅光谱分析就需要 10 周。我们的目标是研究反氢的性质是否与普通氢的对称性相匹配。无论差异有多小，都可以帮助解释反物质的一些深层次问题。"[79]

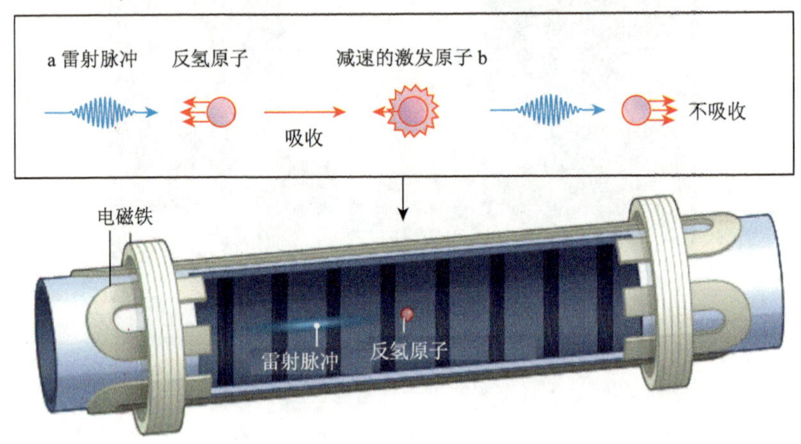

图 1-21　反氢原子的制备

1.7　教 学 提 示

（1）氢作为最简单的原子，不仅在原子物理中有特别的理论价值，对氢原子的能级、成键等的研究在量子力学的发展中也起了关键作用；而且显示了周期表元素中绝无仅有的三种同位素质量之间特别高的相对差值，并因此而各有自己的名称；也具有性能和功能各异的原子氢、H_2、H_3 和金属氢 4 种同素异形体。

（2）氢能是一种二次能源，它是通过一定的方法利用其他能源制取的，而不像煤、石油、天然气可以直接开采。氢能是公认的清洁能源，作为低碳和零碳能源脱颖而出。21 世纪，我国和美国、日本、加拿大、欧盟等都制定了氢能发展规划，并且我国已在氢能领域取得了多方面的进展，在不久的将来有望成为氢能技术和应用领先的国家之一，也被国际公认为最有可能率先实现氢燃料电池和氢能汽车产业化的国家。

（3）讨论金属氢的发现史，是因为金属氢像当年蒸汽机的诞生一样，会掀起整个科学技术领域一场划时代的革命。不但是先进功能材料的产生源，还是多个学科发展的推动力。特别是那时期顶级期刊学者的辩论，会使我们感受到科学研究精神的精髓。

（4）介绍反氢原子的研究，无疑会激起人们探求自然奥秘的热情。这点对年轻学子尤为重要。

学习思考题

1. 目前工业制取氢气都有哪些技术？各种产氢技术都有什么优缺点？
2. 为什么说氢能是未来理想的新能源？
3. 目前电解水制氢的主要热点问题有哪些？
4. 什么是原子氢焊，其基本原理是什么？
5. 为什么原子态的氢的还原性比氢气更强？
6. 对比单原子氢、分子氢和三原子氢（H_3）的结构，并解释三原子氢为何是一种不稳定分子。
7. 超导体有什么特性，分析其有哪些应用前景？
8. 什么是超高压技术？试分析理解金刚石对顶砧装置是如何产生超高压强的。
9. 为什么说“金属氢”一旦问世，就有可能像当年蒸汽机的诞生一样，掀起整个科学技术领域一场划时代的革命？
10. 为什么说金属氢的研究对认识星球的内核构造也具有重要的意义？
11. 怎样理解固态氢在极端压强和低温下呈现出的光学反射率不连续且可逆的变化，正是固态氢变成金属氢的一个有力证据？
12. 光解水制取氢气的基本原理是什么，试分析可以从哪些角度设计提高光催化产氢的整体效率。
13. 什么是反氢原子，其结构是什么样的？
14. 什么是反物质，反物质的相关研究有什么意义？
15. 根据你的知识结构，谈谈反氢原子是否可以作为氢的一种同素异形体？

参 考 文 献

[1] 刘全慧. 现代物理知识，2013，3（3）：19-21

[2] Palmer D. Hydrogen in the Universe. NASA. 1997-09-13 [2008-02-05]

[3] 袁振东，张月梦. 化学教育，2021，42（3）：109-113

[4] Boyle R. Tracts written by the Honourable Robert Boyle containing new experiments，touching the relation betwixt flame and air，and about explosions，an hydrostatical discourse occasion' d by some objections of Dr. Henry More against some explications of new experiments made by the author of these tracts. London：printed for Richard

Davis，1672，270

[5] Cavendish H. Philosophical Transactions（The Royal Society），1766，56：141-184

[6] Emsley J. Nature's Building Blocks. Oxford：Oxford University Press，2001：183-191

[7] 张青莲. 中国科技史杂志，1985，17（4）：54-56

[8] Giroud M，Nedelec O. J Phys Chem C，1980，73：4151

[9] Arthur G M，Wm B O. J Phys Chem C，1989，90：6887

[10] 张婧，叶明富，凌强，等. 山东化工，2017，46（21）：145-147

[11] Mi H S，Park R，Nojima H，et al. PloS One，2013，88（4）：e61696，1-10

[12] Aditya C，Nissim K，Jayaram N，et al. Nature，2020，586：369-372

[13] 李学军，张庆云. 中小学教学研究，2002，1（1）：1-2

[14] 刘一鸣. 化学与生物工程，2007，24（3）：72-74

[15] 徐振刚，吴春来. 低温与特气，2000，18（6）：28-31

[16] 史云伟，刘瑾. 化工时刊，2009，23（3）：59-62

[17] 王伟. 科学咨询，2021，22：69

[18] 田波. 低温与特气，2008，26（3）：26-27

[19] 洑春干. 低温与特气，2002，20（3）：22-24

[20] 王亚阁，王丽霞. 化工设计通讯，2020，46（8）：86-96

[21] 俞红梅，邵志刚，侯明，等. 中国工程科学，2021，23（2）：146-152

[22] Wy A，Yg A，Zhi C A，et al. Chinese J Catal，2021，42（11）：1876-1902

[23] 谭静. 煤气化，东方电气评论，2020，34（3）：28-31

[24] Fujishima A，Honda K. Nature，1972，238（5358）：37-38

[25] 冯亚杰，段有雨，邹函君，等. 稀有金属，2021，45（5）：551-568

[26] Takata T，Jiang J，Sakata Y，et al. Nature，2020，581（7809）：411-414

[27] Masaaki K，Yasunori I，Youhei Y，et al. Nature Chem，2012，4（11）：934-940

[28] Binder J L，Filby E A，Grubb A C. Nature，1930，126：11-12

[29] Herzberg G. J Chem Phys，1979，70（10）：4806-4807

[30] Helm H，Bound States to Continuum States in Neutral Triatomic Hydrogen. USA：Kluwer Academic Plenum Publishers，2003：275-288

[31] Gross E S. Science News，1970，97：440-441

[32] Wigner E，Huntington H B，J Chem Phys，1935，3（12）：764-770

[33] 朱宰万，徐济安. 物理学报，1979，28（6）：865-871

[34] 王世杰. 大众科学，2017，2：48-49

[35] 杨皎. 高温高压下氢（氘）物态方程与金属化相变的第一性原理研究. 重庆：西南大学，2016

[36] 朱宰万，徐济安. 物理学报，1978，27（1）：112-117

[37] Hemley R J，Mao H K. Phys Rev Lett，1988，61（7）：857-860

[38] Lorenzana H E，Silvera I F，Goettel K A. Phys Rev Lett，1989，63（19）：2080-2083

[39] Mao H K，Hemley J R. Science，1989，244（491）：1462

[40] Weir S T，Mitchell A C，Nellis W J. Phys Rev Lett，1996，76（11）：1860-1863

[41] Narayana C，Luo H，Orloff J，et al. Nature，1998，393（6680）：46-49

[42] Loubeyre P，Occelli F，Letoullec R. Nature，2002，416（6881）：613-617

[43] Dias R P，Silvera I F. Science，2017，355（6326）：715-718

[44] Liu X D，Dalladay-Simpson P，Howie R T，et al. Science，2017，357（6353）：765
[45] Silvera I，Dias R. Science，2017，357（6353）：1-2
[46] Loubeyre P，Occelli F，Dumas P. Nature，2020，577（7792）：631-635
[47] Desgreniers S. Nature，2020，577（7792）：626-627
[48] Service R F. Science，2017，355（6323）：332-333
[49] Xia Y，Yang B，Jin F，et al. Nano Lett，2019，19（4）：2537-2542
[50] 刘明坤. 高压下典型主族氢化物与硼化物的结构和性质研究. 长春：吉林大学，2019
[51] 熊炎飞，曹禹. 爆破器材，2009，38（1）：28-30
[52] 孔超，韩一丁. 国防科技工业，2017，4：61-62
[53] 白志国，郝美丽，邢文芳. 宁波大学学报（理工版），2006，19（2）：272-273
[54] Ashcroft N W. Phys Rev Lett，1968，21（26）：1748-1749
[55] 鲍忠兴. 自然杂志，1979，2（7）：436-438
[56] 庞小峰. 高压物理学报，1988，2（4）：319-326
[57] 朱宰万，姜文植. 物理学报，1981，30（2）：271-276
[58] Meillan W L. Phys Rev，1968，167：331-344
[59] 庞小峰. 低温与超导，1982，10（4）：58-64
[60] Bergmann G，Rainer D J. Low Temp Phys，1974，14：501-519
[61] Bergmann G，Rainer D J. Zeitschrift für Physik，1973，263：59-68
[62] De Marcus C. Astron J，1958，63（2）：243-269
[63] 夏元复. 物理，1996，25（8）：449-453
[64] Oelert W. Nucl Phys B Proc Suppl，1997，56（1-2）：319-325
[65] Dirac P P. Roy Soc Lond，1928，118（779）：351-361
[66] Landé A. Phys Rev，1933，43（8）：624-626
[67] Chamberlain O，Segrè E，Wiegand C，et al. Phys Rev，1955，100（3）：947-950
[68] Eades J. Nature，1996，379（6567）：674-675
[69] Baur G，Brauksiepe S，Brauksiepe A，et al. Phys Lett B，1996，368（3）：251-258
[70] Amoretti M，Amsier C，Bonomi G，et al. Nature，2002，419：456-459
[71] 树华. 物理，2005，34（6）：45
[72] Andresen G B，Ashkezari M D，Baquero-Ruiz M，et al. Nature，2010，468：673-676
[73] Andresen G B，Bertsche W，Bowe P D，et al. Phys Lett B，2010，685（2-3）：141-145
[74] 树华. 物理，2011，40（3）：174
[75] Andresen G B，Ashkezari M D，Baquero-Ruiz M，et al. Nature Phys，2011，7（7）：558-564
[76] 黄堃. 前沿科学，2011，5（2）：1
[77] Castelvecchi D. Nature，2016，541：506-510
[78] Baker C J，Bertsche W，Capra A，et al. Nature，2021，592（7852）：35-42
[79] 吴玉. 自然杂志，2021，43（3）：399-440

第 2 章　硼元素单质的同素异形体

提要　本章根据硼物理化学的最新研究进展，首次提出应将多种硼富勒烯、硼纳米管、硼单层平面、硼富勒烯固体、硼烯、硼量子点等晶态硼的内容补充在硼的同素异形体教学中。讨论了它们的发展史、制备及其应用。

2.1　硼的一般介绍

2.1.1　硼的一般性质

硼（boron）是一种非金属元素，元素符号为 B，原子序数为 5，其原子质量为 10.806 u。单质硼有多种同素异形体，无定形硼为棕色粉末，晶体硼呈灰黑色（图 2-1）。晶态硼较惰性，无定形硼则比较活泼。单质硼的硬度近似于金刚石，有很高的电阻，但它的导电率却随着温度的升高而增大，高温时为良导体，室温时为弱导体。晶态单质硼有多种变体，它们都以 B_{12} 正二十面体为基本的结构单元[1]（图 2-2）。该二十面体由 12 个 B 原子组成，20 个接近等边三角形的棱面相交成 30 条棱边和 12 个角顶，每个角顶为一个 B 原子所占据。由于 B_{12} 二十面体的连接方式不同，键也不同，形成的硼晶体类型也不同。各种不同晶形硼的差别仅在于二十面体连接方式的不同。更有趣的是，许多硼化合物中仍然保留了这种单元。这一现象被称为“硼的多面体习性”（polyhedral behavior of boron）。

图 2-1　硼的外观：黑色（晶体）/棕色（无定形）

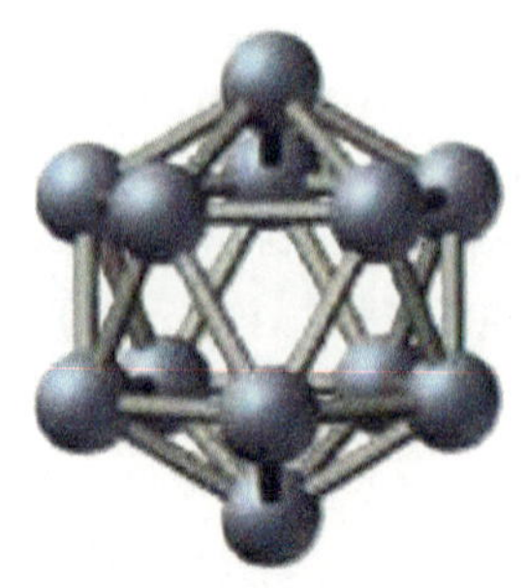

图 2-2　B_{12} 二十面体透视图

硼易被空气氧化，由于三氧化二硼膜的形成而阻碍内部硼继续氧化。常温时硼能与氟反应，不受盐酸和氢氟酸水溶液的腐蚀。硼不溶于水，粉末状的硼能溶于沸硝酸和硫酸，以及大多数熔融的金属如铜、铁、锰、铝和钙。

2.1.2　硼在自然界的存在

硼广泛存在于自然界中，约占地壳组成的 0.001%。硼是具有独特化学行为的稀有亲氧元素，在自然界中主要是以无机硼氧酸和硼氧酸盐形式存在，其中硼酸（H_3BO_3）和硼砂（$Na_2B_4O_7 \cdot 10H_2O$）是硼的两种非常重要的化合物[2]。硼在各种成因、不同类型的岩石中都有存在，根据化学组成不同，可以将硼矿分成三类：硼硅酸盐矿物、硼铝硅酸盐矿物和碱金属及碱土金属的硼酸盐矿物。常见的硼矿有硼砂、方硼矿（$2Mg_3B_8O_{15} \cdot MgCl_{12}$）、白硼钙石（$4CaO \cdot B_2O_3 \cdot 7H_2O$）等。自然界中硼的天然同位素混合物有硼-10 和硼-11 两种，含量分别为 19.8% 和 80.2%。

硼是高等植物特有的必需元素[3]，它能够与游离状态的糖结合，使糖容易跨越质膜，促进糖的运输；它对植物的生殖过程也有重要的影响，如与花粉形成、花粉管萌发和受精有密切关系。硼元素供应充足，则植物籽粒饱满，根系良好；然而植物缺硼时症状差异较大，共同特点是花发育不全、根系不发达、生长点死亡，导致产品和产量下降，甚至颗粒无收。

硼也是高等动物所必需的元素。研究表明硼对动物机体的代谢和骨骼发育、脑功能、免疫功能有着重大的影响。人体中也含有微量硼元素，在抗骨质疏松、抗炎症、抗肿瘤、降血脂等方面具有微妙作用，但如果人体长期接触大量含硼物质则会造成中毒。

2.1.3　硼的发现和命名

尽管人们很久以前就和硼打交道，硼的发现和使用最早可以追溯到古埃及，人们用硼砂作熔剂制造玻璃，还用含有硼酸盐的“泡碱”来制作木乃伊（mummies）。而它的命名则是和阿拉伯人有关，被命名为 boron，源自阿拉伯文，原意为“焊剂”的意思，说明古代阿拉伯人就已经知道了硼砂具有熔融金属氧化物的能力，在焊接中用作助熔剂。明代李时珍在《本草纲目》中明确记载硼砂具有消炎化瘀的作用。但是硼酸的化学成分在 19 世纪初还是个谜[4]。直到 1808 年英国化学家戴维（H. Davy，1778～1829 年）才通过电解熔融三氧化二硼的方法制备得到粗糙的硼单质[5]。同年，法国化学家盖-吕萨克（J. L. Gay-Lussac，1778～1850 年）和泰纳尔（L. J. Thénard，1777～1857 年）分别单独用金属钾还原无水硼酸的方法也制备得到单质硼[6]。但是，由于合成工艺落后和硼易被氧化等，当时得到的硼纯度仅仅为 60%～70%。1892 年，法国化学家亨利·莫瓦桑（H. Moissan，1852～1907 年）在氢气气氛下用镁还原 B_2O_3 得到纯度为 95%～98%的硼[7]。1909 年，美国的温特劳布（E. Weintraub，1874 年～？）点燃了氯化硼蒸气和氢气的混合物，人们才合成了纯度达 99%的单质硼[8]，也才真正开始认识硼这种特殊的元素[9]。

戴维　　盖-吕萨克　　泰纳尔　　莫瓦桑　　温特劳布

2.1.4　硼的成键特征

硼是元素周期表第三主族唯一的非金属元素，B 原子的价电子结构为 $2s^22p^1$，像 B 这种价电子数少于价层轨道的缺电子原子形成的化合物叫作缺电子化合物。硼与同周期的金属元素锂、铍相比原子半径小，电离能高，电负性大，以形成共价键分子为特征[10]。在硼原子以 sp^2杂化形成的共价分子中，余下的一个空轨道可以作为路易斯酸，接受外来的孤对电子，形成以 sp^3杂化的四面体构型的配合物。例如三氟化硼与氨气分子形成的配合物；若没有合适的外来电子，可以自相聚合形成缺电子多中心键，例如三中心二电子氢桥键、三中心二电子硼桥键、三中心二电子硼键、六中心五电子硼键（表 2-1）。硼由于其缺电子性造成其氢化物中硼原子拥有异常高的配位数，使之成为所有元素氢化物中结构最复杂的氢化物[11]。

表 2-1　硼原子的成键特征

$2c\text{-}2e^-$键	$3c\text{-}2e^-$键			$6c\text{-}5e^-$键
	氢桥键	开放式硼桥键	闭合式硼桥键	
B—H　　B—B	H B　B	B B　B	B B　B	B　B B B　B
	H B　B	B		

2.2　硼的同素异形体简介

按照对同素异形体的定义，硼元素除了无定形硼外，由于其成键方式很复杂，可以形成多种多样单质晶体结构[12-14]。这与一般无机化学教材只说“硼有无定形硼和结晶形硼两种同素异形体”的说法不同，特别是以往的叙述中漏掉了“硼富勒烯、硼量子点、硼纳米管、硼纳米线和纳米带、硼单层平面、硼烯”一大块的表述[15]。金属热还原法和电解法只能制得纯度不高的无定形硼。结晶形硼由于制备方法、设备和条件不同，单质硼的收率、纯度以及结晶度差别较大。单质硼的化学性质取决于纯度、结晶度、粉细度和反应条件。热丝法和热解法则可以制备高纯度的晶态硼。无定形硼可用于生产硼钢，硼钢主要用于制造喷气发动机和核反应堆的控制棒。前一种用途基于其优良的抗冲击性能，后一种用途基于硼吸收中子的能力。

科学家从 1976 年开始研究由硼原子形成的笼状结构（参见图 2-2）[16]。在过去几十年里，出现了大量关于硼元素形成的各种形式的硼团簇和纳米结构的理论与实验研究工作。这些硼的新型同素异形体有必要加以肯定和介绍。硼和碳在这方面显示了周期表中元素的水平相似性。

2.3　无 定 形 硼

在无定形硼的结构中也有规则的 B_{12} 二十面体（图 2-3），但这些二十面体之间无规则的成键且长程无序。不同条件下，无定形硼可以转变成不同的晶形硼。在低于 727 K 条件下，乙硼烷 B_2H_6 分解成纯的无定形硼，而在 727 K 下退火，无定形硼转变成 β-菱形硼。

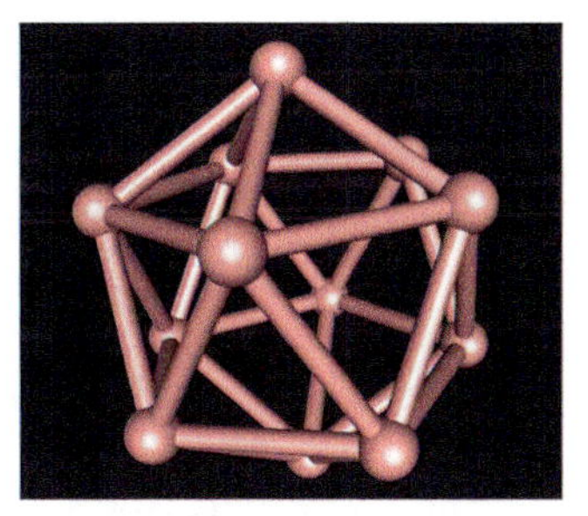

图 2-3　无定形硼中的 B_{12} 二十面体结构图

由于发展航空、航天、火箭发射器燃料、汽车安全气囊和纳米材料的要求，对高活性的无定形硼粉需求量在不断增加[17-20]，使得传统的金属热还原方法制备的硼粉因纯度低和大粒子而无法满足需求。豆志河等[21]利用高能球磨-燃烧合成方法制得了细化硼粉，平均粒子尺寸小于 50 nm，表面积达 70.03 $m^2{\cdot}g^{-1}$。伍继君等[22]采用自蔓延高温合成（SHS）法，用高活性金属 Mg 粉还原 B_2O_3 粉，通过镁热还原反应制备出了超细高能燃料无定形硼粉，其平均粒径为 0.5～0.7 μm，比表面积达 4～6 $m^2{\cdot}g^{-1}$。

此外，高硼硅玻璃的需求也在大大增加[23]。它的生物功能也非常突出：①参与作物生长点分生组织的细胞分化，促进根系发育；②参与作物生殖器官分化发育和受精，有效促进花粉萌发，有利于种子形成，防止落花落果，提高结实率；③促进光合作用，防止新叶白化、老叶早黄，增加千粒重；④可以促进碳水化合物转化和运转，加快作物生长发育，促进早熟；⑤促进根内维管束发育，有利于根瘤菌繁殖。

2.4　晶　态　硼

报道的晶形硼可分为两类：一类是经实验成功获得的纯相实物，一般仅有 α-菱形硼、β-菱形硼、四方相硼（T-192）及正交相 γ-B_{28} 4 种（表 2-2）；另一类是至今尚未见到有实验成功合成报道却已经计算预知的多种硼富勒烯、硼纳米管、硼单层平面、硼富勒烯固体、硼烯、硼量子点等晶态硼[15]。

表 2-2　硼的主要晶态单质的性质[4]

硼相	晶系	晶胞中原子数	密度/$(g\cdot cm^{-3})$	维氏硬度/GPa	体积弹性模量/GPa	带隙/eV
α	三方	12	2.46	42	224	2
β	三方	106*	2.35	45	184	1.6
γ	正交	28	2.52	50～58	227	2.1
T	四方	192	2.36			

* 也有文献为“约 105”或“105”或“108”[24, 25]。

2.4.1　α-菱形硼

α-菱形硼（α-B_{12}）是结构最简单的晶形硼，晶胞参数为 $a = 505.7$ pm、$\alpha = 58.06°$。每个晶胞有 12 个硼原子，结构由基本上规则的 B_{12} 二十面体（内部的硼硼间距为 173～179 pm）形成稍变形的立方密堆积，见图 2-4（a）。α-B_{12} 呈红色或者栗色，在室温下不导电或者半导电。B_{12} 二十面体之间存在着强的共价键作用，其中既有 2c-2e^-键，又有 3c-2e^-键。在 527～727 K 的钽丝（或钨丝或氮化硼）上热分解 BI_3，可制得纯度高于 99.95%的 α-B_{12}；热分解硼的氢化物或在 527～927 K 下使单质硼在 B-Pt 熔体内结晶也能得到 α-B_{12}[26]。

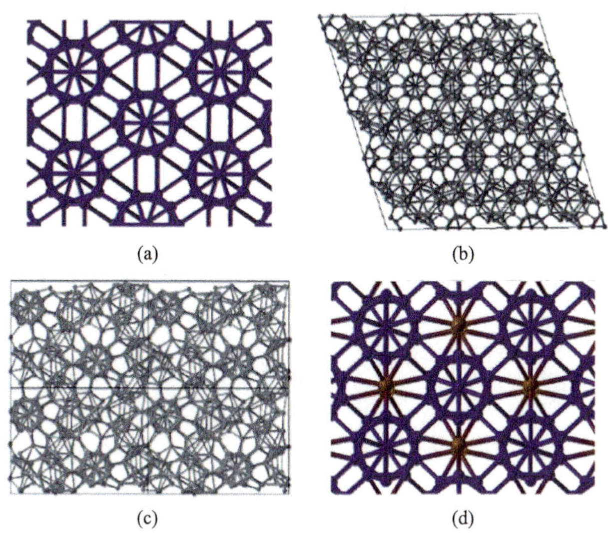

图 2-4　几种晶态硼的结构

（a）α-B_{12}；（b）β-B_{106}；（c）*T*-192；（d）γ-B_{28}

2.4.2　β-菱形硼

β-菱形硼的结构比 α-菱形硼复杂得多，与 α-菱形硼属于同一空间群，但晶胞参数不同（$a = 1014.5$ pm、$\alpha = 65.28°$）。每个晶胞有 106 个硼原子，具有复杂的排列，见图 2-4（b）。其中的许多硼原子形成 B_{12} 二十面体，也有大量的非二十面体硼原子存在，例如有人认为 β-菱形硼晶体的结构单元的核心部分是一个球形的 B_{84}（图 2-5），其结构与碳富勒烯 C_{60} 非常相似[27]。β-菱形硼中的 B_{84} 单元内的 B—B 键长比 α-菱形硼中的 B_{12} 单元内的 B—B 键长有所增加，平均为 183 pm。β-菱形硼是一种在相当宽的温度范围内热力学较稳定的变体，当熔融时一般总是得到这种变体。

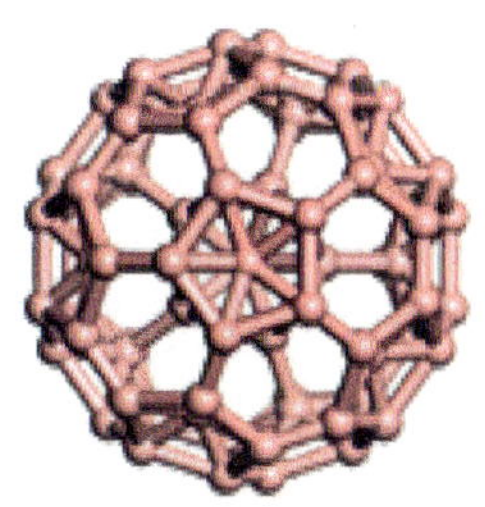

图 2-5　B_{84}

2.4.3　四方相硼

已知的四方相硼一般认为有两种，分别是晶胞中含有 50 个硼原子的 *T*-50（α-四方硼）[25]和含有 192 个硼原子的 *T*-192（β-四方硼）[28]。1943 年人们获得了晶体 *T*-50[24]，认为其晶胞中含有 50 个硼原子，晶胞参数为 $a = 875$ pm、$c = 506$ pm。但后来的研究表明[29]，*T*-50 晶胞中除了有硼原子，还有氮原子或碳原子，因此应将其归为氮化物或碳化物。1960 年，人们用 H_2 还原 BBr_3（化学气相沉积法）合成了 *T*-192[30]。*T*-192 晶胞中有 192 个硼原子，晶胞参数为 $a = 1012$ pm、$c = 1414$ pm，结构更为复杂[图 2-4（c）]，目前并不完全清楚。此外，人们曾经认为还有一个四方相硼，其晶胞中含有 78 个硼原子，晶胞参数为 $a = 857$ pm、$c = 813$ pm，甚至画出了它的结构图[31]。

2.4.4　正交相 γ-B_{28}

1965 年，Wentorf[32]报道了一个新的硼单质，但并未确定其组成和结构。2009 年，Oganov[33]、Zarechnaya 等[34]确认了高压相 γ-B_{28} 的存在。γ-B_{28} 晶体为正交晶系，空间群 *Pnnm*，晶胞参数为 $a = 505.76$ pm、$b = 562.45$ pm、$c = 698.84$ pm。将硼的其他同素异形体加压到 12～20 GPa，加热到 1500～1800℃，淬火到室温可得 γ-B_{28}。在 γ-B_{28} 的结构中，每个晶胞有 28 个硼原子，包含 B_{12} 二十面体和哑铃形的 B_2 簇单元，见图 2-4（d）。

由于堆积致密，使得 γ-B_{28} 成为已知密度和硬度（在单质中仅次于金刚石）最大的硼的同素异形体。不同的是，Oganov 等[35, 36]根据理论计算等结果认为，B_{12} 和 B_2 在结构中可以分别看作“阴离子”和“阳离子”，按 NaCl 型结构排列，相当于硼的硼化物[boron boride，$(B_2)^{\delta+}(B_{12})^{\delta-}$]，是首次发现在纯元素（包括硼）结构中存在（部分）离子型成键。而 Zarechnaya 等[34, 37]根据单晶 X 射线衍射和理论计算结果认为，在 B_{12} 和 B_2 内部以及它们之间的成键均为共价键，因此硼主要呈现非金属性。虽然详细的成键情况有待进一步确认，但新同素异形体 γ-B_{28} 的发现，无疑对完善硼的相图（图 2-6）和深入研究该类新材料的应用具有重要意义。

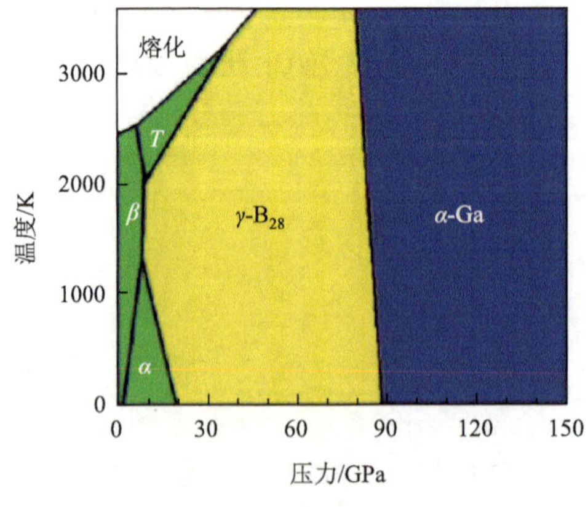

图 2-6　硼的相图

2.5 硼团簇是寻找硼富勒烯的基础

自 1998 年瑞典皇家科学院正式把该年度诺贝尔化学奖授予美国的奥地利裔科学家瓦尔特·科恩（Walter Kohn，1923～2016 年）教授和英国的化学家约翰·波普（John Pople，1925～2004 年）教授后，正如颁奖公报宣称的“化学已不再是单纯的实验科学了，量子化学已成为广大化学家的工具，将和实验研究结果一道来阐明分子体系的性质”那样，化学已经成为一门真正的严密科学。量子化学的神奇功效已是不言而喻了。

科学家借助于硼和碳的水平相似性，最先进行了硼团簇的研究：1976 年，利普斯科姆（W. N. Lipscomb，1919～2011 年）等开始研究由 13～24 个硼原子构成的笼状结构[38]，并于 1978 年提出了由 32 个硼原子构成的完全由三角形组成的笼状 B_{32} 结构[39]。1992 年，他们又利用与碳元素碳富勒烯类似的对偶关系，推测得到了一系列硼的笼状结构[40]，称为“硼富勒烯类似物”（boron fullerene analogues）；同年，Placa 等通过激光烧蚀六角氮化硼的方法在实验上获得了原子数在 2～52 的硼团簇[41]，但未对其结构和性质做深入研究；1997 年，Boustani 使用第一性原理计算方法[42]研究了原子数为 2～14 的硼团簇[43]，发现它们倾向于形成褶皱起伏的准平面结构，硼原子构成的五棱锥和六棱锥可被当作基本结构单元，并由此提出了所谓的“Aufbau 原则”。按照这一原则，基于五棱锥和六棱锥结构单元可以构建比较稳定的硼平面团簇结构，进而可构建硼纳米管或硼空心笼状结构（硼富勒烯），在各种可能的团簇结构中，B_{14}、B_{24}、B_{32} 等倾向于形成“双环”（double ring）结构[44]，认为该种结构是生成硼纳米管的“胚胎”（embryo）；2002～2005 年，Zhai 等[45-49]利用实验和理论方法，先后研究了原子数为 5～15 的硼团簇和一些更大的硼团簇，发现当原子数小于 20 时，硼团簇保持倾向形成准平面结构的趋势，而原子数大于 20 的硼团簇更倾向于形成三维结构，B_{20} 是硼团簇基态结构从二维到三维转变的临界尺寸[50]。他们的实验和理论计算研究表明，B_{20} 的基态结构（图 2-7）是一个直径为 5.2 Å 的“双环”结构；2007 年，Oger 等[51]研究了原子数从 12 到 25 的硼团簇一价阳离子，得到了与 Zhai 相同的结论。

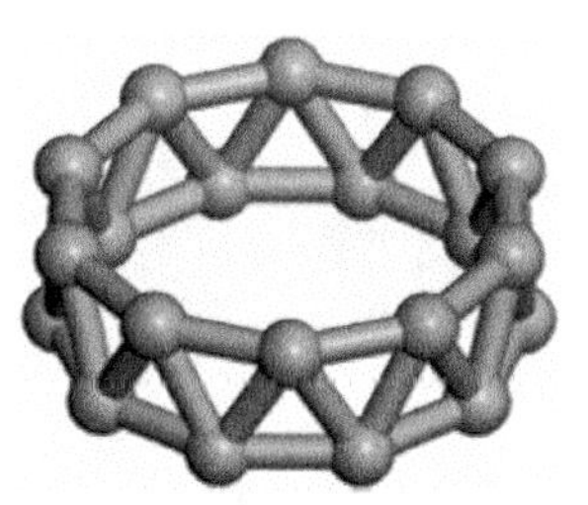

图 2-7 B_{20} 团簇倾向于形成双环结构

2010 年，美国布朗大学的黄伟等[52]研究了 B_{19} 团簇分子，理论和实验对照确认其基态为三角格子组成的准平面结构，发现其具有奇特的双 π 芳香性，且与环轮烯 $C_{10}H_{10}$ 具有相似的电子结构。2014 年，Piazza 等[53]利用磁控溅射的方法，在实验上制备出了 B_{36} 团簇，利用光电子能谱结合理论模拟证明，36 个硼原子可形成对称性相当高的六边形单原子层平面结构，其正中间有一个完美的六边形孔洞。实验表明，B_{36} 团簇十分特别，相对于其他硼团簇，其电子结合能非常低。B_{36} 结构的制备成功说明先前关于硼单原子层平面结构的理论计算是正确的，证实了六边形孔洞在稳定二维硼烯中的重要作用，进一步说明这种单层硼烯可在适当的条件下制备出来（图 2-8）。

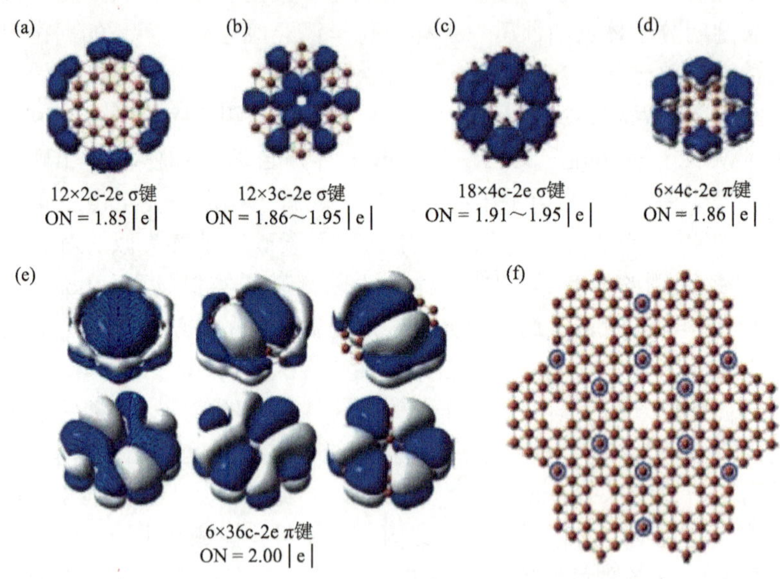

图 2-8 （a）～（e）B_{36} 团簇的化学轨道分析；（f）B_{36} 团簇形成的硼烯结构模型[53]

王来生、李隽、李思殿等课题组[54-56]通过光电子能谱实验和量子化学理论计算，验证了较小尺寸的硼团簇 B_n^-（$n = 3$～30，35～38）具有平面或准平面最稳定结构（图 2-9）。

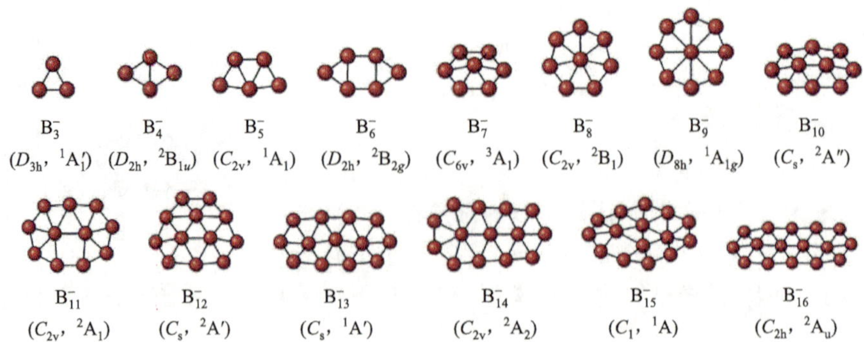

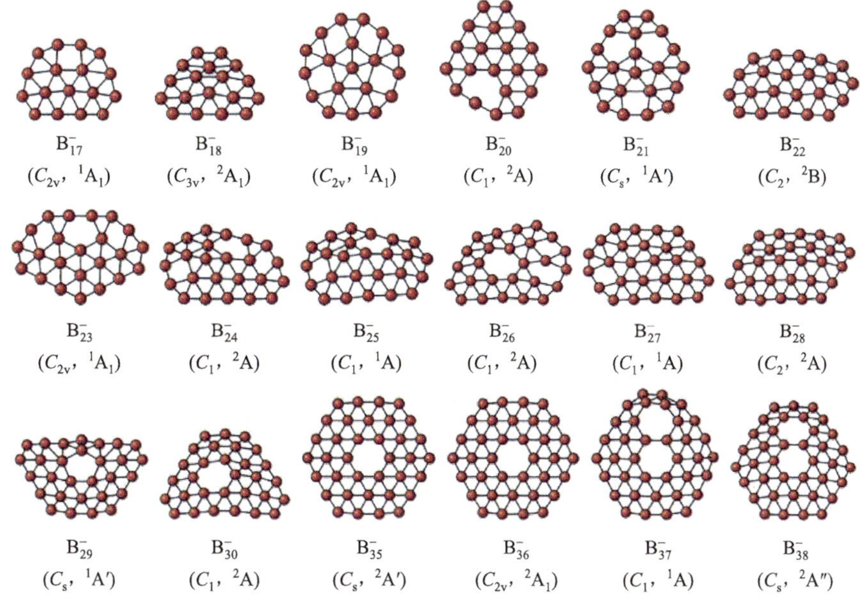

图 2-9　B_n^-（$n=3$～30，35～38）的稳定结构及对称性（图中所示为最稳定的平面结构，其中 B_{28}^- 和 B_{29}^- 团簇中立体结构与平面结构共存）[56]

硼团簇的研究结果不但对突破硼富勒烯的合成具有奠基石的作用，在医学、催化、非线性光学等领域也有广泛的应用前景[57]，其中硼团簇在癌症的中子捕获疗法（boron neutron capture therapy）的应用已引起了人们的极大关注。

2.6　硼富勒烯及内嵌硼富勒烯

2.6.1　B_{80}

2007 年，Gonzalez 等[58]经计算预言了一种新型的硼富勒烯结构 B_{80}，其是由 80 个硼原子组成的空心笼状团簇，形状非常像碳富勒烯 C_{60}，也是由 12 个五边形和 20 个六边形组成，但在每个六边形中心各有一个额外的硼原子（图 2-10）。B_{80} 的 HOMO-LUMO 能隙大约为 1 eV，相对于 α-菱形 B_{12} 固体的能量为 0.57 eV·atom^{-1}，比 80 个硼原子的双环结构也更为稳定，是当时发现的最为稳定的笼状硼团簇结构；Gopakumar 又发现 B_{80} 六边形中心的原子并不完全在六边形平面内，而是倾向于略微凸出或者凹进，从而使 B_{80} 的对称性由 I_h 降低为 T_h[59]。除几何结构外，B_{80} 和 C_{60} 的价电子数相等，都是 240 个，所以它们是“等电子体”（isoelectronic）；Ceulemans 等[60]通过进一步的对称性分析和电子结构计算发现，

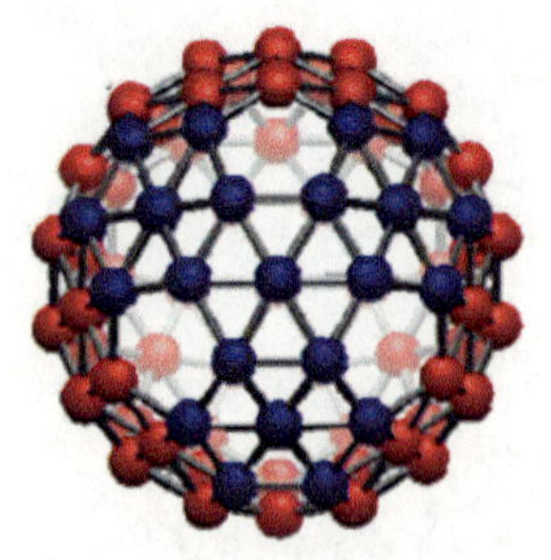

图 2-10　B_{80}

B_{80}和 C_{60}的价电子轨道对称性甚至与 HOMO 和 LUMO 轨道形状也很好地呈现出一致性，充分说明两者电子结构具有高度相似性，这也从一个侧面揭示了 B_{80}具有较大的 HOMO-LUMO 能隙及其稳定性的原因；此外，计算结果还表明，B_{80}的第一离化能为 6.4 eV，具有较大的电负性（3 eV），因而可作为潜在的电子受体[61]；He 等[62]研究了 B_{80}的输运性质，发现虽然 B_{80}具有 1 eV 左右的 HOMO-LUMO 能隙，但与金属端口接触后，形成了非局域的杂化态，使其具有金属电导性，这与 C_{60}的情况是不同的，C_{60}与金属端口接触后费米面附近的透射系数仍然为零，呈现半导体导电性。

Jin 等[63]从理论上研究了 B_{80} 笼子内装入金属原子形成的内嵌硼富勒烯 $La_2@B_{80}$和 $Sc_3N@B_{80}$，发现它们都具有较大的结合能以及 HOMO-LUMO 能隙，因而有较高的稳定性，电荷布居分析表明内嵌金属原子大约向 B_{80}笼子转移了 6 个电子。Wang 等[64]研究了内嵌硼富勒烯 $B@Co_{12}@B_{80}$和 $Co_{13}@B_{80}$，发现它们内外层相互作用比较强，在能量上也具有较高稳定性。Muya 等[65]研究了将 B_{80}部分六边形中心的 B 原子用次甲基（—CH）替代的情况，发现它们的结合能与 B_{80}相似，而次甲基的氢原子位于笼内的结构比位于笼外更为稳定。从严格定义讲，内嵌硼富勒烯不属于硼的同素异形体。

理论研究还发现金属原子覆盖的 B_{80}是潜在的高效储氢材料。在 B_{80}笼外覆盖碱金属 Na 和 K[66]、碱土金属 Ca[67]、过渡金属 Ti 和 Sc 后，都能对氢分子产生有效的吸附，吸附能大小（0.1～0.5 eV/H_2）正好适合用于储氢。这些金属原子都吸附在 B_{80}的 12 个五边形上，每个 B_{80}上可以吸附 12 个金属原子，每个金属原子又分别可吸附 5～6 个氢分子，整个 B_{80}具有较高的储氢效率（7%～11%，质量分数）。

2.6.2　B_{40}

2013 年 3 月以来，山西大学分子科学研究所翟华金教授、李思殿教授与清华大学李隽教授、美国布朗大学王来生教授及复旦大学刘智攀教授课题组合作，结合特征实验光电子能谱、全局结构搜索和严格量子化学理论计算，一直在进行着硼富勒烯相关的研究。2014 年，团队结合气相光电子能谱实验和高精度量子化学计算，首次观察到全硼富勒烯（all-boron fullerene）B_{40}^-和 B_{40}团簇，并命名其为硼球烯（borospherene）。该研究成果实现了硼化学和类富勒烯分子研究领域的重大突破[68]。

硼球烯 B_{40} 是继 C_{60} 之后第二个从实验和理论上完全确认的无机非金属笼状团簇，但由于硼的典型缺电子性，B_{40} 具有与传统碳富勒烯显著不同的结构和成键特征。该笼状结构由顶端和底端两个相互交错的 B_6 六元环及腰部两两相对的四个 B_7 七元环相互融合而成（其中面对着我们的是“顶部”，有六元环结构，而在上下左右四个角有四个七元环）。沿 C_2 二重主轴方向略有拉长，整体分子恰似传统的“中国红灯笼”（Chinese red lantern）。B_{40} 红灯笼分子的结构独特性在于其表面由硼-硼双链交织而成，含两个六元环和四个七元环准平面表面。这种结构与六面体立方烷（C_8H_8）类似，其中硼-硼双链等价于碳-碳单键。这些结构特征在传统碳富勒烯分子中是不存在的（图 2-11）[68]。硼球烯 B_{40} 的高度稳定性源于其独特的化学成键。B_{40} 表面 48 个 B_3 三角形含 48 个三中心离域 σ 键，12 条双链棱上则覆盖着 12 个离域 π 键。在这种成键模式中，B_{40} 的 120 个价电子全部参与离域成键，π 和 σ 两种离域键均匀分布在富勒烯结构表面，分子整体呈立体笼状芳香性。双离域笼状芳香性分子在化学中尚属首例。

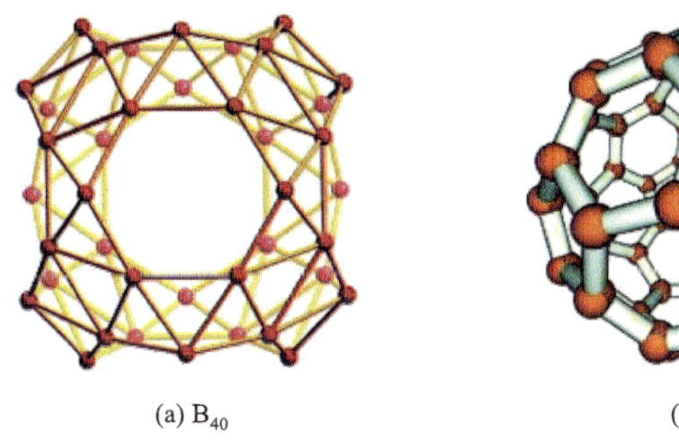

(a) B_{40}

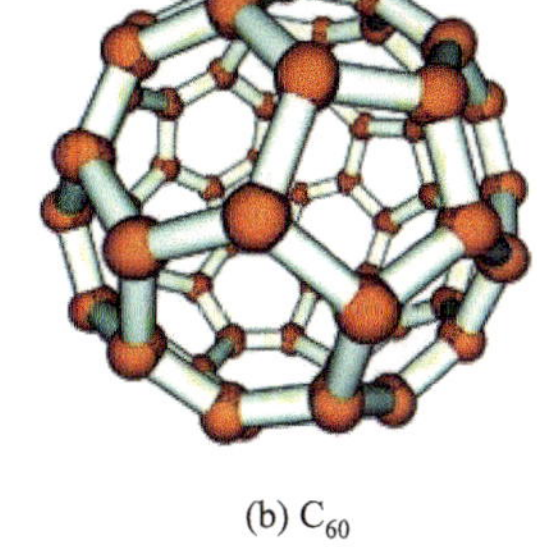

(b) C_{60}

图 2-11　B_{40} 和 C_{60} 多面体的结构

2014 年，笼状全硼富勒烯 D_{2d} B_{40}^- 和 C_3/C_2 B_{39}^- 的发现[68, 69]开启了硼球烯（即硼富勒烯）化学新领域。随后，一系列由硼双链交织而成、含六个六元环或七元环表面的硼球烯家族成员 T_h B_{36}^{4-}、C_s B_{38}^{2-}、C_1 B_{41}^+ 和 C_2 B_{42}^{2+}[70]相继得到理论预测。山西大学李思殿团队基于广泛的全局极小搜索和第一性原理计算，对 CaB_{37} 进行了系统的理论研究，发现内嵌式电荷转移复合物 C_s Ca@B_{37}^-[图 2-12（a）]是体系的最稳定结构。

该结构所包含的 C_s B_{37}^{3-}[图 2-12（b）]硼球烯骨架由 12 条硼双链相互交织而成，表面含两个五边形、一个六边形及三个七边形，12 个多中心离域 π 键（12 *mc*-2e π，*m* = 5，6）（图 2-13）均匀分布在由 45 个 σ 键形成的 σ 骨架上。C_s B_{37}^{3-} 与已报道的硼球烯分子在 *n* = 36～42 尺寸范围内形成了完整的硼球烯家族 B_n^q（*q* = 40–*n*，*n* = 36～42），将开辟硼球烯纳米材料研究新领域。

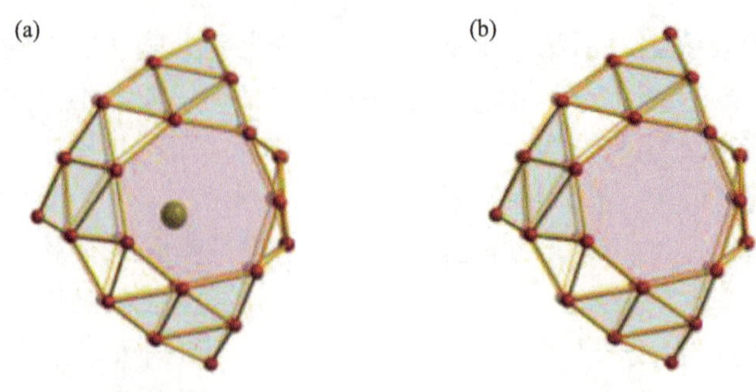

图 2-12 （a）C_s Ca@B_{37}^-；（b）C_s B_{37}^{3-}

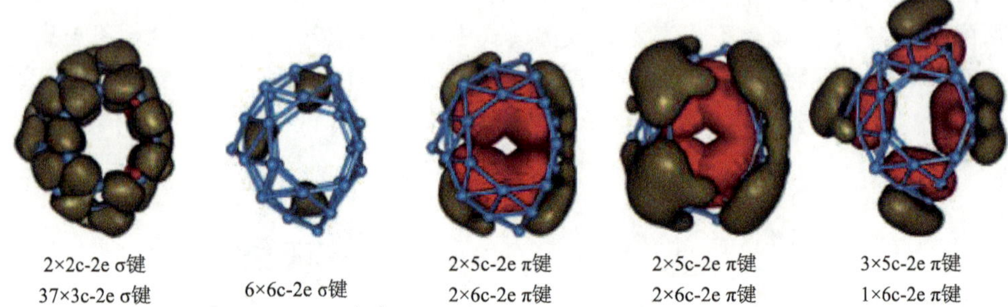

图 2-13 C_s B_{37}^{3-} 的 AdNDP 结合模式

2.6.3 硼富勒烯固体相

闫清波小组[71]通过理论研究发现，B_{80} 也能形成稳定的面心立方结构固体：在形成固体过程中会发生剧烈形变，每两个相邻的 B_{80} 单元之间会形成四个共价键，整个 B_{80} 面心立方固体可以看作是由大量 B—B 共价键连接变形的 B_{80} 单元而形成的三维网络。由于 B_{80} 之间由共价键连接，在相邻 B_{80} 单元之间形成了空心笼状的截角八面体 B_{24} 结构。有趣的是，这一结构正好是另一种金属硼化物 MB_{12}（M 为金属）晶体结构[72]中的一个基本结构单元。虽然 B_{80} 面心立方固体是金属，但其态密度在费米面处较低，说明其金属性较弱，也可能具有超导电性。研究发现，B_{80} 与 K、Mg 元素也能形成面心立方结构的 K_3B_{80} 和 Mg_3B_{80} 固体[73]，其中 K 和 Mg 原子被离子化，将电子转移给了其他硼原子；这与 MgB_2、CaB_6 等金属硼化物中硼原子从金属原子接受电子类似，说明硼材料中电子从金属原子转移到硼原子上可能是一种普遍趋势。Liu 等研究了体心立方结构 B_{80} 和 K_6B_{80} 固体[74]，发现体心立方 B_{80} 在能量上不如面心立方 B_{80} 固体稳定。闫清波小组还发现 B_{32} 富勒烯可以形成简单立方、面心立方、体心立方和体心四方等多种结构的固体相，其中体心四方结构在能量上是最稳定的；简单立方、面心立方、体心立方结构的 B_{32} 固体都具有明显的金属性，而体心四方结构则是半金属性（semimetal）的。

2.7 硼 纳 米 管

借助于与碳纳米管的对偶性，人们开展了大量硼纳米管的研究。1997 年，Boustani 等[75]提出，按照“Aufbau 原则”，以六棱锥结构单元为基础形成硼准平面结构再卷曲就得到硼纳米管，这实际上是带褶皱的三角格子结构的硼纳米管；1998 年 Gindulytė 等[76]也利用类似 B_{32} 笼子对六角格子碳纳米管作对偶变换，得到一系列三角格子结构的硼纳米管[图 2-14（a）]；1999 年，Boustani 等[77]发现类似于石墨烯的蜂窝状六角格子的硼平面结构不稳定，说明硼元素的确更倾向于形成三角格子的平面及纳米管结构，并发现三角格子结构的硼纳米管都具有金属性；2005 年，Kunstmann 和 Quandt 等[78, 79]系统地研究了三角格子的硼平面结构和硼纳米管结构，发现三角格子结构的硼纳米管倾向于表面凹凸不平，并进一步确认不同直径和不同螺旋角大小三角格子的硼纳米管都呈现出金属性。2008 年，Sebetci 等[80]预言了一种双壁硼纳米管结构，内外壁之间存在共价键连接，从而加强了其稳定性，计算表明这种双壁硼纳米管具有金属导电性。受 AlB_2 等金属二硼化物具有类似石墨的层状结构启发，2001 年，Quandt 等[81]提出了 AlB_2 型金属硼化物纳米管[图 2-14（b）]，其中硼原子以六角格子形式相互连接，而 Al 原子位于管内或管外正对着六边形中心的位置；Prasad 和 Ivanovskii 等[82, 83]也从理论上研究了类似结构的 TiB_2、MgB_2 等金属硼化物纳米管，以及 $Mg_{30}B_{60}$、$Ti_{30}B_{60}$ 等金属硼富勒烯结构。2007 年，Meng 等[84]研究了这一类金属硼化物纳米管的储氢能力，发现 TiB_2 纳米管可能是潜在的高效储氢材料。

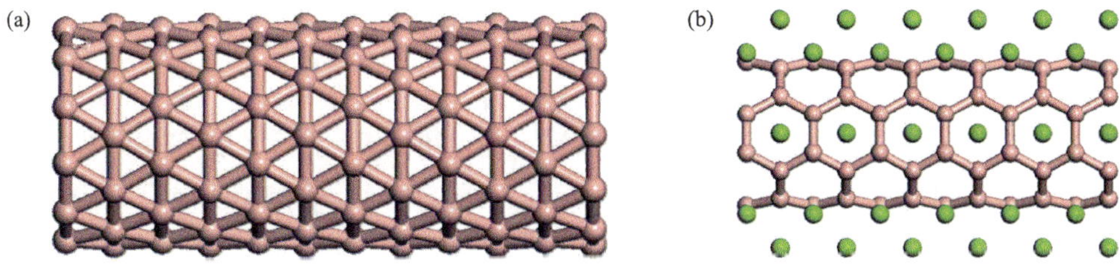

图 2-14　硼纳米管的两种结构：（a）三角格子硼纳米管；（b）金属硼化物纳米管

2004 年，Ciuparu 等[85]首次制备了单壁硼纳米管[图 2-15（a）]，即用 BCl_3 和氢气在催化剂作用下反应，在介孔分子筛模板中生长成直径约为 3 nm 的硼纳米管。2010 年，Liu 等[86]采用化学气相沉积方法，成功合成出了直径为 10～40 nm 的多壁硼纳米带[图 2-15（b）]，得到了清晰的硼纳米管图像，并确认其具有 α-四方单晶结构，硼纳米管具有金属性，电导率达到 40 $\Omega^{-1}\cdot cm^{-1}$。2006 年，Zhu 等[87]合成了非晶金属硼化物硼纳米线[图 2-15（c）]，其中金属 Fe、Co、Ni 之和与硼原子的比例大约为 3∶1，并含有大量的碳和氧，但未给出其分子结构。

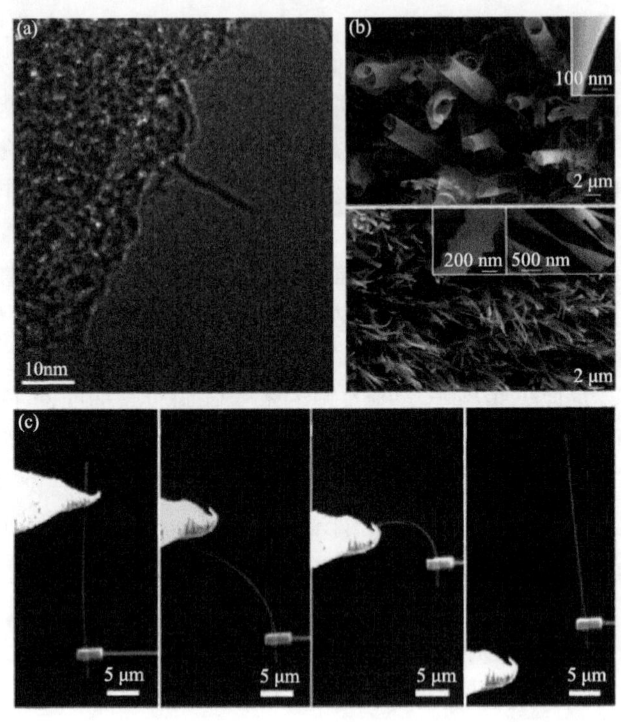

图 2-15 实验观察到的几种硼纳米结构：（a）纳米管[85]；（b）硼纳米带[86]；（c）硼纳米线[87]

2.8 硼纳米线和纳米带

2001 年，Cao 等[88]利用磁控溅射方法合成了直径为 20～80 nm 的非晶硼纳米线阵列；2002 年，Otten 等[89]利用化学气相沉积法在铝衬底上合成了平均直径为 60 nm 单晶硼纳米线，并通过电输运性质研究发现其属于 p 型半导体[90]。由于尺寸效应，硼纳米线的电导率高于块体材料，在与不同功函数的金属端口接触时具有整流效应[91]，因而是潜在的纳米电子器件；人们通过对硼纳米线的力学性能研究发现，它们具有很高的杨氏模量、断裂强度和弹性模量，说明其力学性能优良[92]；另外，还使用退火法[93]、激光烧蚀[94]和热蒸发输运[95]等多种方法合成了四方和菱形等结构的单晶硼纳米线以及非晶硼纳米线；2004～2005 年，Wang 等[96]

和 Xu 等[97]分别合成了四方结构单晶硼纳米带；Kirihara 等[98]研究了单晶硼纳米带的电输运性质，发现纯的单晶硼纳米带为导电率较低的半导体，Mg 掺杂后导电率会提高 100 倍，但仍为半导体。他们还研究了硼纳米带的光电流性质[99]，发现在蓝光照射下，光响应速度较慢，光电流上升和衰退时间能够超过三天，在空气或氧气比在氢气或 Ar 气外部环境下的光电流大，说明不同分子在硼纳米带表面的吸附会影响其光电性质；2007～2009 年，高鸿钧等实现了单晶硼纳米线的可控制备，如硅衬底上高密度大面积硼纳米线的生长[100]、硼纳米线的图案化生长[101]等，还合成了硼纳米锥（boron nanocone）[102, 103]等结构，并对这些硼纳米材料结构的力学、电学特性和场发射性质进行了系统研究。硼纳米线和硼纳米锥具有开启电压低、场发射电流高等良好的场发射性质，在平面显示、半导体发光器件等方面具有潜在应用价值[100-105]；此外，单晶硼纳米线具有非常好的柔性，且其电学性能在受到外力呈现弯曲的情况下仍能保持优良的稳定性[106]，是制作柔性纳米电子器件的良好备选材料，高压下硼纳米线会从半导体转变为金属，并在低温下具有超导电性。

2018 年，香港城市大学的支春义教授与中山大学的刘飞教授合作报道了通过有效的 CVD 方法制备单晶硼纳米线作为超级电容器的柔性电极材料。这是首次使用硼元素材料作为超级电容器电极材料的报道，相关工作发表在 *Advanced Energy Materials* 上。所制备的硼纳米线（BNWs）在碱性、中性和酸性水性电解液中表现出高稳定性和优异的比电容性能[107]。

2.9　新型硼单层平面结构研究

2008 年，耶鲁大学的 Tang 等[108]通过理论研究，发现了一种新型硼单层平面结构，它具有类似石墨烯的六角格子，但其中每三个六边形中的两个六边形中心有一个额外的硼原子（图 2-16）。这种结构可以看作六角格子和三角格子的混合体，具有很高的稳定性，比之前研究认为最稳定的三角格子褶皱平面的能量还要低 0.12 eV/atom；通过对各种硼平面结构的电子性质研究，发现六角格子的硼平面易于接受电子，而三角格子的硼平面却有富余电子，六角格子和三角格子以一定比例的混合正好可以得到相对更稳定的硼平面结构；他们还发现这种新型硼单层平面结构是金属型的。通过分析硼单层平面的成键，进一步提出了二维硼纳米结构中的自掺杂机制[109]，认为增加或移除硼原子，实际上等价于在固定的电子结构中增加或减少电子；他们根据这一自掺杂机制，提出了一类新的具有很高稳定性的 MgB_2 单层平面结构，认为在新型硼单层平面和 MgB_2 单层平面结构的基础上，可以卷曲生成新型硼纳米管和 MgB_2 纳米管结构。

Ding 等[110]研究了在新型硼平面结构基础上构建的硼纳米带，发现不管其边缘是锯齿型还是扶手椅型都具有金属性，但锯齿型硼纳米带的边缘被氢原子钝化后会转变为半导体，而且其能隙随纳米带宽度变化出现振荡行为。此外，Er 等[111]的理论研究发现，在新型硼单层平面覆盖碱金属原子后也可能具有较好的吸附储氢效果。

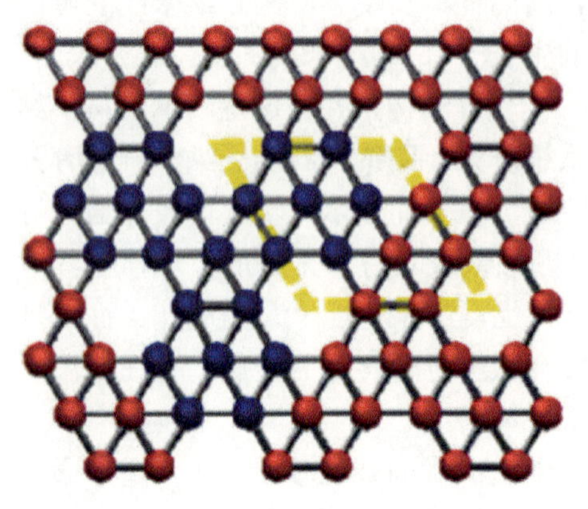

图 2-16 新型硼平面结构

2008 年，Yang 等[112]系统研究了这种新型硼纳米管（图 2-16），发现其导电性主要与纳米管直径有关：当直径大于 17 Å 时，新型硼纳米管与新型硼单层平面一样，具有金属性；而直径小于 17 Å 时则转化为半导体，且直径和手性角越小，能隙越大。这是因为硼纳米管中六边形中心的原子有的向管内凹进，有的向管外突出，因而是不完全相互等价的，直径较小的纳米管中不等价原子离纳米管轴的距离相差较大，而直径大的纳米管中不等价原子离纳米管轴的距离相差接近于零，对称性的变化是发生金属-半导体转变的原因。Singh 等[113]仔细研究了新型硼纳米管随直径减小从金属到半导体的转变过程。小直径的硼纳米管中，六边形中心原子会有较明显的起伏而偏离六边形平面，而大直径的硼纳米管这种六边形中心原子的起伏则比较轻微。计算表明，对于同样小直径的硼纳米管，如果让六边形中心原子保持在平面内，则为金属；如果六边形中心原子发生了起伏，则出现能隙，为半导体。这说明六边形中心原子的起伏是新型硼纳米管发生金属-半导体转变的关键。他们认为，六边形中心原子的起伏并不破坏纳米管的对称性，但改变了硼原子的杂化方式，从而打开了能隙。

这里特别值得一提的是，中国科学院大学研究生院苏刚等对硼纳米结构进行探索，取得了可喜的进展。他们发现，在硼富勒烯和硼纳米管等纳米结构中，一种类似“雪花莲”（snowdrop）的结构单元对结构的稳定性可能起着关键性作用，据此提出了一种普适的硼纳米结构的构建方案，并由此预言了一个具有显著稳定性的新型空心笼状硼富勒烯家族 $B_{32+8k}(k = 0, 1, 2, \cdots)$；还提出了新的硼电子计数规则和“独立空心”规则，可以方便地解释新型硼富勒烯和其他硼纳米结构的电子成键性质及其稳定性；建立了包括硼富勒烯、硼纳米管和硼单层平面结构在内的硼纳米材料在结构构建和稳定性以及几何与电子性质方面的统一框架。详细内容读者可参考文献[114, 115]，本书不再赘述。

2.10　硼烯（硼墨烯）

2.10.1　硼烯的发现及其结构

硼烯（borophene）是指由硼元素构成的二维平面结构，理论上认为有着不输于石墨烯的优良物理特性如金属性、高机械柔性、高导热性等，并且有可能具有狄拉克电子、超导等量子特性。由于硼原子相对于碳原子缺少一个价电子，使得硼原子之间的化学键较为复杂，所形成的平面结构是以三角形密堆积晶格为基础的孔洞型结构，而根据孔洞不同的排列方式，导致了多样化的硼烯原子结构。较早的关于硼单层结构的理论计算可以追溯到 1997 年[116]，2000 年，Boustani 等[117]通过理论计算指出，可能存在准平面结构的硼原子簇，提出了一个构造原理（Aufbau 原则）——预测硼团簇以准平面的形式存在，并且包含六角形（B_7）或五角形（B_6）两种基本结构单元（图 2-17）。随后 Lau 和 Pandey 等[118]通过计算发现，带翘曲的三角形晶格的单层硼是可以稳定存在的。

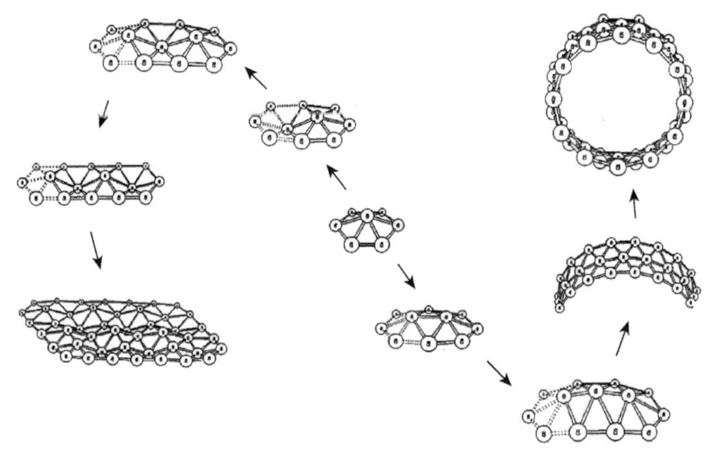

图 2-17　硼的团簇结构，预测其二维薄膜和一维纳米管结构

然而，硼烯的实验室合成一直是一个难题。硼烯合成的难度一方面在于硼原子之间可以形成两个或三个中心的 B—B 键，且更易相互作用形成多面体结构，比碳原子之间的成键模式复杂；另一方面，通常使用的前驱体（例如二硼烷）昂贵且有毒，合成得到的二维准平面 B_7 团簇在环境条件下不稳定。2014 年，南开大学物理学院周向锋教授、王慧田教授和纽约州立大学石溪分校奥甘诺夫教授等基于进化算法结合第一性原理计算，预测了一个独特的二维硼结构（图 2-18）[119]。

2015 年，南京航空航天大学台国安教授带领的研究团队也在铜箔基底上成功制备出了二维硼单层材料[120]。2015 年，美国阿贡国家实验室、中国南开大学、美国纽约州立大学石溪分校和美国西北大学等研究单位利用超高真空分子束外延的手段直接进行单原子层构筑[121]。在超高真空度下，450～700℃的温度范围内，烧蚀固体硼，在银的表面上首次成功制备出了只有一个原子厚度的硼烯：一种很薄的晶片状 2D 硼片。然而，未受保护的硼烯样品在几个小时内就会氧化，但是一层硅涂层可以使它们在几周内保持稳定。可以把制备好的硼烯转移到绝缘的基板上，精确地测量其电导率，但这绝非易事，德国化学家赫尔曼·萨克德夫说："因为硼几乎会与周围的任何物质发生反应。"

虽然硼本身是一种不良导电体，但科学家们发现，硼烯实际上是"完全金属性的"，这个属性在其他 2D 材料（通常是半导体）中很罕见。

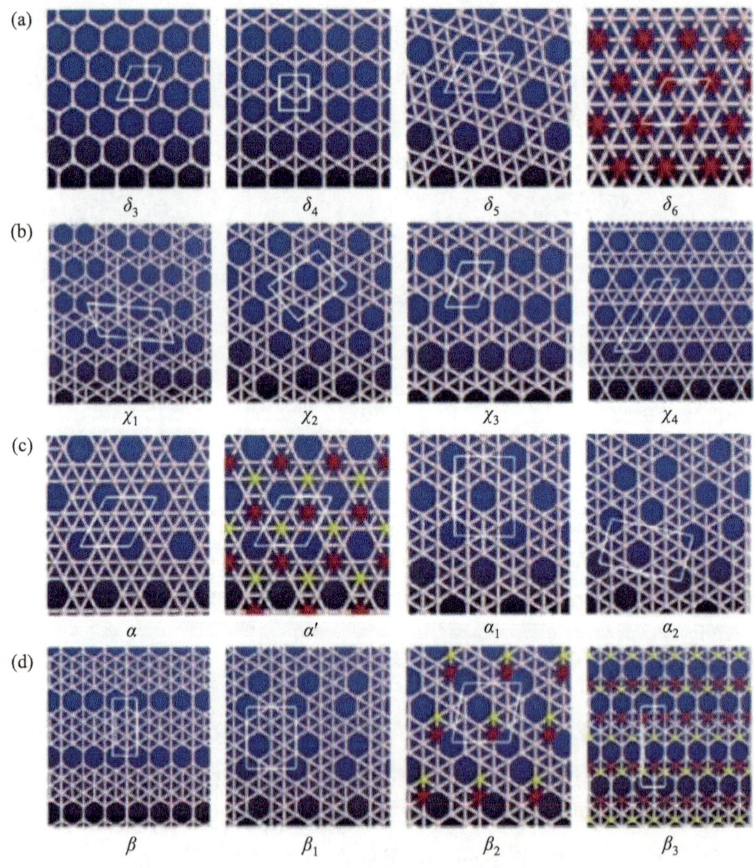

图 2-18　各种稳定的单层硼烯薄膜的模型

（a）δ 型的硼膜；（b）χ 型的硼膜；（c）α 型的硼膜；（d）β 型的硼膜

自此之后，有越来越多的实验室在合成单原子厚度的硼烯方面取得了极大进展。2017 年，日本东京大学研究组用高分辨电子能量损失谱（ARPES）测量，意外发现 β_{12} 相硼烯中存在有狄拉克费米子[122]。紧接着，鲍里斯·雅各布森领导的研究团队利用“第一性原理计算”（first-principles calculation）的方法，模拟出硼材料一维形态的两种同分异构体——双排原子宽度的“硼带”（ribbon），以及单原子宽度的“硼链”（chain）[123]。中国科学院物理研究所吴克辉、陈岚研究员等深入开展了硼烯薄膜的制备研究，利用分子束外延（MBE）方法，在 Ag（100）单晶表面成功获得了不同的硼烯长程有序相结构[124]。他们发现，实验中获得的两种硼烯相是由两种不同种类的硼链[(2, 3)链和(2, 2)链]通过不同的固定比例混合而成的长程有序相，并且这两种不同链比的混合相可以根据衬底的晶体方向得到很好的分离。合成的两种硼烯结构（β_{12} 和 χ_3）具有不同的硼空位缺陷排布，原子结构不具有褶皱（图 2-19）[124]。随后，该课题组采用单晶 Al（111）作为基底，通过对生长参数的精确调控，成功制备出蜂窝状结构的硼烯薄膜[125]。利用高分辨扫描隧道显微镜观察到硼烯完美的六角蜂窝状结构，其晶格周期为 0.29 nm，接近自由状态下蜂窝状硼烯的理论晶格周期 0.3 nm。同时，这种蜂窝状结构在跨越衬底台阶时保持了连续不间断的特点，为硼烯单层平面蜂窝状结构的存在提供了又一力证。该研究工作实现了平面六角蜂窝状结构的硼烯的制备，同时也为进一步研究硼烯中可能存在的奇异电子特性奠定了基础，为实现基于硼烯的电子器件提供了诱人的前景。

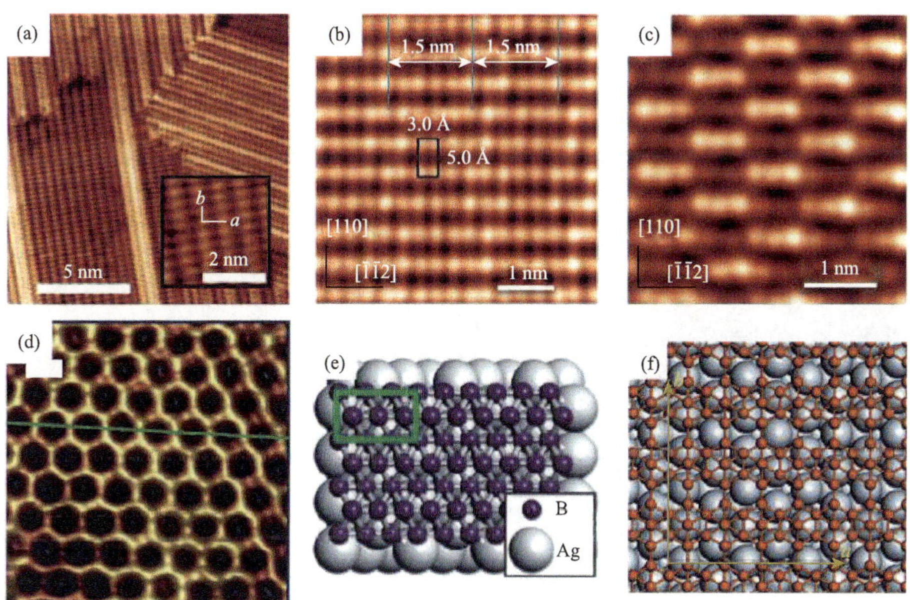

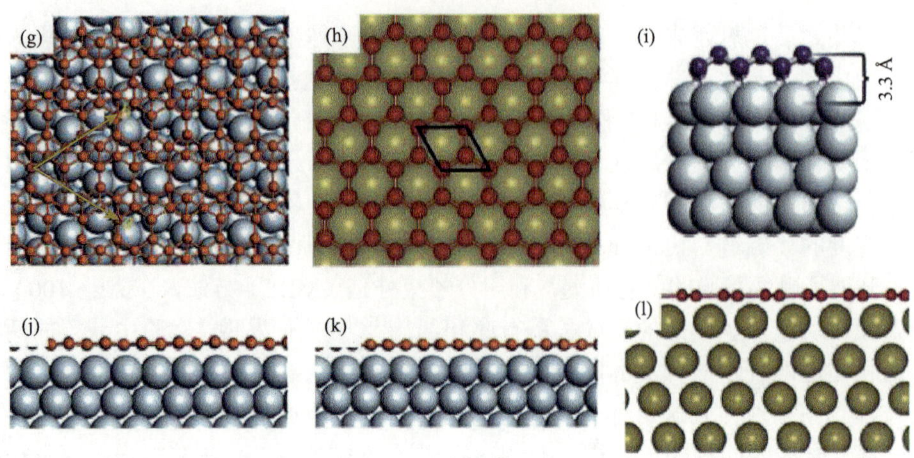

图 2-19　四种不同结构硼烯（2-*Pmmn*、β_{12}、χ_3 和蜂窝状硼苯）的 STM 以及原子结构模型

2019 年，耶鲁大学应用物理系 Adrian Gozar 研究员等通过低能电子显微镜、XRD 衍射和扫描隧道显微镜等原位监测硼烯在 Ag（111）衬底上的合成过程，再结合从头算理论建模，解析了硼烯的晶体结构和相图，表明可能由于 Ag（111）面的高惰性，使得成核密度高，从而限制了硼烯尺寸都保持在纳米级[126]。为了克服这个困难，他们选用了更低惰性的 Cu 作为基底，其活性可能促进较大结构域的生长，但又不足以形成金属硼化物[127]。实验数据表明，Cu（111）实现了这一平衡，从而获得了可高达 100 μm^2 的大单晶域硼烯。迄今为止，人们通过分子束外延（MBE）在不同的金属表面合成了几种不同原子结构的单层硼烯多晶型，包括 Ag（111）/（110）/（100）、Al（111）、Au（111）、Cu（111）和 Ir（111）。在这些研究中，金属表面作为 2D 模板稳定了 2D 硼的形成[124-128]。但仍有两大难题制约着硼烯的发展：①脱离了基底的硼烯动力学不稳定；②合成的硼烯如 β_{12}、χ_3、δ_3 片几乎都是金属态的。其零带隙、不稳定的特点严重限制了硼烯在实际器件中的应用[128]。

图 2-20　双层硼烯的原子结构

2022 年[129]，据发表在 *Nature Materials* 杂志上的最新研究，美国西北大学的工程师首次创造出一种双层原子厚度的硼烯（图 2-20），打破了硼在单原子层限制之外形成非平面团簇的自然趋势。理论研究预测认为，制备双层硼烯是可能的，但这项研究的联合资深作者、西北大学的马克·赫萨姆说：“理论很少告诉你实现这种新结构所需的综合条件。”如果生长单层硼烯都很困难，那么生长多层原子平面结构的硼烯似乎

是不可能的。由于块状硼不像石墨那样是层状的，超出单原子层的生长会导致形成团簇，而不是平面结构。

同年，中国科学院物理研究所陈岚、吴克辉研究员，中国科学技术大学武晓君教授报道了通过 MBE 成功在 Cu（111）表面合成均匀、大尺寸（高达 1 mm）的双层硼烯（图 2-21）[130]。双层硼烯的图像由平行链组成，有亮的和暗的突起交替，呈拉长的椭圆形。值得注意的是，在整个 Cu（111）表面形成双层硼烯后，硼原子的进一步沉积导致了 3D 硼团簇而不是更厚的硼烯层。因此，与硼在 Ag（111）表面的生长不同，二维硼在 Cu（111）表面的生长是通过在 Cu（111）表面形成双层硼烯来终止的。

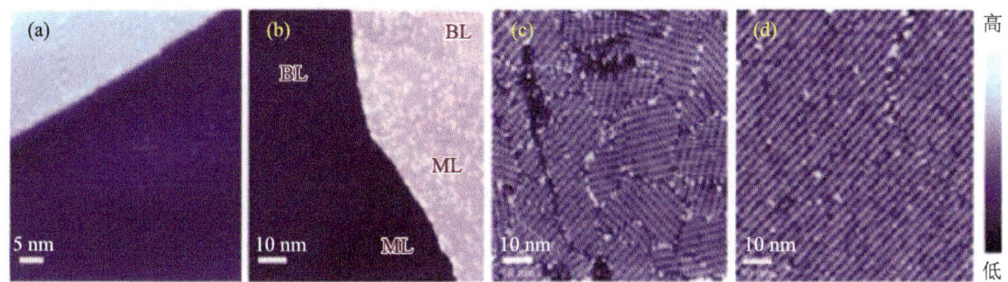

图 2-21　单双层硼烯在 Cu（111）衬底上随覆盖度的变化

2.10.2　硼烯的应用

同样作为二维材料的硼烯新材料，比石墨烯更坚韧、更灵活、密度更轻、更容易发生化学反应。除了是电和热的良导体，硼烯还可以实现超导。而且，至少在原理上，硼烯的这些特性都是科学家们按需调控的。硼烯具有非常丰富的晶体结构和电子性质。硼烯的化学性质相对稳定，有可能在大气环境下存在，这有助于克服二维材料易被氧化而不稳定的缺点，在纳米器件方面具有潜在的应用价值。硼烯较短的键长也会使其具备较好的机械性能。对于硼烯的研究还刚刚开始，随着对其研究的逐渐深入，其所具有的新奇的原子结构和奇特的物理性质将进一步被人们所了解，为将来基于硼烯的应用提供更多可能性。硼烯（borophene）可作为下一代超级纳米材料，具有广阔的应用前景，将彻底改变能源、传感器、催化剂等许多领域的面貌[131]。

2.10.2.1　电池电极

由于硼元素比组成石墨的碳元素要轻，硼烯是目前已知最轻的二维材料。而且，硼烯有着很高的表面活性，更容易发生化学反应：这使得硼烯很适合用在电池中储存金属离子。因此，对于锂电池、钠电池、镁电池来说，硼烯都是理想的电极材料，同等重量可以储存更多的电能。甚至于，对于有着极高能量密度的锂硫电池，硼烯也有用武之地。

2.10.2.2　储氢

未来新能源汽车的发展，有着两大路径——电动汽车和氢能源汽车。电动汽车的核心技术之一是高能量密度、高功率密度和高安全性的电池，氢能源汽车则需要高效的储氢技术。而硼烯，除了可以用于制造电池电极，也可以用来高效储氢。与金属离子一样，氢离子也很容易黏附在硼烯的单层原子结构上。研究显示，由于硼烯有着巨大的表面积，它可以储存相当于自身重量 15%以上的氢，储氢容量显著优于其他材料。

2.10.2.3　超级电容

超级电容是可以快速完成充放电，且循环寿命可达数十万次的储电技术，功率密度是电池的 5～10 倍，被认为是用于公交车、有轨电车等交通工具的理想储能元件。研究发现，几层硼烯是非常好的超级电容材料。在很高的能量密度下，硼烯制成的超级电容可以实现极高的循环稳定性。

2.10.2.4　催化剂

硼烯还是最轻的析氢反应催化剂，可以把氢气分解成氢离子、把水分解成氢气和氧气，以及还原二氧化碳。对于光催化制氢等领域来说，催化剂是其中最重要的一环。有了好的催化剂，它们就可以把燃烧的产物变回燃料，实现能源经济的零碳循环。而硼烯，将有可能催生出一个水基能源循环的新时代。

2.10.2.5　传感器

由于可以与许多物质发生反应，硼烯被认为可以用于制造检测乙醇、甲醛和氰化氢的传感器。例如，当乙醇（也就是酒精）被硼烯吸收时，通过硼烯的电流会马上出现大幅增长。硼烯对于一氧化碳、一氧化氮等有害气体的吸收也要远大于石墨烯。

2.10.2.6　柔性电子产品

2D 材料可用来开发小型化混合电子装置，以利用其卓越的特性。研究人员相信，高导电性石墨烯有望用于柔性电子产品，但是对于需要拉伸、压缩甚至扭曲的设备来说，石墨烯太硬了，显然不是理想的材料。

如果将硼烯转移到弹性基板上，其独特的起伏结构将赋予其高拉伸性。换句话说，有可能利用硼烯制造出可变形且能够恢复到原有形状的器件。同时，由于硼烯具有金属导电性，非常适合用于柔性电子器件。

研究人员面临的一个主要挑战是，与许多 2D 材料一样，硼烯对外部环境高度敏感，迄今为止，在电子器件中使用时，硼烯还没有显示出长久的稳定性和可靠性。目前，研究人员正在开发新的成像技术，以捕获 2D 材料中单个原子的运动以了解电子设备的潜在失效模式。

2.11　硼 量 子 点

硼作为碳的近邻元素，同碳元素类似，也有着零维、一维和二维等低维结构。2020 年，南京航空航天大学航空学院郭万林院士团队报道了关于晶体硼量子点的首次实验制备及其器件应用的最新研究成果，首次实现了零维硼量子点的实验制备和器件构筑[132]。他们采用高功率超声分散体相硼粉体的方法来获得晶体硼量子点。在获得硼量子点的基础上，通过 X 射线衍射、高分辨电镜、紫外-可见吸收光谱和光致发光谱等手段表征发现：该量子点为一种 α 相硼晶体，由于强烈的量子尺寸效应，硼量子点带隙从体相的 1.8 eV（红光）调制到 2.46 eV（绿光）。为了证明硼量子点器件的应用潜力，研究者构筑了硼量子点-PVP 非易失存储器，发现在 0.1 V 的读写电压下其开关比超过 1.0×10^3，转变电压为 0.5 V。说明制得的硼量子点器件具有低电压操作特性，预示着硼量子点器件具有更低的能量消耗，有望在高性能、低能耗电子/光电器件中发挥作用。2021 年，深圳大学张晗教授团队通过液相剥离法制备了硼量子点材料，并使用高分辨透射电子显微镜和原子力显微镜进行了证明[133]。硼量子点的光热转化特性和热稳定性可采用热像仪进行记录和分析，其实验结果表明硼量子点具有优良的热稳定性和热循环。基于热光效应的全光调制器响应时间与热产生和热扩散具有密切关系，该团队采用该方法间接性证明了硼材料的光热特性，并成功实现了全光相位和强度调制器。基于石墨烯的全光调制器上升时间和下降时间分别为 9.1 ms 和 3.2 ms，在实验中，基于硼量子点的全光调制器上升时间和下降时间分别为 1.1 ms 和 1.3 ms，证明了硼量子点在热特性方面优于石墨烯，具体的相关参数仍需要进一步研究。

受碳/金属量子点（QD）在能量存储中的应用启发，量子点材料拥有独特的表面/边缘效应，并且可以为电解质和电极之间的插层创造出色的界面。因此将硼的尺寸减小到量子尺寸也是一种有效的策略，不仅可以极大地提高硼的电化学活性，而且可以为离子吸附和解吸提供更多的活性位点，从而增加容量和改善离子扩散及电荷转移动力学行为。中北大学王慧奇课题组通过硼纳米片的低温液相剥离合成了量子尺寸的硼点（BQDs）并结合到导电石墨烯基质中，从而形成了3D交联的BQDs/还原氧化石墨烯骨架（B@rGO）作为锂离子电池的负极（图2-22）[134]。3D交联导电结构激活BQDs可逆地储存/释放锂，并赋予相关的大孔/中孔，其中电解质可以轻松进入高效锂的输送途径和活性吸附/解吸位点。所开发的负极在 $0.05\ A\cdot g^{-1}$ 的电流密度下具有 $2651\ mA\cdot h\cdot g^{-1}$ 的超高容量，同时具有出色的长循环稳定性，500圈后容量保持率为 $836\ mA\cdot h\cdot g^{-1}$。

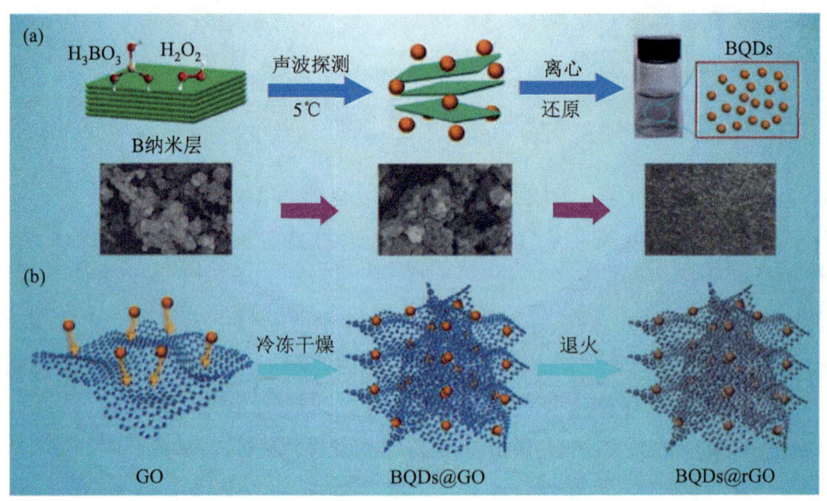

图2-22　BQDs@rGO骨架的制备示意图

该团队将构建的全光调制器应用于调Q激光器，实现了光控调Q激光器的运转。相比于声光调制器和电光调制器在激光领域的应用，该工作展现出了优良的单色性（0.04 nm）和可控的频率，这在非线性频率转化和全光通信方面具有潜在应用价值。

2.12　教 学 提 示

（1）本章内容突破了一般教材“硼有无定形硼和结晶形硼两种同素异形体”的说法，特别是增加介绍了“硼富勒烯、硼量子点、硼纳米管、硼纳米线和纳米带、硼单层平面、硼烯”一大块先进功能材料的表述。

（2）可以看出，由于 B 原子的价电子少于价轨道数的缺电子特性，成键方式很复杂，所以可以形成多种多样单质晶体结构。另一方面，硼元素形成的各种形式的硼团簇和纳米结构，却起源于科学家对硼与碳在周期表中水平相似性启发。然而不同的是，已经计算预知的多种硼富勒烯、硼纳米管、硼单层平面、硼富勒烯固体、硼烯、硼量子点等晶态硼尚未见到有实验成功合成报道。

（3）人们最早认识硼大多是由硼砂珠实验获得。而如今硼化学已俨然发展为了元素化学的一个大家族。这里就不得不再次提到硼化学大师利普斯科姆对硼氢化学键的贡献，开创了对硼化合物复杂架构的研究先河。为此他也获得了 1976 年诺贝尔化学奖。特别有趣的是：利普斯科姆的导师鲍林（L. C. Pauling，1901～1994 年）在 1954 年因揭示化学键的本质而获得诺贝尔化学奖，之后利普斯科姆还培养了另一位诺贝尔化学奖得主霍夫曼（R. Hoffmann，1937 年～），后者因提出“解释化学反应过程理论”而获得 1981 年诺贝尔化学奖。师生三代因研究化学键和化学反应特征，且均获得诺贝尔化学奖，可称得上时科学史上的一段佳话。

重要的是，如今中国的科学家在硼化学方面所作出的卓越贡献是令人注目的，例如中国科学院大学研究生院苏刚等提出了一种普适的硼纳米结构的构建方案，并由此预言了一个具有显著稳定性的新型空心笼状硼富勒烯家族 $B_{32+8k}(k=0, 1, 2, \cdots)$；还提出了新的硼电子计数规则和“独立空心”规则，可以方便地解释新型硼富勒烯和其他硼纳米结构的电子成键性质及其稳定性；建立了包括硼富勒烯、硼纳米管和硼单层平面结构在内的硼纳米材料在结构构建和稳定性以及几何与电子性质方面的统一框架。而柳大纲院士（1904～1991 年）和高世扬院士（1931～2002 年）更是发展了我国盐湖硼化学，使盐湖化学的研究逐渐走向了世界前列。

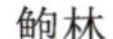

鲍林

利普斯科姆

霍夫曼

柳大纲

高世扬

苏刚

学习思考题

1. 为什么硼的氢化物中硼原子拥有异常高的配位数，使之成为所有元素氢化物中结构最复杂的？

2. 请解释什么是热丝法和热解法，并理解可用相关技术制备高纯度的晶态硼？

3. 为什么说硼团簇是寻找硼富勒烯的基础？

4. 请从结构和性质上阐述石墨烯和硼烯的异同？

5. 什么是富勒烯，碳富勒烯和硼富勒烯在结构和用途上有何异同。

6. 什么是磁控溅射方法，其在材料制备中有什么优势？

7. 试从结构上分析硼纳米线和硼纳米锥有什么优势，可以在哪些领域发挥应用？

8. 较早的关于硼单层结构的理论计算可以追溯到1997年，随后Lau和Pandey等通过计算发现，带翘曲的三角形晶格的单层硼是可以稳定存在的。2014年，南开大学物理学院周向锋教授等基于进化算法结合第一性原理计算，预测了一个独特的二维硼结构。请谈谈理论计算在材料科学中研究的意义和地位。

9. 试分析为什么硼烯的实验室合成一直是一个难题？

10. 什么是超高真空分子束外延技术，其在材料制备中有什么优势？

11. 什么是量子点，硼量子点有什么独特的优势？

12. 由于 B_{12} 二十面体的连接方式不同，键型也不同，试分析形成的硼晶体类型是否相同？

13. 在无定形硼的结构中也有规则的 B_{12} 二十面体，但这些二十面体之间无规则地成键且长程无序，无定形硼和晶体硼之间如何相互转化？

14. 试分析对比 B_{40} 和 C_{60} 多面体结构有何异同？

15. 试分析石墨烯和硼烯在结构上有何异同，并查阅文献资料阐述硼烯有望在哪些领域广泛应用？

参考文献

[1] 林秉发. 大学化学，1989，4（4）：50-51，48

[2] 刘志宏，胡满成，高世扬. 无机化学学报，2002，18（12）：1226-1228

[3] 石磊，徐芳森. 植物学通报，2007，24（6）：789-798

[4] 聂永，王亚峰，苗金玲. 大学化学，2013，28（6）：20-23

[5] Davy H. Philos Trans R Soc London，1809，99：39-104

[6] Gay-Lussac J L，Thénard L J. Ann Chim，1808，68（2）：169-174

[7] Greenwood N N，Earnshaw A. Chemistry of the Elements. 2nd. Ed. Oxford：Butterworth-Heinemann，1997：15

[8] Weintraub E. Ind Eng Chem Res，1911，3（5）：299-301

[9] 颜静，耿旺昌，闫毅. 化学教育（中英文），2020，41（6）：1-4

[10] 张青莲，等. 无机化学丛书第四卷. 氮磷砷分族. 北京：科学出版社，1987：102

[11] 刘明坤. 高压下典型主族氢化物与硼化物的结构和性质研究. 长春：吉林大学，2019

[12] Oganov A R，Chen J，Gatti C，et al. Nature，2009，457（12）：863-867

[13] Buschbeck K C. Boron Compounds，Elemental Boron and Boron carbides. Berlin Handbook of Inorganic Chemistry XIII，Supplement 2. Berlin：Springer，1981

[14] Albert B，Hillebrecht H. Angew Chem Int Edit，2009，48（46）：8640-8668

[15] 闫清波，胜献雷，郑庆荣，等. 中国科学：物理学力学天文学，2011，41（1）：29-48

[16] Brown L D，Lipscomb W N. Inorg Chem，1977，16（12）：2989-2996

[17] Wu J J，Zhai Y C，Zhang G L. J Northeast Univ，2009，30（S2）：6-10

[18] 宋明志，安慧，赵军. 辽宁化工，2004，33（8）：469-470

[19] Wang Y Q，Duan X F，Cao L M，et al. Chem Phys Lett，2002，359（3-4）：273-277

[20] Shalamberidze S O，Kalandadze G I，Khulelidze D E. J Solid State Chem，2000，154（1）：199-203

[21] Dou Z H，Zhang T A，Shi G Y. T Nonferr Metal Soc，2014，24（5）：1446-1451

[22] 伍继君，杨斌，马文会. 功能材料，2007，38（12）：2073-2076

[23] Szegedi S，Váradi M，Buczkó C M，et al. J Radioa Nucl Chem，1990，146（3）：177-184

[24] Wiberg N. Inorganic Chemistry. San Diego：Academic Press，2001

[25] Widom M，Mihalkovic M. Phys Rev B，2008，77（6）：154-161

[26] Amberger E. Ploog K J. J Less Common Metal，1971，23（1）：43-52

[27] Prasad D L，Jemmis E D. Phys Rev Lett，2008，100（16）：208-211

[28] Laubengayer A W，Hurd D T，Newkirk A E，et al. Quím Nova，2002，26（6）：795-802

[29] Callmer B. Acta Crystallogr，1977，33（6）：1951-1954

[30] Talley C P，Placa S L，Post B. Acta Crystallogr. 1960，13（3）：271-272

[31] Amberger E，Buschbeck K C. Gmelin Handbook of Inorganic and Organometallic Chemistry：Boron. Berlin：Springer-Verlag，1981

[32] Wentorf R H，Science，1965，147（49）：3653

[33] Oganov A R，Chen J，Ma Y，et al. Nature，2009，457（7231）：863-867

[34] Zarechnaya E Y，Dubrovinsky L，Dubrovinskaia N. Phys Rev Lett，2009，102（18）：465-168

[35] Solozhenko V L，Kurakevych O O，Oganov A R. J Superhard Mater，2008，30：428-429

[36] Oganov A R，Solozhenko V L，Gatti C. J Superhard Mater，2011，33：363-379

[37] Dubrovinskaia N，Dubrovinsky L，Zarechnaya E Y，et al. Nature，2009，460：292-293

[38] Brown L D，Lipscomb W N. Inorg Chem，1977，16（12）：2989-2996

[39] Bicerano J，Marynick D S，Lipscomb W N. Inorg Chem，1978，17（12）：3443-345

[40] Lipscomb W N，Massa L. Inorg Chem，1992，31（12）：2297-2299

[41] Placa S，Roland P A，Wynne J J. Chem Phys Lett，1992，190（3-4）：163-168

[42] Payne M C，Tete M P，Allan D C，et al. Rev Mod Phys，1992，64（4）：1045-1097

[43] Boustani I. Phys Rev B，1997，55（24）：16426-16438

[44] Boustani I，Quandt A，Herna Ndez E，et al. J Chem Phys，1999，110（6）：3176-3185

[45] Zhai H，Wang L，Alexandrova A N，et al. J Chem Phys，2002，117（17）：7917-7917

[46] Zhai H，Alexandrova A N，Birch K A，et al. Angew Chem Int Edit，2003，42（48）：6004-6008

[47] Alexandrova A N，Birch K A，Zhai H，et al. J Chem Phys，2003，107（44）：9319-9328

[48] Zhai H J，Alexandrova A N，Birch K A，et al. Angew Chem Int Edit，2003，115（48）：6186-6190

[49] Alexandrova A N，BirchK A，Zhai H，et al. J Chem Phys，2004，108（16）：3509-3517

[50] Kiran B，Bulusu S，Zhai H. P Natl Acad Sci USA，205，102（4）：961-964

[51] Oger E，Crawford N R M，Kelting R，et al. Angew Chem Int Edit，2007，46（44）：8503-8506

[52] Huang W，Sergeeva A P，Zhai H J，et al. Nat Chem，2010，2（3）：202-206

[53] Piazza Z A，Nat Comm，2014，5：3113

[54] Wang Y J，Zhao Y F，Li W L，et al. J Chem Phys，2016，144（6）：162-300

[55] Wang L S. Int Rev Phys Chem，2016，35（1）：69-142
[56] Chen Q，Tian W J，Feng L Y，et al. Nanoscale，2017，9（13）：4550-4557
[57] 李婉璐，胡憾石，赵亚帆，等. 中国科学：化学，2018，48（2）：98-107
[58] Gonzalez S N，Sadrzadeh A，Yakobson B I. Phys Rev Lett，2007，98（16）：166804
[59] Gopakumar G，Nguyen M T，Ceulemans A. Chem Phys Lett，2008，450（4）：175-177
[60] Ceulemans A，Muya J T，Gopakumar G，et al. Chem Phys Lett，2008，461（4-6）：226-228
[61] Baruah T，Pederson M R，Zope R R. Phys Rev，2008，78（4）：715-719
[62] He H，Pandey R，Boustani I，et al. J Phys Chem C，2010，114（9）：4149-4152
[63] Jin P，Hao C，Gao Z，et al. J Phys Chem A，2009，113（43）：11613-11618
[64] Chao J，Lin Z，Zhang J，et al. Appl Phys Lett，2009，94（19）：55-57
[65] Muya J T，Nguyen M T，Ceulemans A. Chem Phys Lett，2009，483（1-3）：101-106
[66] Li Y，Zhou G，Li J，et al. J Phy Chem C，2015，112（49）：19268-19271
[67] Li M，Li Y，Zhou Z，et al. Nano Lett，2009，9（5）：1944-1948
[68] Zhai H J，Zhao Y F，Li S D. Nat Chem，2014，6（8）：727-731
[69] Chen Q，Li W L，Zhao Y F，et al. ACS Nano，2015，9（1）：754-760
[70] Chen Q，Zhang S Y，Bai H，et al. Angew Chem Int Edit，2015，127（28）：8278-8282
[71] Yan Q B，Zheng Q R，Su G. Phys Rev B，2008，77（22）：114-118
[72] Muetterties E L，The Chemistry of Boron and its Compounds. New York：Wiley，1967
[73] Yan Q B，Zheng Q R，Su G. Phys Rev B，2009，80（10）：104111.1-104111.6
[74] Liu A Y，Zope R R，Pederson M R. Phys Rev B，2008，78（15）：920-925
[75] Boustani I，Quandt A. Europhys Lett，1997，39（5）：527-528
[76] Gindulytė A，Lipscomb W N，Massa L. Inorg Chem，1998，37（25）：6544-6545
[77] Boustani I，Quandt A，Hernandez E，et al. J Chem Phys，1999，110（6）：3176-3185
[78] Kunstmann J，Quandt A. Chem Phys Lett，2005，402：21
[79] Quandt A，Boustani I. Phys Chem，2005，6：2001
[80] Sebetci A，Mete E，Boustani I. J Phys Chem Solid，2008，69（8）：2004-2012
[81] Quandt A，Liu A Y，Boustani I. Phys Rev B，2001，64（12）：125422
[82] Prasad D L V K，Jemmis E D. J Mo Struc Theochem，2006，771（1）：111-115
[83] Ivanovskii A. Phys Solid State，2003，45（10）：1829-1859
[84] Meng S，Kaxiras E，Zhang Z. Nano Lett，2007，7（3）：663-667
[85] Ciuparu D，Klie R F，Zhu Y，J Phys Chem B，2004，108（13）：3967-3969
[86] Liu F，Shen C，Su Z，et al. J Mater Chem，2010，2020（11）：2197-2205
[87] Zhu Y，Liu F，Ding W，et al. Angew Chem Int Edit，2006，118（43）：7369-7372
[88] Cao L，Zhang Z，Sun L，et al. Adv Mater，2010，13（22）：1701-1704
[89] Otten C J，Lourie O R，Yu M，et al. JACS，2002，124（17）：4564-4565
[90] Wang D，Lu J G，Otten C J，et al. Appl Phys Lett，2003，83（25）：5280-5282
[91] Wang D，Otten C J，Buhro W E. IEEE T Nanotechnol NanoBiosci，2004，3（2）：328-330
[92] Ding W，Calabri L，Chen X，et al. Compos Sci Technol，2006，66（9）：1112-1124
[93] Wang Y Q，Duan X F. Appl Phys Lett，2003，82（2）：272-273
[94] Meng X M，Hu J Q，Jiang Y，et al. Chem Phys Lett，2003，370（5-6）：825-828
[95] Yun S H，Dibos A，Wu J Z，et al. Appl Phys Lett，2004，84（15）：2892-2894

[96] Kirihara K，Wang Z，Kawaguchi K，et al. Appl Phys Lett，2005，86（21）：212101.1-212101.3
[97] Xu T T，Zheng J，Wu N，et al. Nano Lett，2004，4（5）：963-968
[98] Kirihara K，Wang Z，Kawaguchi K，et al. J Vac Sci Technol，2005，23（6）：2510-2513
[99] Kirihara K，Kawaguchi K，Shimizu Y，et al. Appl Phys Lett，2006，89（24）：243121.1-243121.3
[100] Liu F，Tian J，Bao L，et al. Adv Mater，2008，2020（13）：2609-2615
[101] Tian J，Hui C，Bao L，et al. Appl Phys Lett，2009，94（8）：083101
[102] Wang X J，Tian J F，Yang T Z，et al. Adv Mater，2007，（24）：4480-4485
[103] Wang X，Tian J，Bao L，et al. Chinese Phys B，2008，17（10）：3827-3835
[104] Liu F，Liang W J，Su Z J，et al. Ultramicroscopy，2009，109（5）：447-450
[105] Tian J，Cai J，Hui C，et al. Appl Phys Lett，2008，93（12）：106-108
[106] Sun L，Matsuoka T，Tamari Y，et al. Phys Rev B，2009，79（14）：897-899
[107] Xue Q，Gan H B，Huang Y，et al. Adv Energy Mater. 2018，10：28-33
[108] Tang H，Ismail-Beigi S. Phys Rev Lett，2007，99（11）：115501
[109] Tang H，Ismail-Beigi S. Phys Rev B，2009，80（13）：134113.1-134113.8
[110] Ding Y，Yang X，Ni J. Appl Phys Lett，2008，93（4）：262-264
[111] Er S，Wijs G D，Brocks G. J Phys Chem C，2009，113（43）：18962-18967
[112] Yang X，Ding Y. Phys Rev B，2008，77（4）：41402
[113] Singh A K，Sadrzadeh A，Yakobson B I. Nano Lett，2008，8（5）：1314-1317
[114] Yan Q B，Sheng X L，Zheng Q R，et al. Phys Rev B，2008，78（20）：201401
[115] Sheng X L，Yan Q B，Zheng Q R，et al. Phys Chem Chem Phys，2009，11（42）：9696-9702
[116] Boustani I. Phys Rev B，1997，55（24）：16426-16438
[117] Quandt A，Boustani I. ChemPhysChem，2005，6（10）：2001-2008
[118] Lau K C，Pandey R. J Phys Chem C，2007，111（7）：2906-2912
[119] Zhou X F. Phys Rev Lett，2014，112（8）：202-209
[120] Tai G A，Hu T S，Zhou W G，et al. Angew Chem Int Edit，2015，54（51）：15473-15477
[121] Mannix A J，Zhou X F，Kiraly B，et al. Science，2015，350（6267）：1513-1516
[122] Feng B，Sugino O，Liu R Y，et al. Phys Rev Lett，2017，118（9）：096401
[123] Chae S，Mengle K，Heron J T，et al. Appl Phys Lett，2018，113（21）：212101
[124] Zhong Q，Kong L，Gou J，et al. Phys Rev Mater，2017，1（2）：021001
[125] Wang Y，Kong L，Chen C，et al. Adv Mater，2020，32（48）：2005128
[126] Li W，Kong L，Chen C，et al. Scie Bull，2018，5（63）：20-24
[127] Xu B，Li W J，Yu W J，et al. Inorg Chem，2019，58（19）：13418-13425
[128] Mannix A J，Zhang Z，Guisinger N P，et al. Nat Nanotechnol，2018，13：444-450
[129] Liu X，Li Q，Ruan Q，et al. Nat Mater，2022，21（1）：25-30
[130] Chen C Y，Lv H F，Zhang P，et al. Nat Chem，2022，14：25-31
[131] Xie S Y，Wang Y，Li X B. Adv Mater，2019，31（36）：1900392
[132] Hao J Q，Tai G A，Zhou J X，et al. ACS Appl Mater Interfaces，2020，12（15）：17669-17675
[133] Wang C，Chen Q，Chen H，et al. Opto-Electronic Adv，2021，4（7）：200032
[134] Hw A，Da A，Pt A，et al. Chem Eng J，2021，425：130659

第 3 章　碳元素单质的同素异形体

提要　结合研究进展，全面介绍了碳的同素异形体，它们可分为石墨类、金刚石类、富勒烯碳原子簇和卡宾碳四类。简要叙述了各种同素异形体的存在、组成、结构、制备和性质。

3.1　碳的一般介绍

3.1.1　碳的一般性质

碳（carbon）的元素符号为 C，原子序数为 6，原子质量为 12.0107 u。碳是一种在常温下稳定、低毒性的非金属元素[1]，甚至可以以石墨或活性炭的形式安全地摄取，位于元素周期表的第二周期ⅣA 族。碳有众多的同素异形体（allotrope），它们有着两极化的异常特性（表 3-1），可从最硬到极软，绝缘体、半导体到导体甚至超导体，绝热到良导热体等。显然，性质上的这些差异是由晶体的不同结构和成键所致。

表 3-1　碳的一些同素异形体两极化异常特性

人造钻石纳米晶体是最坚硬的物质	石墨是最柔软的物质之一
钻石是极佳的磨料	石墨是极佳的润滑剂，甚至具超润滑
钻石是高绝缘体	石墨是高导电体
钻石是热导率最高的物质之一	石墨可用作热绝缘体
钻石透明	石墨为不透明黑色
钻石晶体结构属于立方晶系	石墨晶体结构属于六方晶系
无定形碳具各向同性	碳纳米管是各向异性最强的物质之一

碳元素的同素异形体又是最为丰富的非金属材料宝库。除了已知的金刚石和石墨，后发现和制备的都是材料中的“明星”，在结构上构成了一个从三维、二维、一维到零维的完整系列。它们的研究不仅丰富了碳的化学，而且具有诱人的应用前景（图 3-1）。

柯南的炭笔素描

放射性碳-14测定年代法

获得1960年诺贝尔化学奖

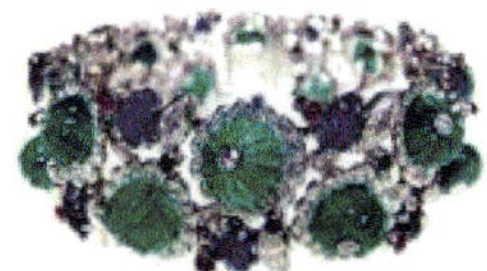

金刚石装饰和锋利的切削用具

分子中的双键打开就能吸附氢气

无定形碳由于具有极大的表面积，被用来吸收毒气、废气

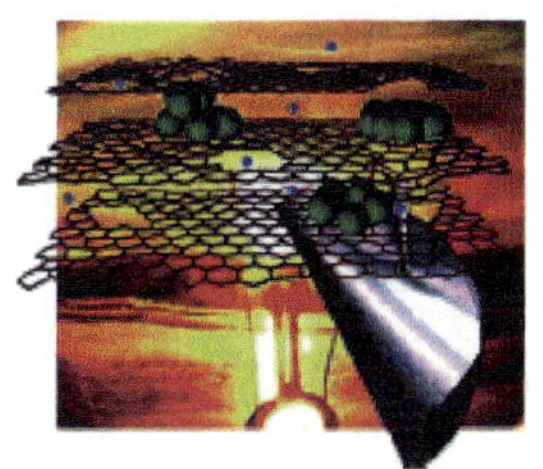
石墨烯高活性吸附材料

图 3-1　碳的部分用途

3.1.2　碳在自然界中的存在

碳是自然界中一种常见元素，是煤、石油、沥青、石灰石和其他碳酸盐以及一切有机化合物的最主要成分，在地壳中的含量约为 0.027%（不同分析方式，计算含量有差异）[2]。碳还以二氧化碳的形式在地球上循环于大气层与平流层（图 3-2）[3, 4]，在大多数的天体及其大气层中都有碳的存在。碳能够以串联的 C—C 键，形成很长的分子链，这种特性叫作成链性（chain forming）。碳-碳键强而稳定，因此，碳可以形成几乎无限种不同的化合物[5]。矿石中的含碳物质以及不含氢或氟的碳化合物一般不归于有机化合物中，但这种定义并不绝对[6]。这些无机化合物包括最简单的各种氧化碳，其中最重要的就是二氧化碳。

3.1.3　碳的发现和命名

碳对人类来说并不陌生，它可以说是人类接触到的最早的元素之一，也是人类利用得最早的元素之一（图 3-3）[7, 8]。早在远古时期，人们钻木取火后，就能够得到木炭。到了商周时期，人们就广泛应用木炭来冶炼金属[9]。在冶炼过程中

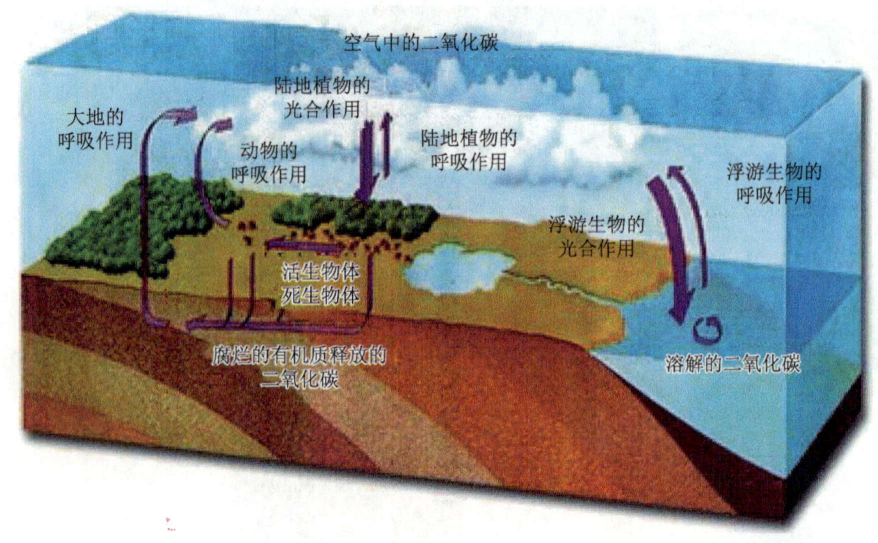

图 3-2　碳循环

舍勒

木炭不仅作为燃料，还充当还原剂的角色[10]。古人对碳的认识和应用还导致了火药的发明，伐薪烧炭也成了人们的一种副业[11]。尽管人类远古时代就知道了碳，但对碳的各种单质的认识却经历了漫长的岁月。碳的同素异形体石墨在我国古代文献也是煤的别名。碳在 16 世纪间被欧洲人发现，曾被误认为是含铅的物质，而被称为“绘画的铅”[12]。直到 1779 年，瑞典化学家舍勒（K. W. Scheele，1742～1786 年）指出将石墨与硝酸钾共溶后产生了二氧化碳气，确定它是一种矿物木炭[13]。

碳的另一种同素异形体金刚石，在古印度的著述中常常提到[14]。印度出产金刚石，南美洲巴西和非洲南非也先后发现金刚石（图 3-4）[15]。早在 1722 年，法国化学家拉瓦锡（A. Lavoisier，1743～1794 年）进行了燃烧金刚石的实验，把金刚石放置在玻璃钟罩内，用取火镜把日光聚焦在金刚石上，使金刚石燃烧，得到无色的气体，将该气体通入澄清的石灰水中，得到白色碳酸钙沉淀，正如燃烧木炭所得到的结果一样[16]。他作出结论：在金刚石和木炭中含有相同的“基础”，命名为 carbone（法文，英文在 1789 年间采用，去掉词尾 e，称为 carbon）[17]。这一词来自拉丁文 carbo（煤，木炭），我们称为碳。碳的拉丁名称 *carbonium* 也由此而来，它的元素符号 C 就是采用拉丁名称的第一个字母。正是拉瓦锡，首先把碳列入 1789 年发表的化学元素表中[18]。

拉瓦锡

图 3-3　发现古人类烧烤

图 3-4　“库利南”钻石

3.1.4　碳的成键特征

碳可与大多数元素化合生成无机化合物（图 3-5），还可形成有机化合物（图 3-6）。

碳原子可以借助 sp、sp^2、sp^3 等不同杂化方式形成具有不同物理和化学性质的物质，即碳原子以不同的排布方式形成了多种同素异形体[19]。特别是富勒烯的发现，使其同素异形体数目大幅增加，包括巴基球[20]、碳纳米管[21]、碳纳米芽[22]、碳纳米纤维、柔性石墨等[23, 24]；其他同素异形体还有：蓝丝黛尔石[25]、玻璃碳[26]、碳纳米泡沫[27]、直链卡宾碳（白碳）[28, 29]及乙炔碳等；最常见的包括：石墨、金刚石及无定形碳。

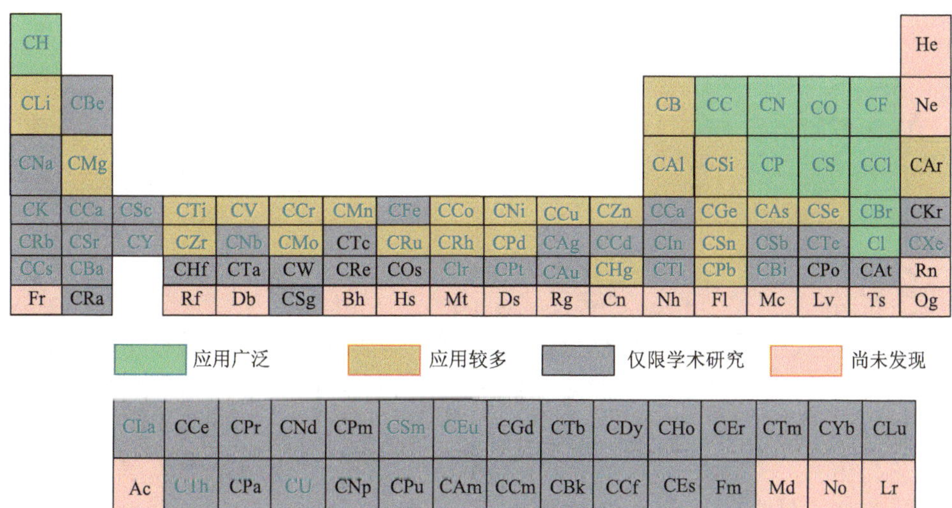

图 3-5　碳与各元素化合状态

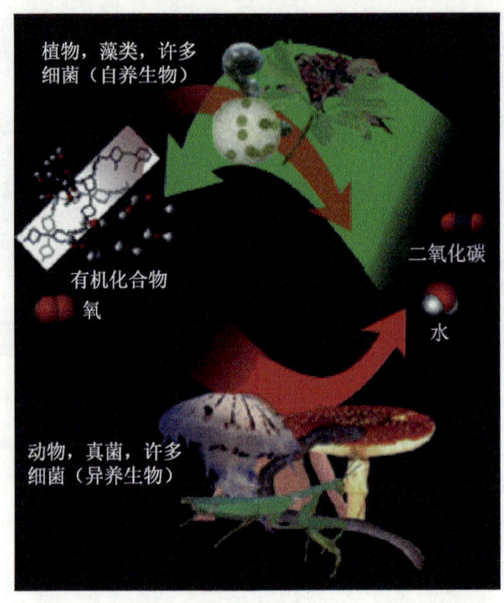

图 3-6　碳循环与有机化合物形成的关系

碳元素的同素异形体最能体现原子轨道杂化对它的形成的影响。不同的杂化态及其组合造就了众多的同素异形体：金刚石是 sp^3 杂化，石墨和单层石墨烯是 sp^2 杂化，C_{60}（富勒烯）和碳纳米管是 sp^3+sp^2 杂化，石墨炔是 sp^2+sp 杂化，卡宾碳是 sp 杂化[30]。

3.2　石　　墨

3.2.1　一般介绍

虽然人们早就使用了石墨（graphite），但直到 1779 年舍勒将它氧化成 CO_2 后，才证明它就是碳[31]。大量天然石墨矿藏分布在世界各地，其中主要出产国为中国、印度、巴西和朝鲜。石墨矿石都是变质岩，与石英、片岩中的云母和长石、片麻岩及变质砂岩和石灰岩一同出现，呈透镜状或叶脉状，厚度可达 1 m 多。天然石墨以三种形式出现：无定形态、薄片状或结晶薄片状以及叶脉状或块状。无定形石墨的质量最低，但也最常见，一般被用于生产价值最低的产品。薄片状石墨的价值更高，也较少见，通常出现在变质岩中。质量较高的薄片石墨的价格可以是无定形石墨的 4 倍，可制成膨胀性石墨、用作阻燃剂等。叶脉状或块状石墨最为罕见，是天然石墨中质量与价格最高的一种。

3.2.2　结构

石墨为层状结构，层内每个碳原子以 sp^3 杂化轨道与 3 个相邻的碳原子形成等距离的 σ 键，构成了一个由无限等六边形组成的平面层，而垂直于该平面的 p_z 轨道相互重叠形成离域 π 键，使层中 C 原子之间的距离变为 141.5 pm（图 3-7），较 C—C 单键短，键级相当于 4/3；层间距为 335 pm，结合力是微弱的范德瓦耳斯力。

图 3-7　石墨分子结构俯视图

碳原子层之间可以有两种不同的堆积方式：一种是以 ABAB……的顺序重复[图 3-8（a）]，具有六方晶系对称，称为六方石墨，又称 α-石墨，空间群为 D_{6h}^1-$P6_3/mmc$，晶胞参数为：$a = 245.6$ pm、$c = 669.6$ pm。第二种是以 ABCABC……的顺序重复[图 3-8（b）]，称为三方石墨，又称 β-石墨，中层间距也为 335 pm，结合力是范德瓦耳斯力；空间群为 D_{3d}^5-$R\overline{3}m$，晶胞参数为：$d = 363.5$ pm、$\alpha = 39°30'$。两种石墨的物理性质相似，天然石墨中含大约 30%的 β-石墨；两者可以互相转变：

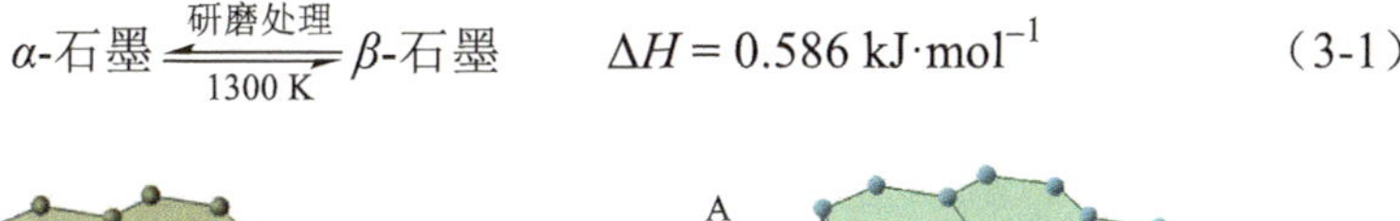

$$\alpha\text{-石墨} \underset{1300\ \text{K}}{\overset{\text{研磨处理}}{\rightleftharpoons}} \beta\text{-石墨} \qquad \Delta H = 0.586\ \text{kJ·mol}^{-1} \tag{3-1}$$

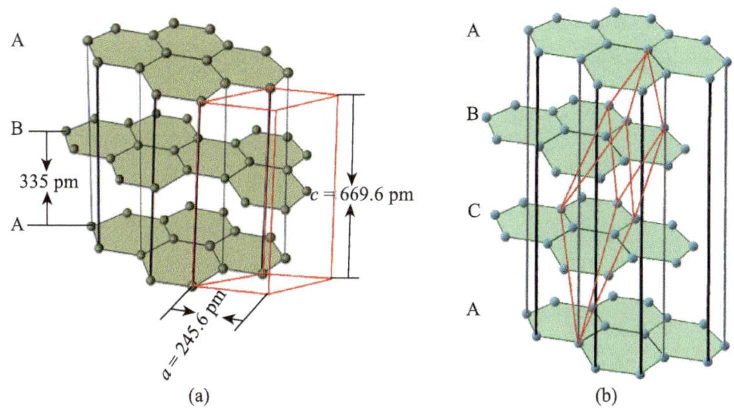

图 3-8　石墨的层状晶体结构

（a）α-石墨；（b）β-石墨

3.2.3　无定形碳

所谓无定形碳，它是由石墨型层结构的分子碎片互相大致平行的无序堆积，间或有碳按四面体成键方式互相键连；也可以说碳的无定形体是碳原子以非晶体形式不规则排列时形成的玻璃态物质，即是不具备宏观晶体结构的石墨。这些低结晶度碳的形式很多，例如有很大工业用途的炭黑、活性炭和碳纤维。炭黑年产超过 8×10^6 t，其中 94%用于橡胶制品的填料；活性炭因粒度极小而具有很大的表面积（有些情况下超过 1000 $m^2 \cdot g^{-1}$）而用作高效吸附剂；碳纤维的高抗拉强度被用于飞机部件（每架波音 767 飞机需用 1 t 碳纤维材料）。相关知识可参考文献[32-35]。

3.2.4 制备

天然石墨经浮选除去较多杂质后，再用 HF 和 HCl 交替回流处理，最后在真空中加热到 3270 K 提纯即可得到纯度较高的石墨。

合成石墨几乎都是由煤和石油作为起始原料用热解方法进行生产。纯石墨通常用 Acheson 流程生产：先将石油焦在 1670 K 下焙烧除去大量杂质，同时改善了晶体结构，再与煤沥青黏结剂在 440 K 下混合，于 1070～1270 K 下挤压成所需形状，再注入沥青，最后在 2870～3270 K 下真空或惰性气氛电炉中加热进行石墨化。

3.2.5 柔性石墨

柔性石墨（flexible graphite，FG）又称膨胀石墨（expanded graphite）。1968 年，首先由美国联合碳化物公司为了解决原子能工业中的密封问题而研制的[36, 37]。它以鳞石墨为原料，经化工处理生成层间化合物。在 800～1000℃的高温下，层间化合物变成气体，使鳞片石墨膨胀 200 倍左右，克服了脆性的缺点，因而显示出良好的密封性，疏松多孔，富有弹性。

作为一种新型功能材料，柔性石墨可在高温、高压或辐射条件下工作，不发生分解，变形或老化，化学性质稳定。柔性石墨的诞生，宣告化工密封领域内古板时代行将结束。经过近十几年的发展，柔性石墨密封产品已被广泛应用于发动机、机械、汽车、纺织、化工等各种行业，在密封领域逐渐占主导地位。

3.3 金 刚 石 类

3.3.1 一般介绍

早在公元前 700 年，人们就发现并使用了金刚石（diamond）[30]，但直到 1796 年，Tennant 将金刚石燃烧成 CO_2 才证明了金刚石是碳的另一种同素异形体[38]。金刚石俗称“金刚钻”，也就是我们常说的钻石的原身。金刚石是目前在地球上发现的众多天然存在的最坚硬的物质。金刚石的用途非常广泛，例如：工艺品、工业中的切割工具。石墨可以在高温、高压下形成人造金刚石，也是贵重宝石。原生金刚石是在地下深处（130～180 km）、高温（900～1300℃）、高压（108 Pa）条件下结晶而成的，主要储存在金伯利岩或钾镁煌斑岩中，其形成年代相当久远（如南非金伯利矿，约形成于距今 33 亿年前）[39]。1905 年在南非比勒陀利亚发现了一颗世界上最大的金刚石，重 3106 克拉，体积约为（10×6.5×5）cm^3[图 3-9（a）]。1977 年 12 月在我国山东省临沭县 21 岁姑娘魏振芳也发现了一颗重 158.79 克拉的金刚石[常林钻石，图 3-7（b）]。

(a)

(b)

图 3-9　（a）“库利南”钻石及其发现者；（b）常林钻石

据英国《每日镜报》2012 年 9 月 17 日报道，俄罗斯克里姆林宫宣称，西伯利亚地区发现的一处小行星碰撞形成的弹坑中蕴藏着丰富钻石资源，储存量之大可持续开发长达 3000 年。这个弹坑名为波皮盖坑，直径约合 100 km，其中钻石储量达数万亿克拉，超过全世界现有的钻石储量之和。

3.3.2　结构

在金刚石中，每个碳原子以 sp^3 杂化轨道形成 4 个按四面体分布的键，与相邻的 4 个碳原子结合成庞大的分子。在金刚石中碳原子的所有外层电子都参与成键，所以高纯而完整的金刚石晶体是绝缘体。常见的金刚石属立方晶系[图 3-10（a）]，空间点群 $Fd3m$，晶胞参数 $a = 356.688$ pm（298 K），C—C 键长为 154.4 pm，并贯穿整个晶体，使晶体解体困难，因此是天然存在中的最硬物质。立方金刚石有Ⅰ和Ⅱ两种类型，这两种类型在性质上略有差异，可通过红外光谱、紫外光谱及核磁共振加以区别。Ⅰ型金刚石含氮，为绝缘体，因氮的存在形式不同还可分为Ⅰa 和Ⅰb 型。Ⅱ型金刚石中基本不含氮或含氮很少，可以是绝缘体（Ⅱa 型），也可以是半导体（Ⅱb 型）。

除立方金刚石外，还发现一种金刚石属六方晶系，称作六方金刚石[图 3-10（b）]，是介稳晶体。六方金刚石最初是由人工合成的[40]，后来在陨石中也找到了[41]。在六方金刚石中，碳原子的成键方式和 C—C 键长均和立方金刚石相似，密度也相同，只是晶胞堆积方式不同。空间群为 D_{6h}^{1}-$P6_3/mmc$，晶胞参数 $a = 251$ pm、$c = 412$ pm。

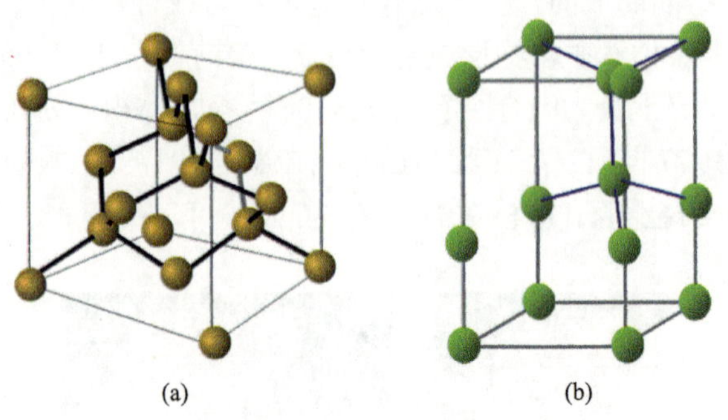

图 3-10　金刚石的结构

（a）立方金刚石；（b）六方金刚石

3.3.3　金刚石的人工合成

金刚石也可以人工合成[42]。从金刚石和石墨的热力学数据（表 3-2）可以得知在常温和常压下，石墨比金刚石稳定[27]。以碳的早期相图（图 3-11）[43]分析：

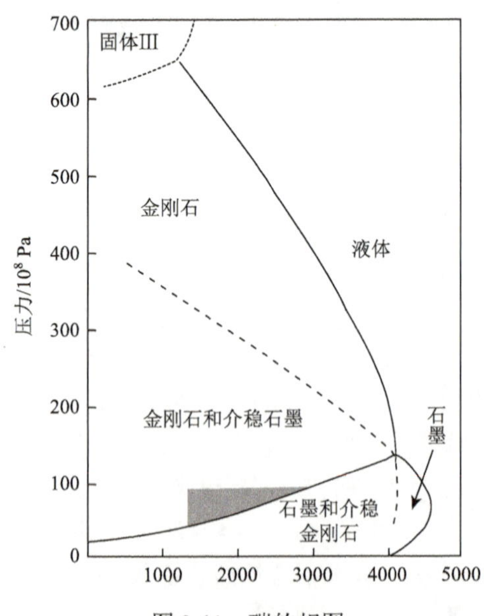

图 3-11　碳的相图

$$
\begin{array}{lccc}
 & \text{C(石墨)} \longrightarrow & \text{C(金刚石)} & \\
\Delta_r G_m^\ominus / (\text{kJ} \cdot \text{mol}^{-1}) & 0 & 2.870 & (3\text{-}2) \\
d / (\text{g} \cdot \text{cm}^{-3}) & 2.266 & 3.514 &
\end{array}
$$

由于 $\Delta_r G_m^\ominus = 2.870\ \text{kJ} \cdot \text{mol}^{-1}$，反应不能自发进行。考虑到上述反应是一种体积变小的反应，加压有利于上述反应的进行。热力学上用来计算压强变化对 ΔG 影响的公式如下：

$$p_2 = -\frac{\Delta_r G_{p_2}}{\Delta V} + p_1 = 1.5 \times 10^9\ \text{Pa} \quad 298\ \text{K} \tag{3-3}$$

在 p_2 压强下，石墨转变成金刚石的反应要自发进行，即 $\Delta_r G_{p_2} \leqslant 0$，故有

$$\Delta_r G_{p_2} - \Delta_r G_{p_1} = \Delta V(p_2 - p_1) \tag{3-4}$$

表 3-2　金刚石和石墨的热力学数据

物质	$\Delta H^\ominus / (\text{kJ} \cdot \text{mol}^{-1})$	$\Delta S^\ominus / (\text{J} \cdot \text{mol}^{-1} \cdot \text{K}^{-1})$	$\Delta_f G^\ominus / (\text{kJ} \cdot \text{mol}^{-1})$	$c_p^\ominus / (\text{J} \cdot \text{mol}^{-1} \cdot \text{K}^{-1})$	$d / (\text{g} \cdot \text{cm}^{-3})$
金刚石	1.900	2.440	2.870	6.050	3.514
石墨	0.000	5.690	0.000	8.640	2.266

图 3-12 列出了添加金属催化剂将石墨转化为金刚石的过程。通过其合成历史就会知道该项技术发展是多么快：1954 年 12 月 8 日，美国通用电器公司首次合成了人造金刚石[40]；1958 年，人工合成金刚石投入商业生产；1970 年，宣告宝石级金刚石合成工艺成功；1971 年，公布了晶种温梯法的详细工艺；1986 年，苏联科学院在高温高压下合成一颗重达 9988 克拉的特大金刚石晶体，生成温度比太阳表面的温度还要高；1987 年，南非戴比尔斯公司用高温高压法在 60 小时内制出 1 克拉的金刚石晶体；在 180 小时内合成 5 克拉的金刚石晶簇，最大单晶为 11.14 克拉。

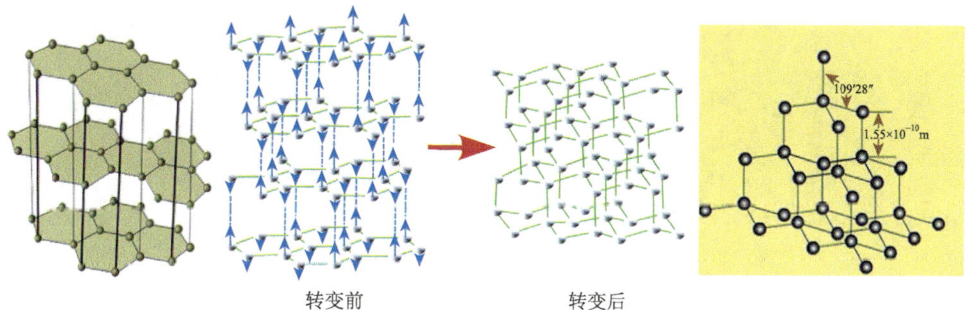

图 3-12　石墨转变成金刚石前后的晶体结构

特别是一些绿色合成方法更是引人注目：20 世纪 80 年代，日本在低温低压下用 CH_4、H_2 微波合成，微波频率 $2.45\times10^6\ s^{-1}$，功率 400 W，压力 33.7 kPa，温度<1273 K[44]；1987 年，“金刚石薄膜”在世界上兴起[45, 46]；80 年代后期，我国用微波等离子合成了金刚石薄膜，CH_4、H_2 比为 0.3%～1.0%，2～4 kPa，基体温度为 527～727 K，微波功率为 600～700 W[47]；1998 年，我国李亚栋、钱逸泰等以 Ni-Co-Mn 和金为催化剂，CCl_4 与过量金属钠于 427 K 的高压釜中反应生成杂有大量非晶态碳的金刚石[48]。

为了使石墨转变为金刚石有一定的反应速度，通常都要加入适量的催化剂并提高一定温度。2013 年复旦大学刘智攀教授课题组开发了新一代势能面全局搜索方法，即随机势能面行走（stochastic surface walking，SSW）方法[49, 50]。最近，他们采用 SSW 方法系统研究了石墨到金刚石的固体相变过程，通过寻找所有可能的异相结中间态，确定了七种异相结的原子结构，并发现石墨到六方金刚石的相变过程中会形成三维共格成核核心，而到立方金刚石的相变过程中必然伴随非共格界面的存在，导致石墨到六方金刚石的相变动力学更为容易[51]。

值得一提的是[28]：2003 年，日本筑波大学的梅本耕一郎和同仁又发现了一种介于石墨和金刚石之间的体心四方结构（body-centred tetragonal，bct）同素异形体（图 3-13）。南开大学的周向峰及其同事则做了进一步研究，虽然他们的工作仍停留在理论阶段，但是却解释了石墨压缩形成透明碳同位素异形体的实验现象。这种材料的硬度比金刚石更高，在金刚石砧上按压后留下了印痕。透明的体心四方碳不仅只需很少的能量就能形成，其剪切强度甚至比金刚石还高出 17%。如果这一结论能得以证实，也就意味着能在常温下制造出比金刚石更强的材料。

(a)

(b)

图 3-13 体心四方结构的碳

（a）垂直结构；（b）“短”化学键垂直于纸面

3.4　富勒烯碳原子簇

3.4.1　一般介绍

富勒烯（fullerene）或巴基球（bucky ball）是指一族碳原子化合物，最初被命名为 C_{60}，又因为是球形，也被命名为巴克明斯特富勒烯（Buckminstfullerene），包括巴基球[1]、碳纳米管[2]、碳纳米芽[3]及碳纳米纤维[4, 5]等。以“同一元素的不同形态的纯单质互称同素异形体”来定义[52]，广义上它们应该互称为碳的同素异形体。

富勒烯是一类由 12 个五元环和若干个六元环组成的中空笼状全碳分子，最早由 Kroto、Smalley 和 Curl 于 1985 年在研究星际空间中碳尘埃的形成过程中、在进行激光蒸发石墨的质谱实验时发现[1]，其中由 60 个碳原子组成的 C_{60}——“巴基球”具有异常的稳定性，并具有完美的球形对称结构。C_{60} 的出现使人们了解到一个全新的碳世界，并立即引起了全世界科学家的广泛关注，以其独特的结构和新奇的性质而成为科学界研究的热点。30 多年来，无论在基础研究还是在实际应用领域都有了长足的进步，取得了丰硕的研究结果。这里只侧重于碳元素同素异形体的阐述，关于大量有趣的富勒烯知识和精华请参看相关专著[53-58]和综述文献[59-65]。

3.4.2　碳富勒烯

3.4.2.1　计算化学打开了碳团簇研究的大门

在实验上发现 C_{60} 之前，已经有一些理论研究指出了 C_{60} 笼状分子存在的可能性。早在 20 世纪六七十年代，Jones[66, 67]、Osawa[68]以及 Bochvar 等[69]先后就从理论上预言了 C_{60}，表明笼状 C_{60} 分子很可能存在。20 世纪 70 年代末，天体物理学家从宇宙尘埃中发现了碳及碳化合物团簇，引起了人们通过实验制备碳团簇的兴趣。到 1985 年，Kroto 等在 He 气中用激光蒸发石墨的方法获得了异常高的 C_{60} 团簇丰度，并构想出具有 I_h 对称性类似足球的结构[1]。由于 C_{60} 的结构很像建筑师 Buckminister Fuller 设计的薄壳圆穹顶，因此被命名为 Buckministerfullerene，简称 Fullerene（富勒烯）或巴基球（Bucky ball）。除了 C_{60}，实验上随后还发现了 C_{20}，C_{24}，C_{28}，C_{32}，C_{50}，C_{70}，C_{78}，C_{80}，C_{82}，C_{84}，C_{90}，C_{94}，…，C_{240}，C_{540} 等一系列大量碳笼状团簇（图 3-14）[70, 71]。因此，富勒烯的概念也就扩展为泛指由碳原子组成的多面体空心笼状分子。随着 Krätschmer 等[72]制备出克量级的 C_{60}，使其再次成为各领域科学家们关注的热点，并由此掀起对一系列的全碳笼状分子——富勒烯的研究热潮。

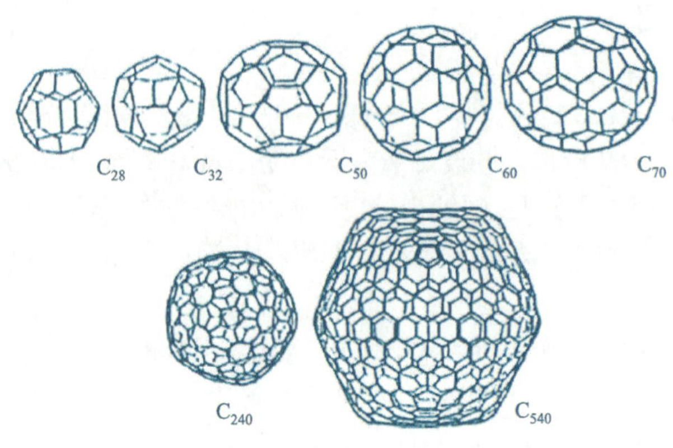

图 3-14　富勒烯的笼状结构系列

3.4.2.2　结构

事实上，C_{60} 只是全碳笼状结构中的一种[63]，是一类由五元环和六元环组成的全碳中空笼状分子 C_n（$n \geqslant 2$，除 22 外的偶数），每个碳原子都处在截顶多面体的顶点，服从多面体欧拉定律，含有 $3n/2$ 条棱，$(n-20)/2$ 个六边形和 12 个五边形。由此可见，如果单纯基于拓扑学，富勒烯异构体的数目是极其巨大的，若再引入四元环或七元环，其异构体的数目将呈数量级地增长。然而，大多数富勒烯异构体具有极高的反应活性，在空气中不能稳定存在，到目前为止能够被合成/稳定并分离得到的富勒烯结构还是有限的，其中最著名的、也最为常见的就是 I_h-$^{\#1812}$ C_{60} 和 D_{5h}-$^{\#8149}$ C_{70}（图 3-15）（命名同时包含富勒烯碳笼的对称性和 Flower 等提出的螺旋编码[73]是为了区别不同的异构体结构），它们的标准生成焓分别为 38.74 $kJ \cdot mol^{-1}$ 和 36.47 $kJ \cdot mol^{-1}$[74]（计算值分别为 41.26 $kJ \cdot mol^{-1}$ 和 41.21 $kJ \cdot mol^{-1}$），有人估计其张力能约为 2161.2 $kJ \cdot mol^{-1}$ 和 2179.1 $kJ \cdot mol^{-1}$，平均每个碳原子贡献了 36.0 $kJ \cdot mol^{-1}$ 和 31.1 $kJ \cdot mol^{-1}$ 的张力能[75]。

C_{60} 是由 12 个五边形和 20 个六边形组成的形状像足球的凸多面体，是迄今发现的最圆的分子，分子直径为 0.71 nm，若以碳原子的范德瓦耳斯半径为 0.17 nm 计，圆球中心有一个 0.36 nm 的空腔[72, 76-79]，碳原子采用 $sp^{2.28}$ 杂化，每个碳原子与周围的三个碳原子形成两个单键和一个双键。球形结构是最为引人注目的特点，它直接决定了 C_{60} 分子具有异常的电子结构，由于能量较低的 2s 轨道混入了 π 轨道，使 C_{60} 分子具有 6 个能量较低的 LUMO 轨道，从而增加了电子亲和性。富勒烯与石墨和金刚石在成键上的最大不同是，它们的键是饱和的，表面没有悬垂键。固态 C_{60} 为范德瓦耳斯固体，具有面心立方晶格，在 249 K 以下转变为简单立方[80]。室温时，晶格中的 C_{60} 分子绕着一个固定点高速旋转，频率大于 $10^5\ s^{-1}$，致使 60 个碳原子完全等价。1990 年，Krätschmer 等[76]用电子衍射和粉末法测得 C_{60} 分子为六方晶胞，晶胞参数 $a = 1.002$ nm、$c = 1.636$ nm，密度计算值为 $1.678\ g·cm^{-3}$，实验值为 $1.65\ g·cm^{-3}$。顾镇南和张泽莹[21]测得立方面心的 $a = 1.417$ nm，六方晶胞的 $a = 1.005$ nm、$c = 1.641$ nm。

图 3-15　I_h-#1812 C_{60} 的球形结构（a）和 D_{5h}-#8149 C_{70} 的椭球形结构（b）

3.4.2.3　制备

碳富勒烯的制备方法有多种[61]，并在继续发展中，常用的有如下方法。

（1）石墨电阻加热法和电弧放电法。1991 年，Krätschmer 和 Huffman 等[72]采用电阻加热蒸发石墨的方法才首次实现了富勒烯 C_{60} 的宏量合成：在约 100 Torr（1 Torr = 1.333 22×10^2 Pa）的氦气气氛中，两根相互接触的石墨棒在电阻加热作用下蒸发为气态等离子体，等离子体在氦气气氛中碰撞冷却，最终得到 C_{60} 和 C_{70}。后来 Smalley 等[77]进行了巧妙的改进，得到了高产率的 C_{60} 和 C_{70}。

（2）激光蒸发法。1985 年，Kroto、Smalley 和 Curl 最初使用了该方法[1]。尽管这一方法仍不能得到宏量的 C_{60}，但在某些金属的催化作用下，该方法可作为合成单壁碳纳米管的有效途径之一。

（3）太阳能石墨蒸发法。1993 年，Smalley 小组[81]利用聚焦太阳光直接蒸发石墨的方法制备得到了较高产率的富勒烯，主要产物确实为 C_{60} 和 C_{70}。美国的 Fields[82]及法国的 Laplaze[83]等借助类似的原理在太阳炉中蒸发石墨，得到了产率高达 18%的富勒烯，并发现用这种方法可以制备富含 ^{13}C 的富勒烯。

（4）火焰燃烧法。1987 年，Homann 等[84]在碳氢化合物的燃烧火焰中首次检测到 C_{60} 和 C_{70} 的质谱信号。1991 年，Howard 等[85]在苯/氧火焰不完全燃烧产物中发现和证实了 C_{60} 和 C_{70} 的存在。进一步的研究表明，压力、C/O 比值、温度及稀释气体的种类和浓度等因素对 C_{60} 和 C_{70} 的产率以及比例都会产生影响。

2001 年，大规模生产富勒烯的日本三菱公司宣称，基于火焰燃烧技术，富勒烯的年产量可达到上千吨[86]。

（5）多环芳烃热解法。长时间以来，多环芳烃都被认为是富勒烯形成过程中的中间体，理论和实验都表明了由芳烃组分直接构造 C_{60} 或 C_{70} 的可能性[87]。1993 年，Taylor 等[88]通过萘在 1000℃氩气气氛中的热解反应，在产物中检测到富勒烯 C_{60} 和 C_{70} 的存在。尽管这一过程富勒烯的产率很低（＜0.5%），但却从实验上证明含 10 个骨架碳的萘是可以缀合在一起形成 C_{60} 和 C_{70} 的，这也有助于理解富勒烯的形成机理。

（6）等离子体法。邓顺柳等利用自行设计的微波等离子合成装置，以氯仿为反应原料成功地制备了 C_{60}（0.3%～1.3%）和 C_{70}（0.1%～0.3%）[89]；又在以氯仿为起始反应物，在辉光等离子体反应中也合成得到了 C_{60} 和 C_{70}[90]。

（7）有机合成法。化学全合成法合成 C_{60} 对研究 C_{60} 富勒烯的形成机理、C_{60} 的笼内外修饰都有重要意义。Rubin 等[91]认为环状的含 60 个碳原子的多炔烃前驱体（如 $C_{60}H_6$）在一定的条件下能通过骨架异构化形成 C_{60}。Tobe 等[92, 93]也合成出了几种类似的大环炔烃前驱体，并在质谱中证实了这些化合物可以转化为 C_{60}。2002 年，Scott 等[94]利用 12 步化学合成法得到含 60 个碳原子的多环碳氢化合物 $C_{60}H_{27}Cl_3$，并将真空闪速热解（FVP）技术引入到 C_{60} 的合成中，于 1100℃在石英管中得到 0.1%～1.0%的 C_{60}，首次成功实现了 C_{60} 的有机合成。利用 FVP 技术，其他高碳富勒烯，如 C_{78}[95]、C_{84}[96]也可能通过有机合成的方法合成出来。

3.4.2.4　应用

科学家认为 C_{60} 及富勒烯家族的发现是人类对碳元素认识的又一个新飞跃，开创了碳研究的新时期。前两次分别为 1857 年德国有机化学家凯库勒（F. A. Kekulé）发现碳通常与四个其他原子结合（后来发展为化合价概念）[97]和 1865 年凯库勒的苯环结构（Kekulé structure）[98, 99]。后来焦家俊论证[100]，苯环结构的真正创始者应当是奥地利的约瑟夫·洛斯密德（Joseph Loschmidt），是他最早在 1861 年出版的《化学研究》一书中提出的[101-106]。

富勒烯材料因具有较好的稳定性、超导性、生物相容性、抗氧化性，在光学、电学、催化和生物医药等研究领域中有广泛的应用前景[20, 59-65]。简述如下：

（1）在太阳能电池中的应用。聚合物/富勒烯太阳能电池（PFSCS）通过光伏效应实现光电转变：光源照射时，电子给体分子从基态跃迁产生激子，并在电子给体/电子受体界面迅速扩散，转移电子给体和受体在界面处存在一定的 LUMO 能级差，导致激子在界面处发生了电荷分离，形成了自由载流子，正负自由载流子分别转移到阳极和阴极被收集，从而形成光电压和光电流。其光电转换效率已从不到 1%提高到了 10.6%，使其具有了良好的发展和应用前景[107-110]。

（2）在新型催化剂中的应用。Gol'dshleger 等[111]用钯与 C_{60} 为原料合成的化合物 $C_{60}Pd_n$ 具有较高的催化活性。Li 等[112]以 C_{60} 作为催化剂，室温光照下可将硝基苯催化氢化为苯胺，当其物质的量比为 2∶1、氢气的压强为 1 个标准大气压时，催化氢化效率高达 100%，这为富勒烯 C_{60} 作为性能优异的催化剂开辟了一条崭新道路。

（3）在气体储存中的应用。中美科学家研究发现的材料"C_{60} + Ca"[113]不仅能存储氢气，还能存储氧气。C_{60} 存储氧气的压力仅仅是 2.3×10^5 Pa（高压钢瓶存储氧气压力是 3.9×10^6 Pa），这对于军事、医疗甚至商业发展都有巨大的作用。

（4）在超导材料中的应用。美国科学家贝尔发现在 C_{60} 中掺杂活泼金属钾后得到了超导临界温度为 18 K 的 K_3C_{60}[114]。掺杂 C_{60} 超导体的发现对能源技术具有突破性的影响，能在超导计算机电子屏蔽、超导磁选矿技术、长距离电力输送、磁悬浮列车以及超导超级对撞机等更多领域中广泛应用。

（5）在生物医学中的应用[115]。Sayes 等[116]将 C_{60} 和水溶性 $C_{60}(OH)_{24}$ 纳米材料悬浮液注入小白鼠肺细胞中，未发现该纳米材料对小白鼠肺细胞有毒性作用或不良反应，这为 C_{60} 纳米材料作为药物载体提供了实验依据。Toniolo 等[117]发现了一种 C_{60}-多肽衍生物具有较好的水溶性，对于人类单核白细胞趋药性的研究具有重要的作用，同时对抑制 HIV-1 蛋白酶的活性也具有一定的意义。黄文栋等[118]通过化学方法得到了水溶性 C_{60}-脂质体，实验研究发现它能够有效杀伤癌细胞，对治疗癌变细胞具有较好的发展前景。Huang 等[119]报道了黄嘌呤/黄嘌呤氧化酶相互作用产生的超氧阴离子自由基能被多羟 C_{60} 衍生物吞噬，它能够清除具有很强破坏能力的羟基自由基。还可利用 C_{60} 分子的抗辐射特性把放射性元素放到碳笼内注射到癌变细胞，以提高放射治疗的效果、减少化疗的副作用。

（6）在化妆品中的应用。C_{60} 具有清除活性氧自由基、活化皮肤细胞、预防衰老等作用。McEwen 等[120]首次提出了"维生素 C_{60} 自由基海绵"的概念，认为富勒烯 C_{60} 分子对自由基的清除能力能够像海绵一样，吸收力强且容量超大。美国华盛顿大学 Ali 等[121]研究发现，富勒烯 C_{60} 衍生物在医学上的抗自由基作用与超氧歧化酵素（SOD）类似，甚至超过了 SOD。日本科学家 Takada 等[122]研究发现，富勒烯 C_{60} 可以迅速捕捉自由基分子，其速度明显大于 β-胡萝卜素。因此，富勒烯 C_{60} 及其衍生物经过研究和开发，可以添加到日用化妆品中，以达到美白、抗皱、瘦身等效果。

除此之外，富勒烯 C_{60} 在隧道二极管、电泳显示、原子级光开关、光电成像、双层电容器、气体分离、增强金属强度、表面涂层等领域也有广泛应用。

3.4.3 碳纳米材料

纳米碳材料是指分散相尺度至少有一维小于 100 nm 的碳材料[123]。分散相既可以由碳原子组成，也可以由异种原子（非碳原子）组成，甚至可以是纳米孔。纳米碳材料包括纳米碳球（碳富勒烯）、碳纳米管、石墨烯、碳纳米纤维等。

3.4.3.1 碳纳米管

1890 年人们就发现含碳气体在热的表面上能分解形成丝状碳[124, 125]。1952 年，Radushkevich 和 Lukyanovich[126]在 CO 和 Fe_3O_4 的高温反应中曾发现过类似碳纳米管的丝状结构。Oberlin 等[127]在 1976 年已分别观察到管状的纳米碳结构。但是，当时人们还没有认识到它是一种新的重要的碳的形态。从 20 世纪 50 年代开始，石油化工厂和冷核反应堆的积碳问题，也就是碳丝堆积的问题，逐步引起重视。为了抑制其生长，开展了不少有关其生长机理的研究。这些用有机物催化热解的方法得到的碳丝中已经发现有类似碳纳米管的结构。在 20 世纪 70 年代末，新西兰科学家发现在两个石墨电极间通电产生电火花时，电极表面生成小纤维簇，进行了电子衍射测定，发现其壁是由类石墨排列的碳组成，实际上已经观察到多壁碳纳米管。直到 1991 年，日本科学家 Iijima[5]在用高分辨透射电镜（HRTEM）观察石墨电极放电制备 C_{60} 的球状碳分子产物时，意外发现了一种同轴多层管状的富勒碳结构，这种结构由长约 1 μm、直径 4～30 nm 的多层石墨管构成。通过对其结构研究发现，它是碳元素的另一同素异形体。

3.4.3.2 结构

根据管状物的石墨片层数可以把碳纳米管分为单壁碳纳米管（single-walled carbon nanotube，SWNT）和多壁碳纳米管（multi-walled carbon nanotube，MWNT）（图 3-16）。

SWNT 又称富勒管（fullerenes tube），在概念上可被认为是卷起来的单层石墨烯（graphene），其直径大小分布范围小、缺陷少，具有更高的均匀一致性，是理想的分子纤维。SWNT 的管径一般为 0.7～3.0 nm，长度为 1～50 μm，是一种理想的纳米通道。MWNT 是由几层到几十层石墨烯片同轴卷曲而成的无缝管状物，其层数从 2 到 50 不等，层间距为（0.34±0.01）nm，与层间距 0.335 nm 的石墨相当，且层与层之间排列无序，通常多壁管直径为 2～30 nm、长度为 0.1～50 μm[128]。

碳纳米管的结构参数都可由指数来确定。不同的 n 和 m 对应不同的手性矢量、手性角、卷曲方式、直径和周长等结构参数[129]。根据卷起的方向矢量（即碳管手性，chirality）(n, m) 不同，SWNT 大致可呈现金属性（metallic，$n-m=3k$，k 为整数，无能隙）或半导体性（semiconducting，$n-m\neq 3k$，k 为整数，有能隙）。根据折起的外部形态的不同，SWNT 可分为扶手椅式（armchair）、锯齿式（zigzag）和手性式（chiral）[130]。通常，当 $m=n$ 时，称为扶手椅型管；当 $m=0$ 时，称为锯齿型管；其他则一般称为手性管（图 3-17）。

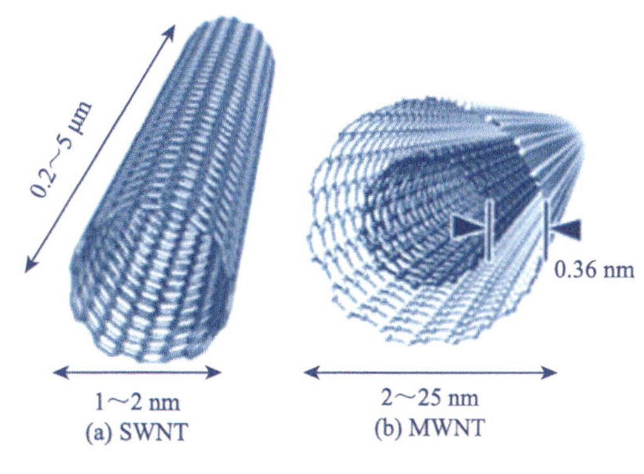

图 3-16　碳纳米管图

图 3-17　SWNT 结构分类图

(a) 扶手椅式；(b) 锯齿式；(c) 手性式

3.4.3.3　制备

常用的碳纳米管制备方法主要有：电弧放电法、激光烧蚀法、化学气相沉积法（碳氢气体热解法）、固相热解法、辉光放电法、气体燃烧法以及聚合反应合成法等。其目的都是为了达到在生长过程中对碳纳米管壁数、直径、长度以及取向进行人为调控[131]。本节不再赘述，详细内容可参考综述文献[124, 125, 130, 132-143]。要实现基于碳纳米管的各种应用，首先要实现结构和性能可控的碳纳米管批量制备。碳纳米管批量生产是多尺度复杂过程（图 3-18）[125]，需考虑原子尺度、纳米尺度、介观尺度、反应器尺度、工厂尺度和生态尺度等多层次工程科学的耦合和关联，尤其是大尺度的流动和传递会对微观上的生长与缺陷控制造成强耦合，只有解决好这些耦合才能保证碳纳米管的有效生长[144]。幸运的是，随着纳米概念的广泛普及以及纳米科学技术的深入探索，基于纳米材料和纳米器件相关的质量、动量、能量传递和以化学反应为核心的纳米过程工程也得到了高度关注[145]，这为在宏观尺度上获得低成本、高分散及性能优异的碳纳米管提供了可行性。

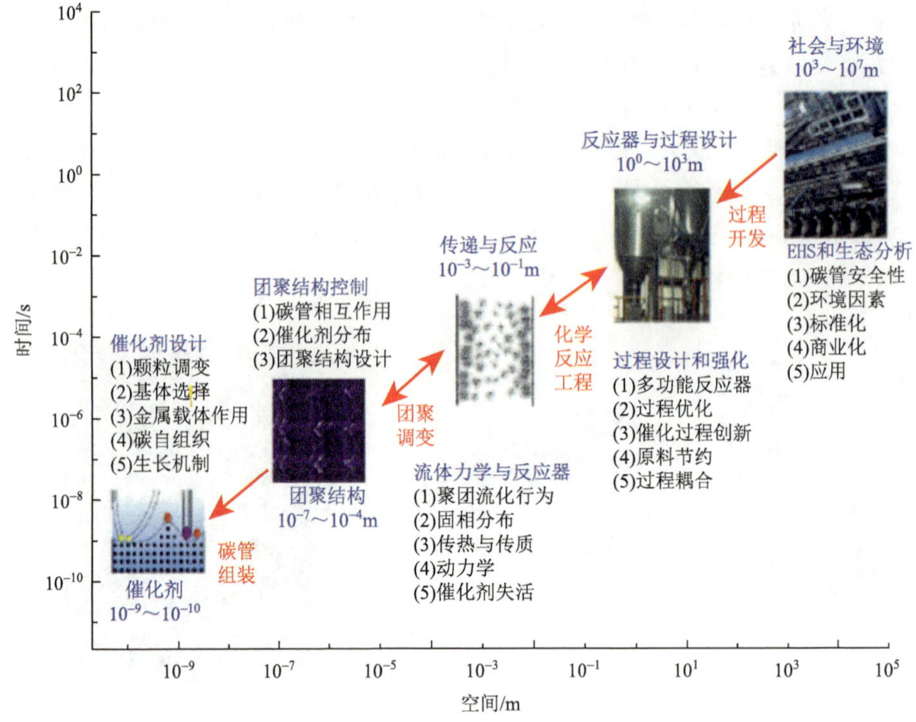

图 3-18　多尺度纳米过程工程分析碳纳米管的宏量制备

3.4.3.4　应用

碳纳米管的应用最能体现结构决定性质，性质决定应用这一规律。由于碳纳米管的特殊结构，加之对它的修饰性质就更加特殊，应用也就更加广泛。碳纳米管的一些主要用途如下所述。

在力学方面：碳纳米管具有高模量和高强度，抗拉强度达到 50～200 GPa，是钢的 100 倍，密度却只有钢的 1/6，至少比常规石墨纤维高一个数量级。它的弹性模量可达 1 TPa，与金刚石的弹性模量相当，约为钢的 5 倍；碳纳米管的强度比同体积钢的强度高 100 倍，重量却只有后者的 1/6 到 1/7，因而被称“超级纤维”（图 3-19）。

在导电方面：碳纳米管具有优异的电学性能，可用于量子导线和晶体管等。Tang 等[146]在研究具有较小直径的 SWNT 磁传导特性时发现，在温度低于 20 K 时，直径为 0.4 nm 的 CNT 具有明显的超导效应。1998 年 IBM 的 Martel 等[147]最早将已在溶剂中分散开的碳纳米管洒落在硅衬底上，制成了首个碳纳米管晶体管。1999 年，Soh 等[148]成功制备出碳纳米管晶体管阵列，无需对它们进行逐个处理便能用作晶体管。这种单分子晶体管是现有硅晶体管尺寸的 1/500，可使集成电路的尺寸降低 2 个数量级以上，将替代硅材料成为后摩尔时代的重要电子材料。

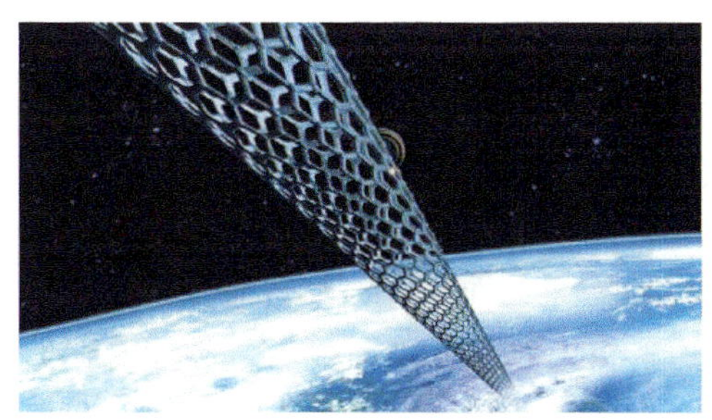

图 3-19　梦想中的月球天梯

在热学方面：碳纳米管由卷曲的石墨片构成，具有石墨导热率高和巨大长径比的特点，因而其轴向方向的热交换性能很高，相对其径向方向的热交换性能较低，通过合适的取向，碳纳米管可以合成各向异性高的热传导材料。经计算[149]，在温度为 100 K 时，单根碳纳米管的导热率为 37 000 $W \cdot m^{-1} \cdot K^{-1}$，室温下能达到 6 600 $W \cdot m^{-1} \cdot K^{-1}$，这一数据几乎是所报道的金刚石室温下导热率（3 320 $W \cdot m^{-1} \cdot K^{-1}$）的 2 倍。

在化学方面：碳纳米管具有中空管状这种特殊结构，且具有巨大的长径比[150]，因此具有很高的比表面积，使得大量气体分子、电子和离子等能吸附在管的间隙、内腔及管的表面，并能迅速移动，使其可以应用于锂离子电池材料、电容器和储氢材料等领域。它的稳定的筒状结构在多次充放电循环后不会塌陷、破裂或粉化，从而大大提高了锂离子电池性能和循环寿命[151]；它具有开放的多孔结构，并能在与电解质的交界面形成双电层，从而聚集大量电荷，因而具有很高的容量和循环寿命，功率密度可达 8 000 $W \cdot kg^{-1}$。其在不同频率下测得的电容容量分别为 102 $F \cdot g^{-1}$(1 Hz)和 49 $F \cdot g^{-1}$(100Hz)[152]。碳纳米管超级电容器是已知的最大容量的电容器，存在巨大的商业价值。美国国家立可再生能源实验室的 Dillon 等[153]最早发现碳纳米管具有储氢能力，他们采用程序控温脱附仪测量出 SWNT 具有约 5%～10%的储氢量，并认为 SWNT 是唯一可以用于氢燃料电池汽车的储氢材料。

3.4.4 石墨烯

3.4.4.1 发现

实际上石墨烯本来就存在于自然界[154-159]，只是难以剥离出单层结构。石墨烯一层层叠起来就是石墨，厚 1 mm 的石墨大约包含 300 万层石墨烯。铅笔在纸上轻轻划过，留下的痕迹就可能是几层甚至仅仅一层石墨烯。

2004年，英国曼彻斯特大学的两位科学家安德烈·海姆和康斯坦丁·诺沃肖洛夫发现他们能用一种非常简单的方法得到越来越薄的石墨薄片。他们从高定向热解石墨中剥离出石墨片，然后将薄片的两面粘在一种特殊的胶带上，撕开胶带，就能把石墨片一分为二。不断地这样操作，于是薄片越来越薄。最后，他们得到了仅由一层碳原子构成的薄片，这就是石墨烯（图3-20）。之后，制备石墨烯的新方法层出不穷，经过5年的发展，人们发现，将石墨烯带入工业化生产的领域已为时不远。因此，在随后三年内，安德烈·海姆和康斯坦丁·诺沃肖洛夫在单层和双层石墨烯体系中分别发现了整数量子霍尔效应及常温条件下的量子霍尔效应，他们也因此获得了2008年的欧洲物理奖，随后获得2010年诺贝尔物理学奖。在发现石墨烯以前，大多数物理学家认为，热力学涨落不允许任何二维晶体在有限温度下存在。所以，它的发现立即震撼了凝聚体物理学学术界。虽然理论和实验界都认为完美的二维结构无法在非绝对零度稳定存在，但是单层石墨烯在实验中被制备出来。

3.4.4.2　结构

石墨烯是由碳六元环组成的二维（2D）周期蜂窝状点阵结构，它可以翘曲成零维（0D）的富勒烯，卷成一维（1D）的碳纳米管或者堆垛成三维（3D）的石墨，因此石墨烯是构成其他石墨材料的基本单元（图3-21）。石墨烯的基本结构单元为有机材料中最稳定的苯六元环，是目前最理想的二维纳米材料。理想的石墨烯结构是平面六边形点阵，可以看作是一层被剥离的石墨分子，每个碳原子均为 sp^2 杂化，并贡献剩余一个p轨道上的电子形成大π键，π电子可以自由移动，赋予石墨烯良好的导电性。二维石墨烯结构可以认为是形成所有 sp^2 杂化碳质材料的基本组成单元。

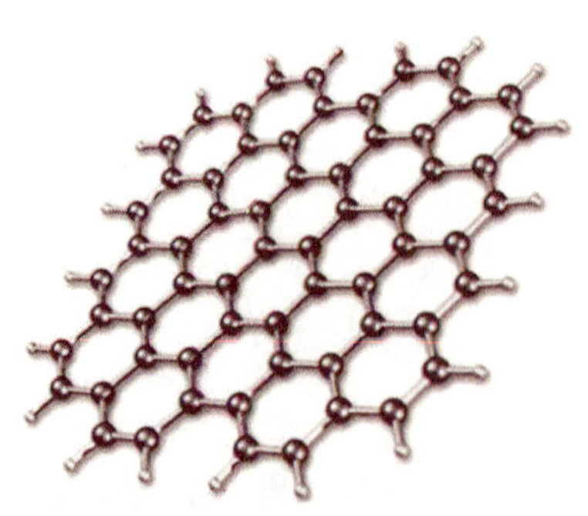

图3-20　石墨烯

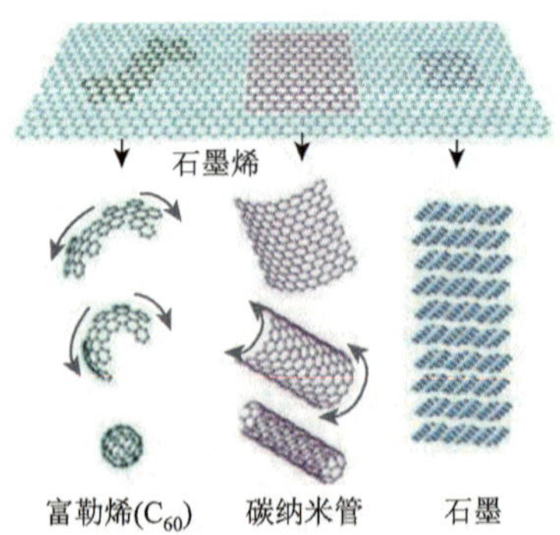

图3-21　石墨烯构建各种碳质材料示意图

石墨烯是单层石墨烯、双层石墨烯和多层石墨烯的统称。双层石墨烯（bilayer or double-layer graphene）：指由两层以苯环结构（即六角形蜂巢结构）周期性紧密堆积的碳原子以不同堆垛方式（包括 AB 堆垛、AA 堆垛、AA′堆垛等）堆垛构成的一种二维碳材料。多层石墨烯（few-layer or multi-layer graphene）：指由 3～10 层以苯环结构（即六角形蜂巢结构）周期性紧密堆积的碳原子以不同堆垛方式（包括 ABC 堆垛、ABA 堆垛等）堆垛构成的一种二维碳材料。

石墨烯问世的震惊还在于其促进了具有特殊电子结构的单原子层二维材料的发现和发展，例如相继发现的硅烯、锗烯、锡烯、磷烯和硼烯[52]。这些二维材料性质各异，且易于调控和集成，其丰富多彩的电子态和物理效应为构筑新型的电子器件提供了新的思路和机遇。

3.4.4.3　制备

在众多的有关石墨烯制备方法的综述中[160-168]，谢晓明等[160]归纳的图 3-22 很有参考价值。他们认为图 3-22（a）所示的“自下而上”合成方法即选择含碳化合物作为碳源，将其热分解形成小分子而合成石墨烯，如化学气相沉积法、偏析生长法等。而图 3-22（b）所示“自上而下”的合成方法是指以石墨为碳源，通过物理或者化学剥离或者剪切的方法，克服碳层间的范德瓦耳斯力，分离石墨的堆垛层，从而制备出石墨烯。

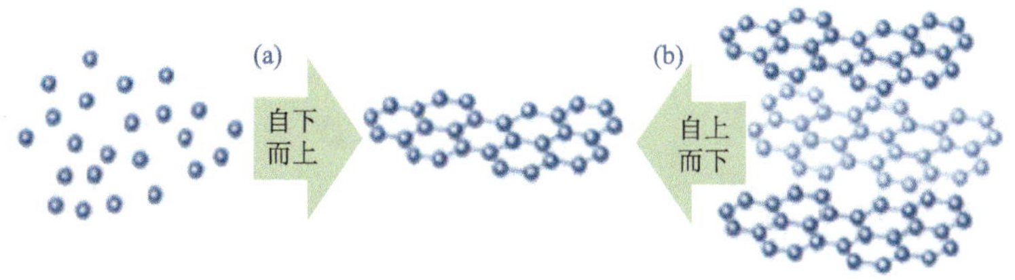

图 3-22　石墨烯制备方法示意图

目前常用的制备方法有：微机械剥离法、SiC 外延生长法、化学还原石墨氧化物法、化学气相沉积法（CVD）、切割碳纳米管法等[169-172]。不同的制备方法制备出的石墨烯的物理/化学性质稍有差异，并最终会影响器件的性能。例如，质量最高的多种石墨烯就是采用微机械剥离法将石墨烯从晶体上直接剥离出来的[173-175]；超薄石墨的方法之一就是以 SiC 为原料的外延方法，得到的石墨烯的厚度主要由加热温度决定[176]；偏析生长法主要针对溶碳率较高的 Ru、Ni、Co 等金属，通过高温退火，使得金属衬底覆盖的固体碳源或者金属自身含有一定碳量在金属表面析出，从而形成石墨烯[177]；化学气相沉积法是制备纳米材料中最常用的一种方法（图 3-23）。由于 Ni 在 1455℃时具有高达 2.7%的溶碳率，使得碳氢化合物在高温下分解的碳原子能够很容易渗透到 Ni 体相中，在 Ni 中的 C 原子在降温冷却过程中的析出过程是一个非平衡过程，制备的收率与降温速率密切相关[178, 179]。铜溶碳率虽比镍低，在 1085℃时仅为 0.04%，却有利于进一步控制石墨烯的层数。目前主要有气体碳源[180, 181]、固体碳源[182, 183]、液体碳源[184-190]等方法。

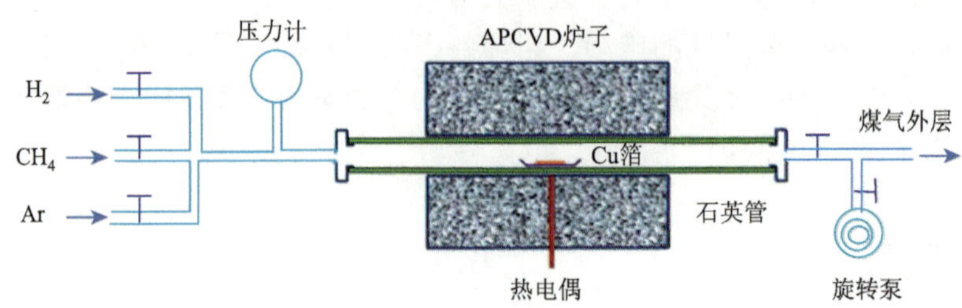

图 3-23　常压化学气相沉积法（APCVD）制备石墨烯仪器装置示意图

制备出高质量的石墨烯是研究石墨烯的基础。国内外研究人员对低成本、高品质石墨烯的制备方法进行了大量研究，每天都有新的工作发表，方法五花八门，样品多种多样。中国科学院上海微系统与信息技术研究所石墨烯研究团队采用铜蒸气辅助，在 Cu-Ni 合金衬底上实现了 AB 堆垛双层石墨烯（ABBG）的快速生长，典型单晶畴尺寸约 300 μm，生长时间约 10 min，速度比现有报道提高约一个数量级[160]。详细进展请参阅相关制备的文献综述[161-168, 191-193]。

3.4.4.4　应用

石墨烯因其独特的二维结构使它具备了许多特性：理论比表面积高达 $2.6\times10^3\ m^2\cdot g^{-1}$[194]，优异的导热性能 $3\times10^3\ W\cdot m^{-1}\cdot K^{-1}$，力学性能 1.06×10^3 GPa[195]，杨氏模量为 1.0 TPa[196]；在已知的材料中，石墨烯具有最高的强度 130 GPa，是钢的 100 多倍[196]。施加 55 N 的压力才能使 1 μm 长的石墨烯断裂；具有优良的导电性，室温下的电子迁移率高达 $1.5\times10^4\ cm^2\cdot V^{-1}\cdot s^{-1}$[197]，比商用硅片的最大迁移率高 10 倍；具有很高的光透射率（可达 97.7%[198]）、室温量子隧道效应[199]、反常量子霍尔效应[200]。因此石墨烯的应用就成为各国科学前沿领域中的研究热点。小小展示一下它的研究成果，就可知道石墨烯的应用范围是多么广泛。

2011 年 4 月 7 日 IBM 向媒体展示了运算速度最快的石墨烯晶体管，该产品每秒能执行 1550 亿个循环操作，比之前的试验用晶体管快 50%[201]。石墨烯晶体管成本较低，可以在标准半导体生产过程中表现出优良的性能，为石墨烯芯片的商业化生产提供了方向，从而用于无线通信、网络、雷达和影像等多个领域。

美国华裔科学家张翔于 2011 年使用纳米材料石墨烯研制出了最新一款高速、对热不敏感、带宽、廉价和小尺寸的调制器，这个只有头发丝四百分之一细的光学调制器具备高速信号传输能力，有望将互联网速度提高一万倍，一秒内下载一部高清电影指日可待[202]。

美国俄亥俄州 Nanotek 仪器公司的研究人员[203]利用锂离子可在石墨烯表面和电极之间快速大量穿梭运动的特性，开发了一种新型储能设备，可以将充电时间从过去的数小时之久缩短到不到一分钟。

2015 年 3 月，全球首批 3 万部石墨烯手机在重庆发布，该款手机采用了最新研制的石墨烯触摸屏、电池和导热膜。其核心技术由中国科学院重庆绿色智能技术研究院和中国科学院宁波材料技术与工程研究所开发[204]。

2015 年 5 月，南开大学化学学院周震教授课题组[205]发现一种可呼吸二氧化碳电池。这种电池以石墨烯用作锂二氧化碳电池的空气电极，以金属锂作负极，吸收空气中的二氧化碳释放能量。

2015 年 6 月，南开大学化学学院陈永胜教授和物理学院田建国教授的联合科研团队[206]通过 3 年的研究，获得了一种特殊的石墨烯材料。该材料可在包括太阳光在内的各种光源照射下驱动飞行，其获得的驱动力是传统光压的千倍以上。该研究成果令“光动”飞行成为可能。

2015 年 9 月，中国科学院上海硅酸盐研究所的研究人员[207]称，利用细小的管状石墨烯构成了一个拥有与钻石同等稳定性的蜂窝状结构，创造出了一种泡沫状材料。这种材料的强度比同重量的钢材要大 207 倍，而且具有够极高的效率导热和导电。这种新材料能够支撑起相当于其自身重量 40 万倍的物体而不发生弯曲，意味着其可以用在防弹衣的内部和坦克的表面作为缓冲垫，以吸收来自射弹（如子弹、炮弹、火箭弹等）的冲击力。

2016 年 7 月，中国电信在广州举办的 2016 天翼智能终端交易博览会上，罗马仕展出了一款石墨烯充电宝，10 分钟可充满 6000 mAh，号称要“开辟能源存储新纪元”[208]。

清华大学微电子所任天令教授课题组[209]利用石墨烯的热声效应来发射声音，利用石墨烯的压阻效应来接收声音，实现了单器件的声音收发同体。器件使用的多孔石墨烯材料具有高热导率和低热容率的特点，能够通过热声效应发出 100 Hz～40 kHz 的宽频谱声音。其多孔结构对压力也极为敏感，能够感知发声时喉咙处的微弱振动，可以通过压阻效应接收声音信号。发明的“智能石墨烯人工喉”，有望在未来解决聋哑人的“说话”难题。

此外，一些重要的研究示例可参考详细文献[210-224]。

3.4.5 碳纳米纤维

碳纳米纤维（carbon nanofiber，CNF）是由多层石墨片卷曲而成的纤维状纳米碳材料，它的直径一般在 10～500 nm，长度分布在 0.5～100 μm，是介于纳米碳管和普通碳纤维之间的准一维碳材料，具有较高的结晶取向度、较好的导电和导热性能。碳纳米纤维除了具有化学气相沉积法生长的普通碳纤维低密度、高比模量、高比强度、高导电、热稳定性等特性外，还具有缺陷数量少、长径比大、比表面积大、结构致密等优点。它是一种高性能纤维，既具有碳材料的固有本征，又兼备纺织纤维的柔软可加工性，是新一代军民两用新材料，已广泛用于结构增强材料、电子器件、锂离子电池负极材料、电容器电极材料、储氢材料、催化剂载体、隐形材料等诸多领域，具有很好的应用前景[225-229]。

3.4.6 石墨炔

3.4.6.1 sp + sp^2 杂化同素异形体

石墨炔（graphdiyne）是继富勒烯、碳纳米管、石墨烯之后一种新的全碳纳米结构材料[230, 231]，具有丰富的碳化学键、大的共轭体系、宽面间距、优良的化学稳定性，被誉为是最稳定的一种人工合成的二炔碳的同素异形体。由于其特殊的电子结构及类似硅的优异的半导体性能，有望广泛应用于电子、半导体以及新能源领域[232-235]。

自石墨炔被提出后，国际上许多著名研究组先后对其开展了探索研究。

3.4.6.2 结构

石墨炔是由 1, 3-二炔键将苯环共轭连接形成的具有二维平面网络结构的全碳分子[236]，其 sp 与 sp^2 杂化态的成键方式决定了它的独特分子构型[图 3-24（a）]。石墨炔是由苯环、C≡C 键构成的具有 18 个 C 原子的大三角形环，其孔径大约 2.5 Å，晶格长度 $a = b = 0.944$ nm。石墨炔中 sp 和 sp^2 杂化的炔键和苯环，使其构成了单层二维平面构型，为保持构型的稳定，单层石墨炔在无限的平面扩展延伸中会形成一定的褶皱[图 3-24（b）]。

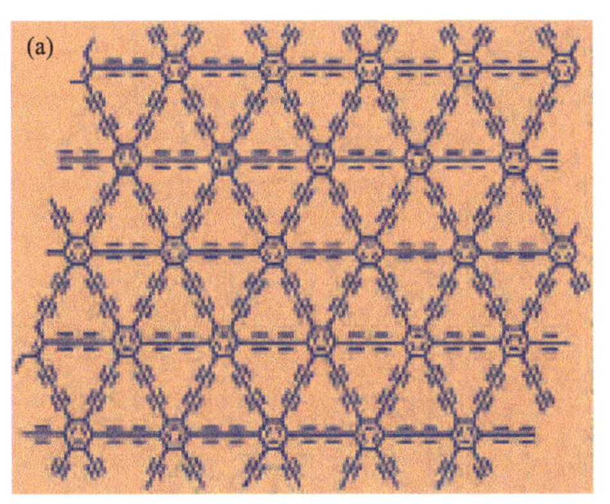

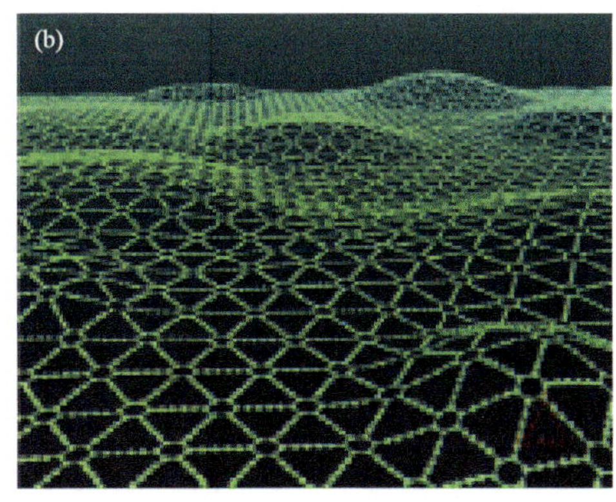

图 3-24　石墨炔的分子结构（a）和平面构型（b）

苯环之间含有一个炔键的石墨炔的英文名为 graphyne，苯环间含有两个炔键的石墨炔的英文名为 graphdiyne。一般来说，在石墨炔分子内有三种类型的 C—C 键：在中心芳香苯环上 $C(sp^2)$—$C(sp^2)$键，键长大约 0.143 nm；连接 C═C 和 C≡C 的 $C(sp^2)$—C(sp)键，键长大约 0.140 nm；连接 C≡C 的 C(sp)—C(sp)键，键长是 0.123 nm。从结构上来说，石墨炔具备与石墨烯相同的六边形对称构型，能量最小化的石墨炔，其优化的晶胞参数分别是棱长 $a = b = 0.686$ nm，$c = 0.672$ nm，交角 $\theta = 120°$，层间距大约为 0.33 nm。石墨炔分子之间通过范德瓦耳斯力和 π-π 相互作用形成层状结构，18 个 C 原子的大三角形环在层状结构中则构成了三维孔道结构，从而使石墨炔含有丰富的碳化学键、很高的 π-共轭性、宽面间距、均匀分散的孔道构型以及可调控的电子结构。

3.4.6.3　制备

与富勒烯的制备一样，科学家在制备石墨炔之前首先进行了理论计算[236]。一些重要的计算结果（表 3-3）说明：石墨炔的预测键长分别为 0.148～0.150 nm 的芳香键（即 sp^2），0.146～0.148 nm 的单键和 0.118～0.119 nm 的三键（即 sp）。由于炔单元和苯环之间的弱偶联，相对于典型的单键和芳香键（约 0.154 nm 和 0.140 nm[237]），石墨炔的单键缩短而芳香键有所扩展，反映了 sp-和 sp^2-碳原子的杂化效果；随着石墨炔尺寸的扩展，晶格间距在均匀增加。例如，每增加一个乙炔连接单元，晶格间距就有约 0.266 nm 的有规律增加[238]，而量子层面的分析显示约增加 0.258 nm[237]；Haley 等[232]用每个原了的能量来评估各石墨炔的相对稳定性，预测石墨炔有 12.4 kJ·mol^{-1} 每碳原子的高温稳定性。总之，以 sp 与 sp^2 杂化态形成的石墨炔结构可稳定存在。

表 3-3 计算的平衡键长* （单位：nm）

研究者	芳香键	单键	三键	备注
Franford & Buehler[239, 240]	0.148～0.150	0.146～0.148	0.118～0.119	MD，ReaxFF potential；evtended GYs
Baughman et al.[241]	0.1428	0.1428	0.1202	MNDO；canonicaol（1978）；GYs[a]
Yang & Xu[242]	0.1405～0.1406	0.1341～0.1396	0.1239～0.1240	MD，ALREBO potential；evtended GYs
Narita et al.[243]	0.1419	0.1401	0.1221	DFT，LSDA；evtended GYs
Bai et al.[244]	0.1440	0.1341～0.1400	0.1239	DFT，GGA-PBE；GDY only[a]
Mirnezhad et al.[245]	0.1423	0.1404	0.1219	DFT，GGA-PBE；GY only
Peng et al.[246]	0.1426	0.1407	0.1223	KASP，GGA-PBE；GYs[a]
Pei[247]	0.1431	0.1337～0.1395	0.1231	VASP，GGA-PBE；GY only

a. 单键键长为一个范围值，这是由于内部单键（连接两个 sp 杂化碳原子）和外部单键导致的。这里的化学键指连接 sp 和 sp^2 杂化的碳原子。

* 本表是在英国皇家化学学会的许可下，从参考文献[239]中复制的。

直至 2010 年，中国科学院化学研究所李玉良等首次提出了石墨炔的实验制备方法[248, 249]，利用六炔基苯（$C_{18}H_6$）在铜片的催化作用下发生偶联反应。在这一过程中铜箔不仅作为交叉偶联反应的催化剂、生长基底，而且为石墨炔薄膜的生长所需的定向聚合提供了大的平面基底。通过化学原位反应的方法成功地合成了大面积的石墨炔（graphdiyne）薄膜（3.61 cm^2），为石墨炔从理论研究迈向实验测试奠定了基础。通过这种方法得到的石墨炔，在相邻的苯环之间具有两个炔键。这也证实了以 sp 与 sp^2 杂化态形成的石墨炔可以通过人工合成的方法制备得到[250]。这是一个可与石墨烯争雄的“超级材料”的发明。

3.4.6.4 用途[236, 231, 236]

石墨炔因其特殊的电子结构将在超导、电子、能源以及光电等领域具有潜在、重要的应用前景。一些典型的示例如下。

石墨炔与聚 3-己基噻吩进行复合作为修饰材料构筑的钙钛矿太阳能电池，能显著提高空穴传输性能，基于这种复合空穴传输层的钙钛矿电池光电转换效率提高 20%，实现了 14.58%的高效率[251, 252]。

石墨炔储锂理论容量可达 744 $mAh\cdot g^{-1}$，多层石墨炔理论容量可达 1117 $mAh\cdot g^{-1}$（1589 $mAh\cdot cm^{-3}$），且其独特的结构更有利于锂离子在面内和面外的扩散和传输，这样赋予其非常好的倍率性能[253, 254]。作为电池负极材料，若在 2 $A\cdot g^{-1}$ 的电流密度下，经历 1000 次循环后，其比容量依然高达 420 mAh·g^{-1}，这是绝大多数锂离子负极材料所不具备的优势[255, 256]。

石墨炔可滤除海水中的氯化钠达 99.7%。

石墨炔负载金属钯可高效催化还原 4-硝基苯酚，还原速率（0.322 min^{-1}）分别是 Pd-碳纳米管、Pd-氧化石墨烯和商用 Pd 碳的 40 倍、11 倍和 5 倍；氮掺杂石墨炔具有非常优异的氧还原催化活性，与商业化铂/碳材料相当，有望实现作为贵金属铂系催化剂的替代品[257, 258]。而由于石墨炔三键具有极高的化学活性，TiO_2（001）-石墨炔复合物等石墨炔基材料显示了独特的光催化、电化学催化及催化性能[259-261]。

3.4.7　从富勒烯碳原子簇到金刚石的转变

富勒烯碳原子簇自然密度（1.68 g·cm^{-2}）不如它的同素异形体金刚石（C_{60}、碳纳米管、金刚石分别为 1.72 g·cm^{-2}、0.8～2.0 g·cm^{-2} 和 3.515 g·cm^{-2}）。所以在高压下就有可能发生相态转变。1992 年，法国低温研究中心的雷古埃罗（Regueiro）指出，C_{60} 分子非常稳定，若对它各个方向的压力相等，它能承受至少 200 亿帕的压力。但是，如果给 C_{60} 分子施以大约 200 亿帕的不均衡压力，它会在常温下很快转变为多晶形金刚石。他们在一个放有金刚石砧[262]的容器中压缩 C_{60} 粉末，获得成功[263]。雷古埃罗认为，尽管 C_{60} 被认为是一种弯曲的石墨片层，但其中的五边形中的 C 原子更接近于 sp^3 杂化，这正是从 C_{60} 到金刚石较易转化的原因。他说：“C_{60} 类球体分子的 60 个 C 原子中，有 48 个相互间的排列近似于四面体，相当接近于金刚石。这就表明，C 原子经历相对小的变动即能导致结构的改变。”吉林大学进行了“典型碳纳米材料的高压结构相变研究”[264]、“洋葱状碳纳米球的高压结构相变研究”[265]和“大碳笼富勒烯和内嵌金属富勒烯的高压研究”[266]，为这种碳的同素异形体间的转变提供了详细、丰富、有趣的信息。

3.5　卡　宾　碳

卡宾碳（carbyne）也称白碳（carbon-white carbon）[267-271]。有人认为称线性碳“linear carbon”更为合适[268]。笔者以为将其称作“线型卡宾碳”（linear-Carbyne carbon）更为恰当。它是元素碳的一种新的同素异形体，以 sp 杂化成键为特征，呈线型结构。

3.5.1 漫长的研究史

从文献的记载[271]可以看到，线型卡宾碳的发现和研究是较早的。大体经历了三个阶段：①1885 年，Adolf von Baeyer 首次提出线状卡宾碳的概念[272]，并将这种线性乙炔碳描述为可以无限延伸的碳链。1921 年，Tammann 曾提出[273]元素碳可能还存在由碳的 sp 杂化键构成的一维线形结构的同素异形体。②1959 年，Pitzer 等在理论上预言了线型碳分子的存在[274]。但是，理论预言并未引起化学界的关注。直到 1968 年，Goresy 和 Donnay 在西德的 Riss 火山口的石墨片麻岩中发现一种称为 Chaoite 的新型碳单质才激发了人们的研究热情[275]。这种新型碳单质薄层与石墨层交替出现，厚度约 3～15 μm，比石墨稍硬，具金属光泽。电子探针分析表明是纯碳的新型结晶型。这就是后来称之为卡宾碳的单质。后来，Whittaker 和 Webster 等分别在含碳球粒陨石和星际粉尘中发现了多种结晶形态的卡宾碳[276]。并通过模拟实验推测，在星际空间的低压和 573～673 K 的温度下，其可通过一氧化碳歧化反应而生成[277]。但是天然存在的卡宾是微量的且未分离出纯净物。因此，自 20 世纪 60 年代以来，人工合成卡宾就成为卡宾研究中的关键问题。随后的研究表明，虽然从碳蒸气及液态碳的凝聚到石墨、金刚石的相变合成均有尝试，得到了在 2600～3800 K、低于 6×10^9 Pa 的压力下是卡宾碳单质相存在的稳

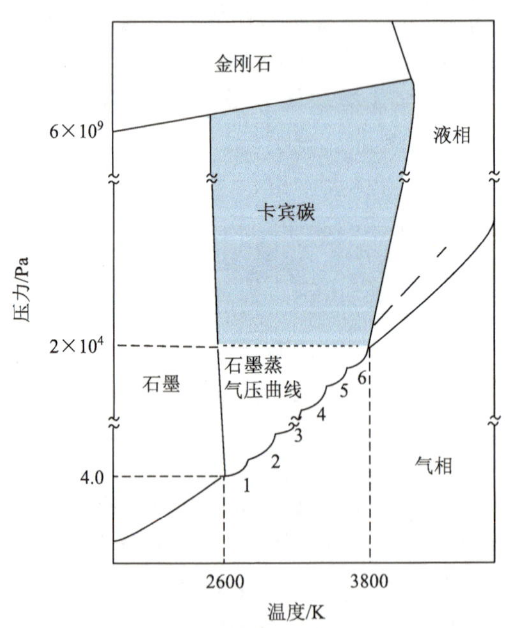

图 3-25 Whittaker 元素碳相图（着重表示卡宾碳的位置）

定区（图 3-25）[278]，但因实际条件太苛刻，直到 80 年代初仍无突破性的进展。③80 年代后期以来是化学合成卡宾碳单质最活跃的时期。美、苏、日等国家的化学家用聚氯乙烯脱氯化法合成出$\left(C\equiv C\right)_n$，n 高达 65 的长链卡宾[279]；苏联科学家们用此法制备出累积双键（β）型卡宾碳的单晶膜[280]，并用离子溅射石墨靶及碳蒸气凝聚法获得同样的结果[281]。后来，奥地利、捷克、匈牙利的化学家用碱金属汞齐还原聚四氟乙烯制备 α-卡宾碳[282]和日本的 Kijima 等用镍配位化合物催化碘乙炔缩聚合成了卡宾碳以及电解还原六氯-1, 3-丁二烯合成卡宾碳[283]。中国的科学家也进行了该方面研究。

3.5.2　结构

理想的卡宾碳是由若干个碳原子连接成一维链状碳，化学式为 C_n，n 为较大整数。目前已确认的卡宾碳分子有二种基本形式：

$$\left(C\equiv C\right)_n \tag{3-5}$$

$$=\!\left(C=C\right)\!=_n \tag{3-6}$$

式（3-5）为三键式（conjugated triple），和聚炔烃（polyene）中键型相似，称为 α-卡宾碳；式（3-6）是累积双键式（cumulated double），和聚累积烯中键型相似，称为 β-卡宾碳。卡宾碳晶体是六方晶系，晶胞参数分别是 $a = 0.894$ nm、$c = 1.407$ nm（α-卡宾碳）和 $a = 0.824$ nm、$c = 0.768$ nm（β-卡宾碳）。

当碳原子发生 sp 型杂化时，这些 sp 杂化的碳原子将沿一直线形成一个碳链。而每一个碳原子在这一直线上形成 2 个 σ 键，相互夹角为 180°；而另外两个价电子并不固定在共价键上，可以沿直线自由运动，形成 π 键。这样一来，一根 σ 键和两根 π 键就构成了碳原子的三键结构。于是，卡宾碳的基本结构单元就是一个一维直线碳链，如：—C≡C—C≡C—C≡C— [284-286]。它的晶体结构则是由这些一维直线碳链所组成。根据理论计算，在晶体中这些密排的一维碳链在（0001）面上的投影则是六边形结构，六边形的边长应是 0.297 nm（图 3-26）。

卡宾碳单质属于分子晶体。据报道，天然的卡宾有七种不同的晶型[278]。但是，仅仅靠电子衍射信号来推论是难以令人信服的。由 PVDF 脱氟化氢制得的单晶卡宾为六方层状结构[283]（图 3-27），晶体密度为 3.439 $g\cdot cm^{-3}$，是一种透明的具有双折射性质的物质。1995 年，Lagow 等[287]提出一种螺旋键（spird zipper）结构，这是一个很富想象力的结构模型。这种结构是碳原子按螺旋线排列，据说，它是稳定的。卡宾碳若真的具有这种螺旋结构，那么它和生命单元 DNA 就有相通的地方了。

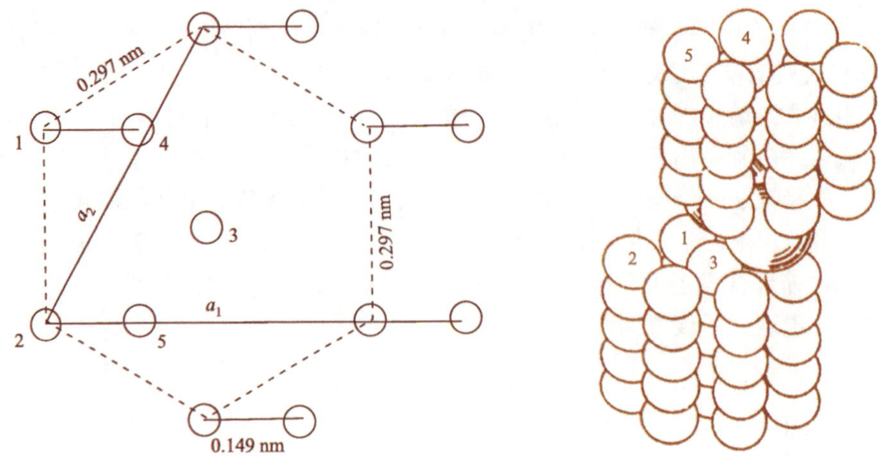

图 3-26　白碳晶体结构在（0001）面的投影　　　图 3-27　线型碳结构的空间模型

3.5.3　制备

（1）石墨转化法　由图 3-26 可知，卡宾碳单质相区处于石墨和金刚石的邻近，在低 6×10^9 Pa 的压力下，石墨在接近 2600 K 的高温就变得不稳定，sp^2 平面键断裂而转化为链状的卡宾碳[288]（图 3-28）。如果单键破裂，转移一个电子到邻近的双键上，同时诱发另一个单键断裂，在双键处形成三键，重复此过程，伴随键角的改变而最终形成 α 型卡宾碳[图 3-28（a）]；如果单键断裂转移一个电子到邻近的单键上，并诱发另一个单键的断裂，则最终形成 β 型卡宾[图 3-28（b）]。

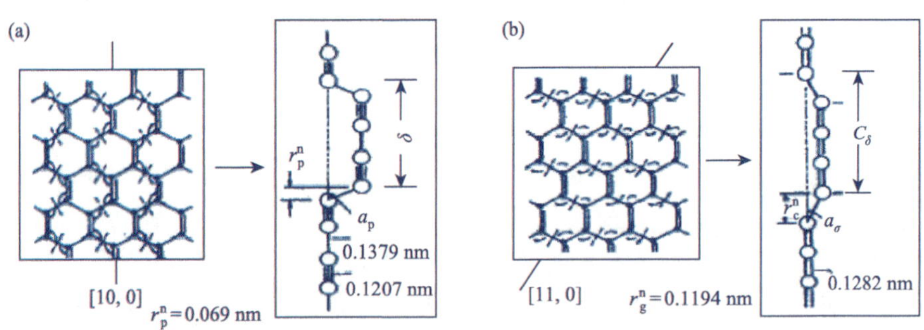

图 3-28　石墨转化为线型碳示意图

（2）金刚石转化法　同样的道理，郑辙等[289]用中子辐照金刚石也生成了卡宾碳。辐射源为中国原子能科学研究院的游泳池式轻水反应堆。中子能量为 0.5～10 MeV，中子剂量率为 3.3×10^{12} $n\cdot s^{-1}\cdot cm^{-2}$。辐照时采用 Cd 屏蔽，金刚石用高纯铝箔包装后，置于去离子水中，辐照的中子积分剂量率为 10^{17} $n\cdot cm^{-2}$，其介质水温约 45℃。

（3）炔烃的催化缩聚　Korshak 等[290]及 Hay[291]在 20 世纪 60 年代提出将 CuCl 溶于四甲基乙二胺的吡啶溶液中，先在搅拌下通入氧气，然后鼓泡通入乙炔，反应伴随升温至 55℃，沉淀出黑色粉末状物质：

$$nC_2H_2 \xrightarrow[O_2]{CuCl} \left(C \equiv C \right)_n + nH_2O \quad (3\text{-}7)$$

王世华也进一步探讨了此合成法[292]。

（4）炔烃的催化缩聚　这是在卡宾碳的合成中最活跃、报道得最多的一种方法。例如 Kavan 等用碱金属汞齐还原 PTFE 薄片得到含碱金属氟化物的卡宾碳[282, 293]；Costello 等[294]用叔丁醇钾还原的方法制得具“金”色卡宾膜；Dias 等用聚偏二氟乙烯粉末在二甲基酰胺中在氮气保护下同碱反应（碱为 KOH、氢氧化四甲基铵、叔丁醇钾等），得到 α 线型碳[295]等等。

其他还有光诱导和激光脱氢法[287]、化学气相沉积法[296]等。

2016 年，奥地利科学家在实验室大量合成出有史以来最长的稳定线型碳链，其由 6000 多个碳原子组成，或有助最终批量制造出目前已知的最硬的物质——卡宾碳[297]，坚硬程度堪称是金刚石的 40 倍，可用于未来技术设备。

3.5.4　应用

卡宾碳的可见的实用价值主要表现在：①它具有优异的生物相容性（biocompatibility），是最佳的生物缝合材料和生物支撑材料。这可能与其具有的螺旋键结构相关[287]。②具扭拆（kink）结构的卡宾碳内，已经证实[298]，存在弧子（soliton）和极化子（polaron），弧子沿一维碳链传播，弧子间跃进理论表明，这种传播具有一维结构的“弧子开关”效应。以弧子为信息载体，设计由线型碳分子构筑的“分子计算机”具有诱人的前景。③卡宾碳可能是一种超强纤维材料，也可能是一种常温超导体[299]。

3.6　教 学 提 示

（1）显然，现在人们对碳的同素异形体的认识不再是过往教材中所说“碳有石墨、金刚石和巴基球三种同素异形体”了。从碳只做燃料到制备先进功能材料，从“碳有石墨、金刚石和巴基球三种同素异形体”到“它们可分为石墨类、金刚石类、富勒烯碳原子簇和卡宾碳四大类”，的确是质的飞跃，是科学技术进步的显示。

（2）碳元素的同素异形体最能体现原子轨道杂化对它形成的影响。不同的杂化态及其组合造就了众多的同素异形体：金刚石是 sp^3 杂化，石墨和单层石墨烯是 sp^2 杂化，C_{60}（富勒烯）和碳纳米管是 sp^3+sp^2 杂化，石墨炔是 sp^2+sp 杂化，卡宾碳是 sp 杂化。简单的杂化形态组合造就了千姿百态的新物质，活灵活现地体现了“构效关系”中化学键的作用。

（3）碳元素的同素异形体是最为丰富的非金属材料宝库。除了早就已知的金刚石和石墨，后发现和制备的都是材料中的“明星”，在结构上构成了一个从三维、二维、一维到零维的完整系列。它们的性质可从最硬到极软，从绝缘体、半导体到导体甚至超导体，从绝热到良导热体等。它们的研究不仅丰富了碳的化学，而且具有诱人的应用前景，无一不受到国际化学及材料科学界的关注，无时不掀起热潮。仅从部分时间段在 Web of Science 数据库中以“fullerene”、“carbon nanotube”和“graphene”为主题检索词检索得到的论文数量，就足以反映出学术界对于纳米碳研究的关注程度（图 3-29）。

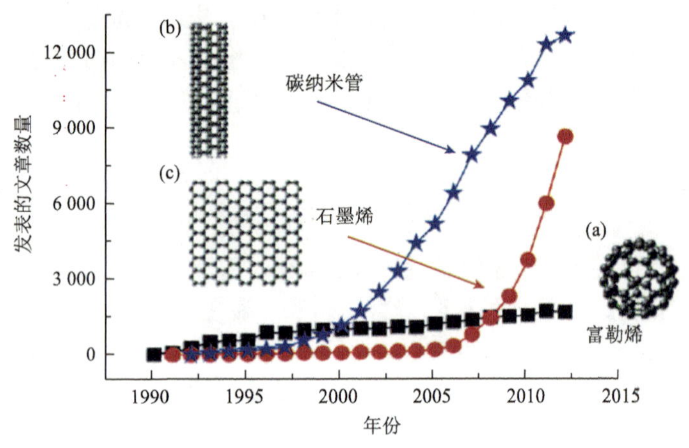

图 3-29　新型纳米碳的研究论文[125]

学习思考题

1. 从古人烧炭取暖、吃熟肉到碳制备先进功能材料，您对这一飞跃发展有何感想？

2. 碳元素的同素异形体为何有那么多种类？为什么说“碳元素的同素异形体最能体现原子轨道杂化对它的形成的影响”？请举例说明。

3. 查阅相关文献，以实例说明图 3-6 中“碳循环与有机化合物形成的关系”。

4. 从碳同素异形体的结构说明其性质为什么会出现“两极化的异常特性”？

5. 就您所学，叙述碳的用途都有哪些方面？

6. 试解释碳可以形成几乎无限种不同的化合物的原因？

7. 您能从 α-石墨和 β-石墨的结构说明它们的转变条件为什么相差那么大的原因？

8. 参考相关文献，重新理解对“无定形碳”的认识。

9. 什么是“柔性石墨”？它为什么能被广泛应用到发动机、机械、汽车、纺织、化工等各种行业？

10. 在网上寻找“库利南”钻石和“常林钻石”背后的故事。

11. 了解石墨转变为金刚石的热力学原理。

12. 为什么说“计算化学打开了碳团簇研究的大门”？

13. 为什么说“科学家认为 C_{60} 及富勒烯家族的发现是人类对碳元素认识的又一个新飞跃”？前两次引起飞跃的是什么事件？

14. 富勒烯材料因具有哪些较好的性质，在光学、电学、催化和生物医药等研究领域中有广泛的应用前景？

15. 碳纳米材料包括哪些类型？为什么说它们的应用最能体现结构决定性质、性质决定应用这一规律？

参考文献

[1] 格林伍德. 元素化学. 北京：科学出版社，1996

[2] 高胜利，杨奇. 化学元素新论. 北京：科学出版社，1996

[3] Falkowski P，Scholes R J，Boyle E，et al. Science，2000，290（5490）：291-296

[4] Smith T M，Cramer W P，Dixon R K，et al. Water Air Soil Pollut，1993，70：19-24

[5] Iijima S. Nature，1991，354：56-58

[6] Nasibulin A G，Anisimov A S，Pikhitsa P V，et al. Chem Phys Lett，2007，446：109-114

[7] Harris P J F. Philos Mag，2004，84（29）：3159-3167

[8] Rode A V，Hyde S T，Gamaly E G，et al. Appl Phys A，1999，69（7）：755-759

[9] Tammann G. Z Anorg Allg Chem，1921，115：145-149

[10] Kudryavtsev Y P. Carbyne and Carbynoid Structures. London：Springer，1999

[11] Haaland D. Carbon，1976，14（6）：357-360

[12] Savvatimskiy A. Carbon，2005，43（6）：1115-1119

[13] Greenville W A. Nature，1978，276（5689）：695-696

[14] Wigner E，Huntington H B. J Chem Phys，1935，3：764-770

[15] Irifune T，Kurio A，Sakamoto S. Nature，2003，421（6923）：599-600

[16] Szegedi S，Radioanal J. Nucl Chem Lett，1990，146：177-184

[17] Falkowski P，Scholes R J，Boyle E. Science，2000，290（5490）：291-296

[18] Smith T M，Cramer W P，Dixon R K. Water Air Soil Pollut，1993，70：19-23

[19] Kroto H W，Heath J R，O'Brien S C. Nature，1985，318：162-163

[20] Bartlett J K. J Chem Educ，1967，44（8）：475-479

[21] 顾镇南，张泽莹. 大学化学，1992，7（2）：1-6

[22] Nasibulin A G，Pikhitsa P V，Jiang H，et al. Nature Nanotech，2007，2（3）：156-161

[23] Nasibulin A G，Anisimov A S，Pikhitsa P V，et al. Chem Phys Lett，2007，446：109-113

[24] Vieira R，Ledoux M J，Pham-Huu C. Appl Catal A，2004，274：1-2

[25] Clifford F，Marvin U B. Nature，1967，214（5088）：587-591

[26] Harris PJ F. Philos Mag，2004，84（29）：3159-3167

[27] Rode A V，Hyde S T，Gamaly E G. Appl Phys A，1999，69（7）：755-759

[28] Tammann G. Z Anoryg Allg Chem，1921，115：145-149

[29] Kudryavtsev Y P. Carbyne and Carbynoid Structures. London：Springer，1999

[30] 杨奇，乔成芳，崔孝炜，等. 化学教育，2017，38（22）：12-31

[31] Partington J R. A History of Chemistry. Stuttgart：Macmillan，1962

[32] Fuller E L. Coal and Coal Products：Analytical Characterizration Techniques. ACS，1982：205

[33] Dubinin M M. Chemistry and Physic of Carbon. New York：Dekker，1966

[34] Lahaye J，Prado G. Chemistry and Physic of Carbon，Vol.14. New York：Dekker，1978

[35] Donnet J R，Banssal R C. Carbon Fibers. New York：Dekker，1984

[36] 李象远. 润滑与密封，1985，(5)：48-54

[37] 王乐勤，杨晖，励行根，等. 流体机械，2013，41（6）：37-41

[38] 郝润蓉. 无机化学丛书第三卷：碳、硅、锗分族. 北京：科学出版社，1998

[39] Janse A J A. Gems Gemol，2007，9：81-85

[40] Bundy F P，Hall H T，Strong H M，et al. Nature，1955，176：51-55

[41] Bundy F P，Kasper J S. J Chem Phys，1967，46：3437-3446

[42] 陈三平，王尧宇，谢钢，等. 大学化学，2009，24（2）：14-17

[43] Bundy F P. J Chem Phys，1963，38（618）：631-643

[44] Matsumoto S，Sato Y，Kamo M，et al. Jpn J App Phys，1982，21（4）：183-185

[45] Matsumoto S，Hino M，Kobayashi K T. Appl Phys Lett，1987，51（10）：737-740

[46] Kurihara K，Sasaki K，Kawarada M，et al. Appl Phys Lett，1988，52（6）：437-438

[47] Ong T P，Chang R P. Appl Phys Lett，1991，58（4）：358-361

[48] Li Y D，Qian Y T，Liao H W，et al. Science，1998，281（5374）：246-248

[49] Shang C，Liu Z P. J Chem Theory Comput，2013，9：1838-1842

[50] Zhang X J，Liu Z P. J Chem Theory Comput，2015，11：4885-4887

[51] Xie Y P，Zhang X J，Liu Z P. J Am Chem Soc，2017，139（7）：2545-2548

[52] 邸友莹，杨奇，周春生，等. 大学化学，2017，32（9）：21-34

[53] Kuzmany H，Fink J，Mehring M，et al. Progress in Fullerene Research. Singapore：World Scientific，1995

[54] Fowler P W，Manolopoulos D E. An Atlas of Fullerenes. Oxford：Clarendon Press，1995

[55] Braun T，Schubert A，Maczelka H，et al. Fullerene Research 1985—1993. Singapore：World Scientific，1995

[56] Williams H A. The Most Beautiful Molecule：The Discovery of the Buckyball. New York：John Wiley & Sons Inc，1995

[57] Kuzanany H，Fink J，Mehring M，et al. Physics and Chemistry of Fullerenes and Derivatives. Singapore：World Scientific，1995

[58] Kadish K M，Ruoff R S. Recent Advances in the Chemistry and Physics of Fullerenes and Related Materials. Pennington：Electrochemical Society Inc，1995

[59] 杨镜奎，李玉良，朱道本. 自然杂志，1995，17（3）：123-132

[60]　郭志新，李玉良，朱道本. 化学进展，1998，10（1）：1-9
[61]　邓顺柳，谢素原. 化学进展，2011，23（1）：53-64
[62]　李玉良，刘辉彪，朱道本. 科技导报，2004，（10）：22-27
[63]　邓顺柳，谭元植，谢素原，等. 厦门大学学报（自然科学版），2011，50（2）：293-304
[64]　邓顺柳，谢素原，黄荣彬，等. 中国科学：化学，2012，42（11）：1587-1597
[65]　徐正，游效曾. 科学，1997，45（5）：14-19
[66]　Jones D E H. New Scientist，1966，32：245-248
[67]　Jones D E H. The Inventions of Daedalus. Oxford：W. H. Freeman，1982
[68]　Osawa E G. Kagaku，1970，25：854-863
[69]　Bochvar D A，Galpern E G. Dokl Akad N. SSSR，1973，209：610-612
[70]　Taylor R，Hare J P，Abdul-Sada A K，et al. Chem Soc Chem Commun，1990：1423-1425
[71]　Diederich F，Ettl R，Rubin Y，et al. Science，1991，252：548-552
[72]　Krätschmer W，Lamb L D，Fostiropoulos K，et al. Nature，1990，347（6291）：354-358
[73]　Fowler P W，Manolopoulos D E. An Atlas of Fullerenes. Oxford：Oxford University Press，1995
[74]　Cataldo F. Fuller Sci Tech，1997，5（7）：1615-1619
[75]　安绪武，陈斌，何俊. 中国科学（B 辑），1998，28（5）：466-468
[76]　Krätschmer W，Fostiropoulos K，Huffman D R. Chem Phys Lett，1990，170：167-171
[77]　Haufler R E，Conceicao J，Chibante L P F，et al. Phys Chem，1990，94：8634-8637
[78]　Bethune D S，Meijer G，Tang W C，et al. Chem Phys Lett，1990，174：219-223
[79]　Kroto H，Allaf A W，Balm S P. Chem Rev，1991，91：1213-1216
[80]　Snyder E J，Anderson M S，Tong W M，et al. Science，1991，253：171-175
[81]　Chibante L P F，Thess A，Alford J M，et al. J Phys Chem，1993，97（34）：8696-8699
[82]　Fields C L，Pitts J R，Hale M J. J Phys Chem，1993，97（34）：8701-8705
[83]　Laplaze D，Bernier P，Flamant G，et al. Synth Met，1996，77（1/3）：67-70
[84]　Gerhardt P，Loeffler S，Homann K H. Chem Phys Lett，1987，137（4）：306-310
[85]　Howard J B，McKinnon J T，Makarovsky Y，et al. Nature，1991，352（6331）：139-141
[86]　Murayama H，Tomonoh S，Alford J M，et al. Carbon Nanostruct，2004，12（1）：1-5
[87]　Chang T M，Naim A，Ahmed S N，et al. J Am Chem Soc，1992，114（19）：7603-7607
[88]　Taylor R，Langley G J，Kroto H W，et al. Nature，1993，366（6457）：728-730
[89]　Xie S Y，Huang R B，Yu L J，et al. Appl Phys Lett，1999，75（18）：2764-2767
[90]　Xie S Y，Huang R B，Deng S L，et al. J Phys Chem B，2001，105（9）：1734-1738
[91]　Rubin Y，Parker T C，Khan S I，et al. J Am Chem Soc，1996，118（22）：5308-5311
[92]　Tobe Y，Nakagawa N，Naemura K，et al. J Am Chem Soc，1998，120（18）：4544-4547
[93]　Tobe Y，Nakagawa N，Kishi J Y. Tetrahedron，2001，57（17）：3629-3632
[94]　Scott L T，Boorum M M，McMahon B J，et al. Science，2002，295（5559）：1500-1503
[95]　Amsharov K Y，Jansen M. J Org Chem，2008，73（7）：2931-2934
[96]　Amsharov K Y，Jansen M. Chem Commun，2009，2691-2694
[97]　Kekulé F A. Annal Chem Pharma，1857，104（2）：129-133
[98]　Morrison R T，Boyd R N. Organic Chemistry. Fourth Edu. Boston：Allyn and Bacon，Inc，1983
[99]　Harris W，Judi T L. The New Columbia Encyclopedia. New York：Columbia University Press，1975
[100]　焦家俊. 大学化学，1997，12（1）：60-63

[101] William J W. Aldrichim Acta，1989，22（10）：17-19
[102] Loschmidt J，Chemische S，Vienna I. Chemical Research. New York：Aldrich Chemical Co.，1861
[103] Christan R，Bader A. Chem Brit，1993，29：126-128
[104] Loschmidt J，Chemische S，Vienna I. Chemical Research. Edition 5. New York：Aldrich Chemical Co.，1989
[105] Wotiz J. The Kekulé Riddle：A Challenge to Chemists and Psychologists. Vienna：Cache River，1992
[106] Christian N R，Alfred B. Proc R Inst，1992，64：197-202
[107] 黄飞，徐慧敏，黄成相，等. 五邑大学学报（自然科学版），2017，31（1）：24-28
[108] Nakagma K S，Tagawa M. Wear，2000，238（1）：45-48
[109] 孟祥悦，蒋礼，舒春英，等. 科学通报，2012，57（36）：3437-3449
[110] 刘震，徐丰，严大东. 化学学报，2014，72（2）：171-176
[111] Gol'dshleger N F，Shul'g Y M，Roshchupkina O S. Russ J Gen Chem，2001，71（1）：114-119
[112] Li B J，Xu Z. J Am Chem Soc，2009，131（45）：16380-16386
[113] Yoon M，Yang S，Hicke C，et al. Phys Rev Lett，2008，100：206806-206810
[114] Tanigaki K，Kosaka M，Manako T，et al. Chem Phys Lett，1995，40（5）：627-630
[115] John F V，Katharina J G，Arienne S K，et al. Chem Rev，2002，232（173）：230-235
[116] Sayes C M，Marchone A A，Reed K L，et al. Nano Lett，2007，7（8）：2399-2402
[117] Toniolo C，Bianco A，Maggini M，et al. J Med Chem，1994，37（26）：4558-4561
[118] 黄文栋，钱凯先. 生理科学进展，1995，26（1）：367-369
[119] Huang S T，Liao J S，Fang H W. Bio Med Chem Lett，2008，18（1）：99-103
[120] Mcewen C N，Mckay R G，Larsen B S. J Am Chem Soc，1992，114（11）：4412-4414
[121] Ali S S，Hardt J I，Quick K L，et al. Biol Med，2004，37（8）：1191-1195
[122] Takada H，Kokubo K，Matsubayashi K，et al. Biosci Biotech Bioch，2006，70（12）：3088-3091
[123] 刘吉平，孙洪强. 碳纳米材料. 北京：科学出版社，2004
[124] 刘剑洪，吴双泉，何传新，等. 深圳大学学报理工版，2013，30（1）：1-11
[125] 张强，黄佳琦，赵梦强，等. 中国科学：化学，2013，43（6）：641-666
[126] Radushkevich LV，Lukyanovich V M. Zurn Fisic Chim，1952，26：88-95
[127] Oberlin A，Endo M，Koyama T. J Cryst Growth，1976，32：335-349
[128] Raymond M，Reilly J. Nucl Med，2007，48（7）：1039-1043
[129] Mark C H. Nature Nanotech，2008，3：387-390
[130] Baughman R H，Zakhidov A A，De Heer W A. Science，2002，297（5582）：787-792
[131] Tessonnier J P，Su D S. ChemSusChem，2011，4：824-847
[132] Dai H J. Accounts Chem Res，2002，35：1035-1044
[133] Philippe R，Moranqais A，Corrias M，et al. Chem Vapor Depos，2007，13：447-449
[134] Cao Q，Rogers J A. Adv Mater，2009，21：29-53
[135] Zhou W Y，Bai X D，Wang E G，et al. Adv Mater，2009，21：4565-4583
[136] Liu Z F，Jiao L Y，Yao YG，et al. Adv Mater，2010，22：2285-2289
[137] MacKenzie K J，Dunens O M，Harris A T. Ind Eng Chem Res，2010，49：5323-5328
[138] Kumar M，Ando Y. J Nanosci Nanotech，2010，10：3739-3758
[139] Liu L Q，Ma W J，Zhang Z. Small，2011，7：1504-1509
[140] Ying L S，Salleh M A B，Yusoff H B M，et al. J Ind Eng Chem，2011，17：367-371
[141] Journet C，Picher M，Jourdain V. Nanotech，2012，23：142001-142006

[142] Yu Y T，Cui C J，Qian W Z，et al. Asia Pac J Chem Eng，2013，8：234-238

[143] Zhang Q，Huang J Q，Qian W Z，et al. Small，2013，9：1237-1240

[144] Zhang Q，Huang J Q，Zhao M Q，et al. ChemSusChem，2011，4：864-867

[145] Huang J Q，Zhang Q，Zhao M Q，et al. Chin Sci Bull，2012，57：157-161

[146] Tang Z K，Zhang L，Wang N，et al. Science，2001，292（5526）：2462-2465

[147] Martel R，Schmidt T，Shea H R，et al. Appl Phys Lett，1998，73（17）：2447-2449

[148] Hyongsok T S，Calvin F Q，Alberto F M，et al. Appl Phys Lett，1999，75（5）：627-631

[149] Savas B，Young-Kyun K，David T. Phys Rev Lett，2000，84（20）：4613-4616

[150] Wen Q，Qian W Z，Nie J Q. Adv Mater，2010，22（16）：1867-1870

[151] Charan M，Venkatachalam S，Zhu H W. Adv Func Mater，2009，19（7）：1008-1012

[152] Chunming N，Enid K S，Robert H. Appl Phys Lett，1997，70（11）：1480-1486

[153] Dillon A C，Jones K M，Bekkedahl T A. Nature，1997，386：377-379

[154] 王玉姣，田明伟，曲丽君. 成都纺织高等专科学校学报，2016，33（1）：1-18

[155] 贾子龙. 化工技术与开发，2016，45（3）：29-32

[156] 徐秀娟，秦金贵，李振. 化学进展，2009，21（12）：2559-2567

[157] 马圣乾，裴立振，康英杰. 现代物理知识，2009，（4）：44-47

[158] Warner J H，Schäffel F，Bachmatiuk A，et al. 石墨烯：基础及新兴应用. 付磊，曾梦琪，译. 北京：科学出版社，2015

[159] 朱宏伟，徐志平，谢丹，等. 石墨烯. 北京：清华大学出版社，2011

[160] Yang C，Wu T R，Wang H M，et al. Small，2016，12（15）：2009-2012

[161] 彭小强，陈为亮，谢明，等. 热加工工艺，2016，45（24）：11-15

[162] 党民团，麻小强. 渭南师范学院学报，2017，32（4）：16-21

[163] 刘永欣，曹鹏，郭翠霞，等. 石油和化工设备，2017，20（1）：47-50

[164] 赵金平. 中国新技术新产品，2017，（3）：4-8

[165] 孔令西，侯朝霞，王少洪，等. 兵器材料科学与工程，2017，40（2）：129-132

[166] 陈莹莹，宓一鸣，阮勤超，等. 硅酸盐通报，2015，34（3）：755-763

[167] 何大方，吴健，刘战剑，等. 化工学报，2015，66（8）：2888-2894

[168] 傅强，包信和. 科学通报，2009，54（18）：2657-2666

[169] Berger C，Song Z M，Li X B，et al. Science，2006，312：1191-1196

[170] Schniepp H C，Li J L，McAllister M J，et al. J Phys Chem B，2006，110：8535-8539

[171] Kim K S，Zhao Y，Jang H，et al. Nature，2009，457：706-710

[172] Jiao L Y，Zhang L，Wang X R，et al. Nature，2009，458：877-880

[173] Ponomareiiko L A，Yang R，Mohiuddin T M，et al. Phys Rev Lett，2009，102：206603-206607

[174] Bolotin K I，Sikes K J，Jiang Z，et al. Solid State Commun，2008，146：351-355

[175] Du X，Skachko I，Barker A，et al. Nanotech，2008，3：491-495

[176] Berger C，Song Z M，Li T B，et al. J Phys Chem B，2004，108：19912-19916

[177] 张朝华，付磊，张艳锋，等. 化学学报，2013，71：308-322

[178] Yu Q K，Lian J，Siriponglert S，et al. Appl Phys Lett，2008，93：113103-113106

[179] Reina A，Thiele S，Jia X T，et al. Nano Res，2009，2：509-512

[180] Li X S，Cai W W，An J H，et al. Science，2009，324：1312-1314

[181] Li X S，Cai WW，Colombo L，et al. Nano Lett，2009，9：4268-4272

[182] Sun Z Z，Yan Z，Yao J，et al. Nature，2010，468：549-552
[183] Ruan G D，Sun Z Z，Peng Z W，et al. ACS Nano，2011，5：7601-7607
[184] Li Z Y，Wu P，Wang C X，et al. ACS Nano，2011，5：3385-3389
[185] Zhang B，Lee W H，Piner R，et al. ACS Nano，2012，6：2471-2475
[186] Srivastava A，Galande C，Ci L J，et al. Chem Mater，2010，22：3457-3461
[187] Dong X C，Wang P，Fang W J，et al. Carbon，2011，49：3672-3675
[188] Gadipelli S，Calizo I，Ford J，et al. Mater Chem，2011，21：16057-16059
[189] Zhao P，Kumamoto A，Kim S J，et al. Phys Chem C，2013，117：10755-10758
[190] Zhao P，Kim S J，Chen X，et al. ACS Nano，2014，8：11631-11636
[191] Wei D C，Liu Y Q. Adv Mater，2010，22（30）：3225-3228
[192] Nurhafizah M D，Suriani A B，Suhufa A，et al. Adv Mater Res，2015，1109：40-45
[193] Gao H C，Duan H W. Biosens Bioelect，2015，65：404-408
[194] Chae H K，Siberio-Pérez D Y，Kim J，et al. Nature，2004，427（6974）：523-527
[195] Schadler L S，Giannaris S C，Ajayan P M. Appl Phys Lett，1998，73（26）：3842
[196] Lee C，Wei X，Kysar J W，et al. Science，2008，321（5887）：385-388
[197] Zhang Y，Tan Y W，Stormer H L，et al. Nature，2005，438（7065）：201-204
[198] Zhu Y，Murali S，Cai W，et al. Adv Mater，2010，22（35）：3906-3924
[199] Novoselov K S，Jiang Z，Zhang Y，et al，Science，2007，315（5817）：1379-1381
[200] Novoselov K S，Geim A K，Morozov S V，et al. Nature，2005，438（7065）：197-200
[201] 江兴. 半导体信息，2011，2：7
[202] 科学家利用石墨烯研制出调制器. https://news.sciencenet.cn/htmlpaper/201151110412179516788.shtm. 2011-5-11
[203] 石墨烯炒作再起 电动车一分钟快充仍处实验室阶段. http://finance.sina.com.cn/roll/20110926/100710539110.shtml. 2011-9-26[2015-03-03]
[204] 全球首批量产石墨烯手机发布. https://www.cas.cn/cm/201503/t20150303_4316425.shtml?isappinstalled=0.2015-03-03
[205] 南开大学发现可“呼吸”二氧化碳电池. http://www.cutech.edu.cn/cn/gxkj/2015/05/1431970983738148.htm. 2015-5-19
[206] 杜蕙. 新材料产业，2015，7：86-89
[207] 中国发现超级材料强度超高　可用于防弹衣和坦克. https://www.sohu.com/a/33591168_114812. 2015-9-28
[208] 罗马仕石墨烯 QC3.0 充电宝曝光：10 分钟充满. https://www.sohu.com/a/106356855_114877. 2016-7-18
[209] Tao L Q，Tian H，Liu Y，et al. Nature Commun，2017，14579-14582
[210] Schedin F，Geim A K，Morozov S V，et al. Nat Mater，2007，6（9）：652-655
[211] Fowler J D，Allen M J，Tung V C，et al. ACS Nano，2009，3（2）：301-306
[212] Sundaram R S，Gómez N C，Balasubramanian K，et al. Adv Mater，2008，20（16）：3050-3053
[213] Shan C S，Yang H F，Song J F，et al. Analy Chem，2009，81（6）：2378
[214] Alwarappan S，Erdem A，Liu C，et al. Phys Chem C，2009，113（20）：8853-8857
[215] Li J，Guo S J，Zhai Y M，et al. Electrochem Comm，2009，11（5）：1085-1089
[216] Dan Y，Lu Y，Kybert N J，et al. Nano Lett，2009，9（4）：1472-1475
[217] Robinson J T，Perkins F K，Snow E S，et al. Nano Lett，2008，8（10）：3137-3140
[218] Dan Y P，Lu Y，Kybert N J，et al. Nano Lett，2009，9（4）：1472-1475
[219] Zhang Y H，Chen Y B，Zhou K G，et al. Nanotech，2009，20（18）：185504-185507
[220] Leenaerts O，Partoens B，Peeters F M. Phys Rev B，2008，77（12）：125416-125419

[221] Ao Z M，Yang J，Li S，et al. Chem Phys Let，2008，461（4）：276-380
[222] Rangel N L，Seminario J M. J Phys Chem A，2008，112（51）：13699-13705
[223] Hwang E H，Adam S，Sarma S D. Phys Rev B，2007，76（19）：195421-195427
[224] NovoseloK S，Geim A K，Morozov S V，et al. Science，2004，306（5696）：666-669
[225] 赵立，吴强，韩若冰，等. 材料导报. 综述篇，2013，27（11）：54-60
[226] 李宁，寇开昌，晁敏，等. 材料导报. 综述篇，2011，25（9）：89-92
[227] 孟凡成，周振平，李清文. 材料导报：综述篇，2010，24（9）：38-43
[228] 黎业生，陈德明，刘亭，等. 材料导报，2016，30（2）：34-39
[229] 芦长椿. 高科技纤维与应用，2013，38（4）：46-51
[230] 陈彦焕，刘辉彪，李玉良. 科学通报，2016，61（26）：2901-2912
[231] 李勇军，李玉良. 高分子学报，2015，2：147-165
[232] Haley M M. Pure Appl Chem，2008，80：519-532
[233] Diederich F，Kivala M. Adv Mater，2010，22，803-812
[234] Baughman R H，Eckhardt H，Kertesz M. J Chem Phys，1987，87：6687-6691
[235] Haley M M，Brand S C，Pak J J. Angew Chem Int Ed Engl，1997，36：835-839
[236] 黄长水，李玉良. 物理化学学报，2016，32（6）：1314-1329
[237] Carper J. Library，1999，124：192-196
[238] Narita N，Nagai S，Suzuki S，et al. Phys Rev B，1998，58：11009-11014
[239] Cranford S W，Brommer D B，Buehler M J. Nanoscale，2012，4：7797-7909
[240] Coluci V R，Galvão D S，Baughman R H. J Chem Phys，2004，121：3228-3231
[241] Baughman R H，Eckhardt H，Kertesz M. J Chem Phys，1987，87：6687-6690
[242] Yue Q，Chang S L，Kang J，et al. J Chem Phys，2012，136：244702-244707
[243] Carper J. Library J，1999，124：192-196
[244] Pan L D，Zhang L Z，Song B Q. Appl Phys Lett，2011，98：173102-173106
[245] Mirnezhad A R，Rouhi H，Seifi M. Solid State Commun，2012，152：1885-1889
[246] Cranford S W，Buehler M J. Carbon，2011，49：4111-4115
[247] Pei Y. Physic B，2012，407：4436-4439
[248] Li G，Li Y，Liu H，et al. Chem Commun，2010，46：3256-3260
[249] Li Y，Xu L，Liu H，et al. Chem Soc Rev，2014，43：2572-2574
[250] Zhou J，Gao X，Liu R，et al. J Am Chem Soc，2015，137：7596-7601
[251] Xiao J Y，Shi J J，Liu H B，et al. Adv Energy Mater，2015，5（8）：1401943-1401948
[252] Kuang C Y，Gang T，Jiu T G，et al. Nano Lett，2015，15：2756-2760
[253] Ren H，Shao H，Zhang L J，et al. Adv Energy Mater，2015，5（12）：1500296-1500299
[254] Zhou J Y，Li Y L，Liu Z F. J Am Chem Soc，2015，137：7596-7600
[255] Zhang H Y，Xia Y Y，Bu H X，et al. J Appl Phys，2013，113：44309-44312
[256] Du H P，Yang H，Huang C S，et al. Nano Energy，2016，22：615-619
[257] Wu P，Du P，Zhang H，et al. J Phys Chem C，2012，116（38）：20472-20477
[258] Yang N L，Liu Y Y，Wen H，et al. ACS Nano，2013，7（2）：1504-1508
[259] Zhang X，Zhu M S，Chen P L，et al. Phys Chem Chem Phys，2015，17：1217-1219
[260] Sakthivel T，Karthikeyan K，Velmurugan K. Phys Chem C，2015，19：22057-22060
[261] Li J，Gao X，Liu B，et al. J Am Chem Soc，2016，138：3954-3959

[262] Mao H K，Jephcoat A P，Hemley R J. Science，1988，239：1131-1135

[263] Zhang Y S，Tanimoto T T. Nature，1992，355：44-49

[264] 路双臣. 典型碳纳米材料的高压结构相变研究. 长春：吉林大学，2013

[265] 张薇薇. 洋葱状碳纳米球的高压结构相变研究. 长春：吉林大学，2016

[266] 崔金星. 大碳笼富勒烯和内嵌金属富勒烯的高压研究. 长春：吉林大学，2016

[267] 王世华，陈梓云，王茹. 新型炭材料，1999，14（1）：73-79

[268] 王世华. 新型炭材料，2002，17（1）：80-85

[269] 郑辙，高翔. 矿物学报，2001，21（3）：303-309

[270] 张兰，马会中，姚宁，等. 功能材料，2006，37（7）：1019-1022

[271] Chuan X Y，Wang T K，Donnet J B. 新型炭材料，2005，20（1）：84-89

[272] Baeyer A. Ber Deuts Chem Ges，1885，18：674-678

[273] Tammann G. Z Anoryg Allg Chem，1921，115：145-148

[274] Pitzer K S，Clementi E. J Am Chem Soc，1959，81（17）：4477-4480

[275] Goresy A E L，Donnay G. Scicnce，1968，161（3839）：363-364

[276] Whittaker A G，Watts E J. Science，1980，209（4464）：1512-1514

[277] Hayatsu R，Scott R G，Studier M H. Science，1980，209（4464）：1515-1518

[278] Whittaker A G. Science，1978，200（4343）：763-767

[279] Akagi K，Nishiguchi M，Shirakawa H，et al. Synth Met，1987，17（1-3）：557-561

[280] Avtsev K. SU. 1804467 A3，1993

[281] KudryavtsevY P，Evsyukov S E. Carbon，1992，30（2）：213-217

[282] Kastner J，Kuzmany H，Kavan L，et al. Macromole，1995，28（1）：344-348

[283] Kijima M，Sakai Y，Shirakawa H. Synth Met，1995，71：1837-1840

[284] Kasatochkin V I，Korshak V V，Kudryavtsev Y P，et al. Carbon，1973，11：70-75

[285] Rice M J，Phillpot S R，Bishop A R，et al. Phys Rev B，1986，34：4139-4142

[286] 张克从，张乐惠. 晶体生长科学与技术. 北京：科学出版社，1997

[287] Lagow R J，Kampa J J，Wei H C. Science，1995，267：362-365

[288] Heimann R B，Kleiman J，Salansky N M. Carbon，1984，22（2）：147-156

[289] 郑辙，郭延军，冯有利，等. 新型炭材料，2003，18（2）：141-146

[290] Sladkov A M，Kasatochkin V I，Korshak V V. Inventor's Certificaton，1971，7：107-111

[291] Hay A S J. Polym Sci Part A-1，1969，7：1625-1629

[292] 陈梓云，王茹，王世华. 四川联合大学学报（工程科学版），1999，3（1）：42-47

[293] Kavan L，Dousek E P. Synth Met，1993，58：63-68

[294] Costello C A，McCarthy T J. Macromole，1984，17（12）：2940-2945

[295] Dias A J，McCarthy T J J. Polym Sci Polym Chem Ed，1985，23（4）：1057-1061

[296] Zhang L，Liu Z Q. Mater Lett，2005，17（8）：1056-1059

[297] Shi L，Rohringer P，Suenaga K，et al. Pichler Thomas Nat Mater，2016，15，634-639

[298] Springborg M. Structrual and electronic properties of polyyne//Heimann R B，Evsyukov S E，Kavan L. Carbyne and Carbynoid Structures. Berlin：Springer，1999：215

[299] Heimann R B，Kleiman J，Salansky N M. Nature，1984，306（5939）：164

第 4 章　硅元素单质的同素异形体

提要　结合最新研究进展，本章全面介绍了硅的同素异形体，它们可分为硅纳米晶的不同物相类、纳米结构硅物质、硅原子簇和硅烯四大类。简要叙述了各种同素异形体的存在、组成、结构、制备和性质。

4.1　硅的一般介绍

硅的同素异形体有硅纳米晶的不同物相类、纳米结构硅物质、硅原子簇和硅烯四大类。人们已通过理论计算发现了可以在常压下和高压下存在的硅晶体的物相有 13 种之多[1, 2]，预测出了众多性能各异的硅亚稳相[3-9]。由于现代科学技术发展在材料制备中的应用，已在实验中获得了性能优良的硅的同素异形实物，例如硅纳米线[10, 11]、硅纳米管、硅原子-分子笼型结构[12-14]和硅烯[15-19]。

4.1.1　硅的一般性质

硅（silicon）是一种非金属元素，元素符号为 Si，原子序数为 14，原子质量为 28.0855 u，位于元素周期表上的ⅣA 族。硅原子有 4 个外层电子，与同族的碳相比，硅的化学性质相对稳定，活性较低。常温下，结晶型的硅呈暗蓝色（图 4-1），较脆，是典型的半导体。在高温下硅的化学性质比较活泼，能与氧气等多种元素化合，不溶于水、硝酸和盐酸，溶于氢氟酸和碱液。

图 4-1　硅呈深灰色晶体状，反光时表面带蓝色

硅通常会与天然矿物一起加工，其用途包括建筑业使用的黏土、硅砂和石头。水泥中的砂浆和灰泥组成中也含有硅酸盐，可与硅砂和砾石混合成混凝土，用于走道、地基、道路上。硅酸盐还用于制造白色陶瓷，如瓷器，也可用于制造传统的石英玻璃、钠钙玻璃和许多其他特殊玻璃。有些硅的化合物，如碳化硅可用作研磨物或高强度陶瓷元件。硅最广为人知的用途是合成以聚硅氧聚合物为基础的合成聚合物。

元素硅对世界经济也有很大的影响，大多数电离的硅被用于炼钢、铸铝和高质量的化学工业上（通常是制造气相二氧化硅）。更显著的是，半导体电子行业运用极少部分的高纯度硅（小于 10%）做基础材料，而高纯度硅在集成电路上是一种必要的元素，大部分的电脑、手机及现代科技都依靠它。

4.1.2　硅在自然界的存在

硅是一种极为常见的元素，在宇宙储量排名中，位于第 8 名。在地壳中，它是第二丰富的元素，占地壳总质量 25.7%，仅次于第一位的氧（49.4%）。然而它极少以单质的形式存在于自然界，而是以复杂的硅酸盐或二氧化硅等化合物形式广泛存在于岩石、砂砾、尘土之中，其中最简单的是硅和氧的化合物硅石（SiO_2）。石英、水晶等是纯硅石的变体。矿石和岩石中的硅氧化合物统称硅酸盐，较重要的有长石 $KAlSi_3O_8$、高岭土 $Al_2Si_2O_5(OH)_4$、滑石 $Mg_3(Si_4O_{10})(OH)_2$、云母 $KAl_2(AlSi_3O_{10})(OH)_2$、石棉 $H_4Mg_3Si_2O_9$、钠沸石 $Na_2(Al_2Si_3O_{10})\cdot 2H_2O$、石榴石 $Ca_3Al_2(SiO_4)_3$、锆石英 $ZrSiO_4$ 和绿柱石 $Be_3Al_2Si_6O_{18}$ 等。

4.1.3　硅的成键特性

单质硅的结构类型在常温常压下只有一种，就是金刚石型结构，在此结构中 Si—Si 键长 235.16 pm（25℃）。在绝大多数硅化合物中，硅原子的成键情况和硅单质中相似，以 sp^3 杂化轨道和周围原子结合。由于 Si—Si 键较长，键能低，它不像 C 原子那样可以相互连接在一起形成大量稳定的化合物的核心结构再不断衍生出新的化合物。Si 原子通常是分立地以 sp^3 杂化轨道和其他原子连接成硅的化合物，其中最重要的是硅酸盐和碳化硅[20, 21]。随着研究的进展，在特定条件下，Si 置换 C 原子形成三配位结构的化合物，或是有 d 轨道参加的五配位和六配位结构的化合物。

存在于地表的硅几乎总以含氧化合物的形式存在，尤以包含 4 个配位键的结构居多，少有例外。每 1 个硅元素搭配 4 个氧元素的组合可以单独形成基团，也可以形成链、带、环、层等复杂结构。

4.1.4　硅的发现和命名

1787 年，拉瓦锡（A. Lavoisier，1743～1794 年）首次发现硅存在于岩石中。然而在 1800 年，戴维（H. Davy，1778～1829 年）将其错认为一种化合物。1811 年，盖-吕萨克（J. L. Gay-Lussac，1778～1850 年）和泰纳尔（L. J. Thénard，

1777～1857 年）可能已经通过将单质钾和四氟化硅混合加热的方法制备了不纯的无定形硅。1823 年，硅首次作为一种元素被贝采里乌斯（1779～1848 年）发现，并于一年后提炼出了无定形硅，其方法与盖-吕萨克使用的方法大致相同。随后，他还用反复清洗的方法将单质硅提纯。硅元素在中国的译名长期定为“矽”，直至 1955 年，无机化合物名词审查小组在征求全国各有关单位意见后，决议将“矽”改为“硅”[22-24]。

拉瓦锡

盖-吕萨克

泰纳尔

贝采里乌斯

4.2　硅纳米晶的不同物相类

4.2.1　一般介绍

单晶硅（monocrystalline silicon）和多晶硅（polysilicon）均因点阵结构完整而具有良好的半导体性质，但物理性质有差异。非晶硅（amorphous silicon，*a*-Si）即早期认为的所谓的“无定形硅”[25]，是硅制备过程中不结晶的产物，也是一种半导体。因结构内部含有许多悬空键，光照射下因 SWE 效应（Staebler Wronski effect），其导电性会随时间明显衰退，也因无序结构导致低的载流子迁移率和低的量子效率，限制了其应用。

硅的这种半导体性质被广泛地应用在电子材料、集成电路和光伏转换等领域。硅的最稳定相 Si-Ⅰ（金刚石结构）是制造太阳能电池的主要原料。然而其间接带隙的性质会使其对光的吸收效率偏低。因而，利用新技术不断地探索具有新功能的硅结构，是科学家一直努力的方向。

4.2.2　制备和结构

4.2.2.1　制备

在电炉中由碳还原二氧化硅是工业上最常用的方法：

$$SiO_2 + 2C \longrightarrow Si + 2CO\uparrow \tag{4-1}$$

制得的硅纯度为97%～98%，叫作粗硅，又称冶金级硅，其中含有如Fe、C、B、P等杂质；融化后重结晶，用酸除去杂质，可将纯度提高到99.7%～99.8%；如将其转化为液体或气体（三氯氢硅或四氯化硅）用氢气还原（西门子法）[25]：

$$Si + 2Cl_2 \longrightarrow SiCl_4 \quad (4\text{-}2)$$

$$SiCl_4 + 2H_2 \longrightarrow Si + 4HCl \quad (4\text{-}3)$$

再经蒸馏、分解过程得到半导体多晶硅；最后通过直拉法或区域熔炼法可使纯度达到99.999%。

工业上批量生产用改良的西门子法[2, 3]、新硅烷法[4]和流化床法[5]。

4.2.2.2　硅纳米晶的相转变

单晶硅和多晶硅统称为晶态硅，常温常压下，Si 最稳定的构型是金刚石结构（Si-Ⅰ，dc）[6]，呈正四面体排列，可延展得非常庞大，形成稳定的晶格结构（图4-2）。

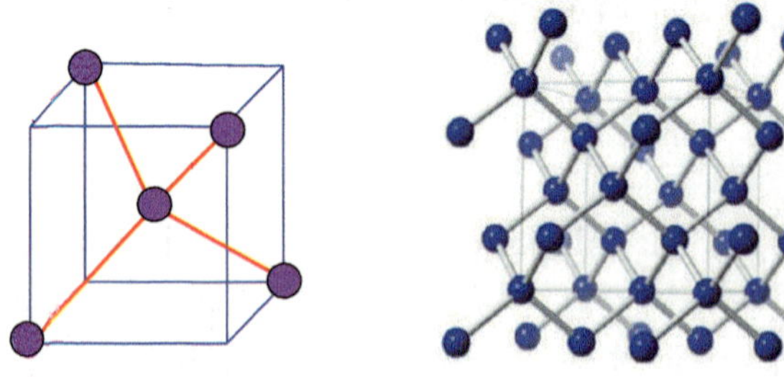

图4-2　Si-Ⅰ的空间排列与结构图[6]

由于 Si—Si 键相对较弱，压力可引起键变形、断裂和重组[7, 8]，诱导硅纳米晶的结构发生相变。当压力增加到11.3～12.5 GPa时，单晶硅将由金刚石型（Si-Ⅰ）转变为β-Sn型（Si-Ⅱ）[9]，向下的箭头显示晶型转变压力[图4-3（a）]。无独有偶，Jayaraman等提出InSb在高压下也会发生这种结构转变（金刚石型到β-Sn型）[10]。马斯格雷夫（M. J. P. Musgrave）和波普尔（J. A. Pople，1925～2004年）指出，这类结构转变属机械过程，即沿着立方体轴向进行压缩和沿（110）方向发生膨胀[11]。能量色散X射线衍射（EDXD）显示当压力增至13 GPa时，Si-Ⅱ的衍射峰占主导，Si-Ⅰ在（111）处的特征峰图变弱；压力升高超过约15 GPa后，Si-Ⅱ将首先相变到斜方的*Imma*结构（Si-Ⅺ）；压力为16 GPa时，样品几乎完全转变为新相Si-Ⅴ，衍射图谱分析证明Si-Ⅴ属简单六方晶系（ph，*P6/mmm*空间群，晶胞参数为$a = 2.527$ Å，$c = 2.373$ Å[7, 12]；当压力为13 GPa时，正交结构的*Cmca*相（Si-Ⅵ）和密排六方结构的hcp相（Si-Ⅶ）均出现；进一步加压至43 GPa时，Si-

Ⅵ完全转变为 Si-Ⅶ（$V_{atom} = 11.090(3)$ Å^3，$a = 2.444$ Å，$c = 4.152$ Å，$c/a = 1.699$）；压力为 78 GPa 时，Si-Ⅵ转变为面心立方结构（fcc）Si-Ⅹ相，且压力为 250 GPa 时也能一直稳定存在[13]。

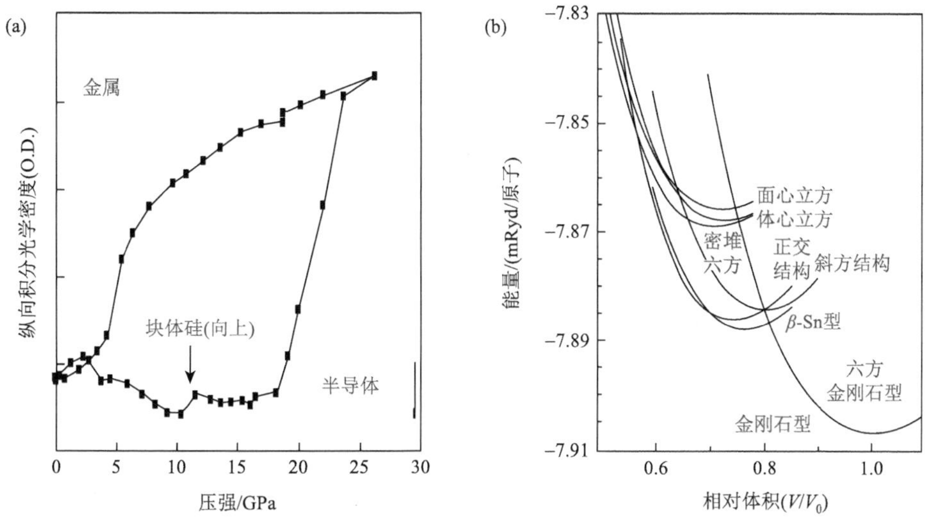

图 4-3　（a）用光学吸收法测定包覆二氧化硅的直径为 9.6 nm 的硅微晶的相行为[9]；（b）各种 Si 的高压相的总能量比较[14]

上述这些非 *dc* 结构都是 Si 的高压相，且其总能量均高于 *dc* 结构的 Si[图 4-3（b）]，其中 Si-Ⅲ相具有半金属性，其他相均为半导体性质[14]。相变中动力学能垒使 Si-Ⅰ结构到高压金属相的相变过程不可逆[14]，但会出现一些新的高密度的亚稳相。

当压力下降时，伴随着六种 Si 的亚稳态的出现，其中，Si-Ⅱ相慢速卸压会转变 r8 结构的 Si-Ⅻ相[15]，进一步释压变为 Si-Ⅲ（bc8）[16]。而对 Si-Ⅲ相和 Si-Ⅻ相继续在低温下退火处理，则会转变为六方金刚石结构（hd）Si-Ⅳ相[17, 26]。对 Si-Ⅱ相在快速释放压力条件下时，其转变的结果是 Si-Ⅷ四方结构相和 Si-Ⅸ四方结构相[18]。当对卸压后的硅圆片进行退火时，可得到一种亚稳相 Si-Ⅻ[19, 20]。

此外，理论计算预测了大量具有优异电学性能的 Si 新结构（图 4-4），如 stl 2[27]、体心四方（bct）[28]、约 1.5 eV 的准直接带隙的 *P*-1[29]和 Si_{20}-T[30]、1.4 eV 的直接带隙的 *Pbam*[31]、0.6 cV 的直接带隙 h-Si_6[32]以及 6 种拥有直接或间接带隙的新结构 oC12、tP16、oF16、tI16、hP12 和 mC12[33]。

2015 年，Rapp 等利用脉冲激光诱导受限微爆炸法（ultra fast laser-induced confined microexplosion），在卸压为 10^{11} GPa/s 和降温速率为 10^{10} K/s 时，从产物相还可以鉴定出有 bt8、stl 2、t32 和 t32*这四种新的硅同素异形体[34]。

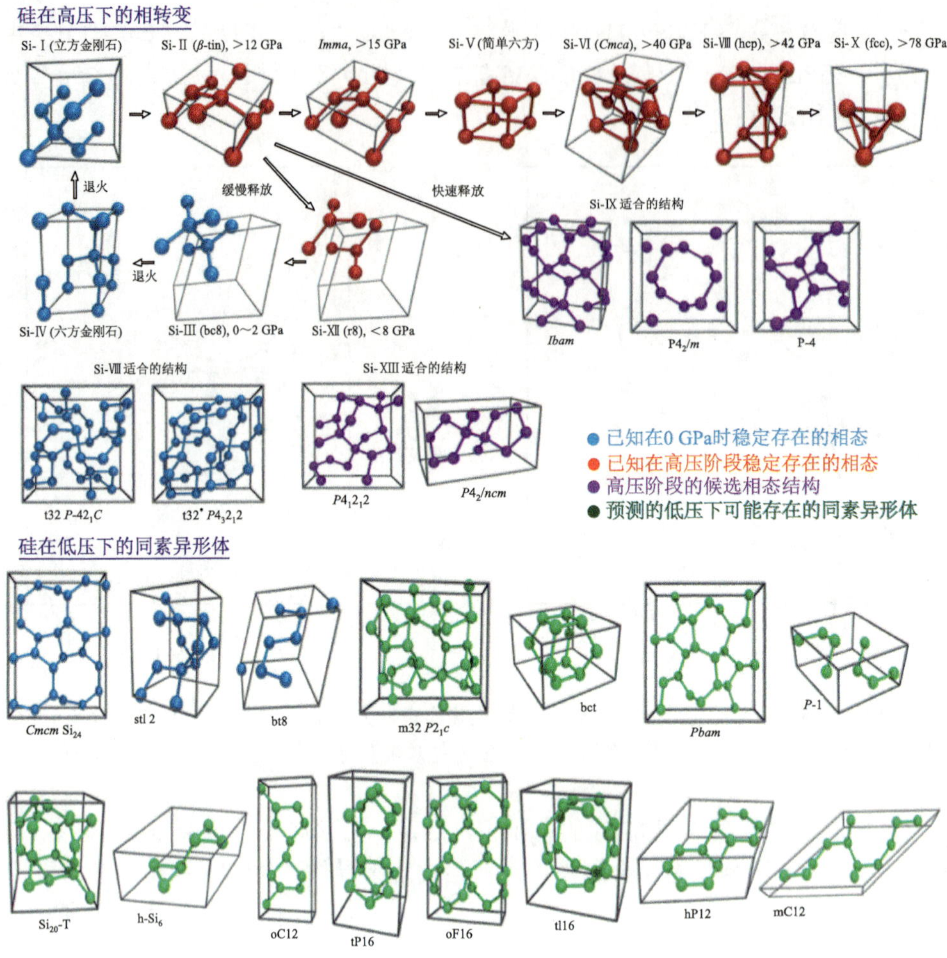

图 4-4　硅实验发现的高压相（红色）和一些可能常压下稳定的低能量的硅同素异形体的结构示意图[28]

蓝色表示常压下存在的已知 Si 结构；绿色表示实验还未证实的理论预测的硅结构；紫罗兰色表示未解结构 Si-Ⅸ和 Si-ⅩⅢ的可能理论模型

4.2.3　应用

单晶硅因具有良好的物理与机械性能，在极大规模集成电路、微机电系统（MEMS）、电子芯片等半导体产业中得到了非常广泛的应用。其在高端技术领域的应用更是日新月异：从单晶硅太阳能电池[35]、多晶硅太阳能电池[36, 37]和薄膜太阳能电池[38, 39]到非晶硅太阳能电池[40]，都是因为电池转换效率的提高速度而在不断加快的缘故[41-44]。

4.3　纳米结构硅物质

在纳米物理学中，电导量子化、热导量子化和单电子现象是纳米设计的普遍规律，被说成是介观世界的“三大法则”[45, 46]。进一步提高硅基太阳能电池转换效率以及降低成本，始终是该领域的研究热点。将微电子器件过渡到纳米电子器件[47-49]过程中，减小芯片上器件的尺寸是核心。正是由于低维硅纳米材料如纳米线、纳米管及其阵列具有比表面积大和量子效应等特点，又与现有的硅技术有很好的兼容性，使得一维的硅基纳米材料成为最有潜力的硅纳米器件基材，这就是硅纳米材料发展快速的原因。

4.3.1　硅纳米线和硅纳米带

4.3.1.1　制备

1964 年，Wagner 等利用气-液-固（VLS）生长机制制备了单晶晶须[50]，即今天的硅纳米线。后来制备硅纳米线的尝试是采用照相平版蚀刻技术及扫描隧道显微方法[51-53]，但是产量很小，直接影响到对它的深入研究和应用。直到 1998 年，研究人员采用激光烧蚀法才使硅纳米线首次实现了大量制备[54-57]。

硅纳米线的制备方法主要有激光烧烛法、化学气相沉积（CVD）法、热蒸发法、溶液热法[58-62]、金属辅助化学刻蚀法（MACE）等。制备特点包括：①加催化剂（例如 Fe、Au、Ni）的反应可先依据金属-Si 二元相图选择能与纳米线材料形成液态合金的金属催化剂，再选定共存区及制备温度[63]，可促使较宽的尺寸分布[64]。②根据起始原料不同及是否需要加入金属催化剂提出了相应的生长机理，分别是气-液-固生长机理、氧化物辅助生长机理及固-液-固生长机理等[65-67]。③采用水热法通过硅原子的重结晶并生长出直径约 15 nm 的硅纳米线，很好地解决了以往方法的不足，得到了具有成本低、实验过程简单、对晶体结晶过程容易控制、反应物无毒无污染、生成物纯度高、直径分布范围小的高质量硅纳米线[68]。④探索了几种“不一般的”制备方法：1997 年，Takahito Ono 等[69]将镀金的硅衬底置于 STM 探头下面，在 STM 的电流作用下按照 VLS 机理形成了纳米硅线。1999 年，Marsen 和 Sattler[70]用磁控溅射法产生硅蒸气，用热解石墨面作衬底，用 Ar 作保护气，在高真空的条件下生长了硅纳米线。2004 年，Fan 等[71]用电子束蒸发的方法，在 Si（001）表面沉积了一层阵列化的直径从 50～100 nm 不等的硅纳米棒。

利用热蒸发氧化辅助生长法[72, 73]、CVD 法[74]以及化学刻蚀法[75, 76]等方法，可制备厚度在纳米量级、宽度和长度分别在微米和毫米量级的硅纳米带。

Shi 等[72]借鉴热蒸发法制备硅纳米线，在 0.5 Torr 压力、1150℃下加热，可在900℃的区域淀积形成硅纳米带。Wei 等[74]通过 CVD 的方法制备出了大量长度长、厚度小、边缘光滑、表面平坦的硅纳米带。Ko 等[75]等利用光刻在[111]晶向的硅片上刻蚀出侧面带有起伏形状的几微米沟道，随后将金属淀积在沟道的侧面，再将此衬底浸没在碱性溶液中进行刻蚀，从而制备出大量交叠在一起的多层硅纳米带结构。

4.3.1.2　结构

冯孙齐等用简单的热蒸发沉积法[67, 77]制备了硅纳米线（1.4×10^4 Pa 环境压强，图 4-5）。显示其直径约（13±3）nm，长度在微米范围；单晶的（111）晶面[$d(111) = 0.31$ nm]平行于硅纳米线轴，线轴方向为[211]。平均直径和直径分布与环境压强有关，形态及结构缺陷主要由制备液相外延过程决定。

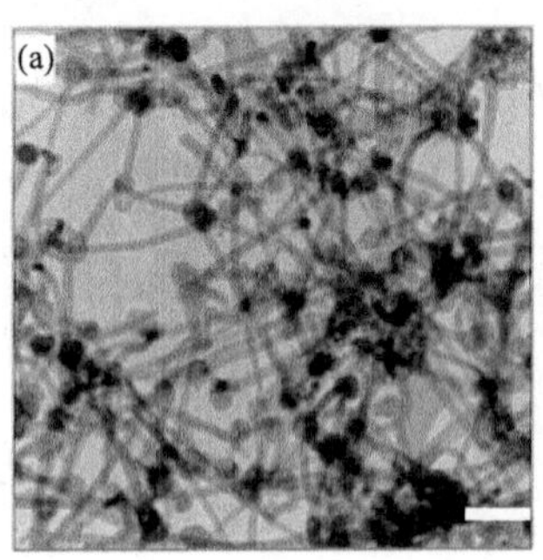

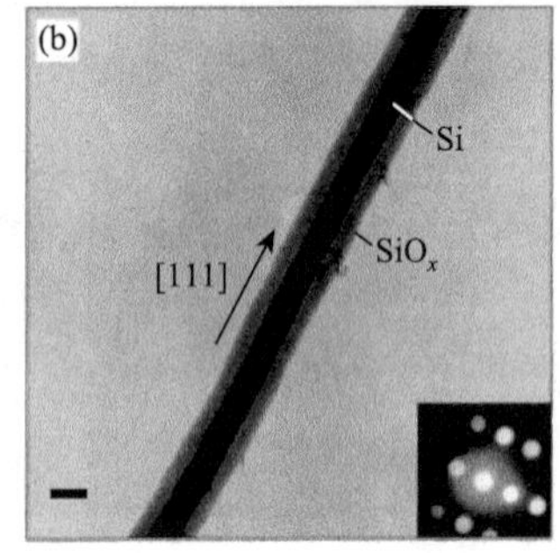

图 4-5　利用热蒸发沉积法制备的硅纳米线的 TEM（a）和 HRTEM（b）照片[77]

李青青等通过分子动力学方法探索了碳纳米管中 Si 纳米线在受限空间中的结构演化[78]，认为结构与其手性无关。

4.3.1.3　应用

人们在大量研究中发现硅纳米线自身具有特有的荧光、紫外等光学性质[78-82]，场发射[83, 84]、电子输运[79]等电学性质，加上一维纳米材料本身具有的高表面活性、量子效应和库仑阻塞效应等性质，因此适合作为制备微纳电子器件最理想的材料之一。此外，一维硅纳米线也有在生物细胞探测、气体检测传感器等方面[85, 86]和硅纳米线在电、磁、热性能上也表现出非凡性能[87]的报道。由于在硅纳米阵列（由纳米线组成的“森林”）可控制备方面的突破[88]，显示了硅纳米线在宽波段

（300～1700 nm）、宽入射角范围内优异的减反射性能及其在光电领域的巨大应用前景。例如，硅纳米线阵列薄膜在 550 nm 波段的光吸收率接近 95%，硅纳米线的多孔化会进一步提升长波段光吸收[89]。因此，硅纳米线在新型太阳能电池、光伏中的应用掀起了热潮并取得了巨大成就[90-92]。

此外，硅纳米线在生物传感器[93, 94]、具有油水分离功能的柔性材料[95]的应用方面也有进展。对硅纳米阵列的改性以提高其催化性的研究也在进行中[96-98]。

4.3.2　硅纳米管

硅纳米管（silicon nanotubes，SiNTs）结构可根据螺旋矢量的基失长度不同分为扶手椅型（armchair）、锯齿型（zigzag）、手性型（chiral）（图 4-6）[99]。

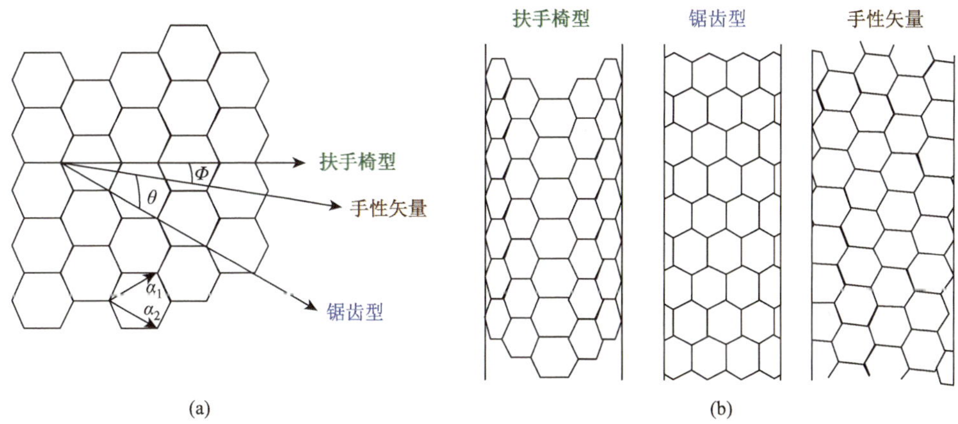

图 4-6　（a）沿不同方向卷起的硅烯（b）及相应的单壁硅纳米管[99]

4.3.2.1　制备

自 1995 年 Nakamura 教授首次制备硅纳米管[100]以来，人们就开始积极探索制备硅纳米管的有效方法。但硅原子的电子结构为 sp^3 杂化，易形成实心的线状结构，难于形成硅纳米管。目前，制备硅纳米管的方法主要有 CVD 法、模板结合 CVD 法、可移动模板法、水热法、电化学沉积法、直流电弧等离子体法、双射频等离子体法和模板组合分子束外延工艺等。模板法[101-103]因反应条件可控进而调控模板的直径和长度以实现尺寸形貌控制的优势已成为目前最为常用的方法。在该制备方法中，模板可以被视为一个可以被移除的骨架[104]。2003 年，Jeong 等[105]采用分子束外延（MBE）技术在多孔氧化铝模板上成功合成了直径约 40 nm 的硅纳米管。Teo 等[106]以 SiO_2 为原料、沸石为模板，采用气相沉积方法制备得到了少量由二氧化硅纳米线填充的硅纳米管状结构。2004 年，Hu 等[107]以 ZnS 纳米线为模板，基于 ZnS 与 Si 晶格匹配的特性，利用外延生长的方法制备了单晶硅纳米管。Yang 等[108]以多壁碳纳米管（MWCNTs）为模板，借助溶胶-凝胶法，通过控制正硅酸乙酯（TEOS）的浓度，制备了不同形貌的 SiNTs（图 4-7）。

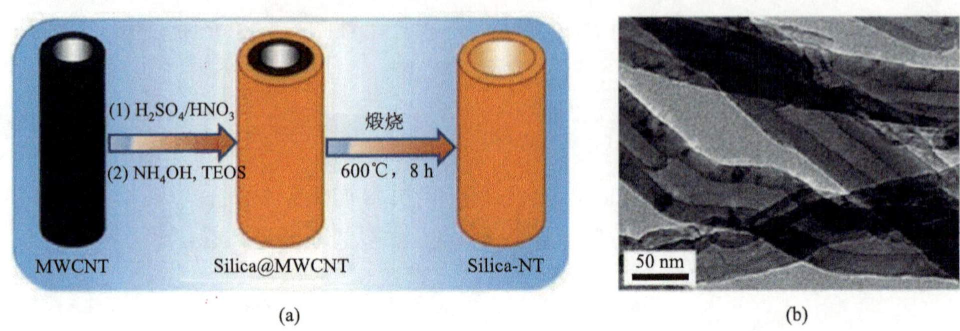

图 4-7　(a) 多壁碳纳米管 MWCNTs 模板法制备 SiNTs 示意图[108]；(b) SiNTs 透射电镜照片[108]

2005 年，湖南大学唐元洪教授小组用水热法合成了硅纳米管[109]。作者将 SiO_2 粉末与去离子水混合后置于高压反应釜，加入质量分数 5%的氢氟酸作为稳定剂，恒温恒压 1 h，制得硅纳米管。相比模板法，这种方法制备的硅纳米管结晶效果较好，直径较细、形貌笔直，不足是原料转化率较低。2008 年，Xie 等[110]通过磁控溅射-VLS 的方法制备了硅纳米管，凭借高能磁控溅射的参与激发溅射了大量的铜原子，从而抑制了硅纳米线的生长，进而获得了硅纳米管。2012 年，Wu 等[111]使用氧化硅（SiO_x）包裹硅纳米管，制备出双壁硅纳米管（DWSiNTs）。研究表明，这种特殊的双层中空结构对电池的循环稳定性有明显的提升。

4.3.2.2　结构

由于硅原子半径比碳原子大，核外电子较碳原子多，倾向于形成 sp^3 杂化，且沿不同方向的化学键键长波动比 CNTs 的大，导致 SiNTs 的表面具有“折皱状”（“波纹状”）结构，与 CNTs 的表面光滑有所差别。图 4-8 为结构呈“折皱状”的纯帽（即形成无悬挂氢的帽）扶手椅型 SiNTs(3, 3)及锯齿型 SiNTs(4, 0)。扶手椅型 SiNTs(3, 3)末端（帽）由六对四边形-六边形构成，并在端面形成一个 2×3 元环[112]。锯齿型 SiNTs(4, 0)的帽由四对四边形-六边形组成，且在端面形成一个 2×4 元环。纯帽扶手椅型 SiNTs 存在交替的 sp^3 和 sp^2 杂化，纯帽锯齿型 SiNTs 只有 sp^3 杂化，因此呈“折皱”状的结构。纯帽扶手椅型 SiNTs(3, 3)及锯齿型 SiNTs(4, 0)的 Si—Si 键长范围为 2.22～2.44 Å，说明该结构稳定性是可靠的。DFT 计算显示出 SWSiNTs 和 DWSiNTs 的帽由具有一定畸变或缺陷的五边形-六边形[113]或五边形-七边形[70]组成，其构成了用于 SiNTs 生长的反应位点和成核位点[114]。所以，控制五边形-六边形或五边形-七边形的形成是锯齿型 SiNTs 生长的关键因素。

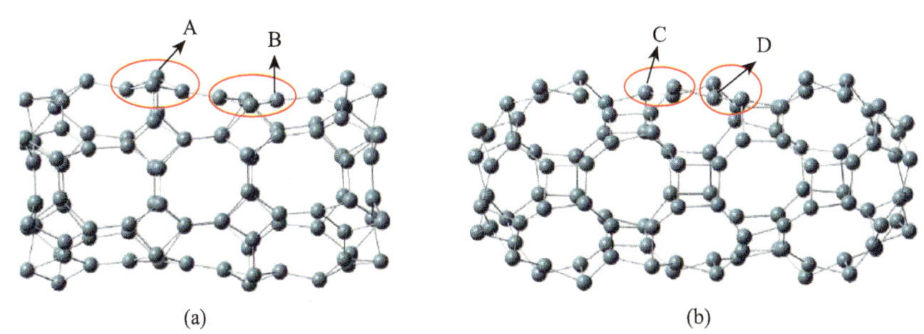

图 4-8 （a）纯帽扶手椅型 SiNTs(3, 3)和（b）纯帽锯齿型 SiNTs(4, 0)[112]

结构类型（锯齿型、扶手椅型或手性型）和管直径的大小是影响 SiNTs 金属或半导体行为的关键。SiNTs 的导电性质与直径和手性有关，其能隙与直径成反比，扶手椅型 SiNTs 具有金属性质，然而锯齿型 SiNTs 呈现半导体特征，其带隙都小于 1 eV[115]。Seifert 等认为硅化物和 SiH 纳米管具有半导体特征，其带隙随直径增加而迅速减小，并且不依赖于手性[112]。所有的单壁、双壁锯齿型 SiNTs 都具有窄带隙能带结构。

4.3.2.3 应用

硅纳米管具有与硅基电子器件兼容的特性[116, 117]。微电子技术的快速发展促使硅芯片尺度更薄，代替集成电路是必然的（图 4-9）[118]。2004 年，90 nm 线宽的 CPU 被 IBM 公司成功制得，给计算机的发展带来又一次的飞跃。特别是对硅纳米管性能的研究[118-120]，其广泛应用于生物医学、环境、工程、复合材料改性等方面指日可待[104-106]。

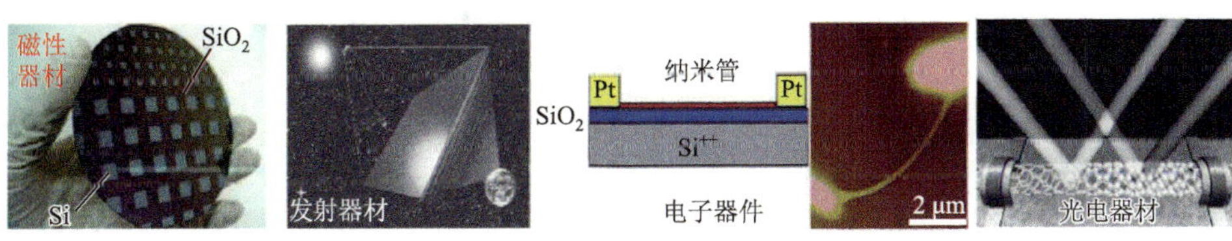

图 4-9 硅纳米材料在各领域的应用[113]

4.3.3 硅空心球

硅空心球可以有效地容纳硅体积膨胀[121-123]。Chen 等[121]通过简单的两步法制备出了空心多孔硅（HPSi）颗粒（图 4-10）：以聚苯乙烯（PS）颗粒（120 nm）为模板，正硅酸四乙酯（TEOS）为硅源和溴化十六烷基三甲铵（CTAB）为空隙形成表面活化剂，经溶液反应和煅烧去除有机物后得到 $HPSiO_2$ 颗粒，通过镁热还原反应得到 HPSi 颗粒。结构分析（图 4-10）显示颗粒直径大约为 100 nm。以 HPSi 纳米颗粒制作的 HPSi-Ag 复合电极展现出很高的可逆比容量（3762 $mA{\cdot}g^{-1}$），良好的循环稳定性（100 次循环后保有 93%容量）和倍率性能（4000 $mA{\cdot}g^{-1}$ 循环速率下超过 2000 $mA{\cdot}g^{-1}$ 容量）。Yao 等[124]使用 SiO_2 为模板，通过化学气相沉积法在其表面沉积一层硅，然后通过氢氟酸去除内部的 SiO_2 得到硅空心球。电池实验显示用该硅空心球制作的电极的初始放电容量为 2725 $mA{\cdot}g^{-1}$，在 0.5C 的循环速率下经过 700 次循环，容量仍然损失低于 8%。

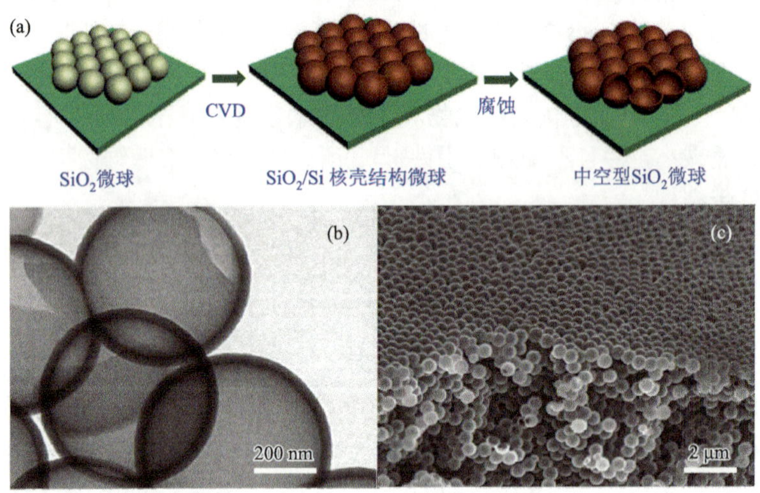

图 4-10 硅空心球颗粒的制备流程图[121]（a）；硅空心球的 TEM（b）和 SEM（c）图像[124]

4.4 硅原子簇

笼型结构硅的预测使用了量化计算手段，在制备中采用了一些不同于一般的新方法，如该方法可能用于其他开放式框架材料结构的合成。目的是为设计新型光学材料提供一种新思路。

4.4.1　Si_{10}

罗坤等通过理论计算发现了一例高密度正交结构的硅同素异形体 oP10-Si（命名为 Si_{10}）[125]：正交晶系，空间群 *Pnnn*（No. 48），每个晶胞中含有 10 个原子，其 Wyckoff 原子位置分别为 2a（0.5，0.5，0.5）和 8m（0.252，0.846，0.647）。Si_{10} 在常压下全优化得到的晶格常数为 $a = 3.830$ Å、$b = 4.133$ Å 和 $c = 10.516$ Å（图 4-11）。其化学键全是 sp^3 杂化，由扭曲的五元环连接成链状。计算结果表明：Si_{10} 拥有相当的热稳定性、满足其机械稳定性和动力学稳定性；直接带隙为 1.7 eV，只有 Si-Ⅰ（3.4 eV）的一半，这将有利于提高光的吸收效率。

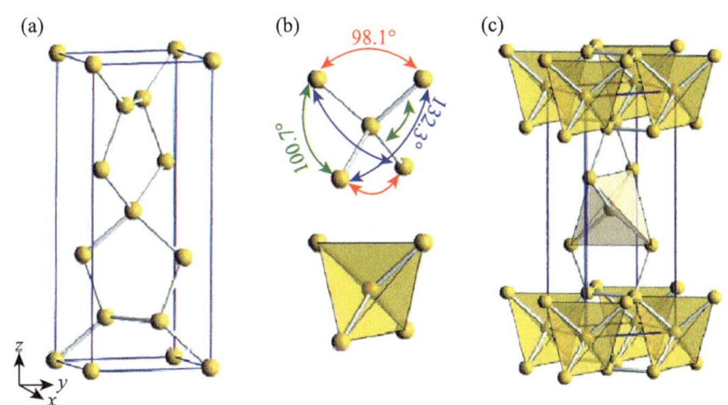

图 4-11　Si_{10} 晶体结构示意图[125]

（a）单胞的三维示意图；（b）对称型为 D_{2d}-symmetric 的 Si_5 团簇的两种示意图；（c）由两种不同方向（颜色不同）的 Si_5 四面体（原子团）螺旋连接组成体心正交结构的 Si_{10} 晶体结构示意图

4.4.2　mSi_{20}

王倩倩等借助于已经能合成的 $SrSi_2$、$LaSi_2$ 和 $LaSi_5$ 等事实[126, 127]，通过量化计算设计了去除前驱物 $LaSi_5$ 中的 La 原子进行结构优化的方案，可得到硅的一种新型亚稳结构 m-Si_{20}：单斜晶系，空间群 *C*2/*m*（No.12），晶格常数为 $a = 17.721$ Å、$b = 3.694$ Å、$c = 6.897$ Å，$\beta = 69.02°$，每个晶胞中含有 20 个原子[128]。通过弹性常数和声子谱的计算验证了该结构在常压下具有稳定性。m-Si_{20} 依赖于该结构中隧道型空隙的存在使其密度低于金刚石型结构的 Si-Ⅰ 相。结构中有 40%的硅原子为 5 配位（导致价电子较大的离域性而出现自由电子），60%硅原子为 4 配位；配位数的改变会引起硅原子间发生一定程度的电荷转移，出现离子性。因此，该结构的化学键中同时存在共价性、金属性和离子性。

4.4.3　Si_{136}和 Si_{24}

硅容易与碱金属在高温高压下发生反应生成三维网络形式的硅化物，如 Na_xSi_{136}(x≤24)、Na_4Si_{24}，金属原子位于三维网络的间隙中[129]。Kurakevych 等[130]认为可通过化学方法去除目前已知 Na_xSi_{136}(x≤24)、Na_4Si_{24} 和 Li_3NaSi_6 中的金属原子而得到硅的新型同素异形体 Si_{136}、Si_{24} 和 allo-Si。Ammar 等[131]已通过在真空中对其进行热处理获得了一种低密度的笼型 Si_{136} 结构。

2000 年，Strobel 等[129]在真空下将 Na_4Si_{24} 加热至 400 K，可逐渐赶走钠原子，得到了一种在 750 K 和 10 GPa 下能稳定存在的正交晶型硅同素异形体 Si_{24}（图 4-12），其具有约 1.3 eV 的直接带隙，理论计算和实验吻合。

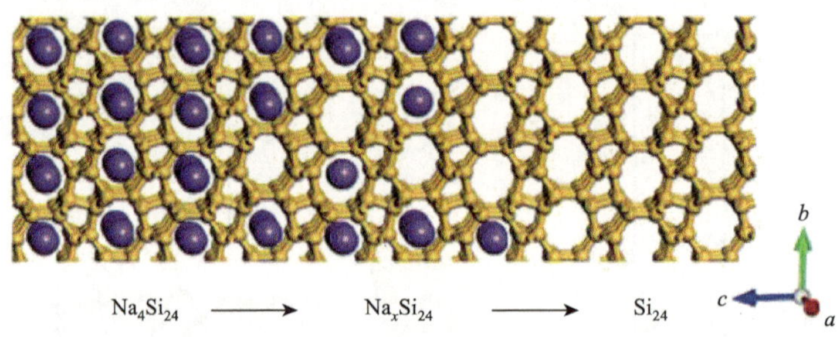

图 4-12　Na_4Si_{24} 脱 Na 后生成正交硅结构 Si_{24} 过程的示意图，紫色是 Na 原子、黄色是硅原子[129]

4.4.4　hP12-Si

Kurakevych 等[130]通过晶体结构预测软件，效仿 Si_{24} 的制备方法，提出可先合成出相应的锂硅化合物再经过脱锂过程来制备硅的另一个同素异形体 hP12-Si（图 4-13）[132]。因为通过自由能、声子谱、分子动力学计算说明 hP12-Si 是稳定的。沿着 c 轴方向看，hP12-Si 明显是由六元环、五元环和三元环构成的隧道型结构组合而成。其中六元环和三元环是平面结构，它们之间通过五元环连接构成了 hP12-Si[132]。

4.4.5　Si_{40}

Galvani 等[133]采用从头算的方法提出了一种结构式为 Hex-Si_{40} 的硅异构体，它由两个 Si_{26} 十五面体、两个 Si_{24} 十四面体和三个 Si_{20} 十二面体组成空心金刚石相笼（图 4-14），所有硅原子都以 sp^3 杂化方式成键，带隙比 Si-Ⅰ相宽约 0.4 eV，可以发出可见光。

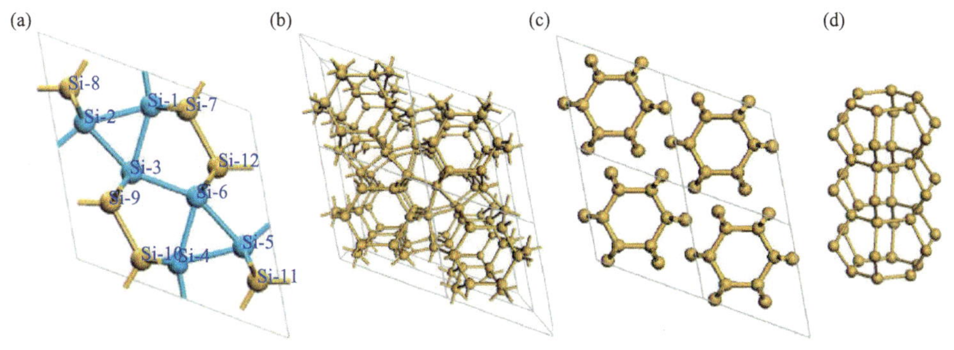

图 4-13　hP12-Si 的结构示意图

(a) hP12-Si 的常规单胞结构，不同颜色区分了两种位置的硅原子；(b) hP12-Si 结构的透视图，可以清晰地看到隧道结构；(c) 由重复结构单元构成的 hP12-Si；(d) 组成 hP12-Si 的重复结构单元示意图[132]

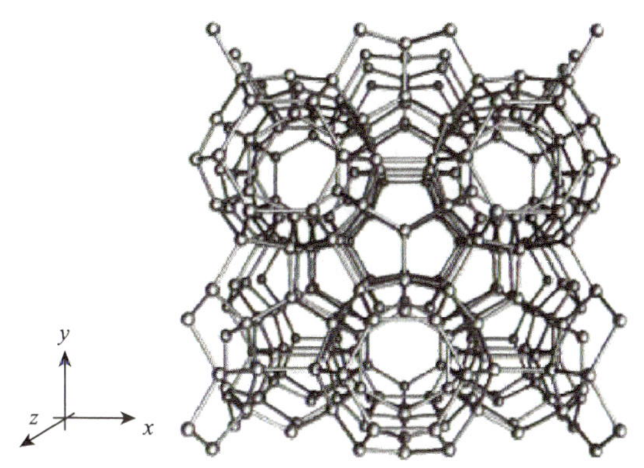

图 4-14　Hex-Si_{40} 相的晶体结构[133]

4.4.6　Si_{60}

受已制备出碳笼状富勒烯结构 C_{60} 的影响，人们期待着 Si_{60} 的出现[134, 135]。虽然 Si_{60} 的笼状富勒烯结构还未在实验上制备出来，但理论计算研究已先行了：Wang 等[136]提出采用 H 原子外钝化 Si_{60} 的悬挂键，可形成稳定的 sp^3 杂化结构，通过计算得到了具有高度 I_h 对称性的完美富勒烯结构分子 Si_{60}。此外，也有人进行比 Si_{60} 尺寸更大的 Si_{70} 分子研究[132, 137]。

4.4.7　Si_{80}

汪雷和杨德仁[137]以探索是否存在与 C_{80} 类似的 Si_{80} 分子作为研究课题，构建了由 80 个 Si 原子组成 Si_{80} 分子的原子模型，限定其笼直径要比 C_{80} 笼直径更大一些，Si—Si 初始键长设为 0.233 nm（连接 2 个六边形的键长）和 0.235 nm（连接五边形和六边形的键长），对称性为 I_h，并在结构优化过程中几何结构无对称性限制。经过几何结构优化计算后，初始计算模型为 I_h 对称性的 Si_{80} 笼状分子结构[图 4-15（a）]，能量稳定的对称性为 T_h 的分子结构[图 4-15（b）]。笼结构顶点处的部分 Si 原子由外凸（Si 原子带负电荷）转为凹陷（Si 原子均带正电荷）形成折叠的不规则球形核壳结构，有利于降低整个团簇的能量（平均每个原子的结合能 3.813 eV），能隙为 0.24 eV。

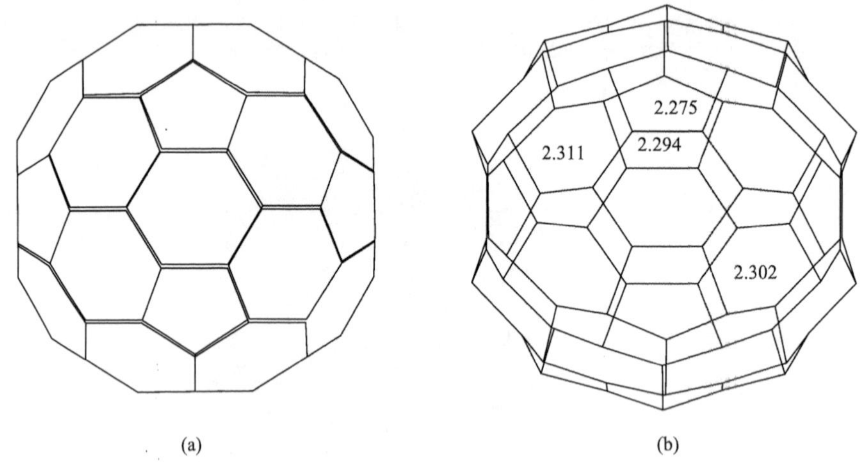

图 4-15　Si_{80} 分子的初始原子结构模型（a）和优化计算后的结构模型（b，数字为键长，单位为 Å）[137]

4.4.8　Si_{96}

西安电子科技大学柴常春等利用第一性原理计算方法预测了一种新的硅同素异形体——Si_{96}[138]。Si_{96} 的晶体结构如图 4-16（a）所示，Si_{96} 属 $Pm3$-m 空间群。Si_{96} 的基本单元为六元类石墨碳环，其中六元环垂直于[111]方向[图 4-16（b）][138]。在常压下，优化的晶胞参数为 a = 13.710 Å，每一个普通的晶胞含有 96 个 Si 原子。弹性常数和声子计算结果表明，常压下 Si_{96} 具有良好的力学和动力学稳定性。Si_{96} 的导带最小值和价带最大值位于 R 和 G 点，说明 Si_{96} 是一种间接带隙半导体，且带隙为 0.474 eV。Si_{96} 的孔隙结构、低密度和纳米管结构使其在储氢和极端条件下工作的电子设备等应用领域具有很大的吸引力，以及在锂电池正极材料中具有潜在的应用前景。

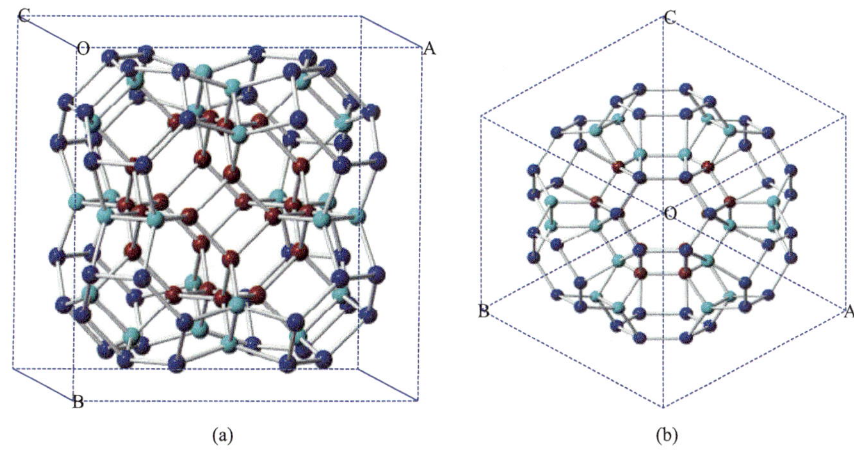

图 4-16　Si_{96}的晶体结构（a）和沿[111]方向视图（b）[138]

4.5 硅　烯

硅烯由于其独特的固态特性，如量子自旋霍尔（QSH）效应（二维 TI 态）、强自旋轨道耦合（SOC）、巨磁阻、场可调带隙、非线性电光效应和压电磁性等，引起了人们对纳米技术的广泛关注[139-145]。与石墨烯不同的是，亚稳态硅烯结构会导致空气稳定性较差，这可以通过适当的封装或钝化反应表面来解决[146]。科学家们提供了对具有钝化表面的二维材料进行功能化设计，比如氢化，预计既能稳定硅烯，又能在保持原子薄轮廓的同时扩大其带隙。

4.5.1　制备

2006 年，Nakano 等[147]首次报道通过化学剥离镁掺杂的 $CaSi_2$ 得到了硅单原子层结构。但没有得到推广。目前合成硅烯的主要方法是在金属表面（具有导电良好的银和铱）外延生长，即通过热蒸发硅原子于基体上，产生凝结和自组织的过程（图 4-17）。这样得到的硅烯具有蜂窝状结构和完整的特性[148]。2012 年，Vogt 等[149]在 Ag(111)表面上通过外延生长合成出大面积的硅烯，结合理论计算证实了屈曲蜂窝状结构硅烯的存在。随衬底温度的不断升高，沉积在 Ag(111)衬底上的硅原子呈现出不同的相结构（图 4-18）。当衬底温度低于 400 K 时，硅在 Ag(111)衬底上倾向于生成簇状或者其他无序的结构。同年，Kawahara 和 Hamzaoui 课题组相继报道了在 Ag（111）表面合成硅烯[150-153]。硅烯在金属表面会呈现出不同的超结构，而不是六角蜂窝状结构，包括以衬底为参考的（4×4）、（×）R13.9°、（×）R30°结构和以硅烯为参考的（×）结构。Meng 等[153]用外延法在 Ir（111）

表面生长了硅烯。Fleurence 等[154]也成功地在 Si（111）表面先生成的 ZrB_2（0001）薄膜上生长了单层硅烯。生长中的衬底温度和界面相互作用会对硅烯结构产生较大影响，（×）结构是具有良好稳定性和完整性的硅烯结构。

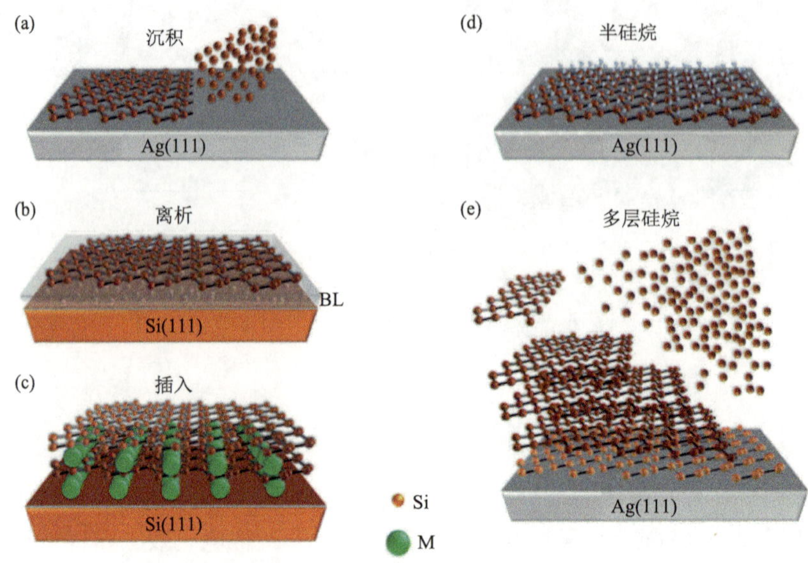

图 4-17 硅烯的生长方法[22, 54, 60, 56, 103]

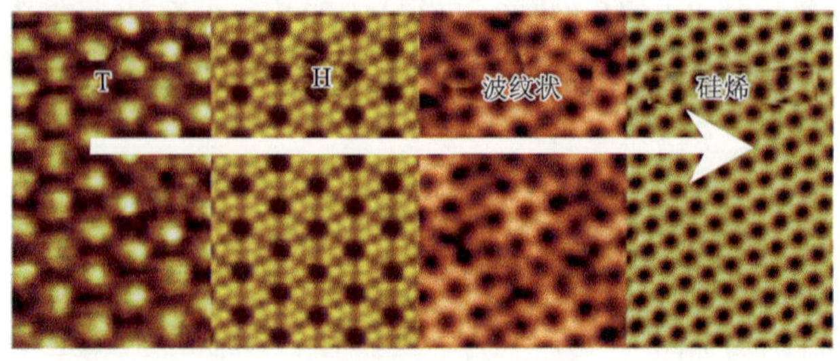

图 4-18 随着衬底温度的不断升高在 Ag(111)衬底上出现的不同相结构[149]

值得一提的是，2017 年，Zhuang 课题组[155]采用分子束外延法（MBE）和固相反应法合成了硅烯材料，结构中的无质量载流子能够极大地提高硅烯材料的导电性，从而有效解决了长期以来困扰 Si 负极材料导电性差的难题。

4.5.2 结构

硅烯是一种硅原子排列的二维纳米材料（图 4-19），具有六角蜂窝状结构，

Si—Si 键长为 2.2～2.4 Å，有一个高约 0.44 Å 的褶皱，动力学上是稳定的。这种晶格结构的轻微扭曲使得硅烯具有直接电子带隙和拓扑相过渡机制[156]的性质。结构的特征归因于 sp^2/sp^3 的混合杂化以及较大的原子半径导致了相对较大的自旋轨道耦合。

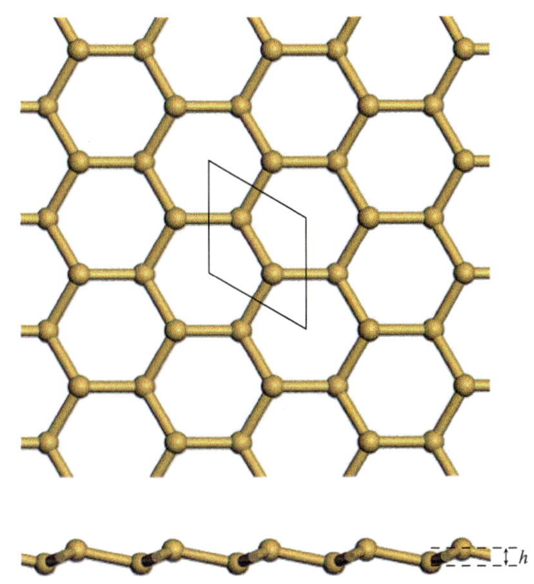

图 4-19 硅烯结构的俯视图（上）和侧视图（下）[156]

黑色菱形表示原始单元格。侧视图中描述了弯曲高度，并将其表示为 *h*

4.5.3 应用

由于硅烯材料上述结构上的特点，已被广泛用于锂离子电池负极材料的理论和实验方面研究[155, 157, 158]。结果表明，硅烯作为锂离子电池负极材料时比容量可达 954 $mAh·g^{-1}$，远远高于传统的石墨材料（372 $mAh·g^{-1}$）。

4.6 教 学 提 示

（1）通过对本章的学习，会使学生跳出“硅有无定形硅和晶体硅两种同素异形体”的概念圈子。硅的同素异形体，可分为光彩夺目的硅纳米晶的不同物相类、纳米结构硅物质、硅原子簇和硅烯四大类。硅的应用不再是电子工业中使用的区域熔融法（图 4-20）[159]用于提纯硅材料的纯度了，而是依据要求进行结构的精准设计。

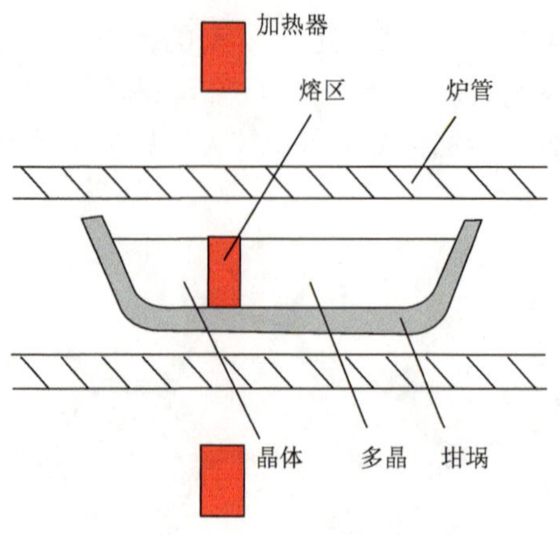

图 4-20　水平区域熔融装置

（2）硅的同素异形体中最为新鲜的是硅原子簇。随着微电子工业和纳米技术的发展，以硅元素为之主要成分的材质在这些领域占据了主导地位，决定了这些先锋工业领域发展的速度和尺度。对于硅团簇以及含硅原子簇的电子结构和几何结构的研究一直是实验和理论研究的重要研究方向之一。研究不同尺寸和成分的团簇的物理和化学性质，可以帮助我们清楚地了解物质是怎么样由微观状态过渡到宏观状态的，这无论在理论上还是在实践上都是非常有意义的。正如郑兰荪院士所说[159]：“原子团簇与无机纳米材料一样，可以看作是纳米尺度的无机物质形态，但是具有确定的结构和组成，因此可以成为认识和研究纳米乃至大块固体表面结构的分子模型。由原子团簇组装的材料，有可能兼具纳米材料和分子材料的特性。”

（3）硅的同素异形体形成多样与碳的同素异形体形成不同，并非突出化学键的不同类型杂化而成，而在于温度和压力的变化。可以看到，有些同素异形体可在常温常压下发生形态转变，有些同素异形体可在低压下形成，有些要在高压下形成，即便都是在高压下，温度区间的不同也起着重要作用。这里体现着一种哲学思维。正如门捷列夫在《化学原理》（第 5 版）一书的序言中写道：……这本著作的主题，是我们所研究的这门科学的哲学原理[160]。

学习思考题

1. 硅的同素异形体除了常见的无定形硅和晶体硅外，还有哪些？

2. SiF_4 与 $SiCl_4$ 的水解哪一个更剧烈？它们的水解产物有何不同？试写出有关反应方程式以解释之。

3. 硅单质虽可有类似于金刚石的结构，但其熔点、硬度等却比金刚石差得多，试解释其原因。

4. Si 的价电子构型与 C 原子类同，但为什么 Si 只有类似于金刚石的结构，而没有类似于石墨结构的同素异形体？

5. 请通过文献查找 Si_{60} 和 C_{60} 的结构和性质的异同。

6. 请通过文献说明对于制备单晶硅，物理气相沉积法和化学气相沉积法的优劣势有哪些？

7. 硅烯中硅原子的杂化方式是什么？

8. 硅纳米管结构根据螺旋矢量的基矢长度分为哪几类？

9. 简述压强对硅纳米晶相变的影响。

10. 硅纳米线的制备方法主要有哪些？

11. 查阅文献说明金刚石型（Si-Ⅰ）转变为 β-Sn 型（Si-Ⅱ）的压强范围。

12. Si 的亚稳相有哪些？

13. 简述制备硅空心球的流程，请查阅文献说明制备过程的关键技术。

14. 简述 C_{80} 和 Si_{80} 结构，说明其异同。

15. 硅的同素异形体多种多样，从结构出发可以分为哪些类别？它们之间的关系如何？

参考文献

[1] 梁骏吾. 中国工程科学，2000，12（2）：13-39

[2] 张建刚，黄春银，黄海英，等. 无机盐工业，2013，45（12）：6-8

[3] 念保义，郭海琼，何绍福. 广州化工，2011，39（6）：21-24

[4] 孟奔. 科协论坛，2008，（6）：48-49

[5] Weidhaus D，Crssmann I，Sthreieder F. Dust-free and pore-free，high-purity granulated polysilicon：US 7708828B2. 2010

[6] 罗坤. 硅和氮化硼新结构及性能的理论与实验研究. 秦皇岛：燕山大学，2017

[7] Olijnyk H，Sikka S K，Holzapfel W B. Phys Lett A，1984，103（3）：137-140

[8] Duclos S J，Vohra Y K，Ruoff A L. Phys Rev Lett，1987，58（8）：775

[9] Tolbert S H，Herhold A B，Brus L E，et al. Phys Rev Lett，1996，76（23）：4384

[10] Jayaraman A，Newton R C，Kennedy G C. Nature，1961，191（4795）：1288-1289

[11] Musgrave M J P，Pople J A. J Phys Chem Solids，1962，23（4）：321-323

[12] Hu J Z，Spain I L. Solid State Commun，1984，51（5）：263-266

[13] Duclos S J，Vohra Y K，Ruoff A L. Phys Rev B，1990，41（17）：12021-12028

[14] Chang K J，Cohen M L. Phys Rev B，1985，31（12）：7819-7826

[15] Kasper J S，Richards S M. Acta Cryst，1964，17（6）：752-755

[16] Zhao Q，Zhang Q，To S，et al. J Electron Mater，2017，46（3）：1862-1868

[17] Wentorf R H，Kasper J S. Science，1963，139（3552）：338-339

[18] Zhao Y X，Buehler F，Sites J R，et al. Solid State Commun，1986，59（10）：679-682

[19] Ge D，Domnich V，Gogotsi Y. J Appl Phys，2004，95：2725-2731

[20] Hyde B G，Andersson S. Inorganic Crystal Structures. New York：Wiley，1989
[21] Liebau F. Structural Chemistry of Silicates. New York：Springer，1985
[22] 郑能武. 原子新概念. 南京：江苏教育出版社，1988
[23] 刘新华，薛明俊，翟冠杰，等. 计算机与应用化学，2006，23（4）：362-366
[24] 李振寰. 元素性质数据手册. 石家庄：河北人民出版社，1985
[25] Canham L T. Appl Phys Lett，1990，57（10）：1046-1048
[26] Ruffell S，Haberl B，Koenig S，et al. J Appl Phys，2009，105（9）：3513.1-3513.8
[27] Malinowski S. Phys Rev B，1994，49（1）：8-13
[28] Fujimoto Y，Koretsune T，Saito S，et al. New J Phys，2008，10（8）：083001
[29] Botti S，Flores-Livas J A，Amsler M，et al. Phys Rev B，2012，86（12）：121204.1-121204.4
[30] Xiang H J，Huang B，Kan E，et al. Phys Rev Lett，2013，110：13-16
[31] Mujica A，Pickard C J，Needs R J. Phys Rev B，2015，91（21）：214104.1-214104.13
[32] Guo Y，Wang Q，Kawazoe Y，et al. Sci Rep，2015，5：14342
[33] Wippermann S，He Y，Vörös M，et al. Appl Phys Rev，2016，3（4）：40807.1-40807.12
[34] Rapp L，Haberl B，Pickard C J，et al. Nat Commun，2015，6：7555
[35] 缪沾. 建材发展导向，2013，11（2）：7-12
[36] 李怀辉，王小平，王丽军，等. 硅半导体太阳能电池进展，2011，25（19）：49-53
[37] 张亮. 科技创业月刊，2011，24（6）：157-158
[38] 刘毛萍，陈枫，郭爱波，等. 节能与环保，2006，11：21-23
[39] 程晓芳. 电源技术，2017，41（3）：502-504
[40] 黄庆举. 科技创新与应用，2014，27：52-53
[41] 丁光炜. 电子制作，2015，22：17-18
[42] Bruton T M. Sol Energy Mater Sol Cells，2002，72（1-4）：3-10
[43] Sen S K. Nonlinear Anal Theory Methods Appl，2009，71（1-2）：196-211
[44] Green M A，Emery K，Hishikawa Y，et al. Solar Cell Efficiency Tables（Version 33）. Progress in Photovoltaics：Research and Applications，2009
[45] 蒋建飞. 纳电子学导论. 北京：科学出版社，2006
[46] Ren M，Chen P Y. Micronanoelectronic Technology，2005，42：2
[47] Bachtold A，Hadley P，Nakanishi T，et al. Science，2001，294（5545）：1317-1320
[48] Collins P G，Arnold M S，Avouris P. Science，2001，292（5517）：706-709
[49] Tsukagoshi K，Yagi I，Aoyagi Y. Appl Phys Lett，2004，85（6）：1021-1023
[50] Yang T H，Chen C H，Chatterjee A，et al. Chem Phys Lett，2003，379（23）：155-161
[51] Wagner R S，Ellis W C. Appl Phys Lett，1964，4（5）：89-90
[52] Liu H I，Maluf N I，Pease R F W. J Vac Sci Technol B，1992，10（6）：2846-2850
[53] Wada Y，Kure T，Yoshimura T，et al. J Vac Sci Technol B，1994，12（1）：48-53
[54] Namatsu H，Horiguchi S，Nagase M，et al. J Vac Sci Technol B，1997，15 （5）：1688-1696
[55] Tang Y H，Zhang Y F，Lee C S，et al. Mater Res Soc Symp Proc，1998，526：73-77
[56] Zhang Y F，Tang Y H，Wang N，et al. Appl Phys Lett，1998，72（15）：1835-1837
[57] Yu D P，Lee C S，Bello I，et al. Solid State Commun，1998，105：403-407
[58] Popov V N. Mater Sci Eng R，2004，43（3）：61-102
[59] Dai H J，Wong E W，Lu Y Z，et al. Nature，1995，375（6534）：769-772

[60] Mo Y H，Shajahan M D，Lee Y S，et al. Synth Met，2004，140（2-3）：309-315

[61] Wang N，Tang Y H，Zhang Y F，et al. Phys Rev B，1998，58（24）：16024-16026

[62] Lee S T，Wang N，Lee C S，Mater Sci Eng A，2000，286（1）：16-23

[63] Zhang Y L，Guo Y G，Sun D T. Mater Sci Eng，2001，19（1）：131-136

[64] Westwater J，Gosain D P，Tomiya S，et al. J Vac Sci Technol B，1997，554（15）：554-557

[65] Zhang Y F，Tang Y H，Peng H Y，et al. Appl Phys Lett，1999，75：1842-1844

[66] 裴立宅，唐元洪，陈扬文，等. 功能材料，2004（4）：2530-2535

[67] 冯孙齐，俞大鹏，张洪洲，等. 中国科学（A 辑），1999，29（10）：921-926

[68] 胡慧. 高纯度硅纳米线的制备及其应用. 合肥：安徽师范大学，2007

[69] Ono T，Saitoh H，Esashi M. Appl Phys Lett，1997，70：1852-1854

[70] Marsen B，Sattler K. Phys Rev B，1999，60：11593-11600

[71] Fan J G，Tang X J，Zhao Y P. Nanotechnology，2004，15：501-504

[72] Shi W S，Peng H Y，Wang N，et al. J Am Chem Soc，2001，123（44）：11095-11096

[73] Shao Y，Wei Y，Wang Z. J Mater Sci — Mater Electron，2011，22（2）：179-182

[74] Wei D P，Chen Q. J Phys Chem C，2008，112（39）：15129-15133

[75] Ko H C，Baca A J，Rogers J A. Nano Lett，2006，6（10）：2318-2324

[76] Elfström N，Karlström A E，Linnros J. Nano Lett，2008，8（3）：945-949

[77] Morales A M，Lieber C M. Science，1998，279（5348）：208-211

[78] 李青青. 硅纳米线的结构演化及其电子输运性质. 济南：山东大学，2012

[79] Rumke T M，Sanchez-Gil J A，Muskens O L. Opt Express，2008：5013-5021

[80] Muskens O L，Rivas J G，Algra R E，et al. Nano Lett，2008，8（9）：2638-2642

[81] Zhu J，Yu Z F，Burkhard G，et al. Nano Lett，2009，9（1）：279-282

[82] Pei T H，Thiyagu S，Pei Z. Appl. Phys Lett，2011，99：153108

[83] 朱美光. 硅纳米线阵的光谱特性与电学特性研究. 上海：华东师范大学，2011

[84] 霍艳寅. 硅纳米线阵的制备及场发射特性研究. 石家庄：河北师范大学，2011

[85] Ramanujam J，Shiri D，Verma A. Mater Express，2011，1（2）：105-126

[86] Rurali R. Rev Mod Phys，2010，82（1）：427-449

[87] Au F C，Wong K W，Tang Y H，et al. Appl Phys Lett，1999，75（12）：1700-1702

[88] 王志亮. 硅纳米线电、磁和热性能研究及应用. 上海：华东师范大学，2012

[89] 刘莉，曹阳，贺军辉，等. 化学进展，2013，25（Z1）：248-259

[90] 白帆. 硅纳米线阵列的可控制备及新型异质结太阳电池研究. 哈尔滨：哈尔滨工业大学，2014

[91] 黄睿. 硅纳米线的制备及其在新型太阳能电池中的应用. 北京：华北电力大学，2015

[92] 曾令胜. 硅纳来线阵列的制备及光伏应用的研究. 杭州：浙江大学，2013

[93] 解娟. 以硅纳米线为底的荧光传感器在生物化学分子检测中的应用. 苏州：苏州大学，2014

[94] 鲁娜，高安然，宋世平，等. 科学通报，2016，61（Z1）：442-452

[95] 雷兵航. 硅纳米线改性纤维和织物的研究. 成都：西南石油大学，2016

[96] Xu Y J，Wang L，Jiang W W，et al. ChemCatChem，2013，5 （12）：3788-3793

[97] Liu X L，Xu Y J，Wu Z Q，et al. Macromol Biosci，2013，13 （2）：147-154

[98] Wang S S，Li D，Chen H，et al. J Biomater Sci，Polym Ed，2013，24 （6）：684-695

[99] 林响. 锯齿型硅纳米管和新型硅烯、硅纳米管的结构及电子特性. 乌鲁木齐：新疆师范大学，2017

[100] Nakamura H，Matsui Y. J Am Chem Soc，1995，117（9）：2651-2652

[101] Wang P，Du M，Zhu H，et al. J Hazard Mater，2015，286（9）：533-544
[102] Li J，Wang Y，Zheng X，et al. Appl Surf Sci，2015，330（1）：374-382
[103] Zeng X L，Yu S H，Sun R，et al. Composites Part A，2015，73：260-268
[104] Song T，Xia J L，Lee J H，et al. Nano Lett，2010，10（5）：1710-1716
[105] Jeong S Y，Kim J Y，Yang H D，et al. Adv Mater，2003，15（14）：1172- 1176
[106] Teo B K，Li C P，Sun X H，et al. Inorg Chem，2003，42（21）：6723-6728
[107] Hu J，Bando Y，Liu Z，et al. Adv. Funct Mater，2004，14（6）：610-614
[108] Wang H Q，Qian W，Gao S Y，et al. Appl Catal A—Gen，2015，504（5）：228-237
[109] Chen Y W，Tang Y H，Pei L Z，et al. Adv Mater，2005，17（5）：564-567
[110] Xie M，Wang J S，Fan Z Y，et al. Nanotechnology，2008，19（36）：365609
[111] Wu H，Chan G，Choi J W，et al. Nat Nanotech，2012，7（5）：310-315
[112] 徐霜. 硅/碳纳米管的电子性能和硅纳米线谐振性能的原子模拟. 南昌：南昌航空大学，2015
[113] Zhang R Q，Lee H L，Li W K，et al. J Phys Chem B，2005，109 （18）：8605-8612
[114] Kang J W，Seo J J，Hwang H J. Physics，2002
[115] Zhang M，Kan Y H，Zang Q J，et al. Chem Phys Lett，2003，379（1-2）：81-86
[116] Hahm J，Lieber C M. Nano Lett，2004，4（1）：51-54
[117] Ni M，Luo G F，Lu J，et al. Nanotechnology，2007，18（50）：505707
[118] Singh A K，Briere T M，Kumar V，et al. Phys Rev Lett，2003，91：146802
[119] Guo L J，Zheng X H，Liu C S，et al. Comput Theor Chem，2012，982：17-24
[120] Filippow V V，Zavorotnii A A. Russ Phys J，2013，55（12）：1393-1401
[121] Chen D，Mei X，Ji G，et al. Angew Chem Int Ed，2012，124（10）：2459-2463
[122] Wen Z，Lu G，Cui S，et al. Nanoscale，2014，6（1）：342-351
[123] Du F H，Li B，Fu W，et al. Adv Mater，2014，26（35）：6145-6150
[124] Yao Y，McDowell M T，Ryu I，et al. Nano Lett，2011，11（7）：2949-2954
[125] Luo K，Zhao Z，Ma M，et al. Chem Mater，2016，28（18）：6441-6445
[126] Yamanaka S，Izumi S，Maekawa S，et al. J Solid State Chem，2009，182（8）：1991-2003
[127] Von Schnering H G，Schwarz M，Nesper R. J Less—Common Metals，1988，137（1-2）：297-310
[128] 王倩倩，罗坤，马梦冬，等. 科学通报，2015，60（27）：2616-2620
[129] Gryko J，McMillan P F，Marzke R F，et al. Phys Rev B，2000，62（12）：7707-7710
[130] Kurakevych O O，Strobel T A，Kim D Y，et al. Cryst Growth Des，2013，13（1）：303-307
[131] Ammar A，Cros C，Pouchard M，et al. Solid State Sci，2004，6（5）：393-400
[132] 罗坤. 硅和氮化硼新结构及性能的理论与实验研究. 秦皇岛：燕山大学，2017
[133] Galvani E，Onida G，Serra S，et al. Phys Rev Lett，1996，77（17）：3573-3576
[134] Sun Q，Wang Q，Jena P，et al. Phys Rev Lett，2003，90（13）：135503-135506
[135] 李延龄，罗成林. 物理学报，2002，51（11）：2589-2594
[136] Wang L，Li D，Yang D. Mol Simul，2006，32（8）：663-666
[137] 汪雷，杨德仁. 物理学报，2009，58（4）：2590-2593
[138] Fan Q，Chai C，Wei Q，et al. Materials，2016，9（4）：284-291
[139] Liu C C，Feng W，Yao Y. Phys Rev Lett，2011，107（7）：076802-076805
[140] Rachel S，Ezawa M. Phys Rev B，2014，89（19）：195303-195308
[141] Xu C，Luo G，Liu Q，et al. Nanoscale，2012，4（10）：3111-3117

[142] Ni Z，Liu Q，Tang K，et al. Nano Lett，2012，12（1），113-118
[143] Drummond N D，Zolyomi V，Fal'Ko V I. Phys Rev B，2012，85（7）：075423-075429
[144] Bao H，Liao W，Guo J，et al. Laser Phys Lett，2015，12（9）：095902-095907
[145] Le H M，Pham T T，Dinh T S，et al. J Phys Condens Matter，2016，28（13）：135301-135311
[146] Trivedi S，Srivastava A，Kurchania R. J Comput Theor Nanosci，2014，11（3）：781-788
[147] Nakano H，Mitsuoka T，Harada M，et al. Angew Chem Int Ed，2006，45（38）：6303-6306
[148] Nomura K，MacDonald A H. Phys Rev Lett，2006，96（25）：256602-256605
[149] Vogt P，De Padova P，Quaresima C，et al. Phys Rev Lett，2012，108（15）：155501-155505
[150] Lin C L，Arafune R，Kawahara K，et al. Appl Phys Express，2012，5（4）：045802-045804
[151] Jamgotchian H，Colignon Y，Hamzaoui N，et al. J Phys Condens Matter，2012，24（17）：172001-172007
[152] Chiappe D，Grazianetti C，Tallarida G，et al. Adv Mater，2012，24（37）：5088-5093
[153] Meng L，Wang Y，Zhang L，et al. Nano Lett，2013，13（2）：685-669
[154] Fleurence A，Friedlein R，Ozaki T，et al. Phys Rev Lett，2012，108（24）：245501-245505
[155] Zhuang J，Xu X，Peleckis G，et al. Adv Mater，2017，29（48）：1606716-1606723
[156] Zhao J，Liu H，Yu Z，et al. Prog Mater Sci，2016，83：24-151
[157] Berdiyorov G R，Peeters F M. RSC Adv，2014，4（3）：1133-1137
[158] Tabert C J，Nicol E J. Phys Rev Lett，2013，110（19）：197402-197406
[159] 常国威，王建中. 金属凝固过程中的晶体生长与控制. 北京：冶金工业出版社，2002
[160] 郑兰荪. 大学化学，2017，32（1）：42

第 5 章　氮元素单质的同素异形体

提要　依据氮元素单质的研究进展对其同素异形体进行了归纳，按结构不同可将其分为分子氮、聚合氮、金属氮和原子簇氮四类。分别对各种同素异形体的组成、结构、存在与合成进展以及应用进行了综合介绍。

5.1　氮的一般介绍

5.1.1　氮的一般性质

氮（nitrogen）是一种化学元素，化学符号为 N，原子序数为 7，原子质量为 14.007 u。氮是元素周期表第ⅤA 族氮族元素中最轻的一个。氮原子的外层有 5 个电子，在标准温度和压强下，两个氮原子可以结合形成氮气 N_2。在 1 个大气压下，分子氮在 77 K（−195.79℃）时凝结（液化），在 63 K（−210.01℃）时凝固成 β 相的六方密积结构的晶体形态的同素异形体。氮原子之间可以形成非常牢固的氮氮三键 N≡N，强度仅次于一氧化碳 CO 的键强。无论在工业或是生物体中，都不易将氮转化为有用的含氮化合物；相反，含氮化合物因燃烧、爆炸或分解而产生氮气，同时放出大量的反应热。合成产生的氮和硝酸盐是关键的工业化肥料。硝酸盐肥料是引起水质富营养化的关键污染物。

从热力学角度来讲，除了氮分子 N_2，其他全氮类物质 N_x（$x>2$）非常不稳定，易分解成 N_2 且合成难度特别大。所以，其他全氮类物质 N_x 并未在自然界中发现，且其合成研究发展非常缓慢[1]。但随着理论计算化学的发展和高温超高压合成技术的进步，科研工作者在对氮的同素异形体进行理论预测的同时，也对各种单质形态进行了合成制备和性质方面的研究探索，获得了一些重要的研究结果[2-10]。因此，通过对相关研究工作进行整合和梳理，从结构角度出发，把氮的同素异形体分为分子氮、聚合氮、金属氮和原子簇氮四大类，并对每一类物质的组成、结构、存在与合成进展以及应用进行了介绍，在丰富氮元素的同素异形体家族的同时为元素化学教学内容提供重要素材，这对于无机化学元素部分的基础教学和教学研究非常有益。

5.1.2　氮在自然界的存在

人们对氮并不陌生，氮在自然、生命和人类活动中占有重要地位（图 5-1），氮循环是指氮元素从空气进入生物圈和有机化合物中然后再返回大气的转移过程。氮是宇宙中常见的元素，尽管大气中有丰富的氮，但其在地壳中的含量仅排第 31 位，约为 0.0046%[11]。自然界绝大多数的氮元素以氮分子 N_2 的形式存在，约占空气体积分数的 78%，也是大气中最稳定的气体之一。由于氮分子中的三键键能高达 946 kJ·mol^{-1}，超强的化学键使得 N_2 异常稳定，很不容易发生化学反应，导致人们对氮元素的单质形态认为主要是 N_2，在化学教科书中也很少对氮的其他同素异形体进行详细介绍[11-14]，这不能不说是一大遗憾！

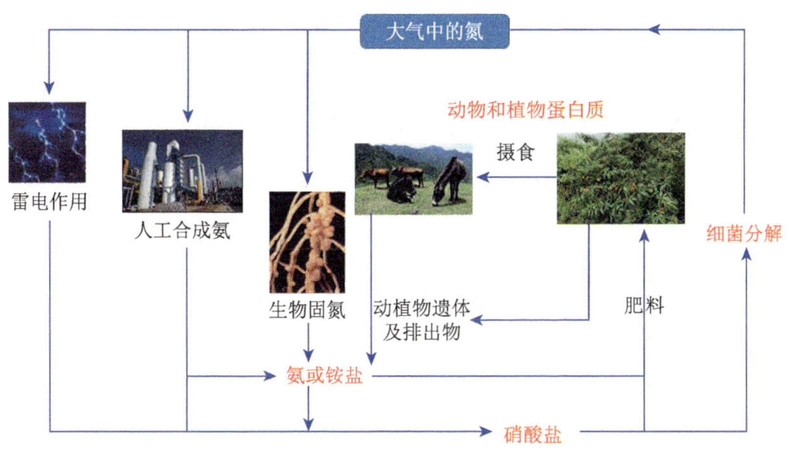

图 5-1　自然界中氮循环示意图

氮也存在于氨基酸、蛋白质和核酸中。人体中氮元素的质量约占 3%，仅次于氧、碳和氢。许多工业上重要的化合物都含有氮原子，例如氨、硝酸，以及可用作推进剂或炸药的有机硝酸盐、氰化物等。

5.1.3　氮的发现和命名

氮及其化合物历史悠久。氮一般被认为是被苏格兰科学家卢瑟福（D. Rutherford，1749～1819 年）在 1772 年发现的。卢瑟福清楚空气中有一种成分不支持燃烧，将生物放入分离空气后的该气体中会窒息而死，因而将氮气叫作有害气体（noxious air）或固定气体（fixed air）[15]。虽然瑞典化学家舍勒（C. W. Scheele，1742～1786 年）

及英国物理学家卡文迪什（H. Cavendish，1731～1810 年）也在同一时期独立完成了相关研究，但因为卢瑟福更早公开发表而广受赞誉。

氮气很不活泼，因此被拉瓦锡称为有毒气体（法语：air méphitique）或 azote，意思是“无生命的”。在氮气里，动物死亡，火焰熄灭。英语单词 nitrogen 来自于法语单词 nitrogène，德文中便直接以 sticken（导致窒息）和 stoff（物质）组合，命名为 stickstoff（导致窒息的物质），日文及韩文便自此将之意译为“窒素”。19 世纪 70 年代，中国近代化学的启蒙者、化学家徐寿（1818～1884 年）将 H、O、N、F、Cl 译为轻气、养气、淡气、弗气、氯气；直至 1933 年，化学家郑贞文（1891～1969 年）在其主持编写出版的《化学命名原则》一书中改成氢、氧、氮、氟、氯，一直沿用到现在[16]。中文名称“氮”有冲淡气体的意思。

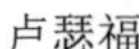

卢瑟福

舍勒

徐寿

郑贞文

5.1.4　氮的成键特征

由于单质 N_2 在常况下异常稳定，人们常误认为氮是一种化学性质不活泼的元素。实际上却相反，元素氮有很高的化学活性。N 的电负性（3.04）仅次于 F 和 O，说明它能和其他元素形成较强的键。N 原子的价电子层结构为 $2s^22p^3$，即有 3 个成单电子和一对孤电子对，以此为基础在形成化合物时，可生成如下四种键型。

5.1.4.1　形成离子键

N 原子较高的电负性使它与电负性较低的金属，如 Li（电负性 0.98）、Ca（电负性 1.00）、Mg（电负性 1.31）等形成二元氮化物时，能够获得 3 个电子而形成 N^{3-}离子。

$$N_2 + 6Li \xlongequal{\quad} 2Li_3N \tag{5-1}$$

$$N_2 + 3Ca \xlongequal{\quad} Ca_3N_2 \tag{5-2}$$

$$N_2 + 3Mg \xlongequal{\quad} Mg_3N_2 \tag{5-3}$$

N^{3-}离子的负电荷较高，半径较大（171 pm），与水分子会强烈水解。因此，离子型化合物只能存在于干态，不会有N^{3-}的水合离子。

$$Ca_3N_2 + 6H_2O \xrightarrow{\text{水解}} 3Ca(OH)_2 + 2NH_3\uparrow \tag{5-4}$$

5.1.4.2　形成共价键

N 原子同电负性较高的非金属形成化合物时，形成如下几种共价键：

（1）N 原子采取 sp^3 杂化态，形成三个共价单键，保留一对孤电子对，分子构型为三角锥型，例如 NH_3、NF_3、NCl_3 等。若形成四个共价单键，则分子为正四面体型，如 NH_4^+ 离子。

（2）N 原子采取 sp^2 杂化态，形成两个共价单键和一个 π 键，保留一对孤电子对使分子构型为角型，如 Cl—N═O。

若没有孤电子对，则分子构型为三角型，如 HNO_3 分子或 NO_3^- 离子。HNO_3 分子中 N 原子分别与 3 个 O 原子形成 3 个 σ 共价单键，它的 π 轨道上的一对孤电子和两个 O 原子的成单 π 电子形成一个三中心四电子的不定域 π 键。在 NO_3^- 离子中，3 个 O 原子和中心 N 原子形成一个四中心六电子的不定域大 π 键。这种结构使硝酸中 N 原子的氧化数为 + 5，由于存在大 π 键，硝酸盐在常况下时足够稳定。

5.1.4.3　形成共价键

N 原子采取 sp 杂化态，形成一个共价三键，并保留一对孤电子对，分子构型为直线型，如 N_2 分子和 CN^-中的 N 原子的结构。

5.1.4.4　形成配位键

N 原子在形成单质或化合物时，常保留有孤电子对，因此这样的单质或化合物可作为电子对给予体，向金属离子配位。例如$[Cu(NH_3)_4]^{2+}$。

5.1.4.5　有形成氢键倾向

与氧、氟相似，氮也有形成氢键的倾向。例如普通的冠醚不能区分半径相似的 NH_4^+ 和 K^+，而三环氮杂冠醚只倾向和 NH_4^+ 结合，因为在空穴中 4 个 N 原子的排布位置正好适于与 NH_4^+ 形成 4 个 N…H—N 氢键而与 K^+分离（图 5-2）[17]。

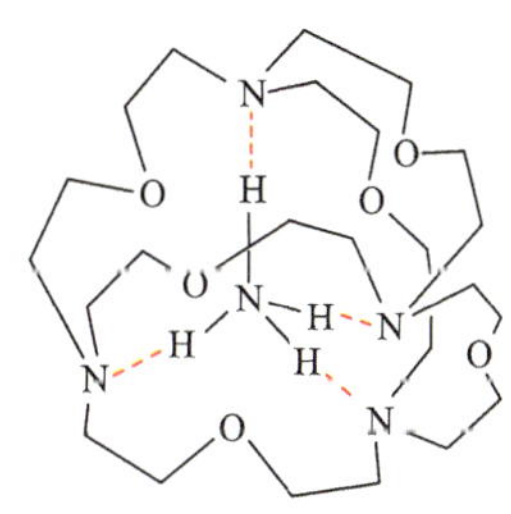

图 5-2　三环氮杂冠醚氢键

5.2 氮的相图

5.2.1 相图的概念

相图（phase portrait）是描述系统的状态、温度、压力及组成与结构之间关系的图谱，广义相图是在给定条件下体系中各相之间建立平衡后热力学变量轨迹的集合表达。它在物理化学、矿物学和材料科学中具有很重要的地位。相图不能说明平衡过程的动力学问题。一般地，我们说的相图是指狭义相图（phase diagram），也称相态图或相平衡状态图，是用来表示相平衡系统的组成与一些参数（如温度、压力）之间关系的一种图。非金属的性能决定于其内部的组织和结构，由基本的一个相所组成，称为单相组织。单相相图只与温度和压力有关，可以在不同的相区域显示其不同的组织和结构，也可在相图的指导下制得同素异形体新相。这就是为什么研究非金属同素异形体首先重视相平衡状态图构建的原因。

5.2.2 氮的相转变

氮的相图非常丰富[18-21]。图 5-3 为氮在不同压力和温度条件下的相分布以及相转化研究进展图。在通常状况下，N_2 是气态分子，内部以极强的共价键作用结合，分子间以较弱的范德瓦耳斯作用力结合。结合理论和实验研究表明[22-43]，在较低的温度 100 K 以下，随着压强的增加（100 GPa 以下），氮分别以 α 相、β 相、γ 相、δ 相、ε 相和 ζ 相等固体分子相存在。随着压强的持续增大，分子之间的距离不断被压缩，固体分子中分子间距逐渐接近于原子尺寸级别，不同分子中相邻原子之间的相互作用逐渐增强，当分子间相互作用与分子内部的原子间共价作用相当时，

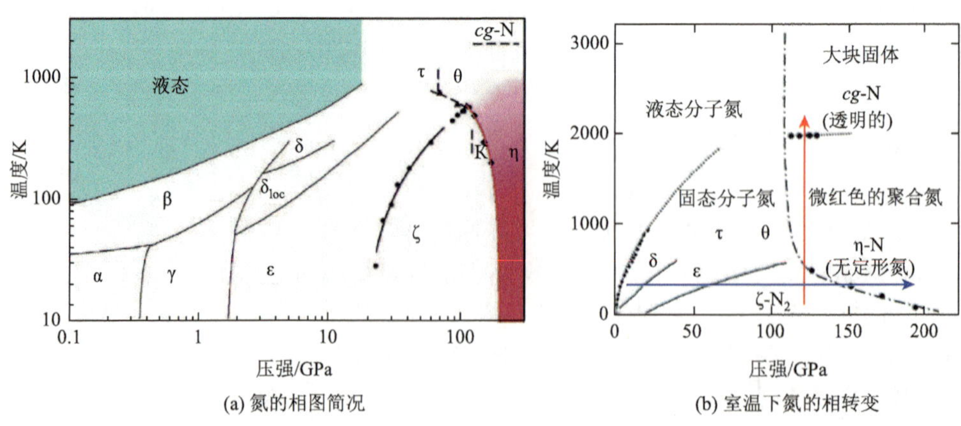

(a) 氮的相图简况　　(b) 室温下氮的相转变

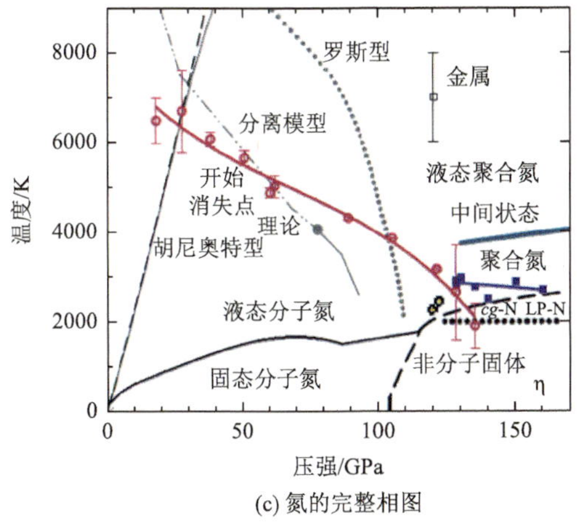

(c) 氮的完整相图

图 5-3　氮的相图

原有的分子内部共价键会被破坏发生断裂，从而使得双原子分子结构发生解离，转变为原子相，如图中 η 原子相所示。在原子相存在的极端压力下（>100 GPa），如果继续升高温度，外界压力和温度的双重作用会进一步影响原子核外电子的排布和原子之间的相互作用情况，固态的 η 原子相先转化为以 *cg*-N 和 LP-N 为代表的聚合氮形式，然后再转化为原子聚合液，最后转变为金属氮[3, 12, 18-21]。

5.3　氮单质的同素异形体

以“同一元素的不同形态的纯单质互称同素异形体”来定义[22]，可按结构不同将氮的同素异形体分为分子氮、聚合氮、金属氮和原子簇氮四大类。其中，氮分子 N_2 是已知的最稳定的双原子分子，也是目前唯一能在常温常压下稳定存在的非金属氮的重要同素异形体。氮气无色、无味、无臭，是不易发生化学反应、呈化学惰性的气体，可使火焰立刻熄灭。N 的电负性（3.04），说明它能和其他元素形成较强的键。例如，在自然界中，植物根瘤上的一些细菌能够在常温常压的低能量条件下，把空气中的 N_2 转化为氮的化合物，作为肥料供作物生长使用。雷雨时空气中的氮气在电击作用下会和氧气反应生成 NO。

5.3.1　氮分子

5.3.1.1　结构

氮原子的基态电子构型为 $1s^22s^22p^3$，即它有 5 个价电子，其中 3 个 2p 电子分

别分布在 p_x、p_y、p_z 轨道中，且自旋平行。在氮分子 N_2 中，氮原子之间以 N≡N 共价键结合，是最稳定的气态双原子分子。在低温和超高压条件下，随着压强的增大，固态 N_2 会呈现一系列的稳态与亚稳态结构变化。结合固体氮分子的拉曼和红外光谱实验，X 射线衍射图以及理论结构计算，表 5-1 给出了各种分子相的存在范围以及所对应的空间点群[12, 18, 23-44]。其中 α 相、β 相、γ 相、δ 相和 ε 相都已对应出其空间点群，ζ 相虽然具有稳定结构，但其所对应的空间点群目前并未得到确定的结论，另外还存在一些结构不确定的亚稳态相：如 θ 相、ι 相和 κ 相。结合图 5-3 和表 5-1 还可以获知：在室温条件下，当压强超过 1 GPa 时，固态分子氮会随着压强增大依次呈现 δ 相、ε 相、ζ 相以及 η 原子相这四种形态。根据目前已有研究结果，α 相、γ 相和 ε 相分别对应的三种空间点群结构已经被广泛接受，如图 5-4 所示，而其他分子相结构仍有待于进一步确认。

表 5-1　各种固态氮分子相的存在范围以及所对应的空间点群

分子相	压强	温度	空间点群
α 相	＜0.35 GPa	＜35.6 K	$Pa\bar{3}$
γ 相	0.35～1.96 GPa	$<T_\beta$	$P4_2/mnm$
β 相	＜1.00 GPa	40.0～300.0 K	$P6_3/mmc$
ε 相	1.96～20 GPa	$>T_{\delta_{loc}}$	$R\bar{3}c$
δ_{loc} 相	由 δ 相部分有序组合而成，存在范围介于 ε 相与 δ 相之间		
δ 相	3～10 GPa	$>T_{\delta_{loc}}$	$Pm3n$
ζ 相	＞10 GPa	无特别限制	可能是 $R\bar{3}c$ [42]、$P222_1$[30]、$P2_12_12_1$ 或 $P4_12_12$ 等[37]
亚稳态分子相	θ 相、ι 相和 κ 相，结构不确定		

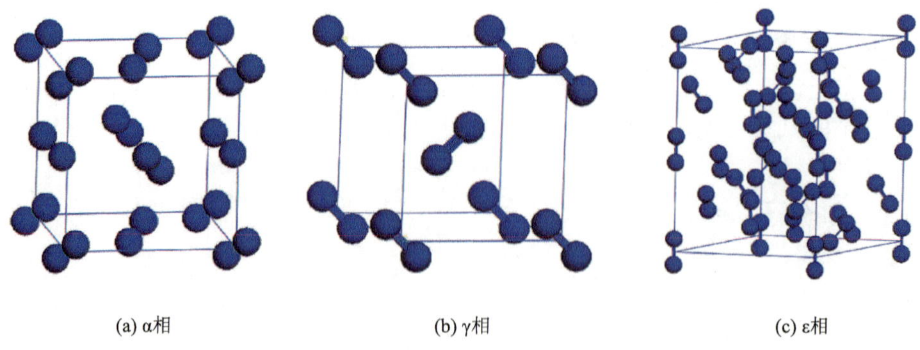

(a) α相　　(b) γ相　　(c) ε相

图 5-4　固态氮分子 α 相、γ 相和 ε 相的空间结构图

5.3.1.2　制备

工业制备：液态空气分馏法被用于工业大规模生产 N_2。其制备原理是将空气加压降温液化，然后逐渐升高温度，由于相同压力下 N_2 沸点（−196℃）低于 O_2（−183℃），N_2 先气化成气体从液态空气中逸散出来从而达到分离效果。但从空气分馏得到的氮气纯度约为 99%，其中含有少量的氧气、氩气及水等杂质[45]。也可以通过机械方法如加压反渗透膜法和变压吸附法处理分离气态空气得到氮气，如图 5-5 所示。工业氮气经过纯化处理后通常被压缩置于黑色钢瓶中储存和运输[11]。

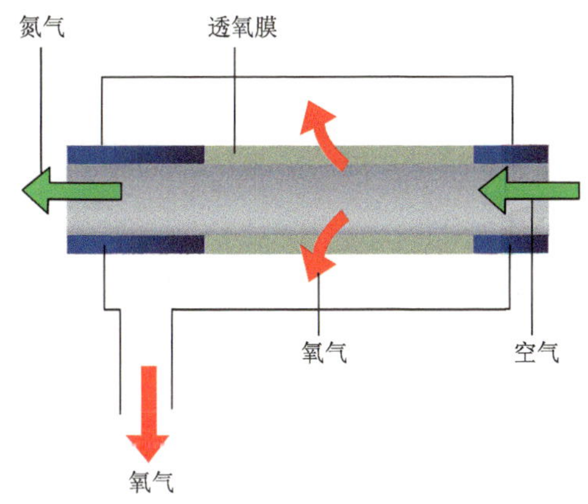

图 5-5　氮-氧膜分离器

实验室制备：实验室制备少量氮气的方法有很多。例如：可由固体亚硝酸铵的热分解（或者加热氯化铵与亚硝酸钠的混合物）来产生氮气；重铬酸铵热分解也能产生氮气，该反应是爆发式的，但若加入硫酸盐则可控制；将氨气通入溴水，经净化除去少量氨、溴及水等杂质后，可得到较纯的氮气；氨气被氯气氧化或者将氨气通过灼热的氧化铜都可以生成氮气，但通常含有较多杂质气体，需要进一步净化；光谱纯的氮气则可由小心加热非常干燥的叠氮化钡或叠氮化钠而制得[46]。此外还有其他一些不太常用的实验室制法，这里就不再赘述。

5.3.1.3　应用

由于 N_2 的化学性质非常稳定，通常被用作经济实用的惰性保护气。工业上 N_2 是合成氨的重要原料，并进一步制作成氮肥用于农业或者应用于化工、轻工、化肥、制药、合成纤维等领域。液态氮也可以用于冷却剂。此外，氮气通常也可以用作油类、粮食、蔬菜水果以及合成与测试实验中的保护气体。在高温下 N_2 还可以用于合成氮化铝、氮化硅、氮化钛等陶瓷材料[47-55]。氮化铝以其高的热导率、可靠的电绝缘性、耐高温、耐腐蚀、低的介电常数以及与硅相匹配的热膨胀系数等一系列的优良特点，成为理想的电路基板材料和重要的电子器件封装材料。氮化铝、氮化硅特种陶瓷因耐高温、耐腐蚀、耐磨损和硬度高等优点，被广泛应用于航天、军工、机械工程和超细研磨等领域；氮化钛粉具有耐高温、耐腐蚀、耐磨损热振、密度低且硬度高等优异性能，可用于硬质合金、高温结构陶瓷材料、耐热耐磨材料和弥散强化材料等领域。

合成氨工业对国民经济与社会发展具有举足轻重的作用，同时为了缓解人口增长和能源消耗所造成的粮食短缺问题，人工合成氨工艺条件优化和催化剂研究、人工模拟生物固氮、分子氮配合物活化 N≡N，以及外场光或电驱动合成氨研究已成为世界范围内重要的共性课题[56-60]。由于工业上广泛采用的 Haber-Borsh 高温高压合成氨方法需要使用高纯氢气和氮气在铁基催化剂条件下反应，其高温能量和氢气都来自于化石燃料天然气和煤的重整，表现出高能耗、高化石燃料消耗和高 CO_2 排放等问题[61-63]。因此，寻找研发可在温和条件下实现高效、低能耗且低排放的工业合成氨方法成为亟待解决的科学挑战[64-67]。其中，电催化氮还原反应是一种可持续合成氨的有效途径，其原理是在常温常压下，以大量易得的水和氮气为反应原料，在催化剂的作用下，以电能作为能量来源来催化氮气进行还原反应合成氨。许多过渡金属、金属氧化物、氮化物、碳材料、含硼材料等电催化剂已初步显示了发展潜力。值得一提的是，北京大学与北京理工大学的研究学者于 2019 年开创性地利用非贵金属铋纳米催化剂与碱金属钾离子助催化剂之间的协同作用，成功地增强了氮气分子在催化剂表面的吸附和活化，同时抑制了析氢副反应，大幅度提高了合成氨的效率和反应速率，在常温常压水相电催化合成氨领域获得重大突破，为温和条件利用可持续能源高效合成氨的实用化研究提供了新途径[68]。图 5-6 为该研究工作提出的 $Bi-K^+$ 催化体系电化学合成氨的理论模拟、反应模型以及催化性能图。

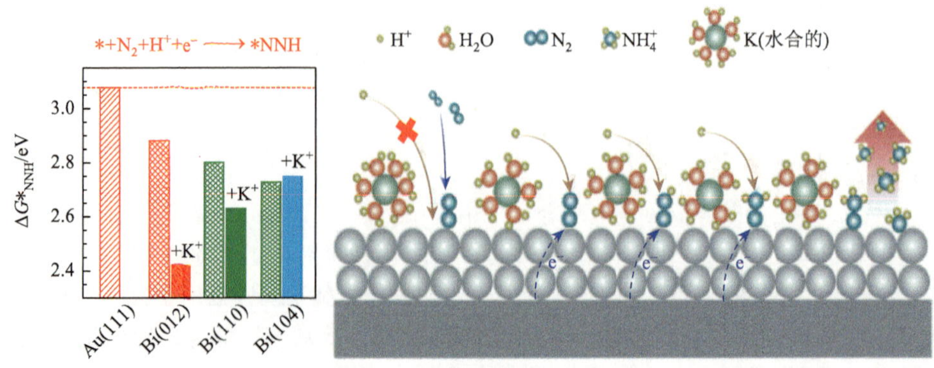

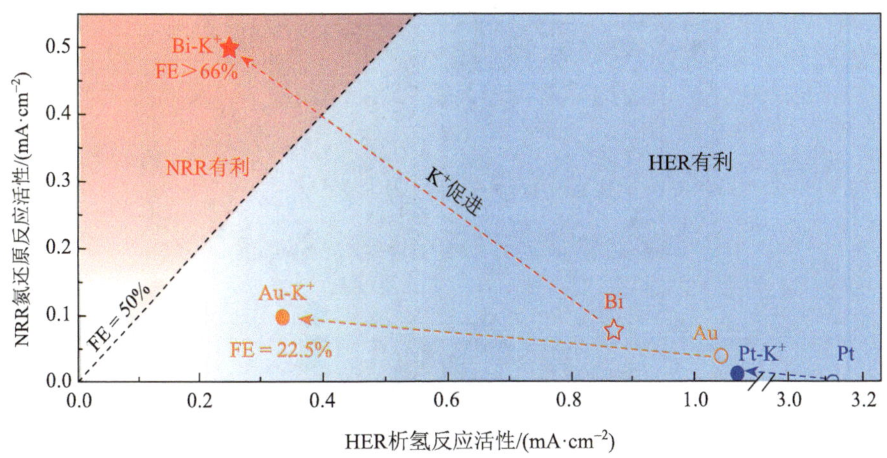

图 5-6　Bi-K$^+$催化体系实现高效电化学合成氨的理论模拟、反应模型与催化性能[68]

5.3.2　聚合氮

在常规条件下，氮气为双原子分子，对固态氮分子施加超高压力，当氮分子间的相互作用与其内部原子间的相互作用相比拟时，氮分子内部的 N≡N 被破坏，导致氮分子解离形成共价型的聚合体系。这种由氮原子之间重新键合形成以 N—N 单键、N═N 双键相连接的全新结构材料，就称为聚合氮。早在 1985 年，美国的 McMahan 和 Lesar 预测在高温和超高压条件下，氮原子能以共价键三维连接形成聚合网状结构[69]。随后，理论科学家也进一步预测了多种链状、层状和网状的聚合体结构[70-77]。

5.3.2.1　无定形结构聚合氮

无定形结构聚合氮在 20 世纪 80 年代理论预测提出之后[69, 70]，被 Eremets 等于 2000 年首次得到证实和合成[78]。其在金刚石对顶砧中压缩氮气，在 80 K、190 GPa 下观测到不透光的黑色物质，并发现黑色固体在 300 K、140 GPa 时开始导电，且导电性随着压强增大而增加，当压强增加到 240 GPa 时电阻率约为 100 Ω·m。由于在 X 射线衍射中没有表现出晶体结构信号，且进一步的光学和电学测试研究都证实该黑色固体为无定形结构的固体氮。图 5-7（a）和（b）分别为氮样品在 70 GPa 和 193 GPa 下的显微照片，可以观察到垫圈边缘的样品明显收缩和变暗。图 5-7（c）为氮样品大电阻率随压强变化关系图。

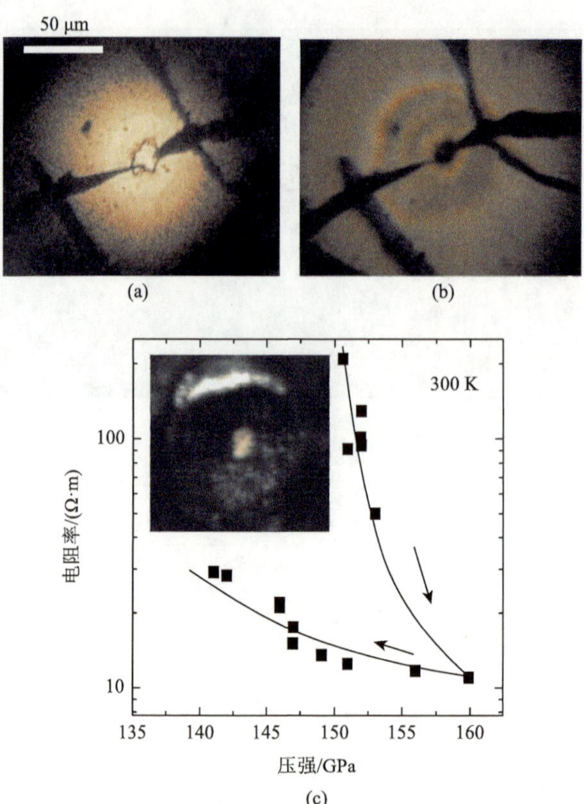

图 5-7　固态氮样品在 70 GPa（a）和 193 GPa（b）下的显微照片；（c）为氮样品大电阻率随压强变化关系图

5.3.2.2　立方偏转结构聚合氮 *cg*-N

2004 年，德国 Eremets 和俄罗斯 Gavriliuk 等研究学者成功合成立方偏转结构聚合氮（cubic gauche nitrogen，*cg*-N），首次将聚合氮的理论预测结果转变为实验事实[79]。他们采用人工金刚石压砧热等静压技术，利用硼片作为近红外激光的吸收材料，将氮样品置于立方氮化硼垫圈中。研究发现氮样品在 300 K 和 140 GPa 时开始变黑，随后逐渐升高温度并改变压力，在 1998 K 和 110 GPa 的条件下成功制备出无色透明晶体，图 5-8 为实验中 *cg*-N 的合成装置图和样品形貌图。X 射线衍射和拉曼光谱测试结果证实该样品为立方偏转结构。晶体结构见图 5-9，*cg*-N 对应的空间点群结构为 $I2_13$，其中，每个 N 原子都采取 sp^3 杂化形式，以 N—N 共价单键与周围的 3 个 N 原子连接形成三维网状结构，整体呈现立方扭曲结构，其基本结构框架由若干个 N_{10} 环连接而成。由于具有类似于金刚石的架构，*cg*-N 非常坚硬，其模量高达 330 GPa，在室温与 42 GPa 的条件下可以保持稳定，但随着压力减小会转化为分子氮。有理论分析认为没有缺陷的完美晶体 *cg*-N 在常压下可以稳定存在[42, 80]。四川大学原子与分子物理研究所的雷力等于 2018 年利用自行搭建的极端条件光谱平台和高压低温原位测量装置，对红色的非晶 η 氮进行双面金刚石压砧激光加热，在 133.9 GPa 和 2000 K 的条件下成功合成了国内首个 *cg*-N 透明晶体[81, 82]。

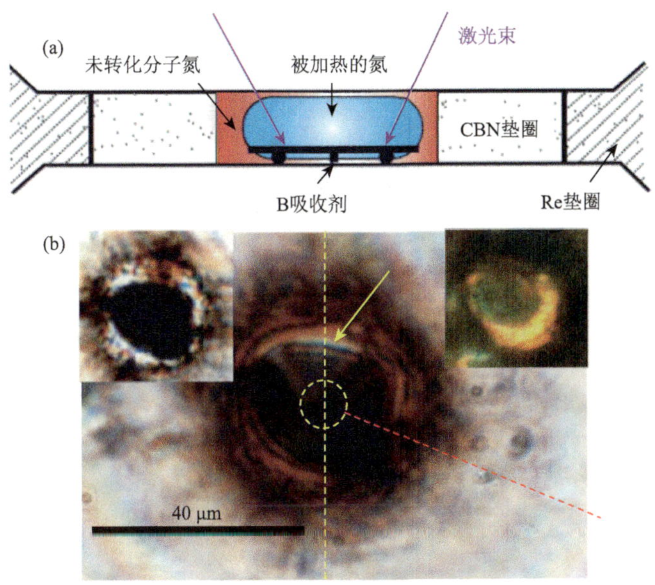

图 5-8　实验中 *cg*-N 的合成装置图（a）和样品形貌图（b）[77]

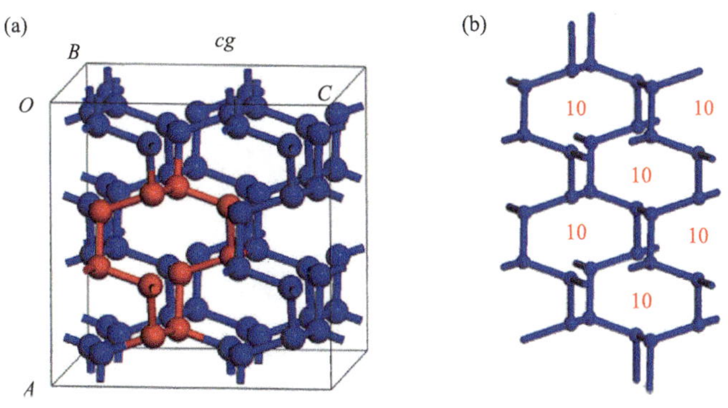

图 5-9　*cg*-N 的晶体结构

在成功合成 *cg*-N 的同时，Eremets 等也详细研究了 *cg*-N 晶体结构的具体转化过程，如图 5-10 所示[32]。在室温下增加到 50 GPa 时，固体分子氮会由菱形 $R\bar{3}c$ 结

构的 ε-N_2 逐渐转变为带螺旋对称轴的 ζ-N_2 结构，当进一步增加压力为 180 GPa 时，N_2 分子内部共价键被破坏转变为非晶态 η 原子相，在保持 110 GPa 压力的同时，当升高温度至 2000 K 时，可获得三维立体结构的 *cg*-N 聚合氮。

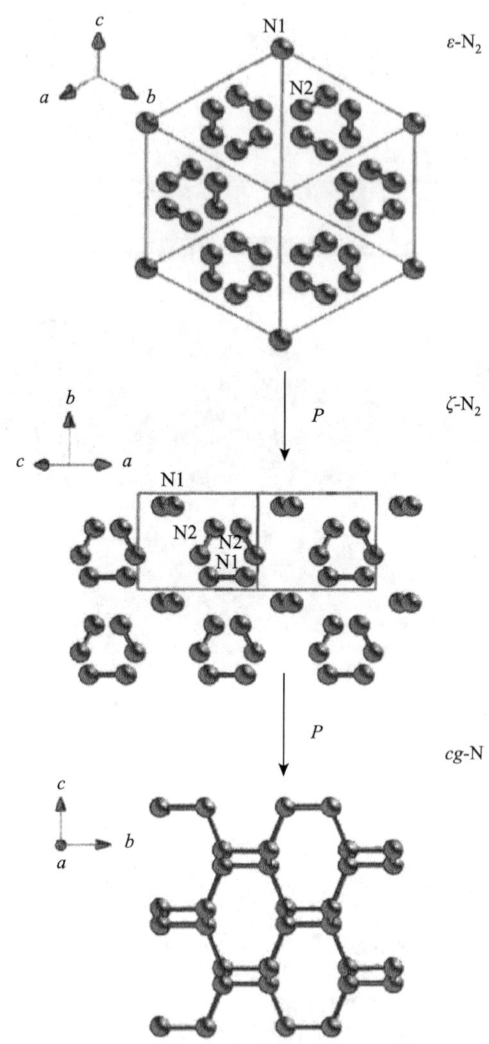

图 5-10　高压下氮结构的转换次序图[32]

值得一提的是，虽然目前合成的 *cg*-N 透明晶体在常温常压下无法稳定存在，但 *cg*-N 的成功制备被认为是全氮类物质 N_x 理论和合成研究发展中最引人注目的突破。由于 N≡N 的键能（946 kJ·mol^{-1}）远远大于 N—N 单键的键能（159 kJ·mol^{-1}），当聚合氮爆炸时，会伴随有巨大的能量释放，其能量密度高达现有材料的 5 倍以上[1, 83]，且爆炸产物只有氮气 N_2，被认为是一种极具有前途的高能量密度材料，可用于推进剂和炸药等。

5.3.2.3　层状聚合氮 LP-N 与 HLP-N

在 *cg*-N 成功合成 10 年之后，美国研究学者 Tomasino 等于 2014 年利用金刚石对顶砧超高压产生装置结合激光加热技术在 150 GPa 和 3000 K 以上的极端条件下成功制备出另一种聚合氮结构：层状类黑磷聚合氮（layered polymeric nitrogen，LP-N）[84]。图 5-11 为 LP-N 的光学照片和无定形相、*cg*-N 相、LP-N 相三种不同氮相的拉曼光谱图。研究结果表明，LP-N 相为确实存在的一种原子聚合相，但其制备条件和稳定存在区域比 *cg*-N 更加苛刻。图 5-12（上）给出了激光加热氮在 112 GPa 时的角度分辨 X 射线衍射数据以及 *Pba*2、*cg*-N 和亚稳态 *C*2/*c* 三种不同原子聚合相的结构理论计算 XRD 光谱精细结果：其中淡黑色线为具有 *Pba*2 点群结构的 LP-N 相，红色衍射线为 *cg*-N 相，橘色衍射线为亚稳态结构的 *C*2/*c* 相。根据计算结果，在 120 GPa 时，LP-N 的密度为 4.85 $g \cdot cm^{-3}$，高于 *cg*-N 的密度（4.50 $g \cdot cm^{-3}$）。图 5-12（下）为 LP-N 的晶体结构示意图。从中可以看出，LP-N 相的晶体结构由具有 *Pba*2 点群结构的 N_7、具有 $I2_13$ 点群结构的 N_{10} 和具有 *C*2/*c* 点群结构的 N_{12} 三种环连接而成。

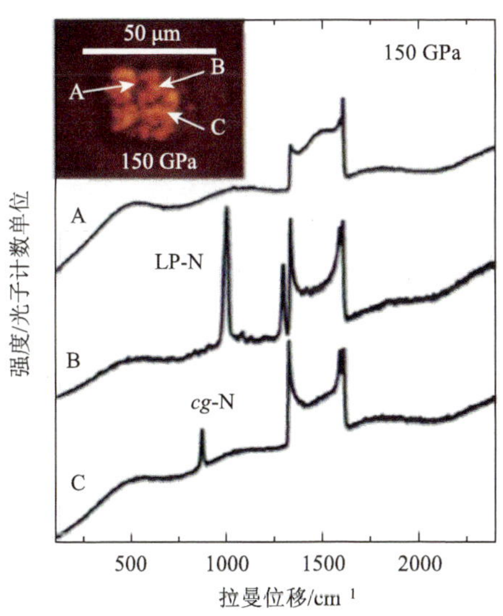

图 5-11　三种不同氮相（A：黑色非晶相，B：LP-N 相，C：*cg*-N 相）的光学照片和拉曼光谱图

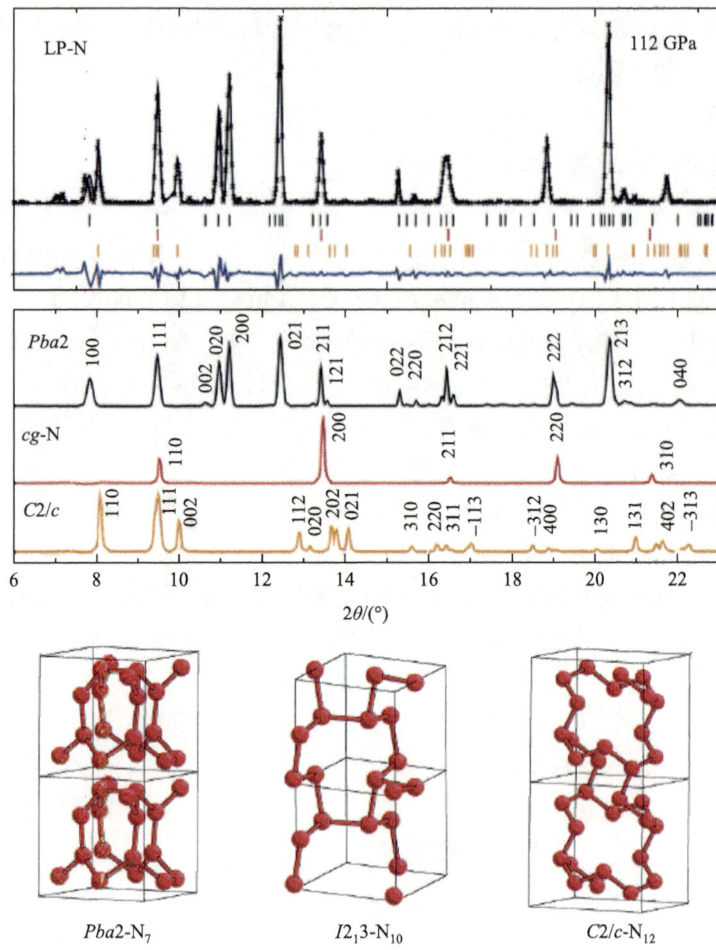

图 5-12　LP-N 的角度分辨 X 射线衍射图和晶体结构[84]

继 LP-N 之后，法国科学家 Laniel 等于 2019 年通过对分子氮施加压力到 180 GPa 以上，同时结合激光加热，在温度超过 2000 K 和压力为 250 GPa 时，获得了一种全新的六角片层聚合氮（hexagonal layered polymeric nitrogen，HLP-N）[85]。图 5-13 给出了在 231 GPa（a）和 244 GPa（b）不同压力下激光加热处理氮样品在透射光照射下的显微照片。图 5-13（c）为 244 GPa 和 3300 K 激光加热处理后，HLP-N 样品在卸压过程中停留在不同压力条件下获得的 XRD 图谱，结果表明当压力降为 176 GPa 时，样品中仍然存在有该 HLP-N 相。理论计算结果表明 HLP-N 相具有 $P4_2bc$ 点群结构，其晶体结构见图 5-14，从中可以看出层与层之间由 5 个 N—N 共价单键相连接，层内确实呈现六角形的 N_6 结构单元，如绿色部分所示。

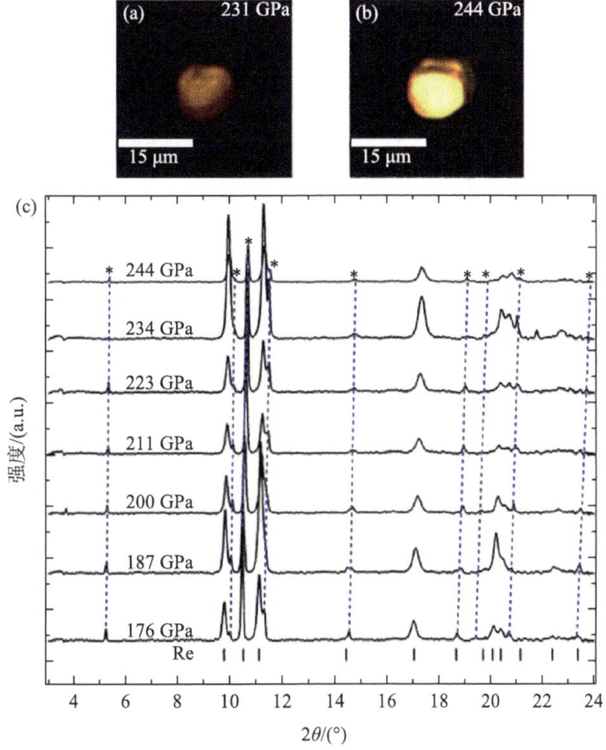

图 5-13　HLP-N 在不同测试压力下的显微照片（a，b）和 XRD 图谱（c）[85]

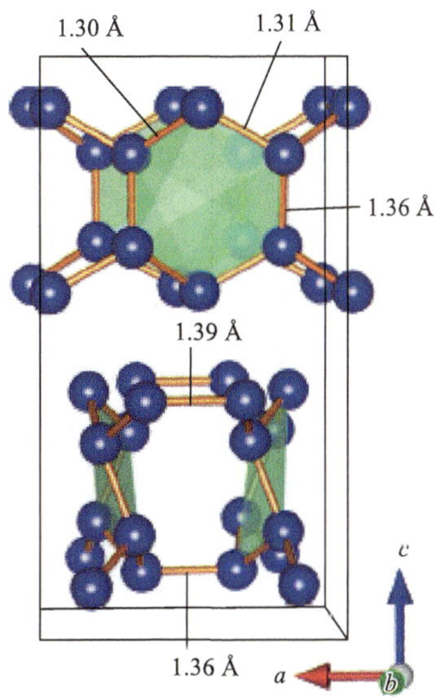

图 5-14　HLP-N 的晶体结构

5.3.2.4 聚合氮研究展望

以上 *cg*-N、LP-N 以及 HLP-N 三种聚合氮的成功制备极大鼓舞了科研人员探索其他全氮物质 N_x 的热情和信心。此外，理论研究工作者自 1986 年以来，一直致力于预测各种聚合氮结构，并为实验探索合成各种聚合氮提供重要参考[86-97]。表 5-2 罗列了理论预测各种聚合氮的结构情况，其具体的结构示意图见图 5-15。

表 5-2 理论预测各种聚合氮的结构与稳定性[98-100]

聚合相	空间点群	空间结构	稳定性
BP	*Cmca*	层状	20～360 GPa
CH/ch	*Cmcm*	链状	不稳定
CG/cg	$I2_13$	网状	0～360 GPa
Cmcm	*Cmcm*	链状	60～200 GPa
A7	$R\bar{3}m$	层状	60～110 GPa
RCG/rcg	*C*2/*c*	网状	0～240 GPa
$P2_12_12_1$	$P2_12_12_1$	螺旋孔道	60～360 GPa
CW/cw	$R\bar{3}m$	螺旋结构	动力学不稳定
*Pba*2	*Pba*2	层状	80～360 GPa
LB	$P2_1/m$	层状船状	动力学不稳定
Pccn	*Pccn*	网状	100～150 GPa

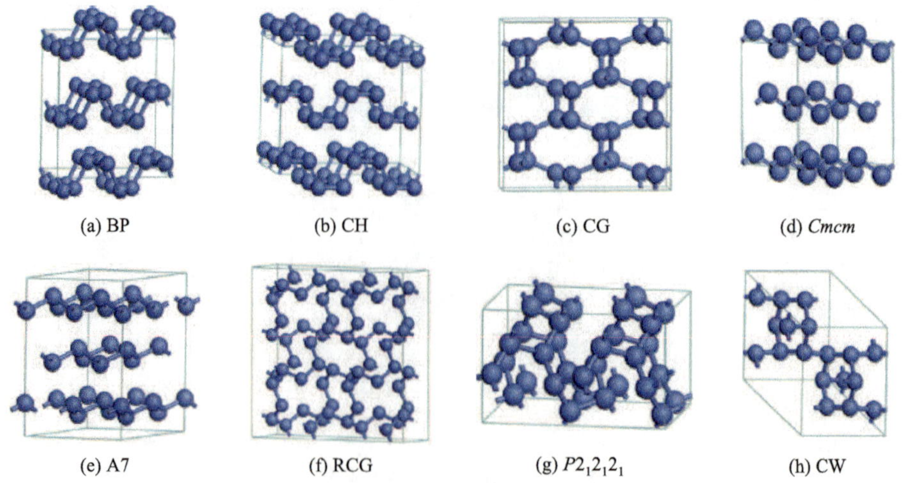
(a) BP (b) CH (c) CG (d) *Cmcm*
(e) A7 (f) RCG (g) $P2_12_12_1$ (h) CW

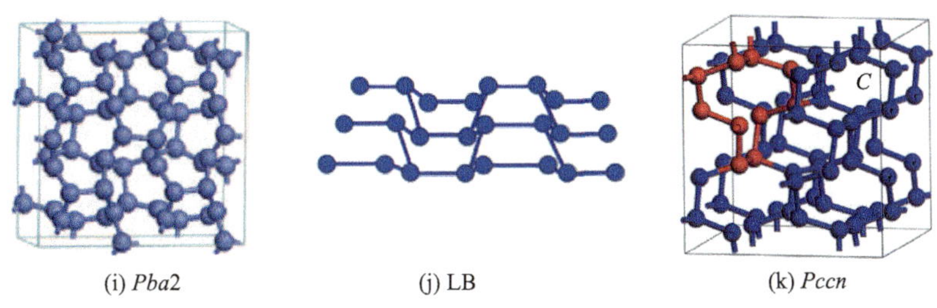

图 5-15　理论预测各种聚合氮的结构示意图

其中，A7 和 BP 结构来源于简单立方结构的扭曲。结合吉林大学王晓丽、刘世杰等的研究工作得知[12, 83]，采用密度泛函理论方法计算研究发现，当压力低于 47 GPa 时，ε-N_2 分子相具有最低的能量；当压力在 47～170 GPa 时，*cg*-N 结构最稳定，其能量最低。但是在更高的压力下，*Cmcm*、A7、BP、RCG、*Pba*2 和 $P2_12_12_1$ 结构要比 *cg*-N 在结构上更加稳定，能量更低。尤其是在高压下（170 GPa 以上时），*Pba*2 结构有着最低的能量，这个结论已经被 LP-N 的合成实验所证实[84]，进一步体现了理论计算化学对同素异形体预测和指导实验合成的重要性。

5.3.3　金属氮

2003 年，Alemany 等[30]通过分子动力学方法发现了一个亚稳态的金属化结构（*cis-trans* chain，CH-N），但是当压强超过 15 GPa 后，其焓值远远高于氮的 *cg*-N 相。紧接着在 2004 年，Mattson 等通过基于第一性原理的计算机模拟方法，建议了氮的另一种金属相，该相具有链状结构 N_2—N_6，但该结构也不稳定[33]。

Wang 等通过基于第一原理的随机搜索方法预测了两种力学和动力学均稳定的聚合氮的结构 *Pnnm* 和 *Cccm*，如图 5-16 所示[101]。这两个结构都是正交层状结构，每个氮原子与周围 3 个氮原子相连接。其中，*Pnnm* 相在 890 GPa 下会转变为另一种 *Cccm* 结构。此外，通过计算发现 *Pnnm* 相在 450 GPa 时可以从非金属原子相转变为金属相，首次提出了在氮元素中可能存在稳定的具有金属特性的氮晶体。进一步计算表明，*Pnnm* 相在 600 GPa 时的超导转变温度仅为 0.089 K，低于其他氮化物。由此预测出在一定的极限状态下，氮可以金属化并具有超导性。

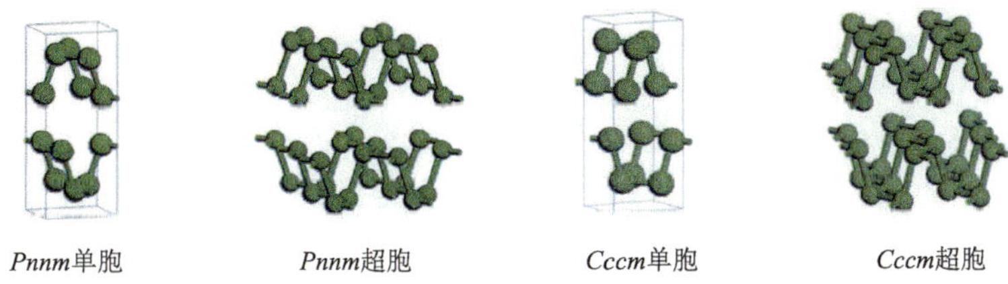

图 5-16　氮 *Pnnm* 和 *Cccm* 相的单胞、超胞晶体结构示意图

2018 年，中国科学院合肥物质科学研究院固体物理研究所的科研人员 Jiang 等成功合成了超高含能材料“金属氮”，揭示了“金属氮”合成的极端条件范围、转变机制和光电特征等关键问题，将“金属氮”的研究向前推进了一大步[102]。他们以普通氮气为原材料，通过脉冲激光加热技术和超快光谱探测方法，建成了集高温高压产生及物性测量为一体的原位综合实验系统。利用该合成与测试实验系统，研究人员获取了高达 170 GPa 和 8000 K 的高温高压极端条件，并在此条件下通过原位测试研究，分子氮历经绝缘体—半导体—金属转变过程中的光学吸收特性和反射特性，确定了氮分子解离的相边界及“金属氮”合成的极端压力、温度条件范围。“金属氮”的能量密度是目前常用炸药 TNT 的 10 倍以上，如果能作为燃料应用于载人火箭一级、二级推进器，有望将目前火箭起飞重量提升数倍。该研究证实了“金属氮”的存在，不仅能够为其他形式高能氮材料的合成提供指导，也为未来“金属氢”的成功合成奠定了重要基础[103]。

5.3.4　原子簇氮

前面提到的各种理论预测和实验合成的聚合氮，从结构上来说不存在分子单体，都属于原子晶体。为了区分聚合氮与原子簇氮，我们把除分子氮 N_2 外，每一个分子中含有若干个 N 原子的分子型 N_n（$n>2$）统称为原子簇氮，其结构中含有 N_n 分子单体，单体与单体之间以范德瓦耳斯分子间作用力为主。目前为止，理论计算发现可能稳定存在的原子簇氮主要有 N_4、N_6、N_8、N_{10} 和 N_{60}[104, 105]等。但比较遗憾的是，氮原子簇均为亚稳态物质，仅仅存在于理论研究以及光谱、质谱的研究检测中，化学合成法截至目前并未获得这一类物质。

5.3.4.1　N_4 原子簇

图 5-17 为 N_4 原子簇常见的两种可能结构：环状四氮烯（a）与立方四氮烷（b）结构。理论计算结果表明这两种结构都为 N_4 的优选结构[106, 107]。Cacace 等于 2002 年通过对氮气进行电子轰击得到了亚稳态的 N_4^+，并证明其为开链结构。对 N_4^+ 进一步进行加速碰撞，可得到寿命超过 1 μs 的 N_4 亚稳态分子[106]，但并未探测出 N_4 的具体结构。

图 5-17　N_4 同分异构体的可能结构

5.3.4.2　N_6 原子簇

图 5-18 为 N_6 原子簇较为常见的两种理论结构模型[108-110]。除此之外，Greschner 等还提出了一种链状结构模型，见图 5-19，并通过理论计算指出在链状 C_{2h} 结构中[111]：1 号和 5 号 N 之间，3 号与 6 号 N 之间以三键结合（键长为 1.16 Å）；2 号与 4 号 N 之间的作用力（键长为 1.46 Å）要比 2 号与 3 号 N 之间以及 4 号与 5 号 N 之间作用力（键长为 1.26 Å）要微弱得多；分子内不同 N 原子间相互作用力的大小情况可以从键长的数据进一步反映出来。分子间的距离在 2.89 Å，为分子内原子间距离的 2 倍多，说明分子单体之间主要以分子间作用力结合。另外，2 号和 4 号 N 电负性数值为–0.264，3 号和 5 号 N 显正电性，端基 N 接近电中性。理论计算数据结果表明，链状 N_6 爆炸产生 N_2 可以释放出高达 185 kcal·mol^{-1}①的能量，是非常优异的高能量密度后续材料。

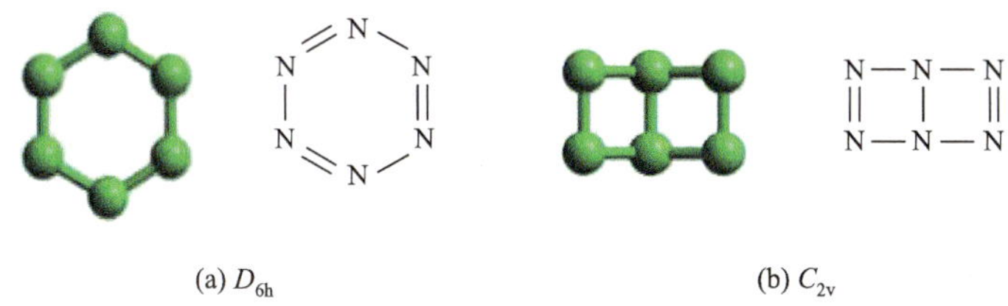

(a) D_{6h}　　(b) C_{2v}

图 5-18　常见的两种 N_6 分子理论结构模型

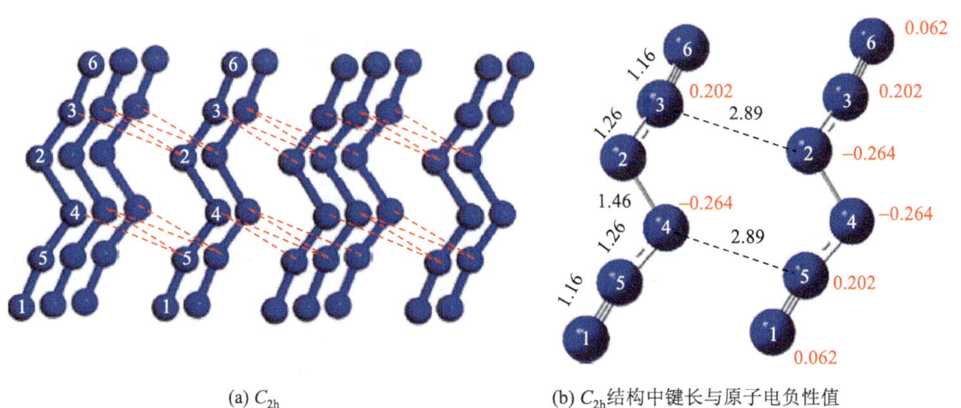

(a) C_{2h}　　(b) C_{2h}结构中键长与原子电负性值

① cal 为非法定单位，1 cal = 4.186 8 J。

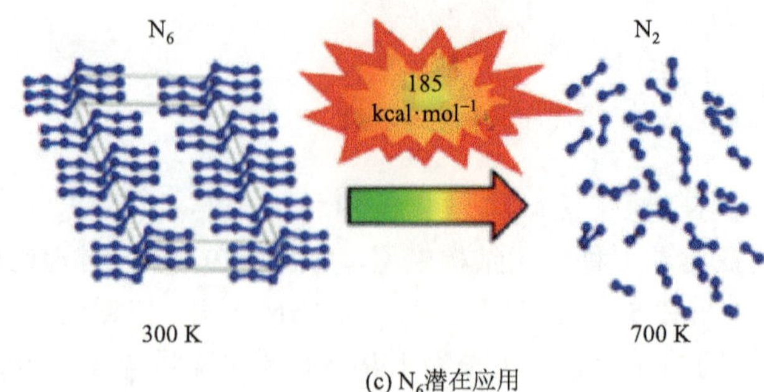

(c) N_6潜在应用

图 5-19　链状 N_6 的结构与潜在应用

5.3.4.3　N_8 原子簇

图 5-20 为 N_8 原子簇较稳定的理论结构模型[112-114]。理论计算结果表明，叠氮基五氮唑（b）结构的稳定性高于八氮杂立方烷（a）。Hirshberg 等[114]于 2014 年还提出了 N_8 链状分子结构在固态 N_8 分子晶体中存在着 EEE 和 EZE 两种不同结构的同分异构体（c）。结合 N_8 分子的相互作用是弱范德瓦耳斯力和静电力，两相邻分子之间的距离计算结果约为 3.2 Å。根据理论计算，该固体比先前报道的聚合氮固体更稳定，当压力低于 20 GPa 时，该结构要比 *cg*-N 在低压下更加稳定。受 N_8 单体固有亚稳性的影响，其很容易分解转化为 N_2，并释放出能量。

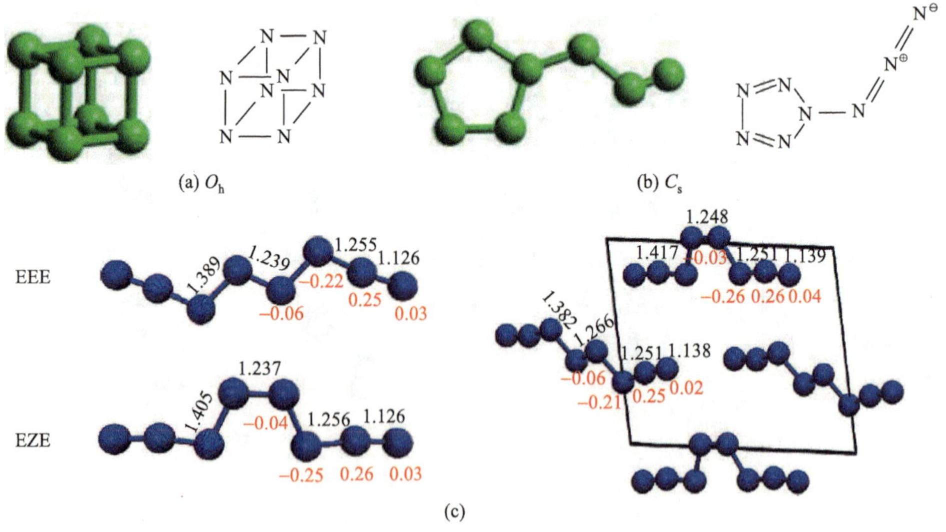

图 5-20　N_8 同分异构体的可能结构

5.3.4.4 N_{10}原子簇

图 5-21 为在理论计算中 N_{10} 原子簇常见的两种结构模型，但这两种结构的稳定性都很差[4, 6, 115]。2012 年，Wang 等通过理论计算提出了一种结构稳定的 N_{10} 笼状结构，其结构示意图见图 5-22[116]。在笼状结构中有 4 个 N 原子采取 sp^3 杂化，分别与周围 3 个 N 原子形成单键，另外一个杂化轨道被孤对电子占据；同时，桥连处的 6 个氮原子采取 sp^2 杂化，并各提供一个相互垂直的占有孤对电子的 $2p_z$ 轨道。与 *cg*-N 结构进行对比看出，N_{10} 笼可以通过切割 *cg*-N 晶胞中的八个绿色顶点原子来得到。按照以上设定的结构假设，一个 N_{10} 笼可以看成是一个独立的单体，因此我们在此处暂将其归类为原子簇氮这一类。通过理论计算预测笼状 N_{10} 可以在 2000 K 和 260 GPa 的条件下合成，且 *cg*-N 聚合氮在压力升高为 188～263 GPa 时会转变为 *Pba*2 聚合氮，之后进一步增大压力到 263 GPa 以上会促使其转化为笼状 N_{10} 原子簇。

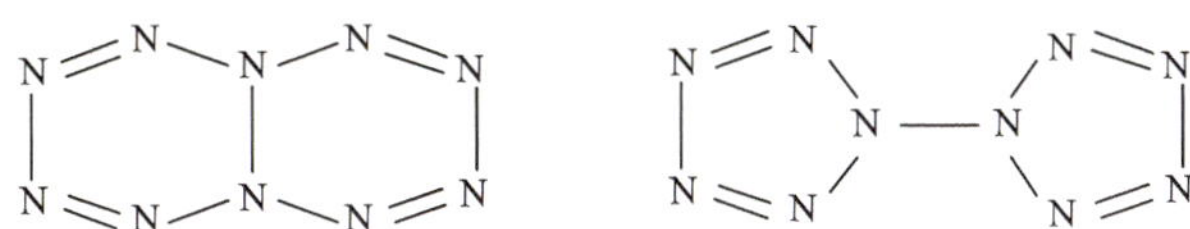

图 5-21 N_{10} 同分异构体的可能结构

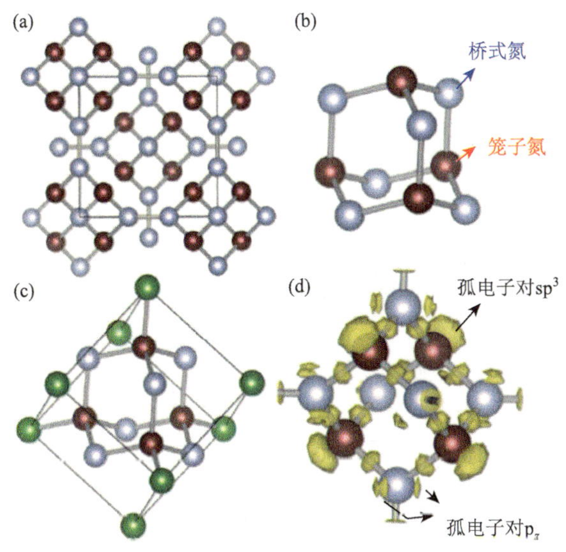

图 5-22 笼状 N_{10} 分子的结构[116]

（a）N_{10} 俯视图；（b）N_{10} 侧视图；（c）*cg*-N 聚合氮的侧视图；（d）计算出来的一个 ELF 等值面

5.3.4.5 N_{60}原子簇

N_{60}原子簇的一种可能结构为类似于富勒烯C_{60}的N_{60}足球烯结构。但理论研究计算表明，具有向内凹陷笼状体多面体构型的N_{60}是比类富勒烯N_{60}稍微稳定的优选结构，但稳定性依然很差，导致这一类高原子数的原子簇氮合成难度都非常大，目前的研究工作都处于理论计算和预测阶段[1]。

5.3.4.6 类原子簇全氮粒子

除了以上难以合成的各种原子簇氮之外，还有一些全氮粒子从准确意义上来说并不属于单质的范畴，但由于非金属氮的同素异形体合成研究发展得非常缓慢，且已经合成出来的同素异形体在通常条件下也难以稳定存在，为了更全面了解全氮物质的研究进展情况，这里对其稍作介绍，图 5-23 给出了部分重要全氮粒子的结构。继 1772 年发现N_2长达 100 多年之后，1890 年 Curtius 等首次发现了稳定的N_3^-[1]；1999 年 Christer 等成功合成了呈线状结构的N_5^+[117]，并于 2002 年首次探测到寿命超过 1 μs 的N_4[108]；2002 年 Vij 等在乙腈等极性溶剂中高压电解对羟基苯基五唑，检测到了N_5^-的质谱峰，但并未分离出来[118]；2017 年南京理工大学的 Hu 和 Lu 等在 *Science* 上报道了一种甘氨酸亚铁和间氯过氧苯甲酸体系氧化切断 Ar-N_5中的 C—N 键制备含N_5^-的固体化合物的方法。这是首次分离出室温稳定、

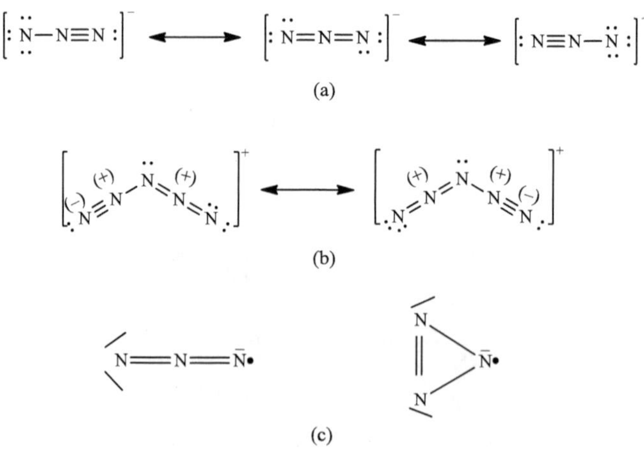

图 5-23 几种全氮离子的结构

（a）N_3^-；（b）N_5^+；（c）$\bullet N_3$自由基

含有 N_5^- 离子的复合盐[119]；2003 年，Hansen 等通过 $ClON_3$ 的光解得到了环状的 $\bullet N_3$ 自由基[4]；2007 年，美国的 Larson 等通过射线照射有机叠氮化合物探测到了线型的 $\bullet N_3$ 自由基[120]。其实早在 1956 年，Thrush 就已经利用闪光光解 HN_3 产生 $\bullet N_3$ 自由基并通过吸收 270 nm 波长来研究线型和环状两种结构的稳定性问题[121]。

5.4　教 学 提 示

（1）作为已知双原子分子中最稳定的物质，氮分子 N_2 化学性质非常稳定，在自然条件下 N 的单质只有氮分子 N_2 这一种形式。即便较新的基础课教材还是这样叙述[14, 45]。然而近代以来，计算化学的发展为氮同素异形体的深入研究和创新探索提供了重要的理论支撑，通过理论预测各种氮的同素异形体的结构形态和热力学与动力学稳定性，可以指导人们去探索合成多种氮的同素异形体。此外，随着科学技术的发展，金刚石对顶砧结合激光加热装置以及原位结构表征技术让极端条件下进行化学合成反应成为可能。氮的同素异形体已扩充至分子氮、聚合氮、金属氮和原子簇氮四大类。

（2）目前在高温超高压条件下已发现并成功合成出非晶型聚合氮、*cg*-N 聚合氮、LP-N 聚合氮、HLP-N 聚合氮和“金属氮”这 5 种氮分子 N_2 的亚稳态同素异性体。由于在爆炸过程中会释放出超高能量且转化产物为稳定的 N_2，这些亚稳态同素异形体已成为含能材料的一个新技术开发领域，其相关材料的成功研制有望在炸药、发射和推进剂等领域产生惊人前景。可见，当前化学与材料发展日新月异，我们在学习书本的传统知识时，这些新的科研与应用成果的引入必将激发学生们更大的学习兴趣，成为连接书本与科技前沿的桥梁。

（3）提到炸药，人们脑海中首先就会想到瑞典化学家、工程师、发明家、军工装备制造商和炸药的发明者诺贝尔（A. B. Nobel，1833～1896 年）。的确，诺贝尔发明的安全硝化甘油被公认为炸药史上具有划时代意义的发明。有了这种炸药之后，人类进行矿产开发、修桥筑路、开挖隧道和河道等方面的能力才开始得到飞跃。当然，这种炸药也被大量用于军事领域，使得战争的破坏性空前加大。然而，作为“火药故乡”的中国，在未来很可能将在高能炸药领域走上世界巅峰。两个典型事例为：①2017 年 8 月 28 日，英国著名 *Nature* 杂志刊发了南京理工大学陆明教授课题组的论文《系列水合五唑金属盐含能化合物》，称我国在世界上首次制备出了全氮五唑阴离子的钠、锰、铁、钴和镁盐水合物，通过其单晶结构，系统地揭示了全氮五唑阴离子与金属阳离子的相互配位作用、与水的氢键作用，以及热稳定性规律。这为研究全氮五唑阴离子与全氮阳离子组装，形成离子型全氮化合物材料，奠定了有力

诺贝尔

的科学基础支撑。②2018 年，*Nature* 杂志又刊发了中国科学院合肥物质科学研究院固体物理研究所亚历山大·冈察洛夫团队的科研人员成功合成了超高含能材料聚合氮和“金属氮”的论文，固体物理研究所的姜树清博士为文章第一作者。

学习思考题

1. 除了常见的氮气，还有哪些氮同素异形体？

2. 体会和理解相图对新物质合成的指导作用，查阅资料思考如何获取相图中所对应的高温高压条件？

3. 请结合价键理论和分子轨道理论思考为什么氮气化学性质异常稳定？并思考如何活化氮气使其转变为化合态？

4. 氮的同素异形体为什么在固相时有多种？

5. 您能从氮的成键特征关联氮的同素异形体所以有多种的原因吗？

6. 为何在低温和超高压条件下，随着压强的增大，固态 N_2 会呈现一系列的稳态与亚稳态结构变化？

7. 什么是原子簇氮？目前主要包含哪些类型？从结构上分析为什么氮原子簇均为亚稳态物质，仅仅存在于理论研究以及光谱、质谱的研究检测中？

8. 什么是聚合氮？它是在什么情况下形成的？氮和氮之间的键型如何变化？

9. N_{60} 原子簇的一种可能结构为类似于富勒烯 C_{60} 的足球烯结构。但是为什么它的稳定性依然很差？

10. 如何定义金属氮？它的合成为什么那么困难？

11. 依据金属氮的研究，有没有可能存在金属氢、金属氧等？如果有，有何异同？

12. 为什么聚合氮被认为是一种极具有前途的高能量密度材料，可用于推进剂和炸药等？

13. 为何聚合氮爆炸时，其能量密度（energy density）高达 TNT 的 5 倍以上，而“金属氮”的能量密度是 TNT 的 10 倍以上？差距来自何方？

14. 查阅文献，说明研究全氮五唑阴离子的钠、锰、铁、钴和镁盐水合物的意义所在。

15. 查阅文献资料试着整理中国作为“火药故乡”的发展过程，思考未来我们很可能在高能炸药领域做出哪些突破？

参考文献

[1] Samartzis P C，Wodtke A M. Int Rev Phys Chem，2006，25：527-552

[2] 于永忠. 中国工程学，1999，1（2）：91-94

[3] 庞思平，于永忠. 多氮化合物的理论与合成研究. 昆明：中国化学会第四届有机化学学术会议，2005
[4] 李玉川，庞思平. 火炸药学报，2012，35（1）：1-8
[5] 靳锡联，崔田. 高压物理学报，2013，27（2）：188-198
[6] 卢艳华，何金选，雷晴，等. 化学推进剂与高分子材料，2013，11（3）：23-29
[7] 张光全，刘晓波，薛耀辉，等. 含能材料，2014，22（3）：422-427
[8] 李建福，王晓丽. 富氮高能量密度材料的高压设计. 成都：第十八届中国高压科学学术会议论文集，2016
[9] 李珏成，靳云鹤，邓沐聪，等. 含能材料，2018，26（11）：991-998
[10] 雷力. 极端条件下氮的拉曼光谱研究. 苏州：第二十届全国光散射学术会议，2019
[11] 高胜利，杨奇. 化学元素新论. 北京：科学出版社，2019：445-446
[12] 王晓丽. 固态氮高压相的第一性原理研究. 长春：吉林大学，2008
[13] 项斯芬，严宣申，曹庭礼，等. 无机化学丛书：氮、磷、砷分族. 北京：科学出版社，1995：3-17
[14] 宋天佑，徐家宁，程功臻，等. 无机化学（下册）. 4 版. 北京：高等教育出版社，2019：559-562
[15] Weeks M E. J Chem Educ，1932，9 （2）：215
[16] 刘怀乐. 化学教育，1994，15（4）：45
[17] 周公度. 大学化学，2002，17（5）：1-12.
[18] Lipp M J，Klepeis J P，Baer B J，et al. Phys Rev B，2007，76（1）：014113
[19] Gregoryanz E，Goncharov A F，Sanloup C，et al. J Chem Phys，2007，126（18）：184505
[20] Weck G，Datchi F，Garbarino G，et al. Phys Rev Lett，2017，119（23）：235701
[21] Jiang S Q，Holtgrewe N，Lobanov S S，et al. Nat Commun，2018，9：2624
[22] 邸友莹，杨奇，周春生，等. 大学化学，2017，32（9）：21-24
[23] Moore D S，Schmidt S C，Shaw M S，et al. J Chem Phys，1989，90：1368-1376
[24] Hubbard W B，Nellis W J，Mitchell A C，et al. Science，1991，253：648-651
[25] Nellis W J，Radousky H B，Hamilton D C，et al. J Chem Phys，1991，94：2244-2257
[26] Goncharov A F，Gregoryanz E，Mao H K，et al. Phys Rev Lett，2000，85：1262-1265
[27] Gregoryanz E，Goncharov A F，Hemley R J，et al. Phys Rev B，2001，64：052103
[28] Gregoryanz E，Goncharov A F，Hemley R J，et al.，Phys Rev B，2002，66（22）：224108
[29] Chau R，Mitchell A C，Minich R W，et al. Phys Rev Lett，2003，90：245501
[30] Alemany M M G，Martins J L. Phys Rev B，2003，68（2）：024110
[31] Mazevet S，Kress J D，Collins L A，et al. Phys Rev B，2003，67：054201
[32] Eremets M I，Gavriliuk A G，Serebryanaya N R，et al. J Chem Phys，2004，121：11296-11300
[33] Mattson W D，Portal D S，Chiesa S，et al. Phys Rev Lett，2004，93（12）：125501
[34] Ross M，Rogers F. Phys Rev B，2006，74：024103
[35] Zahariev F，Hooper J，Alavi S，et al. Phys Rev B，2007，75（14）：140101
[36] Goncharov A F，Crowhurst J C，Struzhkin V V，et al. Phys Rev Lett，2008，101：095502
[37] Ma Y，Oganov A R，Li Z，et al. Phys Rev Lett，2009，102（6）：065501
[38] Hooper J，Hu A，Zhang F，et al. Phys Rev B，2009，80（10）：104117
[39] Pickard C J，Needs R J. Phys Rev Lett，2009，102（12）：125702
[40] Boates B，Bones S A. Phys Rev Lett，2009，102（12）：015701
[41] Donadio D，Spanu L，Duchemin I，et al. Phys Rev B，2010，82：020102
[42] Boates B，Bonev S A. Phys Rev B，2011，83：174114
[43] Pu M F，Liu S，Lei L，et al. Solid State Commun，2019，298：113645

[44] Bini R，Ulivi L，Kreutz J，et al. J Chem Phys，2000，112：8522
[45] Weller O，Rourke A. 无机化学. 6 版. 李珺，雷依波，刘斌，等译. 北京：高等教育出版社，2018：452-460
[46] Eremets M I，Poppv M Y，Trojan I A，et al. J Chem Phys，2004，120：10618-10623
[47] 江楠. 工业技术，2019，18：73-74
[48] 吕帅帅，周宇翔，倪威，等. 陶瓷学报，2018，39（6）：672-675
[49] 郑彧，张伟儒，彭珍珍，等. 硅酸盐学报，2015，34：344-347
[50] 姚冬旭，曾宇平. 硅酸盐学报，2019，47（9）：1235-1241
[51] 吴承伟，张伟，李东炬. 精密制造与自动化，2020，1：1-4
[52] 贾碧宏. 氮化硅/氮化钛结合碳化硅制备研究. 武汉：武汉科技大学，2019
[53] 吕容林. 机械化工，2016：201624095
[54] 陈斐，黄梅，申强，等. 硅酸盐学报，2018，46（9）：1244-1249
[55] 萧世槐. 矿冶，1997，6（2）：59-62
[56] 郑沐云，万宇驰，吕瑞涛. 化工学报，2020：20200129
[57] 刘畅，刘先军，刘淑芝，等. 当代化工，2020，49（3）：655-659
[58] 肖瑶，胡文娟，任衍彪，等. 化学进展，2018，30（4）：325-337
[59] 沈世华，荆玉祥. 科学通报，2003，48（6）：535-540
[60] 杨奇，谢钢，陈三平，等. 大学化学，2015，30（6）：33-44
[61] 郭建平，陈萍. 科学通报，2019，64（11）：1114-1128
[62] Erisman J W，Sutton M A，Galloway J. Nat Geosci，2008，1：636-639
[63] Pfromm P H. J Renew Sustain Energy，2017，9：034702
[64] Liu H. Chin J Catal，2014，35：1619-1640
[65] Kyriakou V，Garagounis I，Vasileiou E. Catal Today，2017，286：2-13
[66] Guo C，Ran J，Vasileff A. Energy Environ Sci，2018，11：45-56
[67] Cui X Y，Tang C，Zhang Q. Adv Energy Mater，2018，8：1800369
[68] Hao Y C，Guo Y，Chen L W，et al. Nat Catal，2019，2：448-456
[69] McMahan A K，Lesar R. Phys Rev Lett，1985，54（17）：1929-1932
[70] Martin R M，Needs R J. Phys Rev B，1986，34（8）：5082-5092
[71] Ross M. J Chem Phys，1987，86：7110-7118
[72] Lewis S P，Cohen M L. Phys Rev B，1992，46（17）：11117-11120
[73] Mailhiot C，Yang L H，McMahan A K. Phys Rev B，1992，46：14419-14435
[74] Barbee T W. Phys Rev B，1993，48：9327-9330
[75] Zahariev F，Hu A，Hooper J. Phys Rev B，2005，72：214108
[76] Ludwig S，Osheroff D D. Phys Rev Lett，2003，91：105501
[77] Adeleke A A，Greschner M J，Majumdar A，et al. Phys Rev B，2017，96：224104
[78] Eremets M I，Hemley R J，Mao H K，et al. Nature，2001，411（6834）：170-174
[79] Eremets M I，Gavriliuk A A，Trojan I A，et al. Nat Mater，2004，3（8）：558-563
[80] Sergey V，Minaev B F. Phys Chem Chem Phys，2017，19：6698-6706
[81] 雷力，蒲梅芳，冯雷豪，等. 高压物理学报，2018，32（2）：020102
[82] 刘珊，蒲梅芳，张峰，等. 光散射学报，2019，31（9）：236-241
[83] 刘世杰. 高压下新型聚合氮结构的设计与合成. 长春：吉林大学，2017
[84] Tomasino D，Kim M，Smith J，et al. Phys Rev Lett，2014，113：205502

[85] Laniel D，Geneste G，Week G，et al. Phys Rev Lett，2019，122：066001
[86] Mitas L，Martin R M. Phys Rev Lett，1994，72：2438-2441
[87] Uddin J，Barone V，Scuseria G E. Mol Phys，2006，104：745-749
[88] Zahariev F，Dudiy S V，Hooper J. Phys Rev Lett，2006，97：155503
[89] Caracas R，Hemley R J. Chem Phys Lett，2007，442：65-70
[90] Wang X L，He Z，Ma Y M，et al. J Phys Condens Matter，2007，19：425226
[91] Yao Y S，Tse J，Song Z，et al. Phys Rev B，2008，78：054506
[92] Ralf H，Stefan S，Thorsten S，et al. Angew Chem Int Ed，2004，116（37）：5027-5032
[93] Pickard C J，Needs R J. Nat Phys，2007，3：473
[94] Sun J，Martinez-Canales M，Klug D D，et al. Phys Rev Lett，2012，108：045503
[95] Wang X，Wang Y，Miao M，et al. Phys Rev Lett，2012，109：175502
[96] Grishakov K S，Katin K P，Gimaldinova1 M A，et al. Lett Mater，2019，9（3）：366-369
[97] Gimaldinova MA，Katin K P，Grishakov K S，et al. Fuller Nanotub Car N，2020，28（4）：304-308
[98] Wang X L，Tian F B，Wang L C，et al. J Chem Phys，2010，132：024502
[99] Ma Y M，Oganov A R，Li Z W，et al. Phys Rev Lett，2009，102：065501
[100] Adeleke A A，Greschner M J. Phys Rev B，2017，96：224104
[101] Wang X L，Tian F B，Wang L，et al. New J Phys，2013，15：013010
[102] Jiang S Q，Holtgrewe N，Lobanov S S，et al. Nat Commun，2018，9：2624
[103] 吴长峰. 合成“金属氮”能量密度为 TNT 十倍多. 科技日报，20180709：001 版
[104] 阴亮. 亚稳态原子簇的探索性研究. 天津：天津大学，2006
[105] 朱荣娇. 氮原子簇的探索性研究. 天津：天津大学，2006
[106] Glukhovtsev M N，Schleyer P V R. Int J Quantum Chem，1993，46：119-125
[107] Glukhovtsev M N，Laiter S. J Phys Chem Solids，1996，100：1569-1574
[108] Wang L J，Warburton P，Mezey P G. J Phys Chem A，2002，106（11）：2748-2752
[109] Tobia M，Bartlett R J. J Phys Chem A，2001，105（16）：4107-4113
[110] Gagliardi L，Evangelisti S，Barone V. Chem Phys Lett，2000，320：518-522
[111] Greschner M J，Zhang M，Majumdar A，et al. J Phys Chem C，2016，120：2920-2925
[112] 陈文凯，黄蔚艳. 科技通报，2002，8（1）：14-17
[113] Li Q S，Wang L J. J Phys Chem A，2001，105（10）：1979-1982
[114] Hirshberg B，Gerber R B，Krylov A I. Nat Chem，2014，6：52-56
[115] Mikhailov O V，Chachkov D V. Theoretical Inorganic Chemistry，2017，62（7）：955-959
[116] Wang X L，Wang Y C，Miao M S，et al. Phys Rev Lett，2012，109：175502
[117] Christer K O，Wilson W W，Sheehy J A. Angew Chem Int Ed，1999，38：2004-2009
[118] Vij A，Pavlovich J G，Wilson W，et al. Angew Chem Int Ed，2002，41：3051-3054
[119] Xu Y G，Wang Q，Shen C，et al. Nature，2017，549：78-81
[120] Larson C，Ji Y，Samartzis P C，et al. J Phys Chem A，2008，112：1105-1111
[121] Thrush B A. Series A：Math Phys Sci，1956，235：143-147

第 6 章　磷元素单质的同素异形体

提要　结合最新研究进展，全面介绍了磷的同素异形体，它们可分为块体状磷、磷纳米材料类和磷烯三大类。介绍了所有磷元素单质同素异形体的组成、性质、结构、制备和应用。

6.1　磷的一般介绍

6.1.1　磷的一般性质

磷（phosphorus）的化学符号为 P，原子序数为 15，原子质量为 30.973 762 u[1]。磷是一种易起化学反应的、有毒的氮族非金属元素。单质磷有多种同素异形体，它的化学反应活性和毒性取决于其形态不同而有所区别。磷可以在空气中燃烧，生成大量五氧化二磷（白烟）：

$$4P + 5O_2 \longrightarrow 2P_2O_5 \tag{6-1}$$

在有催化剂存在的情况下，白磷、红磷和水经过几步反应生成 H_3PO_4、H_2 及很少量的 H_3PO_3 和 PH_3：

$$P_4 + 16H_2O \longrightarrow 4H_3PO_4 + 10H_2 \tag{6-2}$$

磷可用于安全火柴、烟花、燃烧弹和化肥，还可以保护金属表面免于腐蚀。

磷是骨骼和牙齿的构成材料之一。正常成年人骨中的含磷总量约为 600～900 g，人体每 100 mL 全血中含磷 35～45 mg。磷能保持人体内 ATP 代谢平衡，在调节能量代谢过程中发挥重要作用。磷是生命物质核苷酸的基本成分。磷参与体内酸碱平衡的调节，参与体内脂肪的代谢。

磷缺乏会出现低磷血症，引起红细胞、白细胞、血小板的异常，软骨病。磷过多将导致高磷血症，使血液中血钙降低导致骨质疏松。

短时间内摄取一定分量的白磷单质，可造成急性白磷中毒。

6.1.2　磷在自然界的存在

磷在生物圈内的分布广泛（图 6-1），其不以单质存在，通常以磷酸盐形式存在，尤其是磷灰石。磷在地壳中含量丰富，列前 10 位（质量分数为 0.09%），在海水中浓度属第二类（最高浓度 0.030 mg·L^{-1}）。磷也存在于动植物组织中，是原生质的基本成分。磷也是人体含量较多的元素之一，稍次于钙，排列为第六位。磷约占人体体重的 1%，体内 85.7%的磷集中于骨和牙，其余分散在全身各组织及体液中，其中一半存在于肌肉组织。磷存在于人体所有细胞中，几乎参与所有生理上的化学反应，所有已知的生命形式都需要磷[2, 3]。

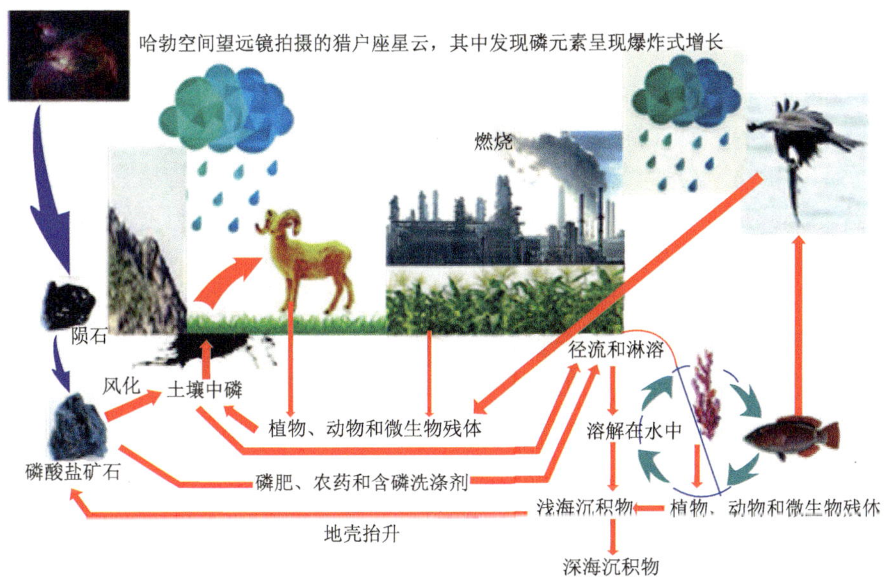

图 6-1　磷元素在自然界的循环过程示意图

其实，人们对磷纳米材料也并不陌生。人的牙齿上面有一层 1.2～1.7 mm 厚的牙釉质[4]，它的最基本组成单元是尺寸在 40～50 nm 左右的六方羟基磷灰石纳米晶体，这些晶体按照轴择优相互平行的取向排列形成长达几个 μm 的羟基磷灰石纳米纤维，其直径在 20～30 nm 左右。纳米纤维继续组装成具有更高级微结构特征的晶体纤维束，构成釉柱和釉柱间质的基本亚结构单元（图 6-2）[4-6]。研究

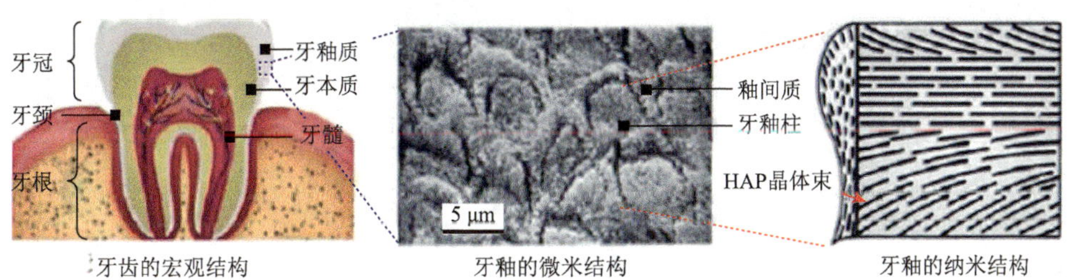

图 6-2　牙釉质的多极结构

表明，牙釉质的硬度大于 6 GPa，弹性模量 80 GPa，抗压强度 10 GPa[6-8]。牙釉质覆盖在牙齿的最外层，是人体内最坚硬的矿化组织，具备优异的耐磨性以及抗断裂性能，可以让人受用一生。遗憾的是，牙釉质却不是单质磷纳米物质也就不是磷单质的同素异形体。

6.1.3　磷的发现和命名

在化学史上第一个发现磷元素的人，当推 17 世纪的德国汉堡商人波兰特（H. Brand，约 1630 年～约 1710 年）[9]。1669 年，他在一次实验中，将砂、木炭、石灰等和尿混合，加热蒸馏，虽没有得到黄金，而竟意外得到一种十分美丽的物质，它色白质软，能在黑暗的地方放出闪烁的亮光，于是波兰特给它取了个名字，叫“冷光”，这就是今日称之为白磷的物质。德国化学家孔克尔探知这种所谓的发光的物质是由尿液中提取出来的，于是也开始用尿做试验，经过苦心摸索，终于在 1678 年也告成功。他是把新鲜的尿蒸馏，待蒸到水分快干时，取出黑色残渣，放置在地窖里，使它腐烂，经过数日后，他将黑色残渣取出，与两倍于“尿渣”重的细砂混合，一起放置在曲颈瓶中，加热蒸馏，瓶颈则接连盛水的收容器。起初用微火加热，继用大火干馏，及至尿中的挥发性物质完全蒸发后，磷就在收容器中凝结成为白色蜡状的固体。后来，他为介绍磷，曾写过一本书：《论奇异的磷质及其发光丸》。在磷元素的发现上，英国化学家罗伯特·波义耳差不多与孔克尔同时，用与他相近的方法也制得了磷。波义耳的学生汉克维茨（C. Hanckwitz）曾用这种方法在英国制得较大量的磷，并作为商品运到欧洲的其他国家出售。他在 1733 年曾发表论文，介绍了制磷的方法，不过说得十分含糊，以后，又有人从动物骨质中发现了磷。

波兰特画像

孔克尔画像

波义耳

由于单质磷在空气中会自燃或缓慢氧化而放热发光，因此磷的拉丁文名称 *Phosphorum* 来源于希腊文 Φωσφόρος 的拉丁化，原指“启明星”，意为“光亮”。

而在中文里，磷的本字为粦，根据晋代《博物志》记载：“战鬬死亡之处，有人马血，积中为粦，着地入艸木，如霜露不可见。有触者，着人体后有光，拂拭即散无数，又有吒声如鬻豆。舛者，人足也。言光行着人。”可见上部“米”字乃代表鬼火之“炎”字转写，下部“舛”字则指人足部。

6.1.4 磷的成键特征

磷原子的价电子层结构为$3s^23p^33d^0$，即第三电子层除有5个价电子外，还有空的3d轨道，因此磷原子在形成单质或化合物时其特征有以下几种。

6.1.4.1 形成离子键

为了达到稳定结构，磷原子可从电负性低的原子获得3个电子，形成含P^{3-}离子型化合物，如Na_3P。不过，由于P^{3-}离子的半径大而且易变形，向共价键过渡的倾向很强，所以这种离子型化合物为数不多，在水溶液中也得不到P^{3-}离子。

6.1.4.2 形成共价键

（1）P原子采取sp^3杂化态，形成3个σ键，1对孤电子对。P的氧化态为 3或+3，分子构型为三角锥形。例如PH_3、PCl_3。

（2）P原子采取sp^3杂化态，形成4个σ键，没有孤电子对。P的氧化态为−3，分子构型为正四面体形。例如PH_4^-，相当于PH_3结合了一个H^-原子。

（3）P原子采取sp^3杂化态，形成4个σ键，1个π键，没有孤电子对。P的氧化态为+5，分子构型为四面体形。例如H_3PO_4、$POCl_3$。

（4）当P原子与电负性较高的元素（F、O、Cl）相化合时，P原子还可以拆开成对的3s电子，把多出的一个电子激发到3d能级上去，P原子采取sp^3d杂化态，形成5个σ键，P的氧化态表现为+5。分子构型为三角双锥形，如PCl_5。

6.1.4.3 形成配位键

（1）P（III）原子上有一对孤电子对时，可以成为电子对给予体向金属离了配位。例如PH_3和它的取代衍生物PR_3是非常强的配位体，能形成多膦类配位的配合物。其配位能力比PII_3或胺强得多。因为PR_3除了提供配位的电子对外，配合物的中心离子还可以向P原子的空的d轨道反馈电子以加强配离子的未定性，如$CuCl·2PH_3$等。

（2）P（V）原子有可以利用的空的 d 轨道，它可以作为配合物的中心原子，接受外来的配位电子对，这时 P 原子采取 sp^3d^2 杂化态，配位数为 6，如 PCl_6^-。

6.2　块　体　磷

6.2.1　块体磷不同物相的一般介绍

人们通常都将磷的同素异形体分为三组：白磷或黄磷、红磷或紫磷、黑磷[10-12]（图 6-3）。但这里指的是常见磷单质。的确，虽然白磷和黑磷已经得到了足够的详细研究，可以将这两种物质制成具有一定和可重现性的均匀产物，但在罗斯（W. Roth）、德威特（T. W. DeWitt）和史密斯（A. J. Smith）的研究结果[13]发表之前，还没有足够的关于制备均匀结晶红磷的描述。早期的研究者未能充分识别实验中存在的固相，因此，研究红磷的文献是混乱和矛盾的。对磷的纯单质有多少种也不清楚。

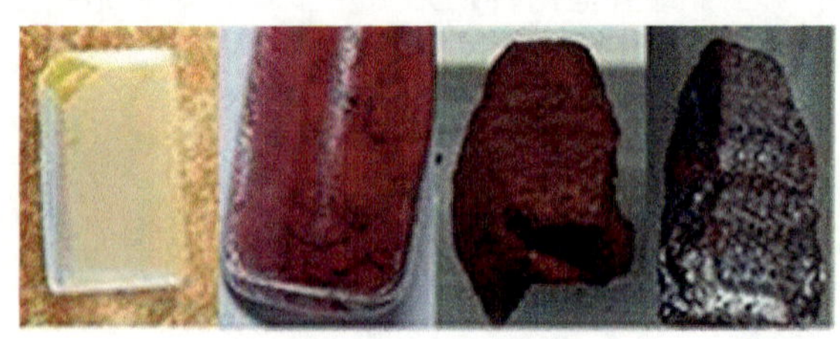

图 6-3　磷的外观

由左至右分别是：蜡状白磷（黄色切面），颗粒状红磷，块状红磷、紫磷

直到 1969 年，斯莱肯森（C. C. Sleghenson）等利用低温热量计[14, 15]，准确测定了纯白磷从室温到 600℃的热容时，才搞清了固相单质磷的同素异形体数目为 10 种（表 6-1）。所有物种均使用 X 射线衍射证明，并且结果与之前罗斯[13]和赫尔特格伦（R. Hultgren）等[16]的结果一致。显然，热测量是澄清这些同素异形体之间的吉布斯能量关系和系统研究磷元素及其化合物的热力学特性的最为可靠的方法。

表 6-1　固相单质磷

物种	指派	晶型
白磷	α	立方晶系
白磷	β	结晶
红磷	I	非晶
红磷	II	定义不清

续表

物种	指派	晶型
红磷	III	定义不清
红磷	IV	结晶
红磷	V	结晶
红磷	VI	结晶
黑磷		非晶
棕色磷		约含 80%白磷和 20%红磷

依据主要史实文献，块体磷的同素异形体有 10 种，可分为三组：白磷或黄磷、红磷或紫磷、黑磷。它们性质比较见表 6-2，块体磷形体互变示意见图 6-4[12]。①由表 6-2 可见，按白磷→红磷→黑磷的次序，由于电子结构的不同，使其构型发生了从四面体→链状结构→片层结构（直至单层结构）的巨大变化，从而使其性质有了很大的差异。例如，密度、熔沸点和稳定性的不断增大，毒性从剧毒到无毒等，使其用途也随之扩大。②从图 6-4 还可以看出，温度、压力和催化剂对它们的互变起着非常重要的作用。由于白磷的极大活泼性与毒性，加之为了使用安全和价格因素，这种转变是有价值意义的。

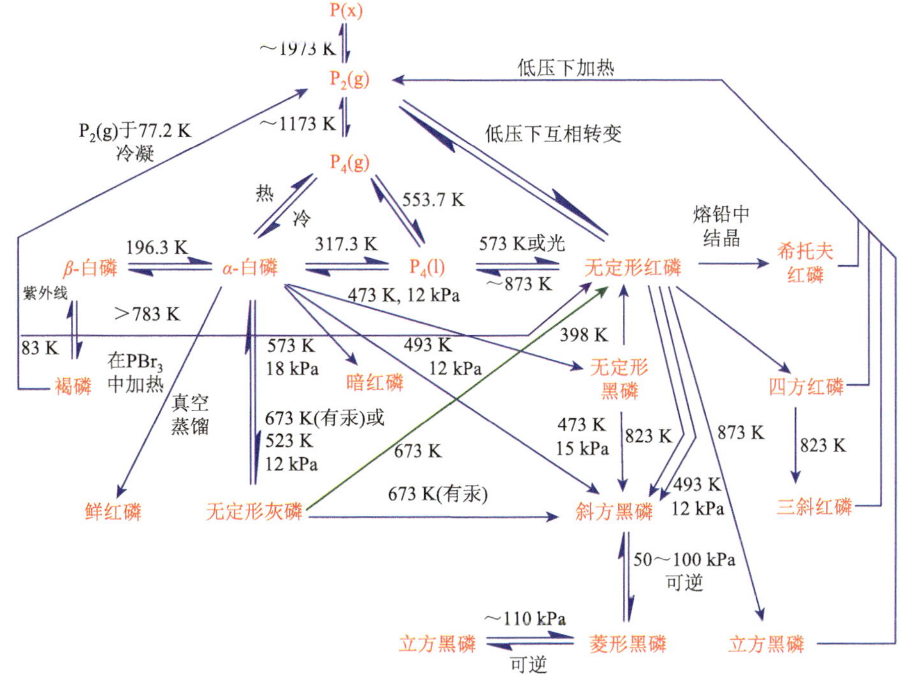

图 6-4　块体磷间的互相转化

表 6-2　三种常见块体磷同素异形体的性质比较

同素异形体	分子结构	颜色	熔点/℃	沸点/℃	燃点/℃	密度/(g·cm^{-1})	在 CS_2 中的溶解性	在空气中的稳定性	毒性
白磷	四面体	白色	44.2	28.5	40	1.823	易溶	不稳定	剧毒
红磷	链状结构	暗红	590	464 升华	240	2.2-2.4	不溶	较稳定	无毒
黑磷	片层结构	铁灰	587.5	—	490	2.67	不溶	最稳定	无毒

6.2.2　块体磷的制备、结构和性质

6.2.2.1　白磷

1. 制备

目前，全世界每年工业生产约百万吨的单质磷（图 6-5）[17]：

$$4Ca_5(PO_4)_3F + 18SiO_2 + 30C \longrightarrow 3P_4 + 30CO + 18CaSiO_3 + 2CaF_2 \quad (6\text{-}3)$$

$$2Ca_3(PO_4)_2 + 6SiO_2 + 10C \longrightarrow 6CaSiO_3 + 10CO + P_4 \quad (6\text{-}4)$$

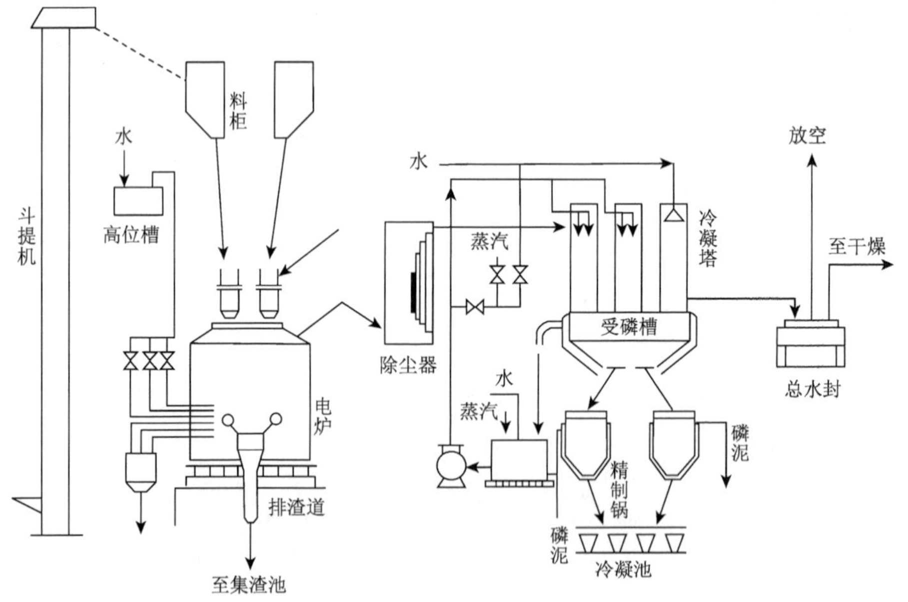

图 6-5　电炉法生产黄磷流程图

这两个反应从热力学上讲是典型的“偶合反应”（coupling reaction）：利用了

加入酸性氧化物 SiO_2 与碳还原磷矿生成的碱性氧化物 CaO 生成高温下也很稳定的 $CaSiO_3$，而使 $\Delta G^{\ominus}$ 大于零的原单独碳还原反应在 1200～1400℃时进行[18, 19]。

2. 结构和性质

元素磷最重要的形式是白磷（white phosphorus）。它是一种柔软的蜡质固体，由 4 个原子组成正四面体 P_4 分子，其中每个原子以 P 轨道与其他三个原子结合（图 6-6），P—P—P 键角为 60°，形成弯曲键，张力很大，键能很小，仅为 79.078 $kJ\cdot mol^{-1}$，比正常 P—P 键的键能 195.811 $kJ\cdot mol^{-1}$ 小许多，赋予了白磷在常温下具高化学活性特点。理论计算[20]P—P 键的键长为 221 pm，是 98% p 轨道形成的键（s 和 d 仅占很少成分）。P_4 四面体也存在于液态和低于 400℃的气态磷中。

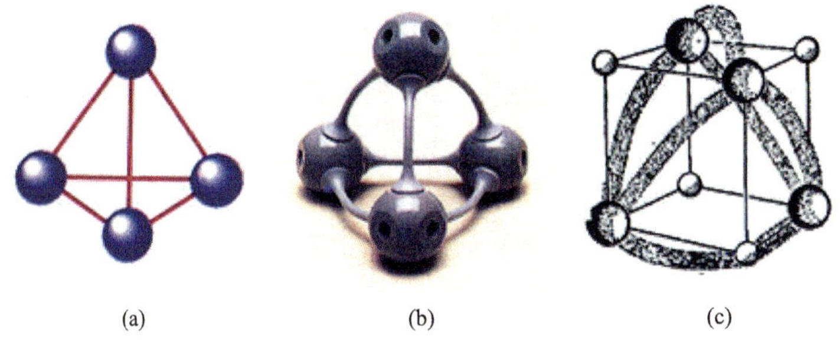

图 6-6　单质磷的四面体结构（a）、弯曲键示意图（b）和 P_4 的价层电子密度（c）

纯白磷用真空蒸馏凝结而得。熔化后若迅速冷却，混入的少量空气会使分子排列不大规则，得到的白色固体磷不透明，缓慢冷却会得到理想的几乎透明如水的白磷。白磷可以 α 型和 β 型两种晶体形式存在。室温下最为常见的 α 型稳定，具有立方体心晶体结构（$a = 1851$ pm，晶胞中有 56 个 P_4）；α 型在−78.0℃时转变为 β 型（这个温度与文献[21]一致；但有文献说是−76.9℃[22]），具有六方晶体结构[23]。这些形式都是 P_4 单元由分子间力结合而成，只是相对取向上有所不同所致[23]：

$$\alpha\text{-白磷} \longrightarrow \beta\text{-白磷} \qquad \Delta H = (-15.899 \pm 0.837)\ \mathrm{kJ\cdot mol^{-1}} \tag{6-5}$$

纯白磷放置一段时间，部分表面白磷会形成微量红磷，使白磷变成淡黄色。不溶于水，但可溶于苯、乙醚，需保存于水中。有特臭，剧毒。在 827°C 热解 P_4 得到二磷 P_2。这个物种作为固体或液体是不稳定的。二聚体单位包含一个三键，类似于 N_2。在更高的温度下，P_2 解离成原子 P[24]。磷极易于与氧反应生成两种氧化物 P_4O_6 和 P_4O_{10}（图 6-7），这是由形成 P—O—P 键所致；若 O_2 供应充分，P_4O_6 的 P 上孤对电子就易配位到 O 原子上生成 P_4O_{10}。磷氧物种保持了四面体方式的特点。

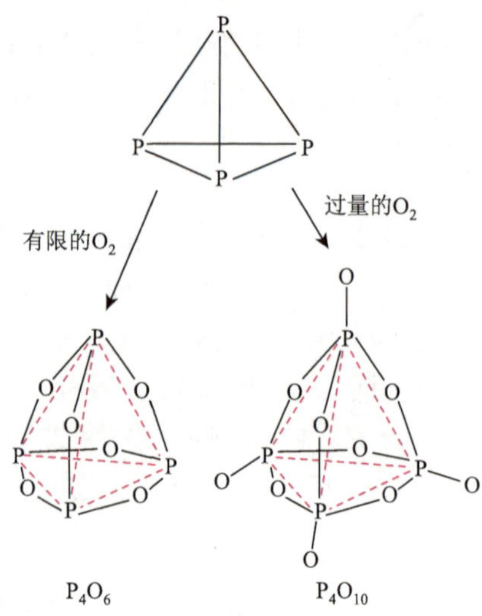

图 6-7　磷的氧化物

3. 应用

首先，所有已知的生命形式都需要磷。磷在 DAN 和 RNA 的结构框架中起着重要作用。活细胞用磷酸来运输细胞能量，三磷酸腺苷（ATP）是每个细胞使用能量过程所必需的。ATP 对于细胞中的关键调控磷酸化也很重要。磷脂是所有细胞膜的主要结构成分。磷酸钙盐有助于强化骨骼。

磷是一种必需的植物营养素（通常是限制性营养素），大部分生产都是用于农业化肥的浓缩磷酸，其中含有高达 70%～75%的 P_2O_5。2017 年，美国估计全球储量为 680 亿吨；2016 年，开采量为 2.61 亿吨[23]。对当代农业至关重要的是，农业的年需求增长速度（包括中国）几乎是人口增长速度的两倍[24]。

磷也是钢铁生产、磷青铜的制造和许多其他相关产品中的重要成分[25, 26]。在冶炼金属铜过程中加入磷，磷与铜中作为杂质存在的氧发生反应，生成含磷铜合金，其抗氢脆性高于普通铜[27]。磷也被用作 n 型半导体的掺杂物。^{32}P 和 ^{33}P 在生化实验室中用作放射性示踪[28]。磷酸盐用于制作钠灯专用眼镜[29]。动物骨灰和磷酸钙用于生产精细瓷器[30]。

另外，用单质磷制成的磷酸可应用于食品，如软饮料，并作为食品级磷酸盐的起点[30]。其中包括用于发酵粉的单一磷酸钙和三聚磷酸钠，用于改善加工肉类和奶酪的特性磷酸盐，以及牙膏中的磷酸盐。

白磷广泛用于先通过生成磷氯化物和两个磷硫化物（五硫化磷和五硫化二磷）制备有机膦化合物[31]。有机膦化合物有许多用途，包括在塑化剂、阻燃剂、农药、萃取剂、神经毒剂和水处理方面[32]。白磷可用于军事，如燃烧弹、烟罐和烟雾弹等，以及示踪剂弹药。自然，它们还可能造成严重烧伤，并对敌人产生心理影响[33]。现白磷的军事用途受到国际法的限制。

在白磷使用中应该注意的是：被称为战场上的“地狱之火”的白磷弹，在 1980 年 10 月通过的《联合国常规武器公约》明确规定：禁止使用燃烧武器攻击平民或民用物体[34]。在一些国家，由磷酸制成的三聚磷酸钠被用于洗衣清洁剂，但在另一些国家，这种用途被禁止[29]。这种化合物可使水变软，以提高清洁剂的性能，防止管道/锅炉管腐蚀[35]。

6.2.2.2　红磷

1. 红磷的类型

自从发现白磷之后，科学家将白磷隔绝空气加热到 260℃后发现，白磷转变为无定形红磷（red phosphorus）。虽然有文献介绍了红磷的多种类型[36, 37]，但原始材料均来源于斯莱肯森的量热实验[21]。他们在实验中得到了红磷有 5 种变体的结论（表 6-3）。

表 6-3　红磷制备中的时间-温度数据

温度/℃	加热时间/h	物种颜色	X 射线确定类型	物种密度/($g\cdot cm^{-3}$)
—	—	紫色	I	2.1
400	17.5	紫红色	I	
450	20	暗红色	II或III	
475	17		IV	2.3
510	4	亮橙色	IV	
555	48	红色	IV	2.33
570*	715	红色	V	2.33
575	18		V	2.37
575	20.75		V	
595	20	红色	V	2.38

* 原文为 540℃，依文献[37]校正为 570℃。

需要说明的是，在加热情况下磷会变成液态，产生蒸气压（图 6-8，虚线表示液态不存在，因为这时白磷迅速转变成了红磷[38]），因此研究者采用耐高压（在 590℃时磷的三相点压力约为 43×10^5 Pa）的不锈钢容器（防腐蚀）完成了实验

（图 6-9）。可喜的是，各物相均使用 X 射线衍射得到证明，并且结果与罗斯[13]和赫尔特格伦等的结果一致[16]。

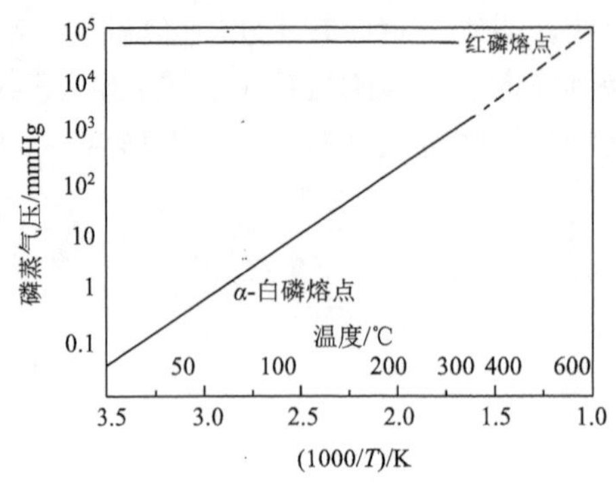

图 6-8　液态磷蒸气压与温度的关系

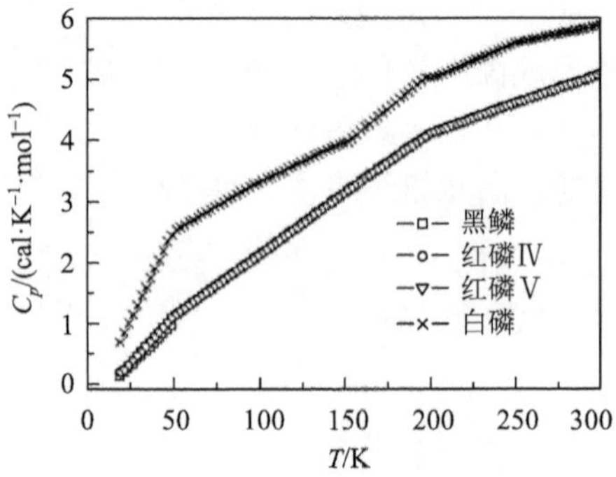

图 6-9　磷的热容曲线

2. 红磷结构和性质

“Ⅰ型”无定形红磷是将白磷暴露在热、光或 X 射线下而形成的[39]：

$$\alpha\text{-白磷} \longrightarrow \text{无定形红磷}^{[12]} \qquad \Delta H = (-16.3 \pm 1.7)\ \text{kJ}\cdot\text{mol}^{-1} \qquad (6\text{-}6)$$

$$\alpha\text{-白磷} \longrightarrow \text{红磷Ⅴ}^{[12]} \qquad \Delta H = (-16.3 \pm 6.3)\ \text{kJ}\cdot\text{mol}^{-1} \qquad (6\text{-}7)$$

$$\text{红磷Ⅳ} \longrightarrow \text{红磷Ⅴ}^{[12]} \qquad \Delta H = (-5.0 \pm 4.2)\ \text{kJ}\cdot\text{mol}^{-1} \qquad (6\text{-}8)$$

罗斯等建议[13]，在加热非晶态“Ⅰ型”红磷时产生 4 种同素异形体型，基于对它们的光学显微镜、差热分析（DTA）和粉末 X 射线衍射分析，命名为Ⅱ～Ⅴ可区别的红磷同素异形体。由于难以生长适合单晶体 X 射线衍射的晶体，人们对“Ⅱ型”和“Ⅲ型”结构所知甚少。海瑟（M. Haeser）和博克尔（S. Boecker）从理论研究表明[40, 41]，Ⅱ型或Ⅲ型红色磷可能是以不同方向连接形成的五连环为重复单元形成的聚合物，并显示出相似的稳定性，在任何情况下，由 21 个磷原子组成。在 CuI 矩阵中发现高分子链的结构高度支持了这一理论工作[42]。“Ⅳ型”常被称为纤维状红磷，其结构最近已被确定[43, 44]。“Ⅴ型”更常被称为希托夫磷（或紫罗兰色或 α-金属磷），是以 1865 年其发现者希托夫（W. Hittorf）命名的[45]。

鲍林（L. Pauling）和西莫内塔（M. Simonetta）[20]认为红磷具有图 6-10 所示的长链结构。生成红磷的条件不同，则形成的链长亦不同，最终形成各异的聚合物[46]。鲁宾斯坦（M. Rubenstein）[47]、罗斯等[13]都认为红磷有斜方晶体（红磷Ⅳ）和菱方晶体（红磷Ⅴ）两种结构。特恩（H. Thurn）[48]认为在特定条件下红磷还有单斜晶体结构。希托夫磷为单斜晶系，空间群 $P2/C$，晶胞常数 $a = 921$ pm、

$b = 915$ pm、$c = 2260$ pm，$\beta = 106.1°$，$z = 84$ pm。制备这种晶态红磷的最好方法是斯托克（W. Stock）法[49]：将白磷与 30 倍重量的铅封闭在管中，加热使磷溶解于熔融的铅中，缓缓冷却时红磷从铅中结晶析出，然后用电解法将铅溶去，从阳极脱落下来的磷片即为希托夫磷。红磷是相当复杂的层状晶体[47]，每一层由许多磷原子环绕的五角形管道排列而成，管道中的重复单位是由 21 个原子构成的链节，每个晶胞中包含四条这样的链节，如图 6-11 所示。每个链节中包含 P_8 和 P_9 两个“笼子”（P_8 由序号为 5、6、7、13、14、15、19、20 八个原子围成，P_9 由 1、2、3、9、10、11、17、18、21 九个原子围成）有两对磷原子（4、12 和 8、16）把这两个“笼子”交替地联结起来，形成一个复杂的长链，从侧面看像一个五角形的管道。P—P 的平均键长为 221.9 pm，平均键角为 101°。这些管道平行地排列成无限的层，在相邻的两层中管道 AaAa…和 BbBb…几乎互相垂直。在纵横交错的两层管道之间，只有少数的化学键（21 和 21′原子之间）把互相间隔的管道联成两套竹道网 AABB 和 ab，这两套管道网互相穿插，但它们之间并无化学键（图 6-12）。整个红磷晶体是由这样的双层管道网叠合而成，双层之间仅靠范德瓦耳斯力联系起来，各双层间 P—P 原子的平均距离为 339 pm，为链内 P—P 键长的 1.55 倍。

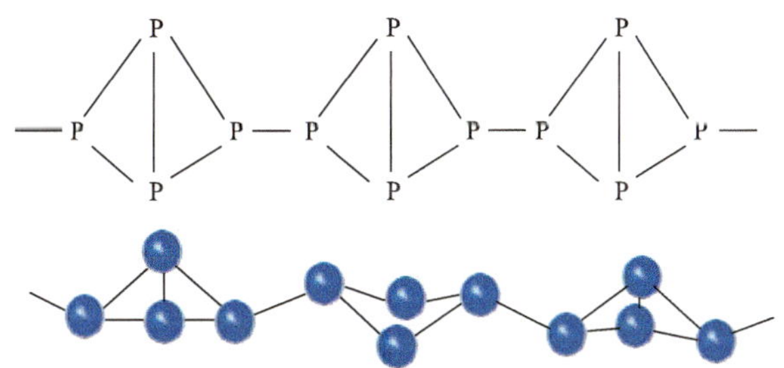

图 6-10　红磷的一种结构

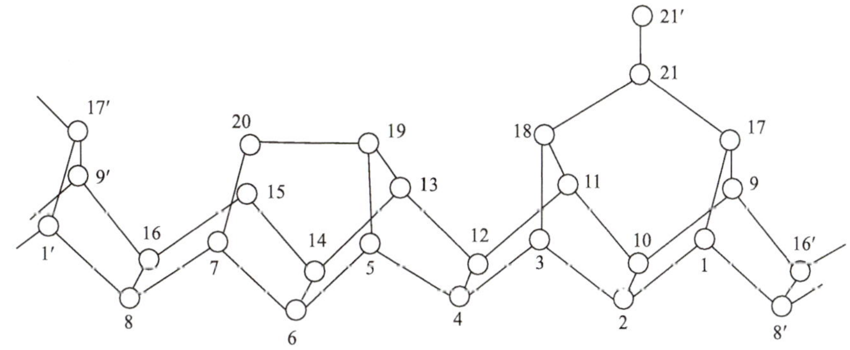

图 6-11　红磷五角形管道中的链节

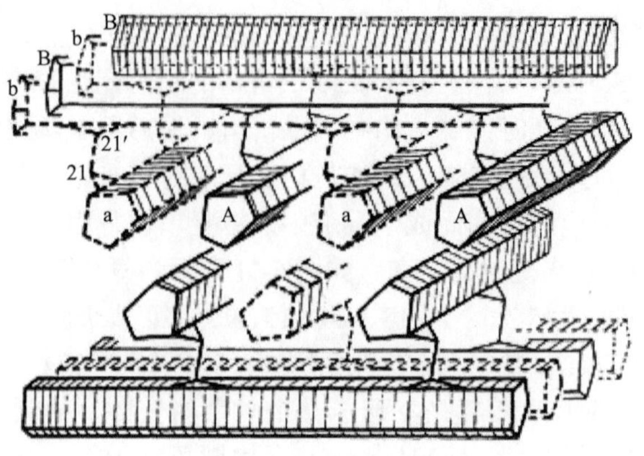

图 6-12　红磷的层状结构

书上常讲的“紫磷”也只说到“是磷的一种同素异形体，化学结构为层状，但与黑磷不同。化学式一般写为 P”。由此可知，它就是红磷的一种——希托夫磷[48, 49]。

纤维红磷与希托夫磷的单元结构对比见图 6-13[49]。

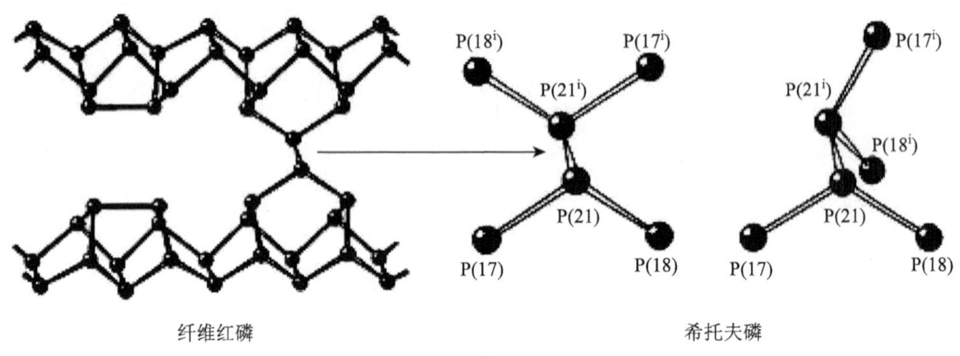

图 6-13　纤维红磷与希托夫磷的结构比较

红磷是紫红或略带棕色的无定形粉末，有光泽。加热升华，但在 4300 kPa 压强下加热至 590℃可熔融。汽化后再凝华则得白磷。难溶于水和 CS_2、乙醚、氨等，略溶于无水乙醇，无毒无气味，燃烧时产生白烟，烟有毒。红磷化学活动性比白磷差，不发光磷在常温下稳定，难与氧反应，以还原性为主，200℃以上着火（约 240℃），与卤素、硫反应时皆为还原剂。

3. *应用*

红磷主要用于制造火柴、农药，以及用于有机合成[50-53]。

早期的火柴头中使用了白磷，由于其毒性而具有危险性。使用这种火柴头会导致意外中毒[54, 55]。研究发现一种制造红磷的安全配方（红磷、胶水和玻璃粉混合物制成，其中玻璃粉末是用来增加摩擦的）[32, 56]，其易燃性和毒性要低得多时，根据 1996 年颁布的《伯尔尼公约》，要求将其作为一种更安全的火柴制造替代品[57]。因此，“在任何地方”的火柴已被“安全火柴”所取代。

磷可以将单质碘还原为氢碘酸，这是将麻黄碱或伪麻黄碱还原为甲基苯丙胺的有效试剂[58]。由于这个原因，红磷和白磷被美国缉毒署指定为 21 CFR 1310.02 以下的前体化学品，自 2001 年 11 月 17 日起生效。在美国，红磷或白磷的使用受到严格的管制。

红磷具有阻燃作用[59]，是一种性能优良的无机阻燃剂，阻燃效率高，与其他阻燃剂相比，达到相同阻燃级别所需添加量少，对材料的物理力学性能影响较小。因此，红磷常用于无机阻燃剂和高分子阻燃材料中[60, 61]。

6.2.2.3　黑磷

1. 制备

黑磷（black phosphorus）是最不活泼的磷同素异形体[12, 62-64]，热力学稳定形式在 550℃以下。它也被称为 β-金属磷，在外观、性能和结构上，与石墨一样，黑色，片状，是一种导电导体，表面铺着许多相连的原子[65-67]。

1）高压法

1914 年，布瑞格（P. W. Bridgman）利用白磷作为原料，在 200℃、1.2 GPa 下保持 5～30 min，首次制备出了黑磷晶体[23]。这个方法之后很长一段时间被用来制备黑磷。布瑞格也因此获得了 1946 年的诺贝尔物理学奖。1953 年，凯斯（R.W. Keyes）[68]改进了这一制备过程，他发现在 200℃和 1.3 GPa 下保持几分钟之后，从白磷到黑磷的转变就会立刻发生，密度会改变为 0.18 $g{\cdot}cm^{-3}$。随后，所得的黑磷经过二硫化碳的清洗去除残留白磷。这种方法制得的黑磷是多晶的，其晶粒直径仅约为 0.1 mm，且具有很多裂隙和缺陷。1982 年，远藤（S. Endo）等[69]改进了合成工艺，利用压砧模具装置首次合成出较大尺寸的黑磷单晶（$5\times5\times10\ mm^3$）：将红磷粉末在 550℃、1.0 GPa 下转化为黑磷，接着温度升高至 900℃将其熔化，再以 0.5 $℃{\cdot}min^{-1}$ 的速率缓慢降温至 600℃。2012 年，孙秋实等[70]把白磷和红磷粉末放置在立方砧高压装置中，随后将压力提升到 2.0～5.0 GPa，温度 200～800℃，持续 15 min，也可得到厚 3 mm、直径 8 mm 大小的黑磷块。2016 年，达比（M. Dahbi）等[71]利用立方砧高压装置将压力保持在 4.5 GPa，温度 800℃，持续 1 h 即可获得黑磷。

2016 年，王晓峰等[72]在 450℃、压力约 300MPa 条件下，通过淬压法，使红磷直接转化为黑磷晶体。这种方法不需要加入任何催化剂，制备出的产品纯度高，处理简单，反应条件温和并且对设备要求低，适合大规模生产。

2）汞催化法

黑磷还可以通过金属催化的方法制备。1955 年，V. H. Krebs 等[73]报道了利用金属汞作催化剂，使白磷在相对较低的压强下（350×10^5～450×10^5 kPa）成功转化为黑磷。他们首先将少量金属汞与白磷混合，放入 40 mm 长、7 mm 内径的小型高压釜中，在 1 个小时之内升高到指定的温度，并在此温度保持若干天即得。当反应温度在 380～480℃之间，保温时间在 1～3 天时，均可以得到黑磷。而当温度升高到 500℃以上时，所得的产物是黑磷与红磷的混合物，并不能得到较纯相的黑磷。利用汞催化可以合成黑磷的原因是由于催化剂的存在可以降低白磷转变为黑磷的活化能阈值，使得原来需要高温高压的反应可以在较低的能量下实现。然而，由于采用了有毒的金属汞作催化剂，该方法并没有推广，后续的研究也少有报道。

3）铋熔化法

1965 年，布朗（A. Brown）等[65]在研究磷的同素异形体过程中发现，黑磷可以在液态的金属铋中析出，由于当时结晶出的“针状”黑磷十分微小，并没有对其进行详细的描述和表征。1981 年，丸山（Y. Maruyama）等[74]将白磷用质量分数为 15%的 HNO_3 清洗，然后用水蒸气蒸馏，把净化好的白磷和铋粉分别放置在耐热玻璃管的两端，真空密封，然后将一端的铋加热融化并迅速浇注到另一端的白磷上，混合均匀，再把混合溶液在 400℃下保温 20 h。随后，以 0.3℃·min^{-1} 的速率降至室温，用质量分数为 30%的 HNO_3 除去固体铋，在剩余的溶液中即可得到针状或棒状的黑磷单晶。该方法虽然可以制得黑磷，但是原料白磷的性质活泼，并且有毒，在空气环境下操作很不安全，而性质相对稳定的红磷又不能溶解在液体铋中，不能直接用于制备黑磷。基于以上考虑，巴巴（M. Baba）等[75, 76]在 1989 年，对上述铋熔化法进行了改进：以红磷作为反应的前驱体来减小直接使用白磷的危险性（图 6-14）。在氩气气氛下将红磷和铋颗粒分别放在装置左右两边，并进行抽真空密封处理[图 6-14（a）]。然后，对红磷和铋粉加热处理，右端底部会形成铋块，上面则生成白磷，此时把装置右端取下[图 6-14（b）]；最后，在 300℃下加热铋，并将液铋浇注到固体白磷上，把装置放在 400℃环境下保温 48 h，随后降至室温，用硝酸除去铋，即可得到黑磷。

对黑磷进行硅和锗的掺杂也可以通过液态铋助熔的方法得到[77]。

4）矿化法（气相输运法）

矿化法是新开发的一种制备黑磷的方法。2007 年，兰格（S. Lange）等[78]使用 Au、Sn 和 SnI_4 作为矿化剂，与红磷反应制得黑磷：首先将矿化剂与红磷按一定质量的比例混合，真空封装在石英管中，加热至一定的温度并保温一定的时间，

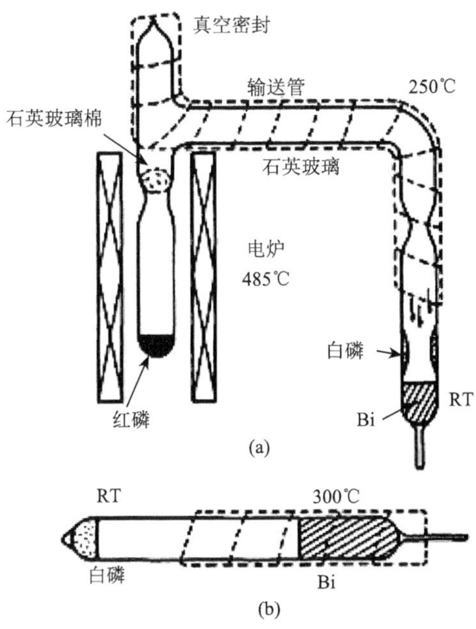

图 6-14　铋熔化法制备黑磷装置示意图

即可得到黑磷，但最终产物中存在少量未转化的红磷及反应生成的金属磷化物等杂质。尼尔斯（T. Nilges）等[79]在此研究基础上直接以 AuSn 和 SnI_4 为矿化剂与红磷反应，通过控制升降温速率得到了黑磷单晶。不过，上述黑磷制备方法都用到了贵金属 Au，导致黑磷制备成本较高。2014 年，尼尔斯等[80]继续深入研究并发现即使不用 Au 组分，仅用 SnI_4 和 Sn 作为矿化剂也能制得黑磷。最近，Zhang 等[81]发现即使不用有毒的 SnI_4，仅以 I_2、Sn、红磷为原料两步加热就可制备出正交相黑磷单晶。Zhao 等[82]发现直接以 I_2、Sn、红磷为原料在常压下也能制备出黑磷：将 Sn、I_2 和红磷在氩气气氛下密封，经过程序升降温处理，同样制备出了黑磷。该制备方法不但不再使用昂贵且有毒的 SnI_4 作为矿化剂，而且不再需要真空处理，因而简化了制备工艺流程，大大降低成本，具有很好的工业化应用前景。王波等[83]将分析纯红磷（市场售价为 0.04～0.16 元·g^{-1}）、Sn 和 SnI_4 按一定比例在氩气气氛下封装进一定尺寸的石英管中再将石英管置于管式炉内进行热处理，经过一系列升降温后用热甲苯清洗样品除掉残留的矿化剂也得到了黑磷。

5）高能球磨法

刘丹敏等[84]利用高温球磨法成功将红磷转化为黑磷：在充满高纯氩气的手套箱内，将高纯（99.9999%）红磷粉末放入碳钢球磨罐，按照球料比 20∶1 进行配比，其中球磨罐不同直径球的质量比为 3∶4∶3。随着高能球磨机的长时间运转（球磨转速为 700 r·min^{-1}，对应电压为 110 V），在球磨介质的反复冲撞下，冲击、剪切、摩擦和压缩多种力的作用，使球磨罐内成为高温高压的反应环境。之后，手套箱中打开球磨罐，用 200 目筛选。然后对样品进行均匀化热处理：将黑磷密封于石英管中，放入厢式马弗炉中，在 1 h 内将炉体温度升温到 300℃，保温 12 h，随炉缓冷。

2. 结构和性质

黑磷除了非晶体，还有三种具有金属光泽的晶体：正交晶系、六方晶系与简立方[85, 86]。常温常压下为正交相。每一层可以看作由 6 个磷原子组成的六元环单元组合而成，磷原子之间采用共价键结合，形成 sp^3 杂化，使得褶皱层状结构十分稳定。层与层之间依靠范德瓦耳斯力结合[87, 88]，而 Qiao 等[89]认为黑磷块体层间的相互作用并不完全是范德瓦耳斯力，波函数的交叠对层间的相互作用也非常重要。与石墨烯不同的是，每层的磷原子并不在同一个平面上，而是如图 6-15 所示的“褶皱状”结构。1986 年，森田（A. Morita）最早测定其晶格常数为 $a = 331.3$ pm、$b = 1047.3$ pm、$c = 437.4$ pm，层间距 d 约为 530 pm[85]。每个单胞里有 8 个原子，每一层磷原子内包含两种 P—P 键，其中较短的 P—P 键的键长为 222.4 pm，较长的为 224.4 pm。

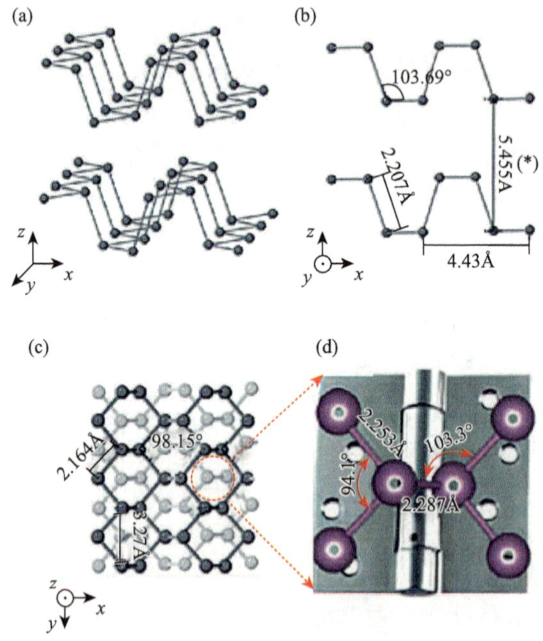

图 6-15　黑磷的二维层状结构示意图

（a）锯齿型（zigzag）方向侧视图；（b）扶手椅型（armchair）方向侧视图；（c）俯视图；（d）层间磷原子共价相连放大图

随着压强的增大，黑磷的结构开始发生变化。2010 年，Clark 等[87]观察到当压强增大至约 5 GPa 时，黑磷开始由半导体的正交结构向半金属的六方结构转变，当压强进一步增大至约为 10 GPa 时，黑磷转变为金属性的简立方结构，值得一提的是，这种金属性黑磷在温度降至 6 K 时展现出了超导的特性。

Dai 等[90]认为黑磷的层与层之间可能有 3 种堆垛方式，即 AA、AB、AC。这可能就是黑磷有三种晶体结构的原因。他们预言这三种堆垛方式最大的差异是层间距（表 6-4），磷原子以 AB 方式堆垛时所需的能量最低，最有利。

表 6-4　三种堆垛方式双层黑磷的晶格常数（a、b）、键长（R_1、R_2、R_2'）和层间距（d_{int}）　（单位：pm）

堆垛方式	a	b	R_1	R_2	R_2'	d_{int}
AA	455.0	332.6	228.3	224.3	223.5	349.5
AB	452.6	333.1	227.7	224.2	223.8	311.4
AC	453.3	332.4	227.4	223.8	223.6	337.9

在磷的主要三种同素异形体中，黑磷的密度最大，能导电，不溶于有机溶剂，一般不易发生化学反应。

3. 应用

由黑磷的结构可知其最大优点就在于拥有直接带隙，使其易于进行光探测，这是石墨烯所不具备的特性。而且，其带隙是可通过在硅基板上堆叠的黑磷层数来做调节，使其能吸收可见光范围以及通信用红外线范围的波长。由此可见黑磷会在半导体和光学等领域有巨大应用前景，被称为比肩石墨烯的“梦幻材料——磷烯”[91-103]。另外，黑磷还可应用在气敏性传感器、光伏太阳能电池等方面[104-107]。黑磷的应用不局限于光电领域，其在生物医学领域也具有优势。深圳大学张晗教授与中国科学院深圳先进技术研究院研究员喻学峰、香港城市大学教授朱剑豪合作[108]，成功研发出新型的超小黑磷量子点，并将其作为光热制剂应用于肿瘤治疗中。

6.3　磷纳米材料

6.3.1　磷纳米材料不同物相的一般介绍

磷纳米材料是指分散相尺度至少有一维小于 100 nm 的磷同素异形体，可以是单晶体或多晶体。从维度上，零维包括磷纳米颗粒和磷纳米球，一维包括磷纳米线、磷纳米带和磷纳米管，二维包括磷量子点和磷烯（phosphene），后者包括磷纳米片和超薄膜[109]。下面将按维数分述。

6.3.2 零维磷纳米材料

6.3.2.1 磷纳米颗粒

1. 制备

将黑磷研磨均匀后加入去离子水中，超声 1 h 分散均匀后，将分散液加入到高压均质机中均质（100 MPa 下并全程通氩气）。最后，将得到的纳米黑磷分散液离心分离，收集上层清液、冷冻干燥 4 d 后即得到纳米黑磷粉末[110]。它们是纳米黑磷颗粒或纳米黑磷片。

2. 结构和性质

图 6-16（a）为纳米黑磷的拉曼光谱[110]，在 360.7 cm^{-1}、437.6 cm^{-1} 和 465.0 cm^{-1} 处峰为黑磷的特征峰。分别对应于黑磷晶胞中磷原子的 3 种振动模式：A_g^1（磷原子的面外振动）、B_{2g} 和 A_g^2（磷原子的面间振动），说明纳米黑磷仍保留着黑磷的结构。图 6-16（b）为纳米黑磷的 XRD 谱图，其在（020）、（040）和（060）晶面特征峰依旧存在，这说明纳米黑磷具有较好的结晶度。

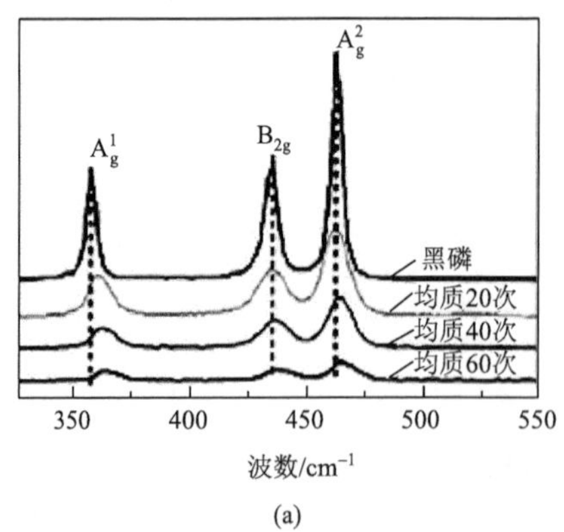

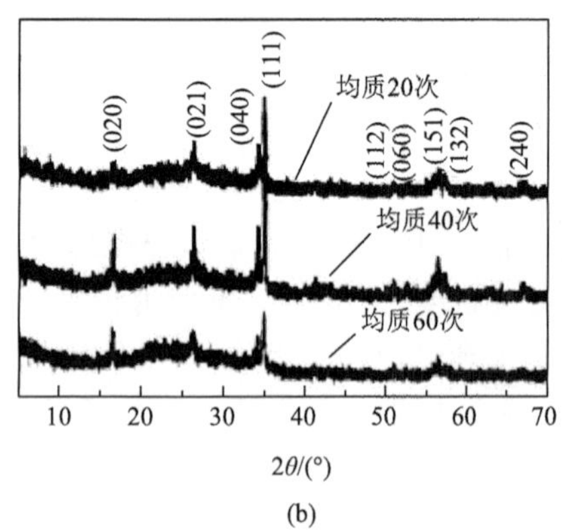

图 6-16　黑磷和纳米黑磷的拉曼图（a）和 XRD 图（b）

3. 应用

黑磷纳米材料在结构和性能上与磷块体同素异形体不同，保持着纳米材料的一般性质，会更有利于其在各个领域，特别是在先进材料中的应用。例如，Yan 题组和 Liu 课题组合作[111]，将不同尺寸的黑磷量子点作为添加剂掺入（PTB7∶$PC_{71}BM$）和（PBDTTT-EFT∶$PC_{71}BM$）两种最具代表性的活性层体系中，利用黑磷量子点很宽的吸收光谱和很强的对光吸收和散射作用，能够将有机太阳能电池的效率显著提高 10.7%；而在最优条件下：掺入的黑磷量子点的质量是有机半导体给体（PTB7 或 PBDTTT-EFT）的 0.055%时，器件的效率可高达 10.11%。这项研究突破了 20 年来有机光伏器件（OPVs）功率转换效率远低于无机太阳能电池的瓶颈，为在光驱中使用二维量子点提供了一种提高设备效率的有效方法。又如，Liu 等[112]首次成功研制了基于黑磷的光纤化学传感器，实现了对重金属 Pb^{2+} 离子的超灵敏检测，灵敏度高达 0.5×10^{-3} db/ppb，检测限值更低至 0.25 ppb，浓度范围从 0.1 ppb 到 1.5×10^{7} ppb。显然，这种 bp-光纤架构将开辟出一条作为卓越化学传感和生物医学应用的光学平台道路。

黑磷在各个领域的应用均表明，应用时需要纳米化。显然这是由于纳米黑磷颗粒或纳米黑磷片具有更好的结晶度、纯度、粒度和片数的可调节性。因此，磷纳米材料既可避免因尺寸过小导致进入血液循环之后容易被肾脏过滤并从体内清除，使药物在体内的循环时间很短，同时也可以利用肿瘤的高渗透长滞留效应（EPR）效应（通过血管内皮细胞间隙进入肿瘤组织中并富集）进入肿瘤，并被肿瘤细胞摄取，达到治疗目的[113]。例如，Sun 等[114]利用探头式超声剥离黑磷晶体制备的超小黑磷纳米粒，对胶质瘤细胞和乳腺癌细胞表现出良好的光热抗肿瘤效果。Sun 等[115]利用聚乙二醇修饰的黑磷纳米粒用于乳腺癌的光热治疗，也显示出良好的治疗效果。

6.3.2.2　表面介孔的中空红磷纳米球（HPNs）

1. 制备

Zhou 等[116]将 NaN_3 加入到溶有 PCl_5 的甲苯溶液中，搅拌 30 min。在氮气保护下，将混合溶液转移至高压反应釜中，水热至 280℃ 反应 12 h。自然冷却后离心分离得到红棕色产物，进一步用丙酮、乙醇和去离子水反复清洗。反应式如下：

$$10NaN_3+2PCl_5 \longrightarrow 2P+10NaCl+15N_2 \qquad (6\text{-}9)$$

他们通过加入 NaN_3 的剂量来巧妙调控 N_2 的释放量，从而改变溶剂热反应的密封体系压力。而压力的大小又决定了 HPNs 的曲率半径大小（表 6-5）。这一结果还证实了气泡导向的中空纳米球的形成机理假设。

表 6-5　HPNs 的曲率半径与反应体系压力的数据

实验	NaN_3/mol	PCl_3/mol	N_2/mol	半径/nm	压力/kPa
1	0.04	0.008	0.06	75	15 765.9
2	0.02	0.004	0.03	150	8 992.3
3	0.008	0.001 6	0.012	250	4 927.1
4	0.004	0.000 8	0.006	500	3 573.4

2. 结构和性质

HPNs 的组成和结构分析结果见图 6-17 和图 6-18[116]。结果显示：该材料为不同半径的形貌均一的中空红磷非晶结构纳米球。例如半径为 300 nm，其壳的厚度约为 40 nm，孔径主要集中于 10 nm 左右。

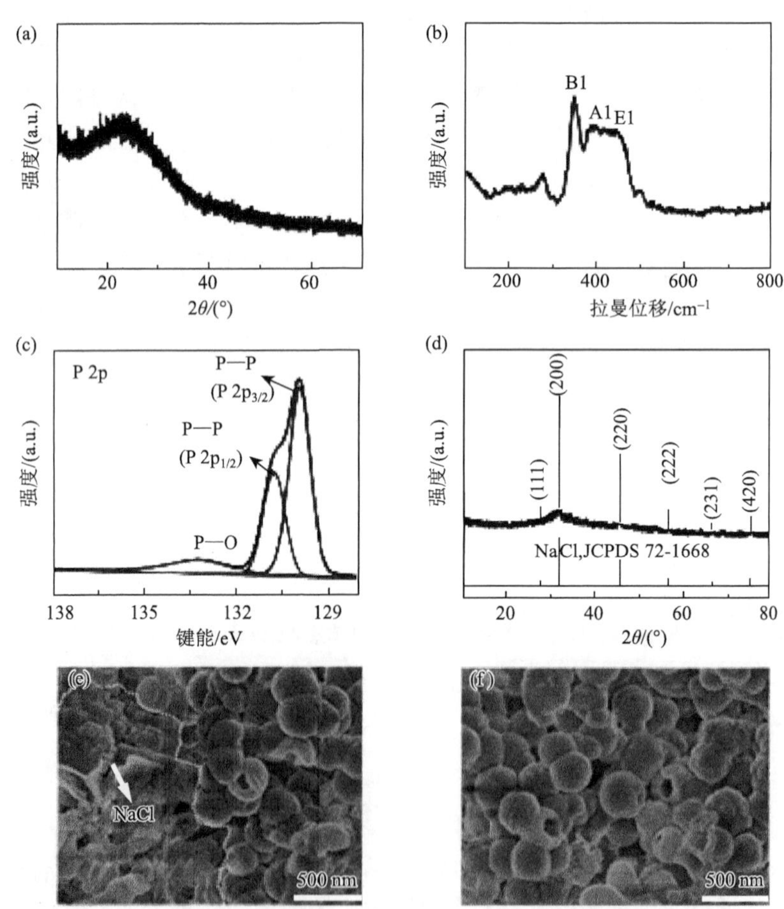

图 6-17　HPNs 的 XRD 图（a）、拉曼位移图（b）、高分辨 P 2p 的 XPS 图（c）、反应初产物的 XRD 图（d）、初产物水洗前后 SEM 图（e，f）

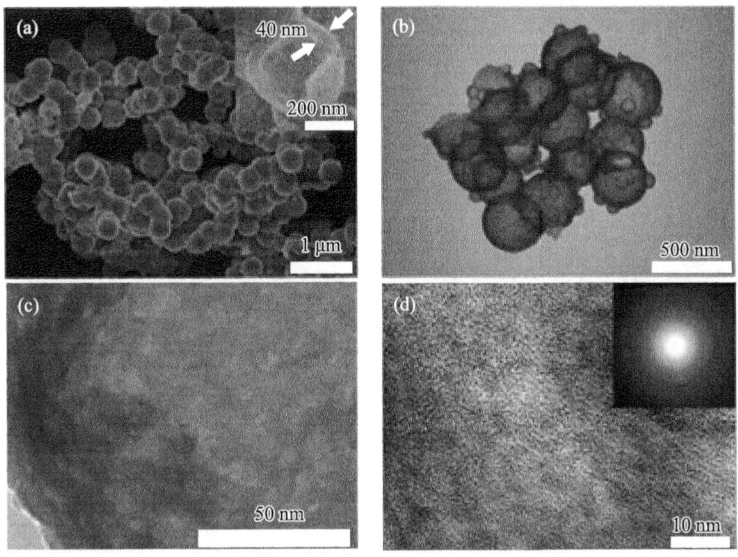

图 6-18　HPNs-300 样品的 SEM 图（a，插图为破损的纳米球的 SEM 图）；样品的低分辨 TEM 图（b）以及在高分辨下的 TEM 图（c）；样品的 HRTEM 图（d，插图为对应的电子衍射花样）

吸收-脱附曲线[116]表明中空纳米球的壳层不但具有很明显的多孔特征，而且具有约 750 $m^2 \cdot g^{-1}$ 的巨大比表面积（BET 实验结果，图 6-19）。

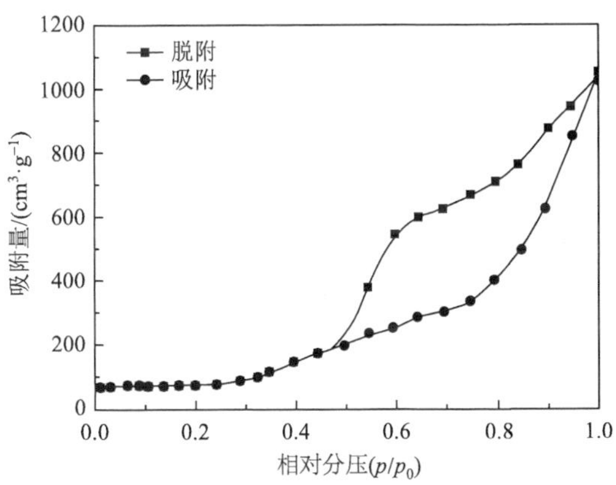

图 6-19　HPNs-300 样品的吸附-脱附曲线

3. 用途

众所周知，红磷是锂离子、钠离子电池负极的绝好材料[117-122]。然而，在电化学循环过程中，红磷材料巨大的体积膨胀（可达 300 倍）会造成活性材料的破裂，从而导致容量快速衰减[119-121]。缓解的有效策略是控制颗粒的尺寸和形貌。

其中表面介孔的中空纳米球是理想的结构材料，不但可缓解材料的体积膨胀，还可为离子的有效扩散提供多孔的通道[123-126]。将其作为钠离子电池负极，研究其电化学性能，结果发现[116]：在高达 60%（质量分数）载量比例条件下，HPNs 仍然表现出最高可逆比容量和很好的循环性能。HPNs 作为锂离子电池和钠离子电池的负极，其比容量分别可达到 1285.7 mAh·g^{-1}（2.1 mAh·cm^{-2}）和 1364.7 mAh·g^{-1}（2.3 mAh·cm^{-2}）。在同样电流密度下，其电化学性能是当前报道的磷基钠离子电池负极材料中最好的（表 6-6）。这是由于这种介孔中空纳米结构具备有效缓解电极材料体积膨胀和避免活性材料破碎的性能。该研究结果对锂离子电池（LIBS）和钠离子电池（SIBS）负极材料制备具有指导意义。

表 6-6　HPNs 与最近报道相关的红磷负极的电化学储锂、储钠性能对比

活性材料	LIBs/SIBs	电极中 P 比例（%，质量分数）	比容量（基于 P 质量）	比容量（基于电极材料质量）	面积比容量	参考文献
红磷/碳纤维	LIBs	34.4	1042 mAh·g^{-1} at 2.6 A·g^{-1}	358.4 mAh·g^{-1} at 0.9 A·g^{-1}	0.36 mAh·cm^{-2} at 0.9 mA·cm^{-2}	[122]
红磷/磷化钛/碳	LIBs	50	1019 mAh·g^{-1} at 0.20 A·g^{-1}	509.5 mAh·g^{-1} at 0.1 A·g^{-1}	1.1 mAh·cm^{-2} at 0.2 mA·cm^{-2}	[127]
红磷/石墨烯	LIBs	49	1623 mAh·g^{-1} at 0.52 A·g^{-1}	795.3 mAh·g^{-1} at 0.1 A·g^{-1}	0.64 mAh·cm^{-2} at 0.2 mA·cm^{-2}	[128]
红磷/石多孔碳	LIBs	24.4	2099.3 mAh·g^{-1} at 0.1 A·g^{-1}	520.6 mAh·g^{-1} at 0.02 A·g^{-1}	—	[129]
红磷/CMK-3 复合材料 HPNs	LIBs	24.8	1431 mAh·g^{-1} at 0.1 A·g^{-1}	466.4 mAh·g^{-1} at 0.8 A·g^{-1}	0.47 mAh·cm^{-2} at 0.8 mA·cm^{-2}	[130]
	LIBs	60	2142.9 mAh·g^{-1} at 0.52 A·g^{-1}	1285.7 mAh·g^{-1} at 0.3 A·g^{-1}	2.1 mAh·cm^{-2} at 0.52 mA·cm^{-2}	
			1690.59 mAh·g^{-1} at 0.52 A·g^{-1}	1014.3 mAh·g^{-1} at 0.3 A·g^{-1}	1.7 mAh·cm^{-2} at 1.3 mA·cm^{-2}	
碳/红磷/石墨烯	LIBs	33	1095.5 mAh·g^{-1} at 2.6 A·g^{-1}	361.5 mAh·g^{-1} at 0.8 A·g^{-1}	—	[131]
红磷/碳	LIBs	49	1800 mAh·g^{-1} at 0.29 A·g^{-1}	882 mAh·g^{-1} at 0.14 A·g^{-1}	0.88 mAh·cm^{-2} at 0.14 mA·cm^{-2}	[132]
红磷/碳纳米管	SIBs	34	1304 mAh·g^{-1} at 1.2 A·g^{-1}	467.5 mAh·g^{-1} at 0.42 A·g^{-1}	0.38 mAh·cm^{-2} at 0.35 mA·cm^{-2}	[133]
红磷/CMK-3 复合材料 HPNs	SIBs	24.8	1600 mAh·g^{-1} at 1.3 A·g^{-1}	464 mAh·g^{-1} at 0.64 A·g^{-1}	0.46 mAh·cm^{-2} at 0.64 mA·cm^{-2}	[134]
HPNs	SIBs	60	2274.5 mAh·g^{-1} at 0.52 A·g^{-1}	1364.7 mAh·g^{-1} at 0.3 A·g^{-1}	2.3 mAh·cm^{-2} at 0.52 mA·cm^{-2}	[134]
			1833.6 mAh·g^{-1} at 1.3 A·g^{-1}	1100.2 mAh·g^{-1} at 0.8 A·g^{-1}	1.8 mAh·cm^{-2} at 1.3 mA·cm^{-2}	

6.3.3　一维磷纳米材料

6.3.3.1　磷纳米棒

蒸气-液体-固体（VLS）机理是一种生长一维纳米结构最常见的路线[135-137]。理查德（A. L. Richard）等[138]使用布朗（A. Brown）的方法[138, 139]，设计了一种促进磷的 VLS 生长合成纳米棒的方案：选择白磷（P_4）作为一种方便、易挥发的气源，以铋为催化剂（融化为液态），加热到 300～460℃。因为 P_4 气体的溶解度在液态铋中低而生成了针状黑磷纳米棒（图 6-20）。分析结果显示：产物是由多晶纳米棒组成的复杂结构。温度在 380℃左右是生成更长、更细的纳米棒的最佳条

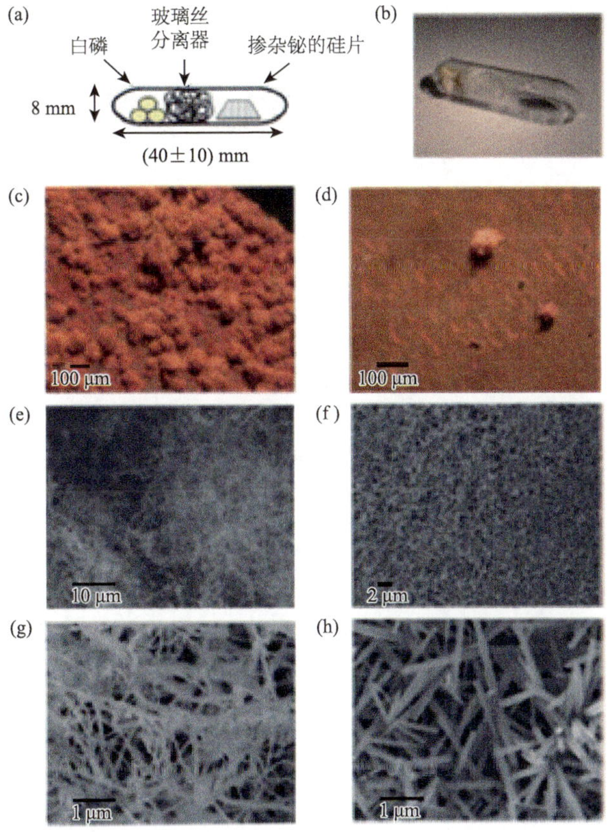

图 6-20　（a）磷纳米棒制备示意图和（b）典型的热处理前的安瓿瓶照片；（c）和（d）为光学显微图以及混合产物的（e～h）SEM 图。两个组成部分占主导地位：高长宽比“缠结”[（c）、（e）和（g）]和更短、更直的“草”[（d）、（f）和（h）]

件。其他温度下则会生成逐渐卷曲、更短、直径更大的产品。在 300～420℃条件下，主要产物为缠结的纳米棒，直径约为 100 nm，长度为几个微米。

文献中未发现有磷纳米棒性质和应用方面的报道，故本节不再赘述。

6.3.3.2　磷纳米管

1. 磷纳米管合成的难度

虽然有人提出了从理论上讲，存在纯磷高宽比纳米结构生长的可能性，磷纳米管、磷纳米线和磷纳米棒有望会被推进到基础科学和应用中[140]；甚至有研究报道单壁磷纳米管是稳定的[141, 142]。然而至今据我们所知，尚未发现磷纳米管的分离、纯磷结构的合成报道。

我们理解为，这是由于磷与碳单质的不同所致：即便是单层的磷烯（见本节后文），它也是有一定厚度的，是两层原子组成，不是一个平面。因此利用像碳那样的卷曲方法是得不到。这也是无法得到磷纳米线的同样原因。也有理论研究表明：选择菱形黑磷作为原料，只有在 5.5 GPa 的压力下是稳定的[86]；施加压缩应变后，纳米管弯曲导致声子散射增强，从而导致其热传导显著降低，并导致失稳[143]，这可能就是磷纳米管研究滞后磷烯未成为热点的原因。

2. 磷纳米管的理论研究

2000 年，赛福特（G. Seifert）和赫恩德德斯（E. Hernández）[142]首次使用第一性原理方法预测：当应变能低于 0.1 eV/atom，一维黑磷纳米管可以稳定存在，并提出了几种合成黑磷纳米管的方法，但未见其详。

黑磷纳米管（BPNT）的分类与碳纳米管相似[144]，分为三类：锯齿型黑磷纳米管、扶手椅型黑磷纳米管和手性型黑磷纳米管。图 6-21（a）为单层黑磷卷曲方向示意图，沿 a_1 锯齿方向卷曲可以得到锯齿型黑磷纳米管[图 6-21（c）]；而沿 a_2 扶手方向卷曲则可以得到扶手椅型黑磷纳米管[图 6-21（b）]。其结构可用卷曲矢量 $\boldsymbol{R} = n_1a_1 + n_2a_2$ 来定义。图 6-21（b）中，$n_1 = 0$、$n_2 = 8$，表示为（0, 8），即为 8 周期扶手椅型黑磷纳米；图 6-21（c）中，$n_1 = 12$、$n_2 = 0$，表示为（12, 0），即为 12 周期锯齿型黑磷纳米管。

2015 年，艾尔肯（Y. Aierken）[145]通过第一原理计算研究了一类新型多面体磷纳米管，并提出了通过线缺陷制备低能磷纳米管。2016 年，Liao 等[146]通过分子动力学模拟，研究了黑磷纳米管的结构稳定性和机械性能。首先，研究表明当扶手椅型黑磷纳米管（A-BPNT）的直径较大时，其在较高温度下也具有较好的稳定性，但环向上的高固有应变不利于锯齿型黑磷纳米管（Z-BPNT）的稳

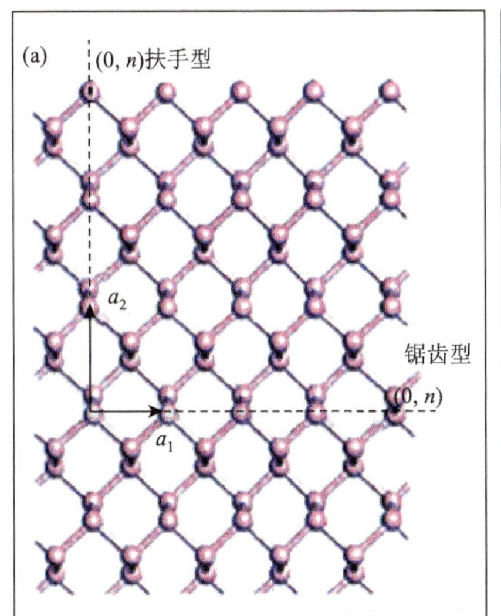

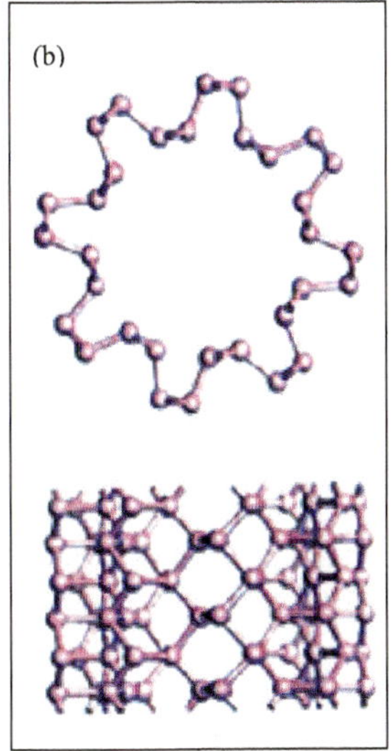

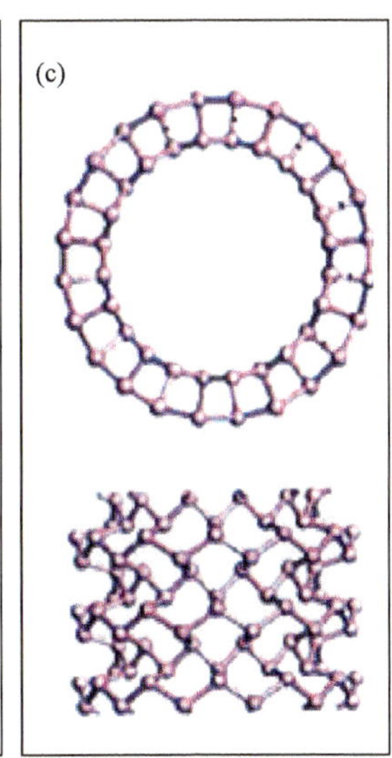

图 6-21　黑磷纳米管卷曲示意图

定性。其次，BPNT 的机械性能具有显著的尺寸效应，其断裂强度和杨氏模量随着直径的减小而降低。最后，轴向压缩 A-BPNT 时，随着管径的增加，A-BPNT 从柱屈曲转变为壳体屈曲模态，为黑磷纳米管应用于纳米器件制造和应变工程提供了理论支持。2016 年，Hao 等[147]通过分子动力学模拟，重点研究了尺寸、应变和单空位缺陷对黑磷纳米管热性能的影响。与二维黑磷相比，A-BPNT 表现出显著的尺寸效应，其热导率明显降低：对 A-BPNT 施加轴向拉伸应变，由于强化的低频声子可以增加其导热性；施加压缩应变后，纳米管弯曲造成声子散射从而降低了其导热性能。此外，缺陷周围强烈的声子散射也会显著降低热导率。同年，Cai 等[148]使用分子动力学模拟研究了扶手椅型和锯齿型单壁黑磷纳米管的热稳定性。研究发现在有限温度下，由于管的曲率和原子剧烈的热振动，管外侧的磷-磷键处于拉伸状态，键长伸长量会随着温度的升高而升高。当伸长的键的长度接近其临界值（0.279 nm），或者由于键角大的变化，两个非键合磷原子之间的最小距离超过 0.389 nm 时，会导致纳米管快速失效。因此，具有更高的直径或者在较低温度下工作可获得具有高稳定性的黑磷纳米管。在前面的研究基础上，Cai 等[149]又进一步深入研究了直径、长度、载荷速度及温度对 BPNT 单轴压缩强度和稳定性的影响：在单轴压缩过程中，BPNT 先发生屈曲再断裂；在 BPNT 长径比相同条件下，临界应变随着管径的增加而减小；在 BPNT 管径相同条件下，临界应变随着长度增加而减小；随着负载速度增加，BPNT 的临界轴向应变变低，当 BPNT 的轴向应变较低时，其在较高温度下仍然可以稳定存在。

6.3.4　二维磷纳米材料

6.3.4.1　黑磷量子点

1. 黑磷量子点（BPQDs）的制备

2015 年，Zhang 等[150]最先使用液相剥离法制备出横向尺寸为（4.9±1.6）nm、厚度为（1.9±0.9）nm 的黑磷量子点（对应 2～6 层单层磷烯），尺寸统一且结晶性良好。整个快速而高效的剥离过程都是在 *N*-甲基吡咯烷酮（NMP）这样的有机溶液中剥离完成的（图 6-22）。但是该方法制备得到的黑磷量子点浓度较低。

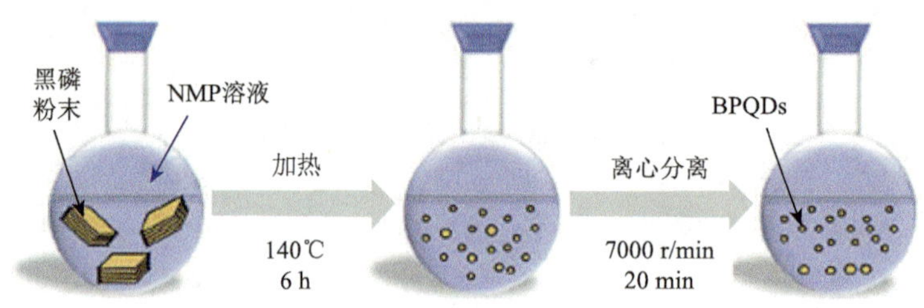

图 6-22　溶剂热法制备黑磷量子点的过程

Lee 等[151]对此进行了改进，将上述剥离后的分散液静置一段时间后取上清液再进行超声波处理，该过程重复 2 次，最终得到平均尺寸约为 10 nm、厚度约为 8.7 nm 的黑磷量子点，且产率较高。2016 年，Yu 等[152]采用联合探头超声和水浴超声的液态剥离法，快速可控制备出横向尺寸约为（2.6±0.4）nm 的单原子层厚度超小黑磷量子点，并运用流体力学知识阐明了黑磷量子点的形成机制，即黑磷量子点是由黑磷一层一层被粉碎得到的（图 6-23）。

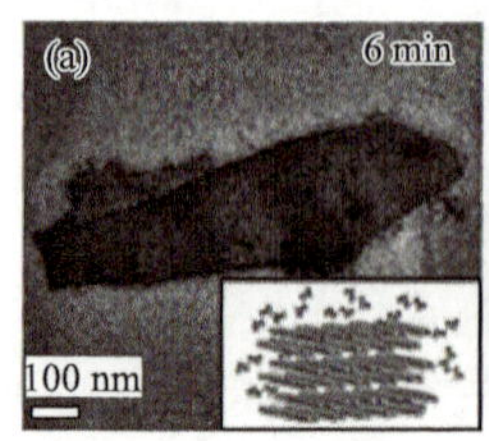

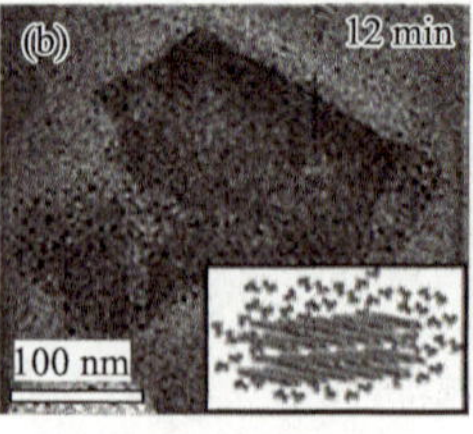

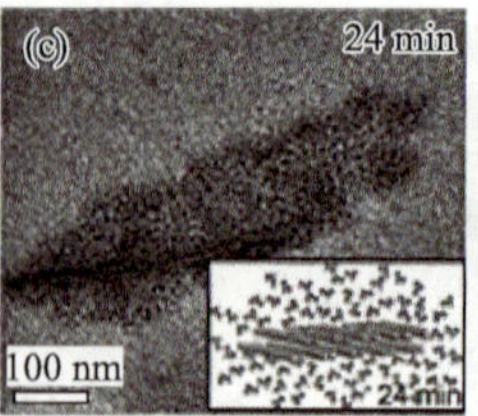

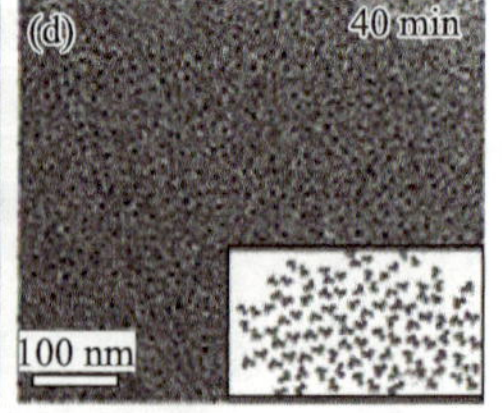

图 6-23　不同搅拌时间下黑磷量子点的 TEM 图

2016 年，Xu 等[153]在 *N*-甲基吡咯烷酮（NMP）溶液中，通过溶剂热法制备黑磷量子点，制备前先通入 10 min 氮气排除空气。显然该制备方法比液相剥离法操作简单，制备所需的时间短，产品量大且易于控制。若在 NMP 溶液中加入过量的 NaOH，可提高制备黑磷量子点的稳定性。2016 年，Xu 等[154]在 1 $mol·L^{-1}$ 的氯化锂 DMF 有机溶液中，利用电化学方法得到横向尺寸约为 6.39 nm 的黑磷量子点。该法有望成为大规模制备黑磷量子点的方法。

2. 结构和性质

Zhang 等[150]对 BPQDs 的组成和结构进行了全面分析（图 6-24）。结果显示：得到的黑磷量子点的平均横向尺寸约为（2.1±0.9）nm。由于黑磷量子点的超小结构，具有边缘效应和量子限域作用，使其具有了优异的电学和光学性质[155-157]。例如，在 800 nm 飞秒激光照射下[153]，BPQDs 的调制深度和饱和光强分别为 36%和 3.3 $GW·cm^{-2}$，非线性吸收系数约为$-(2.5±0.19)×10^{-3}$ $cm·GW^{-1}$，更适合应用于超快光子学中；而同样条件下 BP 的调制深度和饱和光强分别为 13.3%和 (647.7±60) $GW·cm^{-2}$，非线性吸收系数约为$-(4.08±0.11)×10^{-3}$ $cm·GW^{-1}$[158]。

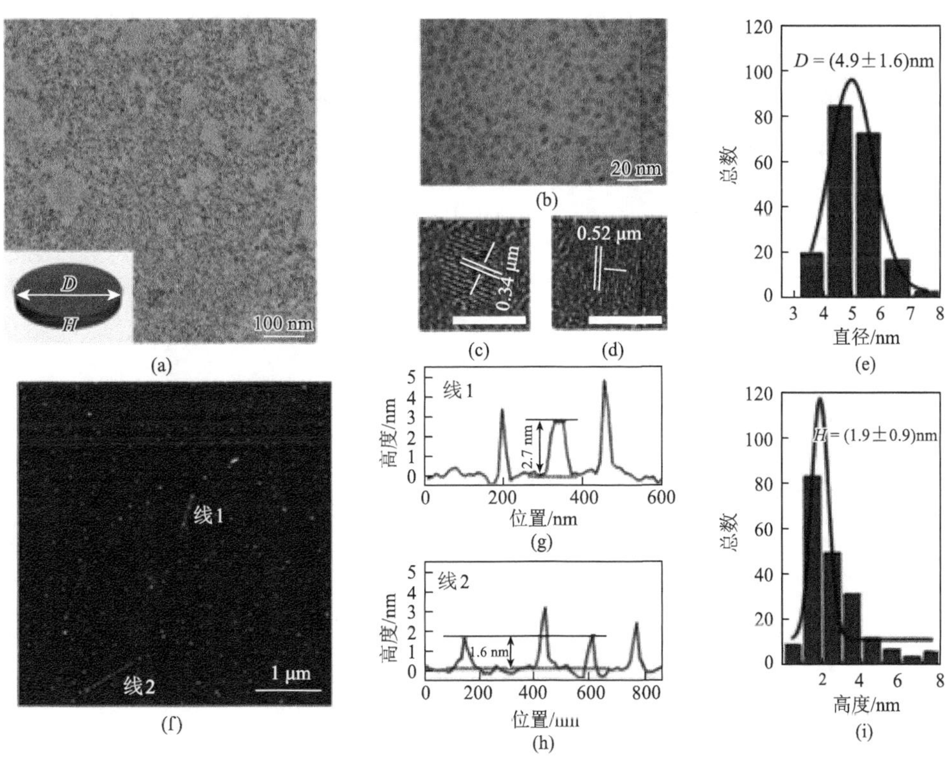

图 6-24　黑磷量子点的形貌表征

（a）TEM 图像；（b）放大的 TEM 图像；（c）和（d）高分辨 TEM 图像（图中标尺为 5 nm）；（e）200 个黑磷量子点的直径统计分布图；（f）AFM 图像；（g）和（h）为图（f）中白线对应的高度信息；（i）200 个黑磷量子点对应的由 AFM 测出的高度信息统计分布图

3. 应用

由于黑磷量子点的优异的电学和光学性质，以及具有特殊的高灵敏性、生物相容性、易降解以及低毒性等优点，在敏化太阳能电池、气体传感器、湿度传感器、载药和细胞标记等领域已被广泛应用[100, 104, 105, 159, 160]。Xu 等[153]利用黑磷量子点优异的非线性光学性质，研究了其在被动锁模掺铒激光器中的应用，其可产生中心波长 1567.5 nm、脉宽 1.08 ps 的锁模脉冲激光；通过改变入射光的泵浦功率，可输出中心频率为 15.15 MHz，脉冲间隔为 7.5 ps 的双脉冲束缚态孤子。证实了黑磷量子点是当前超快光子学领域最有潜力的材料之一。再如，一个有趣的实验结果表明[161]：用黑磷量子点作为靶向疗法的光热试剂进行癌症细胞的杀灭实验，15 天后癌细胞遭到杀灭，且未对小白鼠产生明显副作用（图 6-25）。

近期关于黑磷量子点的合成、性质、功能化修改以及应用的文章可参见桂日军等[162]的综述。

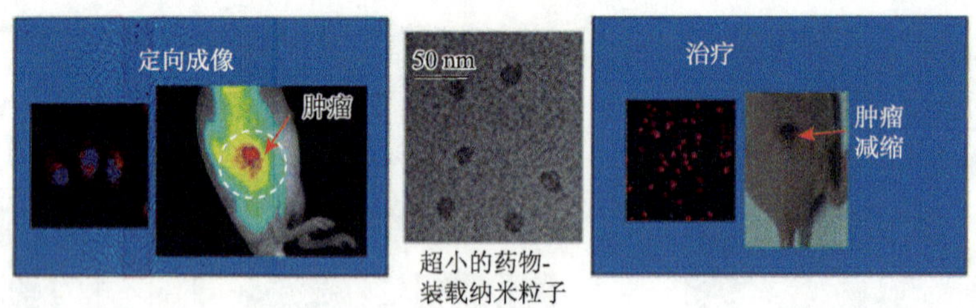

图 6-25　用叶酸受体靶向的脂聚合物纳米粒（FA-INPs）作为光热试剂进行癌细胞杀灭实验的心阻抗图

6.3.4.2　磷烯

1. 磷烯的概念

磷烯（phosphorene）又称黑磷烯或二维黑磷，是一种从块体黑磷剥离出来的由有序磷原子构成的、单原子层的、有直接带隙的二维半导体材料[163-168]。实际上，正是由于块体黑磷结构拥有直接带隙，而且可通过在硅基板上堆叠的黑磷层数来调节带隙（表 6-7），导致磷烯与其他烯不同，广义上不仅指单原子层，还应包括少层、多层的片状和薄膜。研究证明，黑磷纳米片的能带隙和厚度相关[89, 169]。随着层数增加，层与层之间相互作用导致的能带劈裂使其带隙减小，当达到 10 层时其带隙减小到 0.11 eV；相反，层数减少到 1 层时，带隙增加到 1.51 eV。黑磷的带隙 E_g 和层数 n 的关系可以用公式（6-10）进行估算[170]：

$$E_g \approx (1.7/0.73\, n + 0.3)\ \text{eV} \tag{6-10}$$

表 6-7 少层磷烯和块体黑磷的带隙能量

厚度/层数	PL 法光学带隙测量值/eV[171]	带隙计算值/eV[172]	吸光度法带隙测量值/eV[173]
1	1.75	1.6	—
2	1.29	1.01	1.88
3	0.97	0.68	1.43
4	0.84	0.46	1.19
体相	—	0.10	0.33

2. 制备

关于制备广义上的磷烯的方法，几乎所有相关论文都有描述，一些综述文章叙述比较全面[163-168]。大体上是参考石墨烯的有效方法而成，有机械剥离法、液相剥离法和化学合成法，甚或离子轰击法和纳米刻蚀法。这里不再赘述。

1）单层磷烯

基于 2004 年由胶带剥离法得到石墨烯的启发，研究者最先开始的是机械剥离法制备磷烯的研究。但直至 2014 年，中国和美国的两个研究小组才对单层和少层磷烯的制备有所突破[174, 175]。但得到的产物是低密度的薄层磷烯且表面有胶黏剂残留。后来，Castellanosgomez 等[176]对该方法进行了改进，即将纯度为 99.998%黑磷块体用透明胶带数次分裂后，将胶带轻轻压在聚二甲硅氧烷（PDMS）基体上并迅速分离；再将粘有薄层黑磷的 PDMS 基体与其他受主基体轻轻接触后缓慢分离而转移到其他基体上，便会得到薄层（1～3 层）磷烯，单层磷烯具有密度大、稳定性和结晶性良好的特点。

Lu 等[177]在 Si/SiO_2 基体上得到了薄层黑磷晶体，用功率为 30 W、压强为 30 Pa 的 Ar^+等离子体在室温下对其进行稀释磷烯片材而减薄获得了单层磷烯。产物具有厚度均匀、结构完美及结晶性良好等优点，即便放置在干燥的空气中数月再进行退火处理后仍能保持良好的结晶性。可通过控制等离子体的功率及压强来控制磷烯的层数，该法也称离子轰击法。2015 年，Wang 等[178]同样利用机械剥离的方法在 SiO_2 基体上热生长得到单层磷烯，之后用丙酮、甲醇和异丙醇依此进行清洗，去除胶带残渣，然后在 180℃烘烤 5 min 以去除溶剂残渣。经测定刚剥落的单层片的厚度为 0.7 nm。这个值略大于 0.53 nm 的单层黑磷厚度，但明显小于 1.06 nm 的预期双层厚度，表明片状物确实是单层。

上述得到的磷烯仍可用纳米刻蚀法继续减薄，即利用控制传导原子力显微镜（CAFM）的扫描探针电流来调制刻蚀黑磷的深度[179]。然而，据报告[176, 177]，机械剥离法剥落的磷烯薄片在环境中会不可逆转和容易地转化为氧化磷化合物。因此，应为机械剥落过程提供真空或惰性气体屏蔽，以确保获得完美的磷烯。

2）少层磷烯片

a. 液相剥落法制备原理

使用液相剥落法多次成功地合成了二维物质，包括过渡金属氧化物、六方氮化硼、氧化铋和石墨烯[177, 180]。科学家很快开始了利用液相剥落法制备磷烯的研究。计算表明[181]，使块体黑磷层间剥离需克服的最低表面能为 58.6 $mJ \cdot cm^{-2}$。因此，当非质子极性有机溶剂的表面与二维材料匹配时，溶剂与材料之间的相互作用可以与剥离该材料所需的能量相平衡，通过动力作用（搅拌、超声或热）就可使块体材料的能带劈裂而剥离成片层（图 6-26）[181]。特别是超声方法，是为了利用超声的空化作用产生空泡鼓动表面黑磷纳米片的振动，加快从块体上剥离下来[182]。

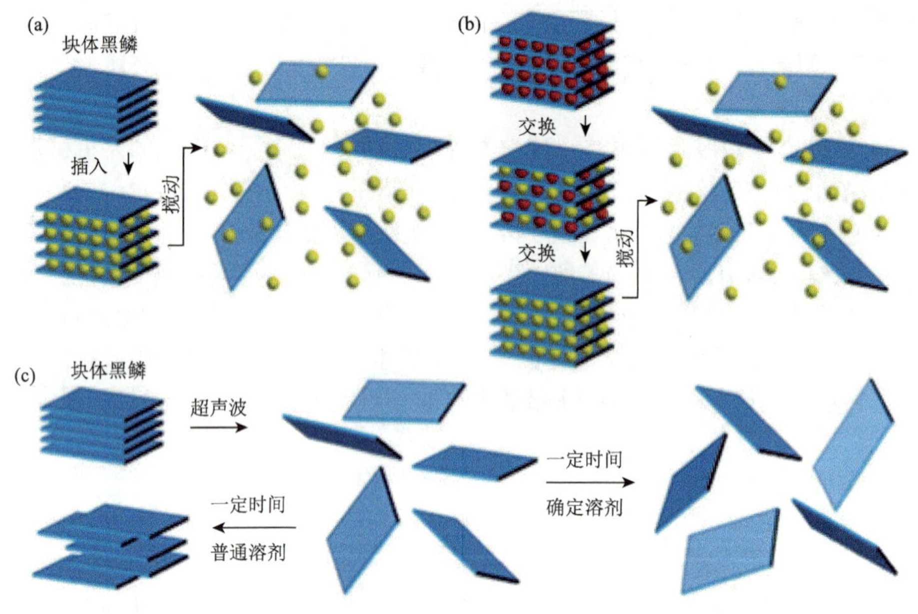

图 6-26　主要液体剥落机理的示意图

b. 液相剥落法中的溶剂效应

首先，所选择的液体不应与目标物质发生反应，而应为稳定脱落的纳米片，防止其再聚集。常用一些非质子极性有机溶剂，如 *N*, *N*-二甲基甲酰胺（DMF）[183]、二甲基亚砜[184]、*N*-甲基吡咯烷酮（NMP）[185, 186]和 *N*-环己基吡咯烷酮[187]，其中，以 DMF 和 NMP 研究报道最多。使用 NMP 作为溶剂，以液相剥离法制备少层磷烯是由 Beent 等[186]首次报道的；在此基础上在剥离过程中添加 NaOH 既可增加产物的稳定性，也可使产物在水中具有良好分散特性（图 6-27）[187]。

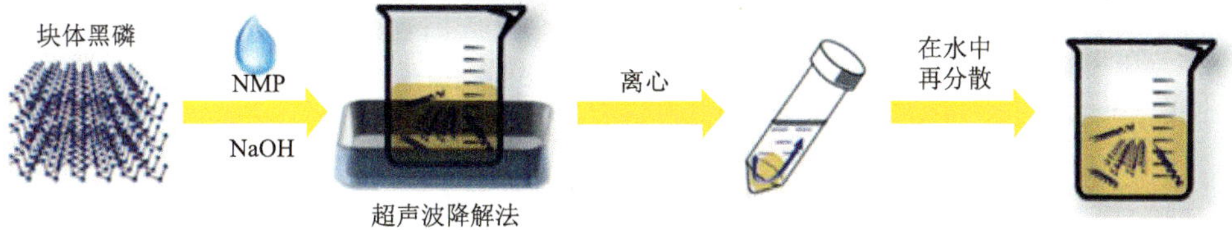

图 6-27　NMP 中碱性条件下液相剥离辅助制备少层磷烯

Xu 等[188]加入小分子植酸、在 DMF 溶剂中，利用超声剥离方法制得少层磷烯，效果明显优于未加入植酸的超声剥离。液相剥离法是目前制备大规模纳米薄片最为广泛的方法，制得的纳米薄片具有可直接加工性，易形成复合材料并获得特定尺寸，可为磷烯研究提供足够用的量。由于使用的溶剂、动力方式、加热温度、分离时间等不同，获得的产品尺寸也各有差别（表 6-8）。

表 6-8　液相剥离法制备条件对产品的影响

研究者	超声方式	超声时间/h	功率/W	离心转速/（$r\cdot min^{-1}$）	尺寸/nm	厚度/nm
Yasael 等[183]	水浴	10	300	4 000～7 000	436±55	28～45
				7 000～10 000	197±39	11～17
Guo 等[187]	探头	4	1 440	12 000	670	5.3～2.0
				18 000	210	2.8～1.5
Brent 等[184]	探头	24	1 502	6 000	100～200	3.3～5.0
Kang 等[185]	探头	1	30	15 000	660	16～128

大多数相关研究表明，脱落的磷烯纳米片会与水和氧反应而降解[186, 189]。因此，建议剥落过程要在手套箱中进行。然而，2016 年 Chen 等[190]报道了一种在水中制备磷烯的新方法：把结晶度高的黑磷粉末分散在去离子水中，经超声剥落（输出功率 950 W）12 h，然后以 1500～5000 r/min 的速度离心 30 min 制得了磷烯纳米片（图 6-28）。EDS 谱证明其中 P 元素含量大于 99.7%。进一步考察了该产品的稳定性，1 周之后，有 10%的纳米片被降解，8 周之后，60%纳米片被降解。

$$BP + O_2 \longrightarrow PO_X \tag{6-11}$$

$$PO_X + H_2O \longrightarrow H_3PO_4 \tag{6-12}$$

同年，Kang 等[185]以水作溶剂，并配制质量分数为 2%的十二烷基硫酸钠溶液作为表面活性剂以降低水的表面能，用纯氩气对去离子水进行除氧操作后，再用探针式超声设备对块体黑磷进行处理，进一步在较低转速下离心机分离出未剥离的黑磷，最后用高速离心机梯度分离得到不同层数范围的磷烯分散溶液。

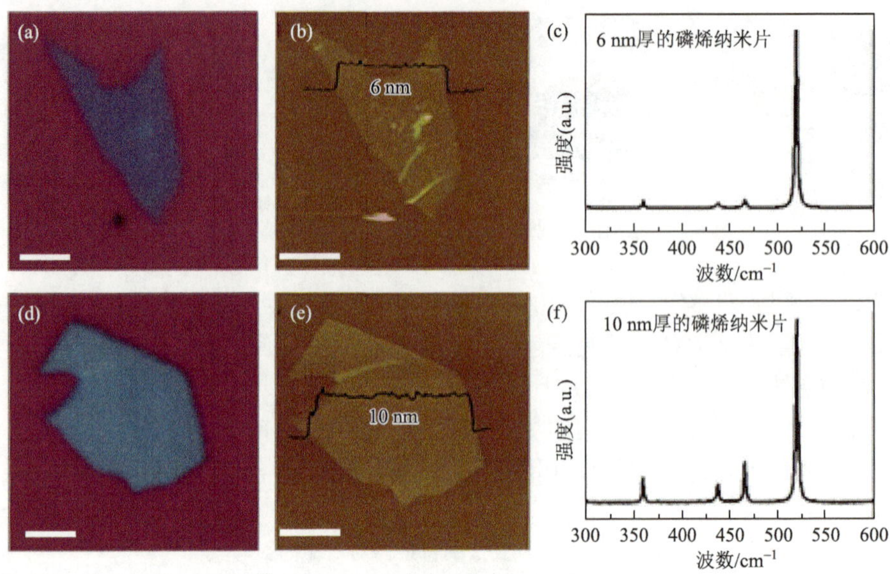

图 6-28　水中液相剥离制备的少层磷烯表征

（a）厚度约为 6 nm 磷烯纳米片的光学图像；（b）厚度约为 6 nm 磷烯纳米片的 AFM 图像；（c）厚度约为 6 nm 的磷烯纳米片的相应拉曼光谱；（d）厚度约为 10 nm 磷烯纳米片的光学图像；（e）厚度约为 10 nm 磷烯纳米片的 AFM 图像；（f）厚度约为 10 nm 磷烯纳米片的拉曼光谱

c. 其他制备方法

● 化学气相沉积[191, 192]是经典的制备二维纳米材料的有效方法。假定可以确定合适的前驱体，该法可借鉴用于制备磷烯纳米材料。Smith Joshua 等[193]提出了一种原位化学气相沉积方法，展示了在磷烯制备方面的进展：首先将红磷粉末在管炉中加热到 600℃，在硅基存在下制备出红磷薄膜。然后，将含有红磷薄膜的衬底放入氩气下的密封压力容器反应器中，并通过离心管中经过特定加热过程的纯化矿化剂（Sn 和 SnI_4）对薄膜进行转化。该方法可与机械脱剥磷烯纳米薄片相媲美。然而，这种方法通常会引入缺陷和/或导致有损电子特性的相变。

● Yan 等[194]报道了一种利用超临界二氧化碳合成少层磷纳米片的方法。首先将黑磷粉末加入 NMP 溶液，在冰浴中超声处理 1 h 后将混合物转移到预热的不锈钢反应罐，充入 15 MPa 压力的二氧化碳气体以达到超临界状态。反应 3 h 后得到少层磷烯纳米片。尽管该方法对于用于基础研究目的是有用的和反应快速的，但就其性质而言，它是一个不可伸缩的过程。此外，超临界过程非常复杂，难以实现磷烯的工业化生产。

● 2016 年，Erande 等[195]利用电化学剥离法即对黑磷施加电压产生电流，使黑磷表面产生氧气将黑磷纳米片撑开（图 6-29），30 min 实现剥离，得到了原子层厚磷烯纳米片。

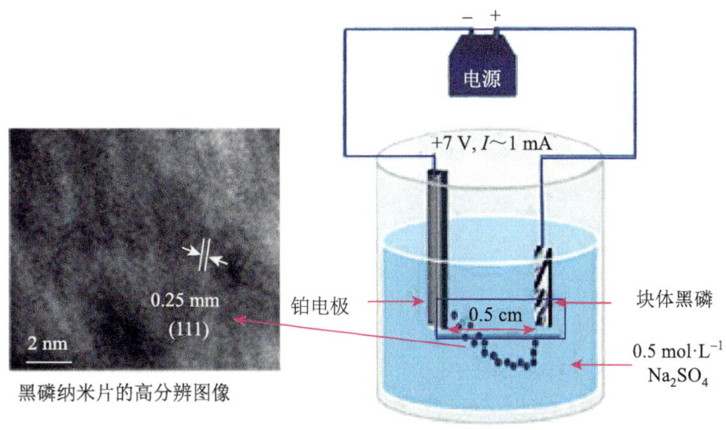

图 6-29　黑磷纳米片电化学剥落的实验装置

● 利用等离子体刻蚀法，即通过控制氩或氧等离子体刻蚀频率与时间，逐原子层可控地通过物理碰撞等作用减薄磷烯层，得到单层的磷烯[177, 196-198]（图 6-30）。用氧等离子体处理时可使上层的磷烯氧化为 P_xO_y，起到保护下层磷烯的作用。同时通过物理作用溅射出 P_xO_y，进一步刻蚀下层磷烯，最终达到精确控制层数的刻蚀平衡[187]。

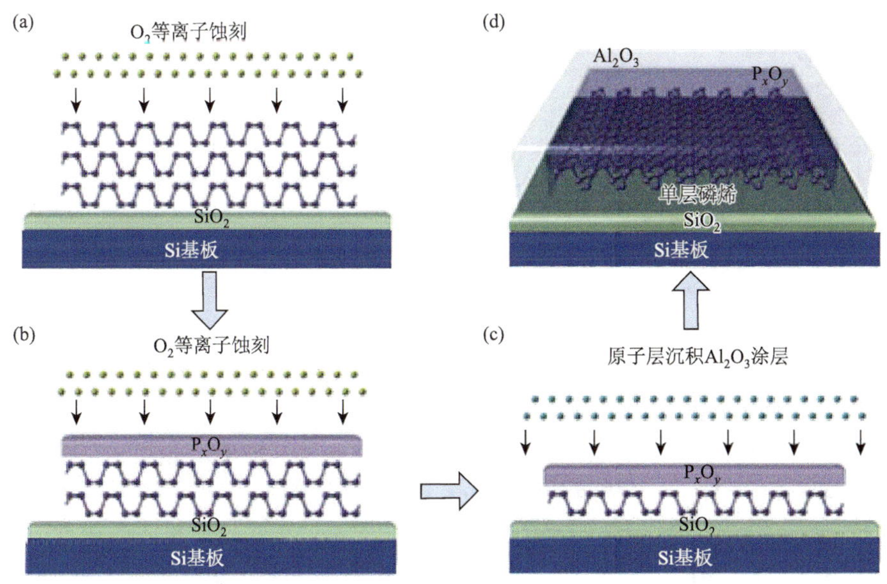

图 6-30　通过氧等离子刻蚀与 Al_2O_3 涂覆得到稳定的磷烯

（a）首先在 SiO_2/Si 基板上剥落厚的磷烯片，然后用 O_2 等离子蚀刻（黄球）处理样品；（b）在磷烯氧化和实际去除 P_xO_y 层间达到动态平衡，从而使 P_xO_y 层接近恒定的厚度和蚀刻速率成为常数；（c）因为其余各层的退化受到抑制；（d）样品表面涂有 Al_2O_3 保护层

3. 结构

1）磷烯的结构特征来源于黑磷的晶体结构

黑磷有三种具有金属光泽的晶体：正交晶系，六方晶系与简立方晶系。与石墨烯单层原子在同一个平面上（同层碳原子为 sp^2 杂化）不同，每层的磷原子并不在同一个平面上，而是“褶皱层状”结构（参见图 6-15）。而这样的结构就有可能造就磷烯的结构具有多样性；同时也就使其作为拥有适当带隙和高迁移率的二维材料，在微电子等领域显示出重要的应用前景。

2）磷烯大家庭的晶体结构

随着 2015 年华中科技大学 Wu 等[199]在 *Nano Letters* 上研究论文 *Nine New Phosphorene Polymorphs with Non-Honeycomb Structures：A Much Extended Family* 的发表，理论上单层磷烯有 α-P17、α-P7、β-P、γ-P、δ-P、ε-P、ζ-P、η-P 和 θ-P 等九种形态。

● 磷烯 α-P17→α-P7 的转换（黑磷烯）

磷烯 α-P17 即发现的第一种磷烯，即常说的黑磷烯，已被合成并广泛研究[174, 175]。可能是受 2010 年 Clark 等[87]观察到当压强增大至约 5 GPa 时，α-黑磷开始由半导体的正交结构向半金属的六方结构转变的启发，2012 年 Boulfelfel[200]等进行了 α-P17 到 α-P7 的压力诱导相变研究。他们认为：磷 α-P17 的三个键和一个孤对在极端的压力和温度条件是很有希望发生奇异的晶体结构和特性变化：挤压孤对电子。已经从衍射中得到的 12～18 个优先取向通过实验验证了结构的转化途径，相互转换（＞12 GPa）是通过对相邻（010）层的反平行位移沿±1/4 与剪切变形耦合，降低了单斜角 β（从 90℃到 86.62℃）。他们通过计算和实验证明了这种转变的机理。

● 磷烯 β-P（蓝磷烯）

仍然是鉴于磷烯是褶皱层状结构，其中的 P—P 键比石墨烯中的 C—C 键弱得多，考虑到越弱的键对环境温度和压力的变化越敏感，2014 年 Zhu 和 Tománek[201]用理论计算预示了更稳定的分层结构的磷烯，称之为“蓝色”磷，即蓝磷烯。其平面内的六角形结构和体积层的堆积与石墨密切相关（更趋于平面），使其基本带隙超过 2 eV。蓝磷应更易形成潜在电子的准二维结构。他们研究了一个从黑色到蓝色的磷的可能转变路径和可能的合成方法（图 6-31）。

2017 年，Zeng 等[202]通过第一性原理计算发现，由于蓝磷烯相对平整的结构形貌，其在衬底上比黑磷烯更稳定，Au（111）、Cu（111）以及 GaN（001）都是适合蓝磷烯单层生长的衬底。而且由于磷与镓具有较好的化学亲和性且晶格匹配较好，蓝磷烯在 GaN（001）表面稳定性更好，通过分子动力学模拟进一步验证了这一推论。进一步研究发现，在 GaN（001）衬底上，蓝磷烯的生长遵循非常规“半层-半层”模式：当磷原子在 GaN（001）表面的覆盖率增加时，会先形成一个与下半层蓝磷烯等效的相对稳定的过渡结构，随覆盖率增加，开始形成上半层的蓝磷烯，最终形成稳定的蓝磷烯单层（图 6-32）。

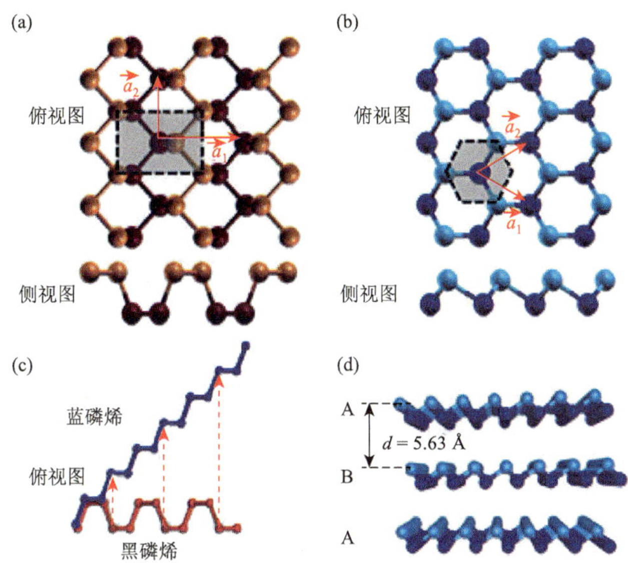

图 6-31 黑磷烯和蓝磷烯结构及黑磷烯向蓝磷烯转化示意图

（a）黑磷烯的俯视图和侧视图；（b）蓝磷烯的俯视图和侧视图；（c）黑磷烯向蓝磷烯转化示意图；（d）从侧面看蓝磷烯 AB 堆积的平衡结构

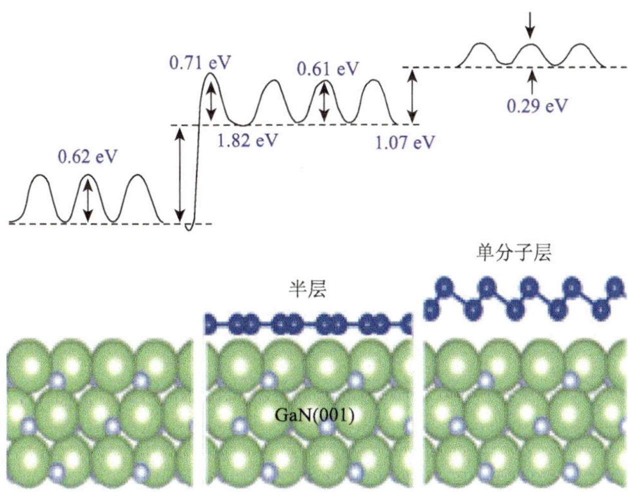

图 6-32 半层蓝磷与单层蓝磷在 GaN（001）表面的形貌以及磷原子在其表面和界面的扩散势垒

● 磷烯 γ-P 和 δ-P

2014 年，Guan 等[203]在密度泛函计算的基础上，提出另外两个稳定层状磷烯之外的结构相同素异形体：磷烯 γ-P 和 δ-P。同时发现它们的单分子有很大的带隙，显示出由层内应变或层数变化引起的金属绝缘体过渡（图 6-33）。不可预见的好处是，可以将不同的结构单元连接起来不需要能源。与黑磷烯 α-P 和蓝磷烯 β-P 相比，所有的层状结构几乎都是同样稳定的，凝聚能量差低于 0.1 eV。这一点也不奇怪，因为原子的局部环境非常相似，导致所有的键长都接近 2.29 Å。它们的最佳结构参数汇总于表 6-9。

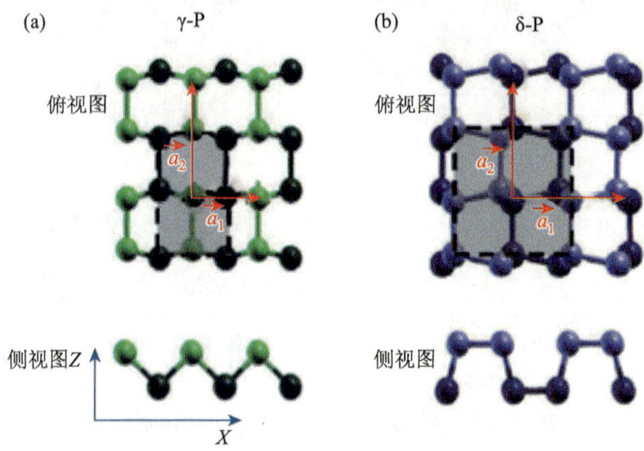

图 6-33　黑磷烯 γ-P 和 δ-P 单分子结构的俯视图和侧视图

表 6-9　4 种磷烯相的最佳结构参数

磷烯相	α-P（实验）	α-P（理论）	β-P（理论）	γ-P（理论）	δ-P（理论）
$\lvert\vec{a}_1\rvert$(Å)	4.38[a]	4.53[b]	3.33[b]	3.41[b]	5.56[b]
$\lvert\vec{a}_2\rvert$(Å)	3.31[a]	3.36[b]	3.33[b]	5.34[b]	5.46[b]
d(Å)	5.25[a]	5.55[b]	5.63[b]	4.24[b]	5.78[b]
	…	5.30[c]	4.20[c]	4.21[c]	5.47[c]
E_{il} (eV/atom)	…	0.02[b]	0.01[b]	0.03[b]	0.02[b]
	…	0.12[c]	0.10[c]	0.13[c]	0.11[c]
E_{coh} (eV/atom)	3.43[d]	3.30[b]	3.29[b]	3.22[b]	3.23[b]
ΔE_{coh} (eV/atom)	…	0.00[b]	−0.01[b]	−0.08[b]	−0.07[b]
	…	0.00[c]	−0.04[c]	−0.09[c]	−0.08[c]

注：d 是层间距，E_{il} 是层间分离能，E_{coh} 是与孤立原子相关的凝聚能，$\Delta E_{coh} = E_{coh} - E_{coh}$ (α-P)是相对应的层状同素异形体相对于最稳定的黑色磷烯（或 α-P）相的稳定性。

a. 参考文献[204]的实验数据；b. 基于 DFT-PBE 函数式[205]的结果，并以 P 原子的自旋极化 1.91 eV 作为参考；c. 根据 optb86b 的范德瓦耳斯力[206, 207]；d. 散装磷的实验值[208]。

● 磷烯 ε-P/ζ-P/η-P/θ-P

2015 年，Wu 等[199]使用密度泛函理论计算，成功预测出四种以方形或五边形为单元组成的磷烯新构型（表 6-10），并分别命名为 ε-P、ζ-P、η-P 和 θ-P，其中 θ-P 型磷烯在能量上与单层黑磷烯 α-P 几乎相等，并比之前预测的所有形态（β-P、γ-P、δ-P）都要稳定。在此基础上，研究者根据不同形态的杂化形式，还成功地计算了另外五种结构，极大拓宽了磷烯单层同素异形体结构的多样性和人们对磷烯族材料的认识。此外，他们还发现 ζ-P 型磷烯拥有非易失性的铁弹性，不同形态在应力作用下可相互转化，使得这些新结构在应变工程中具有潜在的应用价值。它们的最佳结构参数汇总于表 6-10。

表 6-10　4 种新磷烯相的最佳结构参数

新磷烯相	ε-P	ζ-P	η-P	θ-P
$\lvert a\rvert$(Å)	5.37	6.43	5.40	5.50
$\lvert b\rvert$(Å)	5.37	5.32	6.32	6.22
E_g(eV)-optB88-vdW	0.25	1.19	0.87	1.16
E_g(eV)-HSE06	0.94	1.90	1.58	1.85
平均单位键长(Å)	2.30	2.27	2.24	2.23
平均单位键长(Å)	2.23	2.23	2.28	2.25
ΔE(eV/atom)	0.13	0.10	0.05	0.01
	α-P	β-P	γ-P	σ-P
ΔE(eV/atom)	0	0.02	0.10	0.08

4. 性质

磷烯（包括单层的不同相、少层、多层）的性质在相关文献中均有详细描述[163-168]，这里不再赘述。这里特别要强调的是以下两点。

1）磷烯的结构表征

对磷烯样品的快速无损表征是确定磷烯的层数、晶向和晶面等物理结构的关键。常用的表征技术包括光致发光光谱、吸收光谱、EDS 能谱、X 射线衍射分析、X 射线光电子能谱、原子力显微镜、扫描电子显微镜、扫描隧道显微镜和扫描透射电子显微镜等，在纳米尺度上探究磷烯的基本性质。同时，量化计算手段也是不可或缺的。例如，图 6-34 显示了对一种黑磷纳米片的表征[188]，说明该样品中较大尺寸的纳米片为 P 单质，0.223 nm 和 0.255 nm 的晶格条纹分别代表（014）晶面和（011）晶面；形貌结构分布为规则长方形的片状结构，并且尺寸大小相近，分布均匀，长宽粒径分布分别为长约 24～28 μm、宽约 4～6 μm；厚度约为 3～4 nm（约 6～8 层）。

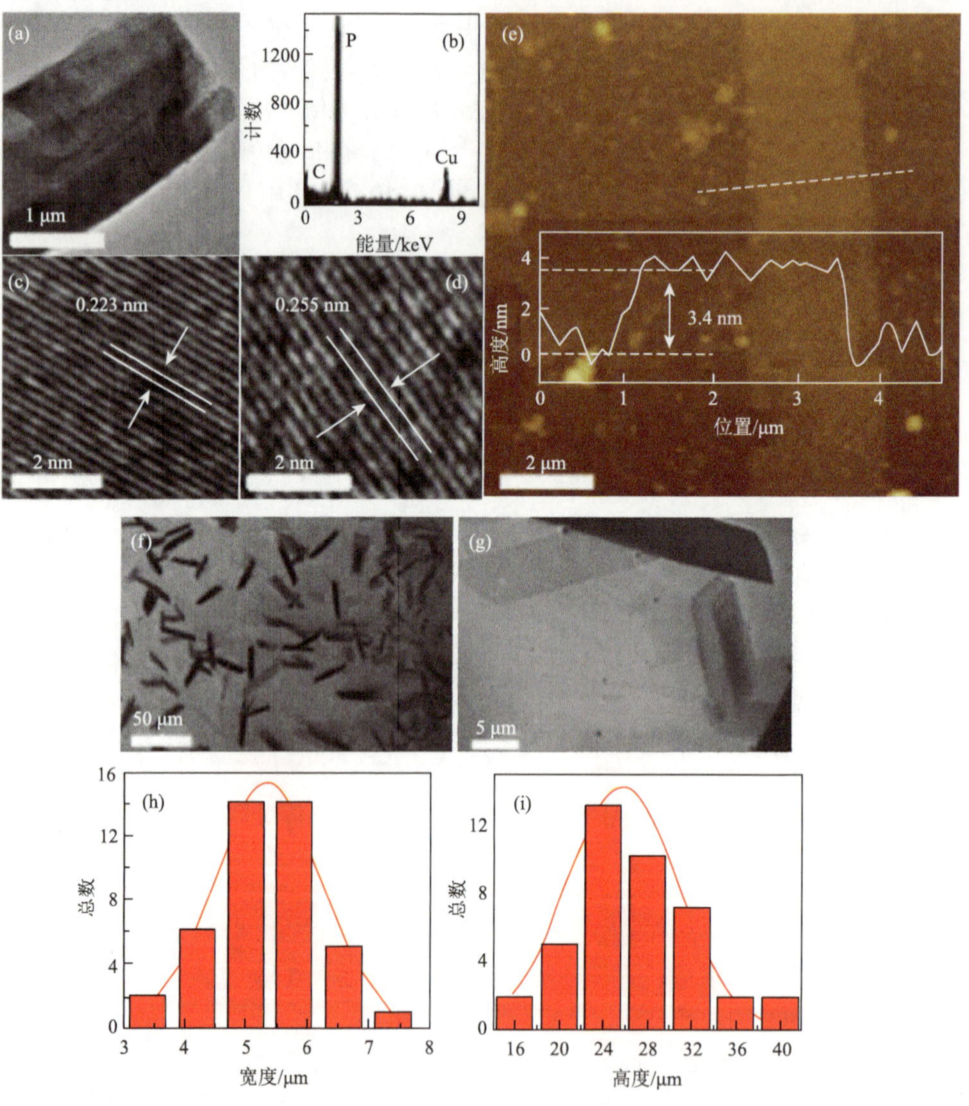

图 6-34　黑磷纳米片的 TEM 图谱（a）、EDX 图谱（b）、HR-TEM 图谱（c，d）、AFM 图谱（e）、SEM 图谱（f，g）和粒径统计图谱（h，i）

2）磷烯的结构特征

第一，磷烯结构的多样性是其他二维半导体材料所不具备的，小到量子点，大到多层；“褶皱层状”结构仅单层就有 9 种结构，加上层与层之间可能有的

3 种堆垛方式[209]，面内原子排布结构决定了磷烯的各向异性。第二，能带结构的可调性也独具风采。不同于石墨烯（因带隙低于 0.3 eV 而难以应用在光电材料上），也不同于 MoS_2（带隙虽在 1.2～1.9 eV 之间[210]，但仅单层 MoS_2 为直接带隙），磷烯不仅是直接带隙（单层为 1.5 eV），还可通过调节层数而改变范围可观的带隙大小，而且应力与带隙的变化相关，沿垂直于平面的方向施加单轴压力可减小黑磷的带隙，使其从半导体转变为金属[178]。Peng 等[211]计算结果表明：调变单轴应力可使单层磷烯带隙实现直接-间接-直接的转变。Manjanath 等[212]研究报道对双层磷烯施加单轴应力时也会发生这种转变。琚伟伟等[169]理论计算结果表明拉伸应力只能改变能隙的大小，平面双轴压缩应力可使 10 层磷烯从半导体转变为金属。Liu 等[175]进一步做了定量研究：当面内压缩达到 5%时，磷烯会从直接带隙变为间接带隙，带隙从 1.0 eV 减小到 0.5 eV，当拉伸量达 5%时，带隙从 1.0 eV 增加到 1.2 eV。如图 6-35 所示，施加应力方向对带隙的改变情况基本相似。

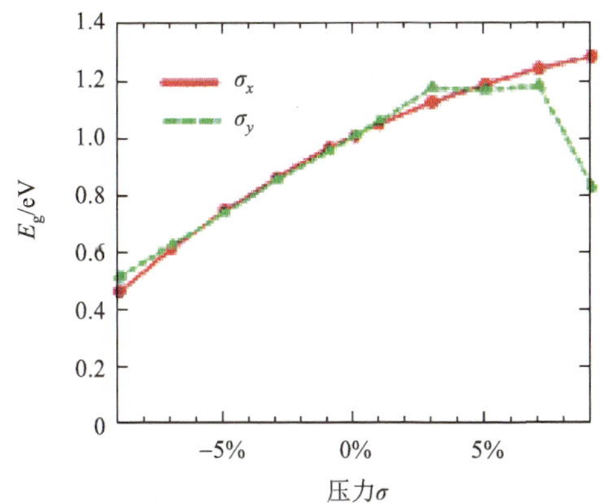

图 6-35　单层磷烯带隙受 x (armchair)方向及 y (zigzag)方向的应力时的变化

3）磷烯性质的主要特征

材料的结构决定其性质特征。磷烯上述的特殊结构显示其主要性质特征有以下几点。

● 力学性质

研究结果显示：磷烯的应力-应变显示各向异性。单层磷烯沿 zigzag 方向和 armchair 方向强度分别可达 18 GPa 和 8 GPa，相应的应变量分别为 27%和 30%[211]；多层磷烯沿 zigzag 方向和 armchair 方向强度分别为 16 GPa 和 7.5 GPa，相应的应变量分别为 24%和 32%。单层磷烯沿厚度方向存在负泊松效应[213, 214]。单层磷烯的 v_{xy} 和 v_{yx} 分别为−0.132 和−0.214，从理论上讲，由于磷烯 x 和 y 方向都是褶皱结构，有较高的韧度和振动吸收能力[215]。单层磷烯弯曲变形显示出明显的各向异性，主要物理机制是由于其孤电子对的排斥作用[216]。Wang 等[217]通过多模谐振技术测得磷烯沿 zigzag 晶向的杨氏模量 $E_y = 116.1$ GPa，沿 armchair 晶向的杨氏模量 $E_x = 46.5$ GPa，具有优越的柔性。

● 热电性能

1993 年，Hicks 等[218]认为降低材料的维度可能会改善材料的热电性能。Fei 等[219]曾预言黑磷因其晶体结构的各向异性，其热电性能也会具有各向异性。Saito 等[220]认为磷烯的塞贝克系数较高，其热电优值系数 ZT 值在 500 K 时，沿 armchair 方向可达 2.5，达到了商业标准。Luo 等[221]利用微拉曼光谱法测得厚度为 9.5 nm 磷烯的导热率具有面内各向异性，其沿 zigzag 与 armchair 方向分别为 20 $W·m^{-1}·K^{-1}$ 和 10 $W·m^{-1}·K^{-1}$。Konabe 等[222]用密度泛函理论及玻尔兹曼输运理论研究了单层磷烯的热电性能，发现其热电功率因数可由沿 armchair 方向的拉伸应变广泛调制，施加 10%的应变，功率因数从最初 3.7 $mW·m^{-1}·K^{-2}$ 增到 10 $mW·m^{-1}·K^{-2}$，即应变可使功率因数增大 150%，使其具有非常高的热电性能。

● 光电性能

Sorkin 等[223]认为磷烯具有很高的光响应度和各向异性的电学传输性能。5 层厚度的磷烯沿 zigzag 方向空穴载流子迁移率高达 10 000 $cm^2·V^{-1}·s^{-1}$，沿 armchair 方向迁移率为 700 $cm^2·V^{-1}·s^{-1}$；此外，沿 armchair 方向其电子迁移率为 1100 $cm^2·V^{-1}·s^{-1}$，沿 zigzag 方向电子迁移率为 80 $cm^2·V^{-1}·s^{-1}$。Lu 等[158]认为少层磷烯具有较好的电流饱和效应，可进行快速的光电响应，其晶体管的开关比介于 10^3～10^4。

5. 应用

材料的性质决定其应用功能。磷烯上述与其他已有二维结构的单质烯材料不同的特殊性质，为其广泛的应用性打下了坚实的基础，给研究者描绘了诱人的前景。

1）在能源器件上的应用

（1）作为电池负极材料。磷单质与钠、锂和镁可以通过电化学作用形成 Li_3P、Na_3P 和 $Mg_{0.5}P$[224]，具有约 2596 $mAh·g^{-1}$ 的理论比容量[116]（表 6-11），显著超过其他负极材料[225]。磷烯具有最稳定的热力学性质，原子层间距 0.308 nm，比石墨层间距 0.186 nm 要大，可以让锂离子（0.152 nm）、钠离子（0.204 nm）更容易嵌入磷烯层间[225]。Kulish 等[226]从理论上评估了单层磷烯作为负离子电池的负极材料的前景。发现磷烯上的钠扩散非常快，并且各向同性，能量势垒只有 0.04 eV，这表明磷烯可以成为钠离子电池的有希望的负极材料。一些有效的研究工作[225, 227-229]开辟了磷烯柔性电极在电化学能量存储中运用的思路。

表 6-11　理论比容量

元素	最大钠含量	T_{cap}/(mAh·g^{-1})	E_{cap}/(mAh·g^{-1})
Na	—	1166	—
C	<NaC_6	<372	200～300
Si	NaSi	954	—
Sn	$Na_{3.75}Sn$	847	500
Sb	Na_3Sb	664	610
Pb	$Na_{3.75}Pb$	484	480
P	Na_3P	2596	1764

（2）作为锂硫电池的隔膜材料。高性能锂硫电池的主要技术障碍之一是可循环性能差。活性多硫化物从阴极逐渐溶解到电解质中造成损失，导致所谓的“穿梭”效应[230]。磷烯层良好的导电性和快速的锂离子扩散性能可以“再活化”多硫化物，从而使因活性物质溶解导致的容量损失最小化。斯坦福大学课题组[225]通过改进的涂覆磷烯隔膜材料制成电池阴极材料取得了良好的效果。

（3）在染料太阳能电池中应用。染料敏化太阳能电池（DSSCs）是一种效率极高的光伏电池。Yang 等[231]将基于黑磷烯量子点的光电阴极引入到准固态双面 n 型染料太阳能电池中以改善光伏性能，转换效率为 6.85%，比聚苯胺（PANI）作为光电阴极转换效率（5.82%）高出近 20%。与大多数用作近红外光吸收剂的活性染料分子不同，黑磷烯量子点（BPQDs）可充当传输层，电荷传输能力显著提升。

2）在半导体器件上的应用

基于磷烯的光电检测器具有较高的响应度、较快的响应速度[232]和较低的噪声等效功率[233]，已被研究用来实现近红外、可见光区的高分辨率成像，在光电探测与成像器件中具备良好前景[234]，是磷烯优异光电性质在半导体上的应用之一。Youngblood 等[235]、得克萨斯大学课题组[236, 237]、Tian 等[238]的研究都是卓有成效的。

3）在生物与气体传感器上的应用

黑磷量子点生物传感器具有高灵敏度（检测下限可达 10 ng·mL^{-1}），同时对人免疫球蛋白 G 具有较好的选择性。磷烯气体传感器场对 NO_2 表面吸附分子符合 Langmuir 吸附等温线模型，主要传感机制为电荷转移机制[239]，该传感器对 NO_2 气体最小检测限为 5 μg·L^{-1}[240]。磷烯薄膜可以作为湿度传感器，随着相对湿度从 10%变化到 85%，其漏极电流可增加 4 个数量级，3 个月后依旧具有很好的稳定性[241]。

4）在存储器上的应用

由于磷烯具有高迁移率和高开关电流比，可应用于场效应管和浮栅晶体管等存储器件[242, 243]。耶鲁大学 Tian 等[244]研究了出一种双极性磷烯电荷捕获存储器，具有动态可重构和极性可逆记忆性，有望成为下一代高密度存储器。

5）在光纤激光器上的应用

超短近红外脉冲能够实现电子空穴对的高对比度带间激发，可实现具有瞬间模式下高开关对比度和开关速度。Xu 等[153]和 Huber 等[245]的研究成果具有标志性。

6）在生物医学上的应用

磷烯独特的二维结构和物理化学性质，使其可作为一种高效的药物载体，通过光热治疗和光动力治疗，对抗肿瘤很有优势。诸如 Tao 等[246]研究发现黑磷纳米片可以与铜离子选择性结合，有望用于治疗人体内因铜含量蓄积引起的神经退行性疾病（阿尔茨海默病、帕金森病等）。

6.4 教 学 提 示

（1）本章学习可让学生明白以前讲的“磷有三种同素异形体：白磷、红磷和黑磷”概念，只是磷的同素异形体块体状磷的说法，还有更为神秘的磷纳米材料类和磷烯两大类。后两类都是结构特殊的先进功能材料。其中磷纳米材料类包括磷纳米颗粒、中空红磷纳米球、磷纳米棒、磷纳米管、黑磷量子点、磷烯等多种。

（2）磷烯是一种从块体黑磷剥离出来的有序磷原子构成的、单原子层的、有直接带隙的二维半导体材料。实际上，正是由于块体黑磷结构拥有直接带隙，而且可通过在硅基板上堆叠的黑磷层数来调节带隙，导致磷烯与其他烯不同，广义上不光是指单原子层，还应包括少层、多层的片状和薄膜。磷烯结构的多样性是其他二维半导体材料所不具备的，小到量子点，大到多层；“褶皱层状”结构仅单层就有 9 种结构，加上层与层之间可能有的 3 种堆垛方式，面内原子排布结构决定了磷烯的各向异性。另外，能带结构的可调性也独具风采。研究中人们发现了黑磷纳米片的能带隙和厚度相关度，这对于可控制备磷烯是有指导意义的。

（3）仔细阅读文献，会发现磷的同素异形体的研究不再是开始只重视制备，而是一开始就注意到它们的应用研究，几乎是齐头并进。这无疑是新型功能材料研究的一种创新思维体现。

学习思考题

1. 磷的同素异形体除了常见的白磷、红磷和黑磷 3 种外，还有哪些？

2. 三磷酸腺苷在生物体内的作用是什么？

3. 用炭粉从磷酸钙矿还原制备磷时，为什么要加入石英砂？请通过文献查找电炉冶炼黄磷的尾气的处理方法。

4. 2015 年以来，黑磷（BP）纳米材料的新衍生物零维（0D）黑磷量子点（BPQD）引起了相当大的关注。与传统的二维（2D）BP 纳米片相比，BPQD 具有哪些独特的性能？

5. 如何科学定义零维、一维、二维、三维纳米材料？请举例说明。

6. 虽然有人提出了从理论上讲，存在纯磷高宽比纳米结构生长的可能性，甚至有研究报道单壁磷纳米管是稳定的，为什么至今尚未发现磷纳米管的分离、纯磷结构的合成报告？

7. 化学气相沉积是经典的制备二维纳米材料的有效方法，物理气相沉积法和化学气相沉积法的优劣势有哪些？

8. 二维材料相关研究近年来呈现出爆发式的增长趋势，这使得插层和剥离具有层状结构的块体材料以制备二维材料成为研究热点，请举例说明。

9. Nanoscale 发表了一篇题为 *The conflicting role of buckled structure in phonon transport of 2D group-IV and group-V materials* 的文章。该文章首次提出了周期性结构起伏对于声子热传导具有双重影响。传统上认为，如果二维材料是平的，那么散热会很快；如果二维材料有周期性起伏，会让传热变慢。这就好比公路越平，汽车开得越快；如果路面不平整，汽车就会很颠簸。请思考：石墨烯、硅烯、锗烯、锡烯、氮烯、蓝磷烯、砷烯、锑烯，哪种二维材料中的热量“跑得快”？

10. 为什么白磷在常温下有很高的化学活性，而黑磷的反应活性较弱？

11. 红磷是锂离子、钠离子电池负极的绝好材料。然而，在电化学循环过程中，红磷材料巨大的体积膨胀（可达 300 倍）会造成活性材料的破裂，从而导致容量快速衰减，请列举一些可以缓解其体积膨胀的策略。

12. 磷烯是一种半导体材料，相比于其他二维材料如石墨烯、MoS_2 等，磷烯材料的各项参数指标都相对平衡，保证了磷烯材料具有良好的特性，并且磷烯具有可调节能带间隙这一属性，因此具有广阔的应用范围，试举例说明其应用。

13. 试说明蒸气-液体-固体（VLS）机理是一种生长一维纳米结构最常见的路线？

14. 试解释为什么按照白磷→红磷→黑磷的次序，随着密度、熔沸点和稳定性的不断增大，毒性从剧毒到无毒等，使其用途也随之扩大？

15. 磷的同素异形体多种多样，从结构出发可以分为哪些类别？它们之间的关系如何？

参 考 文 献

[1] 马凤楼. 科学世界，2008，1（1）：18-19

[2] Greenwood N N，Earnshaw A. Chemistry of the Elements. 2nd Ed. Oxford：Butterworth-Heinemann，1997

[3] Nelson DL，Cox M M. Principles of Biochemistry. 3rd Ed. New York：Worth Publishing，2000

[4] Mahoney P. JHE，2008，55（1）：131-147

[5] 李莉. 纳米磷酸钙和生物玻璃对牙釉质的仿生修复. 杭州：浙江大学，2012

[6] 宗治方. 牙釉质微/纳结构精确数值建模及有效模量计算. 成都：西南交通大学，2018

[7] 牛林，张辉，董少杰，等. 山西医科大学学报，2017，48（10）：1075-1078

[8] 宋西平，王昊，张蓓，等. 复合材料学报，2008，25（6）：93-96

[9] 吴亚芸. 读与写（教育教学刊），2008，5（11）：133

[10] Hultgren R，Gingrich N S，Warren B E. J Chem Phys，1935，3（6）：351-355

[11] 何关有. 化学教育，1984，5（4）：52-54

[12] 项斯芬，严宣申，曹庭礼，等. 无机化学丛书：第四卷·氮磷砷分族. 北京：科学出版社，2011

[13] Roth W L，DeWitt T W，Smith A J. JACS，1947，69（11）：2881-2885

[14] Blue R W，Hicks J F G. JACS，2002，59（10）：1962-1965

[15] Stout J W，Adams H E. JACS，2002，64（7）：1535-1538

[16] Hultgren R，Gingrich N S，Warren B E. J Chem Phys，1935，3（6）：351-355

[17] ShriverA. Inorganic Chemistry. Fifth Ed. New York：W. H. Freeman and Company，2010：379

[18] Bailar J. Comprehensive Inorganic Chemistry（Vol. 2）. New York：Pergamon Press Inc，1973：392

[19] 天津化工研究院，等. 无机盐工业手册（下册）. 第二版. 北京：化学工业出版社，1996：599

[20] Pauling L，Simonetta M. J Chem Phys，1952，20（1）：29-34

[21] Stephenson C C，Potter R L，Maple T G，et al. J Chem Thermodyn，1949，1（1）：59-76

[22] Welford C R，William R H. Drinking Water Health Advisory Boca Raton：Munitions（illustrated ed.）. Boca Raton：CRC Press，1992：399

[23] Suzette M，Kimball S M. U.S. Geological Survey，Reston，Virginia，2017

[24] Philpott T. You Need Phosphorus to Live-and We're Running Out. San Francisco：Mother Jones，2013

[25] Hermann L，Schipper W，Langeveld K，et al. Sustainable Phosphorus Management：A Global Transdisciplinary Roadmap. Sustainable Phosphorus Management. Berlin：Springer Netherlands，2014：183-206

[26] Schwartz M. Encyclopedia and Handbook of Materials，Parts and Finishes. 3rd Ed. Boca Raton：CRC Press，2016

[27] Davis J R. Copper and Copper Alloy. Ohio：ASM International，Materials Park，2001：181

[28] Earnshaw A，Greenwood N. Chemistry of the Elements. 2nd Ed. Oxford：Butterworth-Heinemann，1998

[29] Atwood D A. Radionuclides in the Environment. Hoboken：John Wiley & Sons，2013

[30] Hammond C R. The Elements//Handbook of Chemistry and Physics. 81st ed. Boca Raton：CRC Press，2000

[31] Threlfall R E. 100 Years of Phosphorus Making：1851～1951. Oldbury：Albright and Wilson Ltd，1951

[32] Diskowski H，Hofmann T. Phosphorus. Ullmann's Encyclopedia of Industrial Chemistry. Weinheim：Wiley-VCH，2000

[33] Dockery，Kevin. Special Warfare Special Weapons. Chicago：Emperor's Press，1997

[34] 张敏. 中国国防报，2017，10月13日第014版

[35] Schrödter K，Bettermann G，Staffel T，et al. Phosphoric Acid and Phosphates//Ullmann's Encyclopedia of

Industrial Chemistry. Weinheim：Wiley-VCH，2008

[36] 牟松龄. 化学通报，1981，13（2）：52-53

[37] 徐泽庆. 四川有色金属，2001，2：47-51

[38] Farr T. Phosphorus Properties of the Element and Some of its compounds. Alaska：Wilson Dam，1950

[39] Hudson R F. Inorg Chim Act，1976，17（1）：L12

[40] Haeser M. JACS，1994，116（15）：6925-6926

[41] Boecker S，Haeser M. Z Anorg Allg Chem，1995，621（2）：258-286

[42] Pfitzner A，Dipl-Chem E F. Angew Chem Int Edit，1995，107（15）：1784-1786

[43] Pfitzner A，Freudenthaler D C E. Angew Chem Int Edit，2010，34（15）：1647-1649

[44] Ruck M，Hoppe D，Wahl B，et al. Angew Chem Int Edit，2005，117（46）：7788-7792

[45] Ruck M，Hoppe D，Simon P. Angew Chem Int Edit，2005，44（46）：7616-7619

[46] Fasol G，Cardona M，Honle W，et al. Solid State Commun，1984，52（3）：307-310

[47] Rubenstein M. J Electrochem Soc，1966，113（6）：540

[48] Thurn H，Krebs H. Act Crystallog，2010，25（1）：125-135

[49] Stock A，Gomolka F. Eur J Inorg Chem，2010，42（4）：4510-4527

[50] Hu Y，Zhuang W，Ye H，et al. J Alloy Compd，2005，390（1-2）：226-229

[51] Li J G，Li X D，Sun X D，et al. J Phys Chem C，2008，112（31）：11707-11716

[52] 赵玉叶. 无机-有机物双层包覆红磷的制备及其应用研究. 合肥：合肥工业大学，2015

[53] Hu T，Ning L，Gao Y，et al. Light：Sci Appl，2021，10（1）：1-12

[54] Crass M F. JCE，1941，18（9）：428

[55] Oliver，T. Industrial Disease Due to Certain Poisonous Fumes or Gases. Archives of the Public Health Laboratory. Manchester：Manchester University Press，1906

[56] Wiberg N，Holleman A F，Wiberg E. Inorganic Chemistry. New York：Academic Press. 2001：683-684，689

[57] Goldfrank L R，Hoffman R S，Howland M A，et al. Goldfrank's Toxicologic Emergencies. New York：McGraw Hill，2006

[58] Skinner H F. Forensic Sci Int，1990，48（2）：123-134

[59] 封怀兵，王华印. 轻工科技，2009，25（12）：102-104

[60] 于娜娜，陈东方，秦兵杰，等. 精细与专用化学品，2013，21（1）：51-54

[61] 陈一，刘石刚，肖澄月，等. 高分子通报，2011，6：69-73

[62] 王波，王倩，郭瑞玲，等. 磷肥与复肥，2016，31（11）：23-25

[63] 袁振洲，刘丹敏，田楠，等. 化学学报，2016，74（6）：488-497

[64] 赵明. 黑磷单晶的制备及其多层微米带的电输运性质的研究. 杭州：浙江大学，2017

[65] Brown A，Rundqvist S. Act Crystallogr，2010，19（4）：684-685

[66] Cartz L，Srinivasa S R，Riedner R J，et al. J Chem Phys，2008，71（4）：1718-1721

[67] Robert Engel. Synthesis of Carbon-Phosphorus Bonds. 2 ed. Boca Raton：CRC Press，2003：11

[68] Keyes R W. Phys Rev，1953，92（3）：580-584

[69] Endo S，Akahama Y，Terada S I，et al. Japan J Appl Phys，1982，21（8）：L482-L484

[70] Sun L Q，Li M J，Sun K，et al. J Phys Chem C，2012，116（28）：14772-14779

[71] Dahbi M，Yabuuchi N，Fukunishi M，et al. Chem Mater，2016，28（6）：1625-1635

[72] 孙秋实，王晓峰. 北京：中国化学会第 30 届学术年会摘要集——第二十一分会：π-共轭材料，2016

[73] Krebs H，Weitz H，Worms K H. Z Anorg Chem，2004，280（1-3）：119-133

[74] Maruyama Y，Suzuki S，Kobayashi K，et al. Phys B+C，1981，105（1）：99-102
[75] Baba M，Izumida F，Takeda Y，et al. Japan J Appl Phys，1989，28（6）：1019-1022
[76] Maruyama Y，Inabe T，Nishii T，et al. Synth Met，1989，29（2）：213-218
[77] Maruyama Y，Inabe T，He L，et al. Synth Met，1991，43（3）：4067-4070
[78] Lange S，Schmidt P，Nilges T. Inorg Chem，2007，46（10）：4028-4035
[79] Nilges T，Kersting M，Pfeifer T. J Solid State Chem，2008，181（8）：1707-1711
[80] Köpf M，Eckstein N，Pfister D，et al. J Cryst Growth，2014，405（11）：6-10
[81] Zhang Z K，Li J，Yan D X，et al. Int J Mol Sci，2016，17（2）：169-185
[82] Zhao M，Qian H，Niu X，et al. Cryst Growth Des，2015，16（2）：1096-1103
[83] 王波，汤永威，郭瑞玲，等. 无机盐工业，2018，50（2）：29-32
[84] 张丹丹，袁振洲，张国庆，等. 化学学报，2018，76（7）：537-542
[85] 栾山. 黑磷的表面改性和 CO 吸附的理论研究. 南京：东南大学，2017
[86] Morita A. Appl Phys Mater Sci Process，1986，39（4）：227-242
[87] Clark S M，Zaug J. Phys Rev B，2010，82（13）：4393-4396
[88] Zhang C D，Lian J C，Yi W，et al. J Phyl Chem C，2009，113（43）：18823-18826
[89] Qiao J S，Kong X H，Hu Z X，et al. Nat Commun，2014，5：4475
[90] Dai J，Zeng X C. J Phys Chem Lett，2014，5（7）：1289-1293
[91] Li L，Yu Y，Ye G J，et al. Nature Nanotechnol，2014，9（5）：372-377
[92] Das S，Zhang W，Demarteau M，et al. Nano Lett，2014，14（10）：5733-5739
[93] Liu H，Neal A T，Zhu Z，et al. Acs Nano，2014，8（4）：4033-4041
[94] Wei Q，Peng X. Appl Phys Lett，2014，104（25）：372-398
[95] Balendhran S，Walia S，Nili H，et al. Small，2015，11（6）：640-652
[96] Rahman M Z，Chi W K，Davey K，et al. Energy Environ Sci，2016，9（4）：1513-1514
[97] Pei J，Xin G，Yang J，et al. Nat Commun，2016，7：10450.1-10450.8
[98] Yang Q，Xiong W，Zhu L，et al. JACS，2017，139（33）：11506-11512
[99] Li C，Xie Z，Chen Z，et al. Materials，2018，11（2）：188-202
[100] Kaur S，Kumar A，Srivastava S，et al. Nanotechnology，2018，29（15）：155701
[101] Chengyin L I，Niu Z，Lei X，et al. J Shenzhen Univ，2018，35（3）：234
[102] Allec S I，Wong B M. J Phys Chem Lett，2018，7（21）：4340-4345
[103] 吕增涛. 黑磷及磷烯纳米结构中电子性质的研究. 北京：北京理工大学，2017
[104] Mayorgamartinez C C，Sofer Z，Pumera M. Angew Chem Int Edit，2016，54（48）：14317-14320
[105] Lin S，Liu S，Yang Z，et al. Adv Functl Mater，2016，26（6）：864-871
[106] Erande M B，Pawar M S，Late D J. Acs Appl Mater Interf，2016，8（18）：11548-11556
[107] Sun J，Sun Y，Pasta M，et al. Adv Mater，2016，28（44）：9797-9803
[108] Chen Y，Jiang G，Chen S，et al. Opt Express，2015，23（10）：12823-12833
[109] 李世超，高婷婷，周国伟. 化工进展，2015，34（12）：4272-4279
[110] 王波，汤永威，高进爵，等. 磷肥与复肥，2018，33（4）：30-33
[111] Liu S，Lin S，You P，et al. Angew Chem Int Edit，2017，56（44）：13717-13721
[112] Liu C，Sun Z，Zhang L，et al. Sensor Actuat B：Chem，2018，257：1093-1098
[113] 陈万松，刘又年. 科学，2017，69（6）：18-21
[114] Sun Z B，Xie H H，Tang S Y，et al. Angew Chem Int Edit，2015，54（39）：11526-11530

[115] Sun C，Wen L，Zeng J，et al. Biomater，2016，91：81-89
[116] Zhou J，Liu X，Cai W，et al. Adv Mater，2017，29（29）：1700214
[117] Qian J，Wu X，Cao Y，et al. Angew Chem Int Edit，2013，125（17）：4731-4734
[118] Marino C，Debenedetti A，Fraisse B，et al. Electrochem Commun，2011，13（4）：346-349
[119] Mayo M，Griffith K J，Pickard C J，et al. Chem Mater，2016，28（7）：2011-2021
[120] Liu N，Lu Z，Zhao J，et al. Nature Nanotechnol，2014，9（3）：187-192
[121] Sun J，Zheng G，Lee H W，et al. Nano Lett，2014，14（8）：4573-4580
[122] Li W，Yang Z，Jiang Y，et al. Carbon，2014，78：455-462
[123] Yao Y，McDowell M T，Wu H，et al. Nano Lett，2011，11（7）：2949-2954
[124] Wang Z，Zhou L，Lou X W. Adv Mater，2012，24（14）：1903-1911
[125] Lou X，Wang Y，Yuan C，et al. Adv Mater，2006，18（17）：2325-2329
[126] Sun H，Xin G，Hu T，et al. Nat Commun，2014，5：4526
[127] Kim S O，Manthiram A. Chem Mater，2016，28（16）：5935-5942
[128] Yu Z，Song J，Gordin M L，et al. Adv Sci，2015，2（1-2），1400020
[129] Marino C，Boulet L，Gaveau P，et al. J Mater Chem，2012，22（42）：22713-22720
[130] Li W，Yang Z，Li M ，et al. Nano Lett，2016，16（3）：1546-1553
[131] Gao H，Zhou T F，Zheng Y. Adv Energy Mater，2016，6（21）：1601037
[132] Kim Y，Park Y，Choi A，et al. Adv Mater，2013，25（22）：3045-3049
[133] Zhu Y，Wen Y，Fan X，et al. ACS Nano，2015，9（3）：3254-3264
[134] Song J，Yu Z，Gordin M L，et al. Nano Lett，2014，14（11）：6329-6335
[135] Wagner R S，Ellis W C. Appl Phys Lett，1964，4（5）：89-90
[136] Ando Y，Zhao X，Sugai T，et al. Mater Today，2004，7（10）：22-29
[137] Wu Y，Yang P. JACS，2001，123（13）：3165-3166
[138] Winchester R A L，Whitby M，Shaffer M S P. Angew Chem Int Edit，2009，48（20）：3616-3621
[139] Lange S，Schmidt P，Nilges T. Inorg Chem，2007，46（10）：4028-4035
[140] Lu W，Lieber C M. Nat Mater，2007，6（11）：841-850
[141] Cabria I，Mintmire J W. Europhys Lett，2004，65（1）：82-88
[142] Seifert G，Hernández E. Chem Phys Lett，2000，318（4）：355-360
[143] 潘斗兴. 科学通报，2015，8：764-770
[144] Guo H，Lu N，Dai J，et al. J Phys Chem C，2014，118（25）：14051-14059
[145] Aierken Y，Leenaerts O，Peeters F M. Phys Rev B，2015，92（10）：104104
[146] Liao X，Hao F，Xiao H，et al. Nanotechnol，2016，27（21）：215701
[147] Hao F，Liao X，Xiao H，et al. Nanotechnol，2016，27（15）：155703
[148] Cai K，Wan J，Qin Q H，et al. Nanotechnol，2016，27（5）：055706
[149] Cai K，Wan J，Cai H，et al. Nanotechnol，2016，27（23）：235703
[150] Zhang X，Xie H，Liu Z，et al. Angew Chem Int Edit，2015，127（12）：3724-3728
[151] Lee H U，Park S Y，Lee S C，et al. Small，2016，12（2）：214-219
[152] Zhu C，Xu F，Zhang L，et al. Chem Eur J，2016，22（22）：7357-7362
[153] Xu Y，Wang Z，Guo Z，et al. Adv Opt Mater，2016，4（8）：1223-1229
[154] 徐峰，童日，汪栋，等. 一种磷量子点的电化学制备方法：CN 105543882 A. 2016-05-04
[155] Ritter K A，Lyding J W. Nat Mater，2009，8（3）：235-242

[156] Eswaraiah V，Zeng Q S，Long Y，et al. Adv Opt Mater，2016，12（26）：3480-3502
[157] Cupo A，Meunier V. J Phys：Condens Mat，2017，29（28）：283001
[158] Lu S B，Miao L L，Guo Z N，et al. Opt Express，2015，23（9）：11183
[159] Latiff N M，Teo W Z，Sofer Z，et al. Chem Eur J，2015，21（40）：13991-13995
[160] Liu N，Zhou S. Nanotechnol，2017，28（17）：175708
[161] Zheng M，Zhao P，Luo Z，et al. ACS Appl Mater Inter，2014，6（9）：6709-6716
[162] Gui R，Hui J，Wang Z，et al. Chel Soc Rev，2018，47（17）：6795-6823
[163] Ren X，Lian P，Xie D，et al. J Mater Sci，2017，52（17）：10364-10386
[164] Liu H，Du Y，Deng Y，et al. Chemical Soc Rev，2015，46（27）：2732-2743
[165] Ryder C R，Wood J D，Wells S A，et al. ACS Nano，2016，10（4）：3900-3917
[166] 李成印，牛之慧，雷翔宇，等. 深圳大学学报理工版，2018，35（3）：234-256
[167] 朱晋潇，刘晓东，薛敏钊，等. 物理化学学报，2017，33（11）：2153-2172
[168] 覃信茂，窦忠宇，陈少波，等. 电子元件与材料，2016，35（5）：7-10
[169] 琚伟伟，李同伟，雍永亮，等. 原子与分子物理学报，2015（2）：329-335
[170] Tran V，Soklaski R，Liang Y，et al. Phys Rev B，2014，89（23）：235319
[171] Yang J，Xu R，Pei J，et al. Light Sci Appl，2015，4（1）：274-280
[172] Rudenko A N，Katsnelson M I. Phys Rev B，2014，89（20）：201408
[173] Woomer A H，Farnsworth T W，Hu，et al. ACS Nano，2015，9（9）：8869-8884
[174] Li L K，Yu Y J，Ye G J，et al. Nat Nanotechnol. 2014，9（5）：372-377
[175] Liu H，Neal A T，Zhu Z，et al. ACS Nano，2014，8（4）：4033-4041
[176] Castellanosgomez A C，Vicarelli L，Prada E，et al. 2D Mater，2014，1（2）：23-29
[177] Lu W L，Nan H Y，Hong J H，et al. Nano Res，2014，7（6）：853-859
[178] Wang X M，Jones A M，Seyler K L，et al. Nat Nanotechnol，2015，10：517-521
[179] Liu X L，Chen K S，Spencer A W，et al. Adv Mater，2017，5（29）：1604121
[180] Hernandez Y，Nicolosi V，Lotya M，et al. Nat Nanotechnol，2008，3（9）：563-568
[181] Mu Y，Si M S. EPL，2015，112（3）：37003
[182] Yuan Z Z，Liu D M，Tian N，et al. Acta Chim Sinica，2016，74（6）：488-497
[183] Yasael P，Kumar B，Foroozan T，et al. Adv Mater，2015，27（11）：1887-1892
[184] Brent J R，Savjani N，Lewis E A，et al. Chem Commun，2014，50（87）：13338-13341
[185] Kang J，Wood J D，Wells S A，et al. ACS Nano，2015，9（4）：3596-3604
[186] Sotor J，Sobon G，Kowalczyk M，et al. Opt Lett，2015，40（16）：3885-3388
[187] Guo Z，Zhang H，Lu S，et al. Adv Funct Mate，2015，25（45）：6996-7002
[188] Xu J，Gao L，Hu C，et al. Chem Commun，2016，52（52）：8107-8110
[189] Wood J D，Wells S A，Jariwala D，et al. Nano Lett，2014，14（12）：6964-6970
[190] Chen L，Zhou G M，Liu Z B，et al. Adv Mater，2016，28（3）：510-517
[191] Schmidt H，Wang S，Chu L，et al. Nano Lett，2014，14（4）：1909-1913
[192] Alfonso R，Jia X T，John H，et al. Nano Lett，2009，9（1）：30-35
[193] Smith Joshua B，Hagaman D，Ji H F. Nanotechnol，2016，27（21）：215602
[194] Yan S C，Wang B J，Wang Z L，et al. Biosens Bioelectron，2016，80（2）：34-38
[195] Erande M B，Pawar M，Late D J. ACS Appl Mater Inter，2016，8（18）：11548
[196] Pei J，Gai X，Yang J. Nat Commun，2016，7：10450

[197] Jia J，Jang S K，Lai S，et al. ACS Nano，2015，9（9）：8729-8736
[198] Lee G，Lee J Y，Lee G H，et al. J Mater Chem C，2016，4（26）：6234-6239
[199] Wu M，Fu H，Zhou L，et al. Nano Lett，2015，15（5）：3557-3562
[200] Boulfelfel S E，Seifert G，Grin Y，et al. Phys Rev B，Condens Mat，2012，85（1）：64-68
[201] Zhu Z，Tománek D. Phys Rev Lett，2014，112（17）：176802
[202] Zeng J，Cui P，Zhang Z. Phys Rev Lett，2017，118（4）：046101
[203] Guan J，Zhu Z，Tománek D. Phys Rev Lett，2014，113（4）：046804
[204] Hultgren R，Gingrich N S，Warren B E. J Chem Phys，1935，3（6）：351
[205] Perdew J P，Burke K，Ernzerhof M. Phys Rev Lett，1996，77（18）：3865-3868
[206] Klimeš J，Bowler D R，Michaelides A. J Phys：Condens Mat，2010，22（2）：22201-22205
[207] Klimeš J，Bowler D，Michaelides A. Van der Waals Density Functionals Applied to Solids//APS March Meeting，2011
[208] Kittel C. Phys Today，2008，61（1）：59-60
[209] Dai J，Zeng X C. J Phys Chem Lett，2014，5（7）：1289-1293
[210] Mak K F，Lee C，Hone J，et al. Phys Rev Lett，2010，105（13）：136805
[211] Peng X，Copple A，Wei Q，Phys Rev B，2014，90（8）：085402
[212] Manjanath A，Samanta A，Pandey T，et al. Nanotechnol，2015，26（7）：075701
[213] Jiang J W，Rabczuk T，Park H S. Nanoscale，2015，7（14）：6059-6068
[214] Du Y，Maassen J，Wu W，et al. Nano Lett，2016，16（10）：6701-6708
[215] Wang H，Li X，Li P，et al. Nanoscale，2016，9（2）：850-855
[216] Warschauer D. J Appl Phys，1963，34（7）：1853-1860
[217] Wang Z，Jia H，Zheng X，et al. Nanoscale，2015，7（3）：877-884
[218] Hicks L D，Dresselhaus M S. Phys Rev B，1993，47（19）：12727-12731
[219] Fei R，Faghaninia A，Soklaski R，et al. Nano Lett，2014，14（11）：6393-6399
[220] Saito Y，Iizuka T，Koretsune T，et al. Nano Lett，2016，16（8）：4819-4824
[221] Luo Z，Maassen J，Deng Y，et al. Nat Commun，2015，6：8572
[222] Konabe S，Yamamoto T. Appl Phys Express，2015，8（1）：015202
[223] Sorkin V，Pan H，Shi H，et al. Crit Rev Solid State Mater Sci，2014，39（5）：319-367
[224] Jin W，Wang Z，Fu Y Q. J Mater Sci，2016，51（15）：7355-7360
[225] Sun J，Lee H W，Pasta M，et al. Nat Nanotechnol，2015，10：980-985
[226] Kulish V V，Malyi O I，Persson C，et al. Phys Chem Chem Phys，2015，17（21）：13921-13928
[227] Pan L，Zhu X D，Sun K N，et al. Nano Energy，2016，30：347-354
[228] Zhang Y，Wang H，Luo Z，et al. Adv Energy Mater，2016，6（12）：1600453
[229] Hao C，Yang B，Wen F，et al. Adv Mater，2016，28（16）：3194-3201
[230] Zhao M Q，Zhang Q，Huang J Q，et al. Nat Commun，2014，5（5）：3410
[231] Yang Y，Gao J，Zhang Z，et al. Adv Mater，2016，28（40）：8787
[232] Buscema M，Island J O，Groenendijk D J，et al. Chem Soc Rev，2015，44（11）：3691-3718
[233] Wang L，Liu C，Chen X. Adv Functl Mater，2017，27（7）：1604414
[234] Engel M，Steiner M，Avouris P. Nano Lett，2014，14（11）：6414-6417
[235] Youngblood N，Chen C，Koester S J，et al. Physics，2015，9（4）：247-252
[236] Shi J，Ha S D，Zhou Y，et al. Nat Commun，2013，4：2676

[237] Lai Q，Zhang L，Li Z，et al. Adv Mater，2010，22（22）：2448-2453
[238] Tian H，Guo Q，Xie Y，et al. Adv Mater，2016，28（25）：4991-4997
[239] Abbas A N，Liu B，Chen L，et al. ACS Nano，2015，9（5）：5618-5624
[240] Cui S，Pu H，Wells S A，et al. Nat Commun，2015，6：8632
[241] Yasaei P，Behranginia A，Foroozan T，et al. ACS Nano，2015，9（10）：9898-9905
[242] Lee Y T，Kwon H，Kim J S，et al. ACS Nano，2015，9（10）：10394-10401
[243] Lee D，Choi Y，Hwang E，et al. Nanoscale，2016，8（17）：9107-9112
[244] Tian H，Deng B，Chin M L，et al. ACS Nano，2016，10（11）：10428-10435
[245] Huber M A，Mooshammer F，Plankl M，et al. Nat Nanotechnol，2016，12（3）：207-211
[246] Tao W，Zhu X，Yu X，et al. Adv Mater，2017，29（1）：1603276

第 7 章　砷元素单质的同素异形体

提要　本章分别对砷元素三种典型单质（灰砷、黑砷、黄砷）以及多种新型结构的砷同素异形体在制备、结构、化学特性及应用等方面进行综合介绍。

7.1　砷的一般介绍

7.1.1　砷的一般性质

砷（arsenic）是一种非金属化学元素，元素符号为 As，原子序数为 33，原子质量为 74.921 595 u。砷位于元素周期表中第四周期第Ⅴ主族，在自然界中仅有一种稳定同位素——^{75}As。公元前 4 世纪的古希腊哲学家亚里士多德引用了 arsenikon（希腊名称“arseniós”）一词，即雄黄 As_4S_4。砷的拉丁名称 arsenium 和元素符号 As 即由此演化而来[1]。块体砷单质包含了四种常见同素异形体，分别是灰砷、黑砷、黄砷以及无定形砷。单质砷（如灰砷）是相当活泼的，在空气中加热会有一种带蓝色的火焰燃烧，并形成白色的氧化砷烟；易与氟和氮化合，在加热情况亦与大多数金属和非金属发生反应；不溶于水，溶于硝酸和王水，也能溶解于强碱，生成砷酸盐[2, 3]。

常见的几种砷的同素异形体在一定条件下可以互相转换（图 7-1）。砷最稳定的同素异形体是灰砷，熔点为 817℃（28 Pa），加热到 616℃时会直接升华为蒸气[4]。砷蒸气具有一股难闻的大蒜臭味，含有 As_4、As_2 以及 As 分子，其中 As_4 占 99%[5]。将砷蒸气在低于–73℃时骤冷可得到正方晶形黄砷[6]。As_4 蒸气在低温下可转化为黄砷固体，但是重新升温时它没有足够的能量再次转化为 As_4 蒸气，而是转化为更稳定的灰砷固体。例如，在高于 20℃（或在–180℃的光照条件下）黄砷即可全部转化为灰砷。砷蒸气在较热的表面上冷凝时可以得到无定形砷[7]，其结构与无定形的红磷类似[8]。将无定形砷加热至 270℃即可转化为灰砷。黑砷是另外一种晶态砷，当加热至 300℃时，黑砷可转化为灰砷。

砷原子的价电子层结构为 $4s^24p^3$，常见氧化态为–3、+3 和+5。从砷分族元素不同氧化态的吉布斯自由能（$\Delta_r G_m^\ominus$）图（图 7-2）可以看出，As^{5+} 进行同样的转

变而 $\Delta_r G_m^\ominus$ 降低却很少，故氧化性不强；As^{3-} 转变为 As 时，$\Delta_r G_m^\ominus$ 也有较多的下降，说明 As^{3-} 化合物具有一定还原性，比较常见的化合物为 AsH_3。

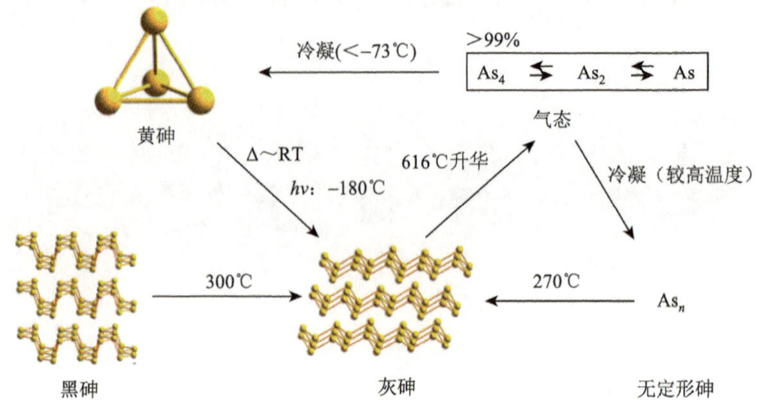

图 7-1　典型砷单质同素异形体的相互转化示意图

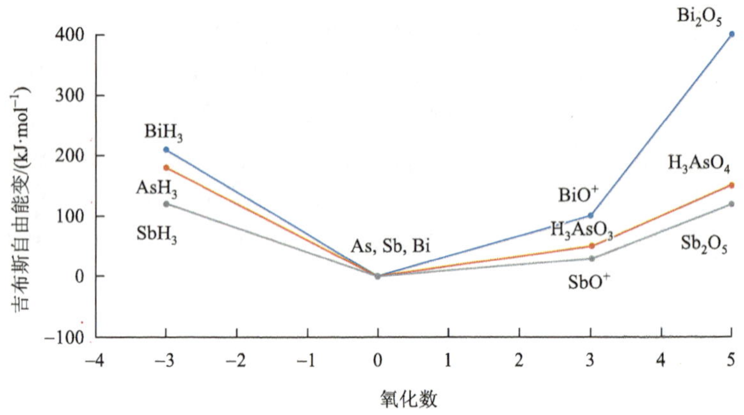

图 7-2　As、Sb、Bi 不同氧化态的吉布斯自由能（pH = 0）

7.1.2　砷的发现和命名

中世纪欧洲重要的哲学家和神学家麦格努斯（A. Magnus，1193～1280 年）在 1250 年首次对砷进行了记载，用雌黄与肥皂共同加热制得砷单质[9]。古代就为人所知和广泛使用的砷的化合物有：雌黄（三硫化二砷）、雄黄（四硫化四砷）和砒霜（三氧化二砷）。三者都曾被用于中药。雌黄更是古代东西方均广泛使用的金黄色颜料[10]。雌黄也可用于修改错字，故有“信口雌黄”之说。

英语中的 arsenic（砷）一词最初源自叙利亚语中的雄黄一词（音 zarniqa，意为金黄色)。希腊语为 arsenikon，后来这个希腊词又传入拉丁语成为 arsenium，再由古法语（arsenic）传入英语（arsenic）。

7.1.3 砷在自然界的存在

砷广泛存在于自然界，如火山喷发、含砷的矿石。砷分布在多种矿物中，在地壳中的质量分数为 $1.5\times10^{-4}\%$；砷在地壳中的含量不大，有时以游离态存在于自然界中，通常与硫和其他金属元素共存，主要以硫化物矿形式在自然界存在，有雄黄（As_4S_4）、雌黄（As_2S_3）、砷黄铁矿（FeAsS）、硫砷黄铁矿（$FeAsS_2$）等（图 7-3）。也有纯的元素晶体。

图 7-3　雄黄（左）、雌黄（中）和砷黄铁矿（右）

7.1.4 砷的毒性、污染及鉴定

砷和它的所有化合物几乎都有剧毒，如果任意排放将会对土壤、水体产生严重污染，不仅影响农作物的生长还会威胁人类和动物的健康[11]。砷对人体的主要毒害作用是通过食物链对砷的富集吸收，或饮用砷污染的水造成的。毒害作用主要体现在造成皮肤损伤、引发糖尿病和心血管疾病以及诱发肺癌和肝癌等疾病[12]。世界卫生组织对饮用水中的砷含量出台了更为严苛的标准，从每日 50 μg/L 下降至 10 μg/L[13]。因此，水质中含砷物质的分离及鉴定就显得尤为重要。

目前常见的分离技术包括固相萃取法（solid phase extraction）[14-16]、磁固相萃取法（magnetic solid phase extraction）[17, 18]、分散液液微萃取（dispersive liquid-liquid microextraction）[19, 20]等。仪器分析技术包括原子吸收法（AAS）、原子荧光法（AFS）、电感耦合等离子体发射光谱法（ICP-AES）以及电感耦合等离子体质谱法（ICP-MS）等[21]。分离技术通常与分析技术联用，例如采用高效液相色谱-电感耦合等离子体质谱法[22]、固相萃取-色谱-光谱联用[23]等方法来同时进行砷物质的分离与鉴定。

含砷废水中砷的去除方法包括硫化物沉淀法[24]、钙-铁盐联合除砷法[25]、吸附除砷法[26]、离子交换法[27]、微滤法[28]以及除砷剂除砷法[29]等。近期，张斐等[30]

介绍了高效除砷过滤器处理含砷废水的工程实例，该装置包括一体化综合池、高效除砷过滤器、活性炭过滤等几部分组成，最终出水 As 含量排放标准小于等于 0.4 mg/L。

7.2　块体砷单质的研究进展

7.2.1　灰砷

7.2.1.1　结构

砷的最常见同素异形体是灰砷（ash/grey arsenic，gray arsenic），具有金属光泽，在工业上也被称为金属砷，有类似石墨的分层晶体结构[空间群 $R3m$，图 7-4（a）][31]。由俯视图[图 7-4（b）]可以看出，层间每个砷原子与相邻三个原子以单键相互连接，形成折叠式排列的类六元环蜂窝状结构。其中每个砷原子都正好位于相邻层六元环中心位置。每个砷原子与层内相邻原子间距离 r_1 为 2.517 Å，与相邻层最近砷原子间距离 r_2（用虚线表示）为 3.12 Å。每个砷原子与三个相距为 r_1 的砷原子在平面一边呈棱锥形配位，与三个相距为 r_2 的砷原子在平面另一边呈棱锥形配位[2]。这种排列紧密的结构促使它拥有 5.73 g/cm^3 的高密度。因层与层之间的结合力弱，故灰砷脆而硬，易被捣成粉末。虽然单层灰砷有类似于石墨烯的蜂窝状结构，但这些连续的原子并不能形成像石墨烯一样的平坦二维晶体，而是形成

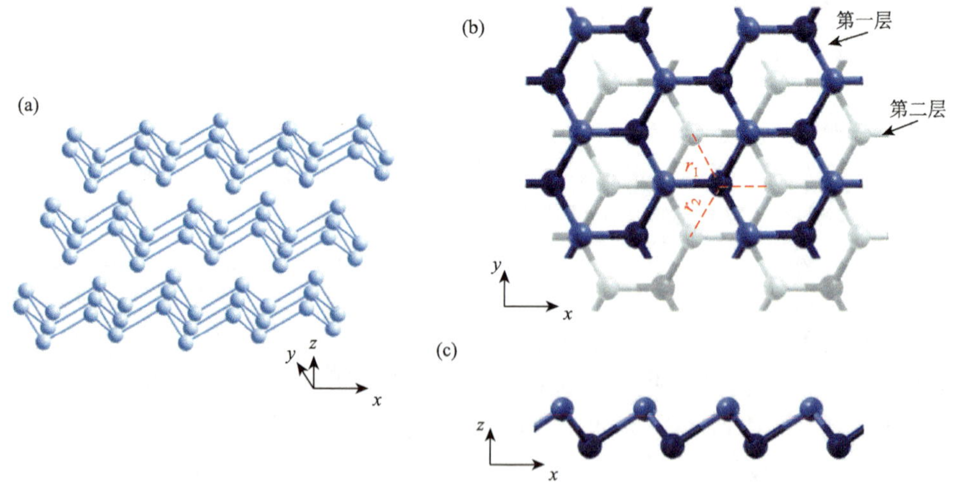

图 7-4　灰砷结构示意图

（a）3D 结构；（b）俯视图；（c）单层截面示意图

六元环的椅式结构。这是因为 As 原子相比于 C 原子在 p 轨道上多出一个电子，导致 As 元素的 sp^2 杂化形成的平面蜂窝状结构不稳定，因此其单层结构具有一定的厚度。晶体结构数据表明 As—As—As 的键角为 96.7°[32]，因此灰砷中的砷原子主要以类似于 sp^3 的杂化形式成键。图 7-4（c）显示了其单层结构的非平面性，形成的厚度为 1.39 Å[33]。

7.2.1.2　制备与提纯

灰砷的制取和提纯方法很多，其中化学法主要包括还原法及热分解法等，即从砷的化合物为原料制备灰砷。除此之外，研究者还从纯度较低的金属砷入手，经还原提纯来制备高纯金属砷，前者基于化学方法而后者则基于物理方法，主要包括 Bridgman 单晶生长法、As-Pb 合金法、氢气流净化法及升华提纯法。

1. 还原法

人们很早就采用还原法来制取灰砷，其中主要包括碳还原三氧化二砷、一氧化碳还原三氧化二砷、氢气还原三氧化二砷和三氯化砷。虽然采用 CO 还原三氧化二砷的反应温度低，但缺点是三氧化二砷升华太多，产物中含有大量原料导致纯度差、产率低。当把三氧化二砷放在石英管中，加热到 620℃以上，使之通过碳层，其还原率可达 99%以上。采用氢气法可制得高达 99.999%纯度的砷单质，但碳还原法设备简单，适合大量生产，因此是普通纯度砷单质的优良制取方法[34]。此外，近年来还发展出 As_2S_3 全湿法制备砷单质。该方法是先将硫化砷在酸性硫化铜溶液中生成亚砷酸，然后过滤 CuS 后，再加入氯化亚锡的酸性溶液将 AsO_3^{3-} 及少量 AsO_4^{3-}（个别 AsO_3^{3-} 被氧化）还原为砷单质[式（7-6）][35]。

$$2As_2O_3 + 3C \longrightarrow 4As + 3CO_2 \quad (700\sim900℃) \tag{7-1}$$

$$As_2O_3 + 3CO \longrightarrow 2As + 3CO_2 \quad (315℃) \tag{7-2}$$

$$As_2O_3 + 3H_2 \longrightarrow 2As + 3H_2O \quad (800℃) \tag{7-3}$$

$$2AsCl_3 + 3H_2 \longrightarrow 2As + 6HCl \quad (850℃) \tag{7-4}$$

$$As_2S_3 + 3CuCl_2 + 6H_2O \longrightarrow 3CuS\downarrow + 2H_3AsO_3 + 6HCl \tag{7-5}$$

$$2H_3AsO_3 + 6HCl + 3SnCl_2 \longrightarrow 2As\downarrow + 6H_2O + 3SnCl_4 \tag{7-6}$$

2. 热分解法

除了还原法之外，还可以采用分解法来制备金属砷[34]。采用的原料为砷化氢（AsH_3），其在 280℃以上即可分解产生金属砷和氢气[式（7-7）]。实际操作过程为：将砷化氢通过 600℃的石英管，分解后在 400℃下冷凝即得金属砷。由于砷化氢在常温常压下为气体，因此可使其通过液化挥发或吸收剂等精制成更高纯度原料，从而分解得到高纯金属砷。

$$2AsH_3 \longrightarrow 2As + 3H_2(280℃) \tag{7-7}$$

3. Bridgman 单晶生长法

该方法是指将纯度较低的金属砷装入内径 7 mm、厚为 3 mm 的石英管中抽空，在 910℃和 100 个大气压下缓慢降温结晶得到高纯度金属砷，此方法可除去 Ag、Cu、Fe 等元素，但对于 Sb、Te 的去除效果较差[36, 37]。

1）As-Pb 合金法

该方法是一种以除去 S、Se 等为目的的提纯方法。将制备好的含 33% As-Pb 合金置于石英管中在 750℃下烧结，原有 As 中含有的 S、Se 以 PbS、PbSe 等形式固定在铅中。然后把石英管加热到 600℃，使砷挥发出来，在 400℃冷却凝结便可得到 S、Se 浓度仅为 1/1 000～1/10 000 的高纯砷。这种方法会混入约 5 ppm 的铅，需要通过再升华来提纯[36, 37]。

2）氢气流净化法

该方法同样是一种以除去 S、Se 等为目的的提纯方法。采用将氢气通入放置有砷单质的石英管中，加热到 900～1000℃，S 和 Se 将转化成为 H_2S 和 H_2Se 而除去。

3）升华提纯法

由于金属砷在 615℃开始升华，因此可利用这种性质除去其中的不挥发性杂质。即将砷放置于石英管中 600℃升华，在 350℃冷凝，这种方法对重金属的分离很有效。同时还可以结合氢气流净化法升温至 850～1000℃再将 S、Se 除去。

7.2.1.3　性质及应用

单质砷具有半金属性，一种用途是将它作为某些合金的成分，用以提高合金的特殊性能。例如，在金属铅中加入 2%的砷可提高合金硬度，构成的砷铅合金在军事工业中用以制造子弹头、军用毒药和烟火；在铜中添加 0.15%～0.5%的砷制成的砷铜合金可以显著降低铜的导热性和导电性，提高含氧铜的加工塑性，常用于生产火车燃烧室的支撑螺旋杆及高温还原气氛中的零部件；作为轴承材料的巴比特合金中加入砷，可提高其高温强度[38, 39]。

单质砷的另外一种用途是用来制取砷化镓、砷化铟等半导体材料，用于通信、医学、电脑、精加工、激光雷达等方面。高纯度砷化镓半导体不仅能极大提高电子运行速度，而且和硅相比可以抵抗外层空间的辐射能力，更适于在卫星等航空器上使用，进一步推动电子通信技术的发展[40]。

除了上述传统用途外，近年来关于灰砷新性能的开发也受到了人们的关注。2017 年，Zhao 等[41]发现在温度为 1.8 K、磁场为 9 T 的条件下，灰砷单晶具有极大的磁致电阻性能（高达 15 000 000%）。其中，磁阻与磁场强度的平方呈数量级增大关系，且没有任何饱和的迹象。霍尔效应研究表明灰砷是一种几乎完美的“补偿准金属”（compensated semimetal），具有极小的载流子迁移率，因此导致其具有极大的磁阻。此外，被剥离的层状或二维结构灰砷在电子器件、传感器以及能源器件方面的应用也被逐步重视，一系列相关的制备方法被陆续报道，包括外延生长法[42]、剥离和官能团化修饰[43]、乙腈辅助剥离法等[44]。

7.2.2　黑砷

7.2.2.1　结构

通常所说的黑砷（black arsenic）是单质砷在自然界中存在的另一种晶态砷，稳定性较灰砷差，因颜色为黑色而被称为黑砷。一些文献中将无定形砷也纳入黑砷中[45]。晶态黑砷与灰砷一样具有层状结构（图 7-5）：层内以非平面的六元环形式连接，每一个砷原子与其他三个邻近砷原子以两种成键方式形成化学键，包括平面内两个较长的化学键（键长 2.51 Å）和非平面内一个较短的化学键（2.49 Å）。层中平面内的三个砷原子键角为 94.50°，非平面内的键角为 100.27°。层与层之间的距离为 5.46 Å，由范德瓦耳斯力连接，而单层厚度为 2.39 Å[33]。这种层状结构可使黑砷被剥离成具有不同层数的鳞片状晶体。

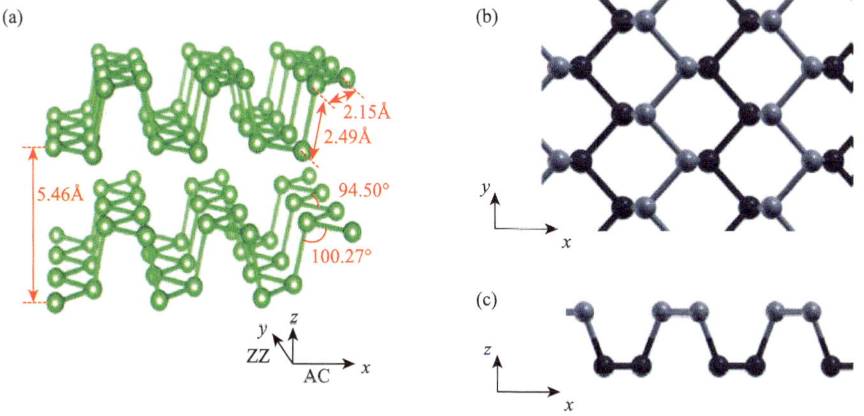

图 7-5　黑砷结构示意图

（a）3D 结构（晶格参数来自 DFT 计算）[46]；（b）单层俯视图；（c）截面图

7.2.2.2 制备

晶态黑砷与黑磷结构类似，目前黑砷晶体只能从含有杂质的混合物中得到，包括汞[47]、磷[48]或氧[49]。例如，黑砷可以从无定形砷单质与汞的混合物加热得到[50]，或者将无定形砷暴露于 AsX（X = Cl、Br、I）蒸气中得到[51]。最近，Antonatos 等[52]报道的黑砷合成方法也是在汞蒸气中结晶实现，结果表明实验室制备的稳定状态黑砷需要由氧化汞来稳定。迄今为止，由于黑砷的不稳定性，其纯相结构的晶体还未能实现在实验室中的合成[48]。然而，在智利的 Copiapó地区，人们发现了自然界存在的纯相黑砷矿石[53]。并且这种黑砷矿石具有很高的纯度，杂质含量均在 X 射线衍射、俄歇电子光谱以及能量散射 X 射线光谱的检测限之下[46]。虽然实验上关于制备黑砷的进展较慢，但其相关的理论预测已经全面开展。例如，Li 等预测了黑砷在高压下的转化状态[54]，在 1.2 GPa 时黑砷将从直接半导体变为间接半导体。如果继续增加压力至 2.2 GPa，黑砷将转变成为金属。而当压力大于 3 GPa 时，黑砷结构将变得不稳定。Gao 等同样从理论和实验上研究了压力对黑砷稳定性和相转变的影响[55]，结果表明在 3.48 GPa 时，黑砷开始转变为灰砷；在 3.48～5.37 GPa 时黑砷与灰砷共存；大于 5.37 GPa 时全部转化为灰砷；而当压力下降 1～3 GPa 时，灰砷可以发生可逆相变回到黑砷。研究结果表明黑砷在相变的临界温度下具有很好的稳定性。

7.2.2.3 性质及应用

块体黑砷禁带宽度为 0.3 eV，属于直接半导体。而单层黑砷禁带宽度在 1～1.5 eV 属于间接半导体，这种半导体的性质使得黑砷在光电子和逻辑器件上具有潜在应用。然而由于黑砷的不稳定性，它的相关研究在很长一段时间内并未引起科学家们的重视。直到近年来，以石墨烯为代表的二维材料在催化、传感、能源存储、器件设计等领域的优异表现激发了研究者们对其他二维材料的积极探索，黑砷这一层状材料才迅速进入人们的视野[56-59]。

2018 年，Chen 等[46]研究表明，黑砷在其层状结构的两个主轴方向，即 armchair（AC）及 zigzag（ZZ）方向[参见图 7-5（a）]，表现出良好的电、热传输等性能的各向异性，该性能与已知的二维材料相当或更优异。Kandemir 等[60]用理论计算的方法验证了这种性质的存在，面内各向异性的发现为黑砷在科学研究及器件设计上提供了新思路。其后，Zhong 等[61]以天然黑砷为原料，采用机械剥离法制备了单层和多层结构的黑砷，并研究了材料厚度对这种新的二维材料在载流子传输方面的影响，结果表明电子传输性能与材料的厚度紧密相关，厚度为 5.7 nm 的材料表现出最高的载流子迁移率（59 $cm^2·V^{-1}·s^{-1}$），而厚度为 4.6 nm 的材料则表现出最高的开/关率（超过 10^5）。更重要的是，这种材料表现出良好的稳定性，在大气条件下放置一个月，它所组装的场效应晶体管仍可以稳定运行。此外，黑砷在催化电解水产氢方面的研究也受到关注，Shen 等[62]采用理论计算的方法预测了黑砷的电解水催化活性。他们指出原子掺杂特别是氧原子/氧簇的掺杂将会调节黑砷本体材料的费米能级，增强对氢原子的束缚从而显著提升催化产氢反应效率。而黑砷在锂离子电池方面的应用也被预测，锂离子将会在其修饰的双层黑砷材料中传输，而材料的各向异性使得载流子传输势垒在 AC 方向为 0.8 eV 而在 ZZ 方向仅为 0.2 eV[63]。近期，Sheng 等[64]在 *Nature* 上发表论文，报道了中心对称的薄层黑砷中自旋-轨道耦合和斯塔克效应之间的协同效应，其表现为粒子-空穴不对称的 Rashba 能谷的形成和由静电门控可逆控制的非常规量子霍尔态的出现。该结果也为黑砷在电子器件方面的研究奠定了一定理论基础。

7.2.3　黄砷

7.2.3.1　概述

黄砷（yellow arsenic）是砷单质中最不稳定的同素异形体，具有 As_4 正四面体结构，与它的同系物白磷（P_4）有相似的结构。但是，P_4 在常温常压下较稳定，而黄砷在正常环境温度下便可转化为更稳定的灰砷。如果暴露在光照或者有灰砷晶种存在时，这一相变过程会加速发生。因为这种不稳定性，黄砷的长时间存储目前还难以实现。因此，尽管黄砷是唯一可溶性的砷单质，但是它很少成为化学反应中砷的来源。然而，黄砷的可溶性与 P_4 显著不同。P_4 几乎可以溶解在所有常见溶剂中，并且在低温下也可实现。而黄砷即使在常温下溶解性也很差，低温下更是如此。例如，在–30℃时，除了 CS_2，黄砷几乎不溶于任何溶剂。黄砷的溶解性差及其在溶液中的光敏感性可以通过从载体化合物中释放 As_4 来部分克服[65]，该过程可使 As_4 在 CH_2Cl_2 中的溶解度增加 5 倍，光稳定性超过 5 小时[66]。最近，研究者首次将黄砷存储在多孔碳基材料[67]，形成了 As_4@C 物种，促进黄砷这种高活性分子在合成化学中的应用。

7.2.3.2　结构

黄砷的结构与其同系物白磷 P_4 类似，因此，每个 As 原子以 sp^3 杂化形式与其他 As 原子组成正四面体结构的 As_4。因为黄砷具有非常高的光敏感性，该固态结构目前尚无法证实。但这种四面体结构在它的气相分子中被电子衍射实验所证实，

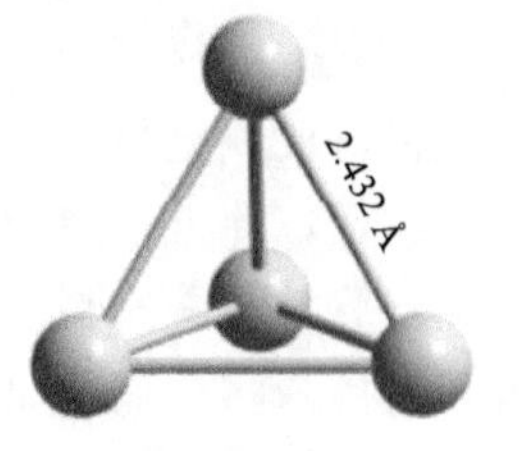

图 7-6　黄砷四面体结构示意图

砷原子与其他三个砷原子成键，其 As—As 键键长为 2.432 Å[68]（图 7-6）。最近，Schwarzmaier 等[66]将 As_4 分子包裹在由 CuCl 和[Cp*Fe(η5-P5)]组成的聚合物单元中，这使得该分子结构可以利用单晶 X 射线衍射测出。该方法测得的 As—As 键长为 2.396(5) Å。此外，DFT 计算也用来确认正四面体中 As—As 键的键长，采用 OLYP ZORA/QZ4P 理论（无对称结构约束）所得键长为 2.4372 Å，采用 B3LYP/6-311 + G**理论（T_d对称结构），所得键长为 2.465 Å。这些结果都表明 As_4 与 P_4 有着非常接近的结构。

7.2.3.3　制备

如前所述，灰砷在 616℃时会发生升华，此时形成的气态分子即 As_4。当把气态的 As_4 分子重新聚集在冷的物体表面上时，即可形成固态的黄砷。但是固态形式的黄砷极易发生聚合而重新生成灰砷，特别是在光照条件下，这种转化过程会加速。因此，固态黄砷的提取和存储相当困难。但是，溶液状态的黄砷较其固态稳定许多，因此黄砷溶液的制取相对容易。例如，Bettendorff 在 1867 年报道了将 As_4 溶解在 CS_2 中可以形成稳定溶液[69]。另外，Scherer 等将 CS_2 替换成二甲苯这一更为惰性的溶剂也用于黄砷的溶解[70]。因为黄砷微溶于一般的有机溶剂，因此除了 CS_2 之外，任何可溶解黄砷的有机溶剂都可以用来制备黄砷溶液。

Scheer 研究组采用了图 7-7 所示装置用于黄砷溶液的制备[45]。为了防止微量的黄砷气体随着氩气的吹扫进入大气，尾气将通入含有石蜡油及浓硫酸等多个洗瓶。在中央石英反应管中，大约 5 g 的灰砷放置在瓷舟中。圆底烧瓶中盛有一定量的有机溶剂（例如甲苯），其液面高度需保证氩气可在溶剂中形成鼓泡，此溶液将加热至有机溶剂可回流状态。在氩气进入加热管前，须在弯管处设置气体预热装置（采用煤气喷灯或加热枪，温度约 450℃），石英反应管将加热至 650℃保持 30 min。此时，所有的灰砷将升华为气体。将保持温度的有机溶液迅速过滤，便可得到黄砷溶液用于后续反应。此外，如要去除水汽等微量杂质，还可以将新制备的黄砷溶液在−80℃下将杂质沉淀，倾析溶剂并短暂排空容器来净化 As_4。上述步骤都需要在避光条件下进行。

7.2.3.4　特殊化学反应及应用

关于 As_4 与主族元素化合物的反应研究较少，其首例反应在 1992 年才被

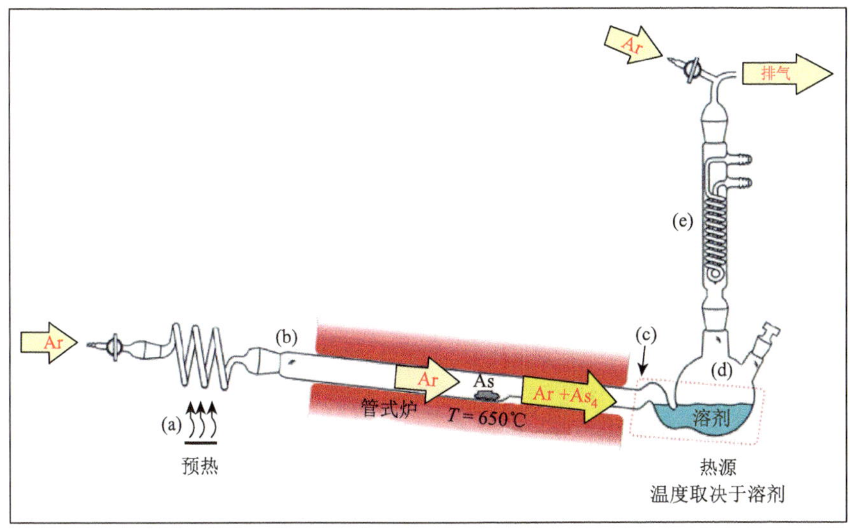

图 7-7　黄砷溶液制取装置示意图[45]

（a）煤气灯或加热枪；（b）石英管（长 500 mm，直径 29 mm）；（c）石英管与硼硅玻璃转接头；（d）500 mL 烧瓶；（e）冷凝管

West 等报道[71]。他们采用四异亚丙基二硅（tetramesityldisilene）与 As_4 在甲苯中 25℃下反应 24 h，最终得到两种化合物。其反应式如图 7-8 所示，其中化合物 **1** 可在 95℃下加热转化为化合物 **2**。此后，As_4 与另一种含硅化合物的反应也在近期被报道[72]，该反应得到一种具有 As_{10} 笼状结构的化合物[图 7-9（a）]。直到 2016 年，第一个有机金属取代的 As_4 蝴蝶状化合物 $Cp_2^{PEt}As_4(Cp^{PEt}=C_5(4\text{-}EtC_6H_4)_5)$ 才被合成出来[图 7-9（b）][73]。当在光照条件下，该化合物会重新释放出 As_4，这使得该化合物成为潜在的黄砷存储材料。

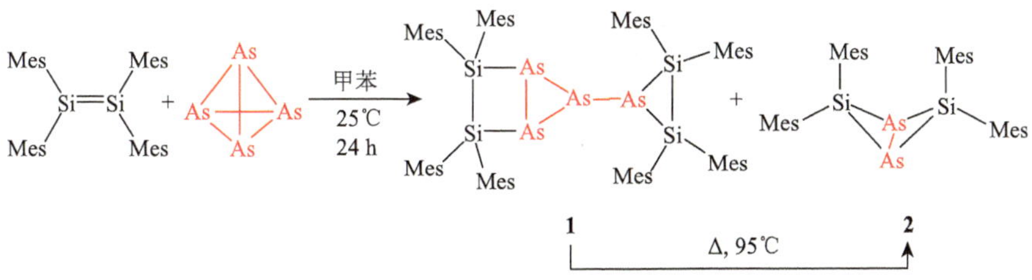

图 7-8　黄砷与四异亚丙基二硅的反应方程式[45]

相比于与主族元素化合物的反应，As_4 与过渡金属元素化合物的反应要更加丰富。目前已合成了包括 Mo[74]、Cr[75]、Fe[76-78]、Co[79-81]、Ni[82, 83]、Ag[65]、Cu[84]、Zr[85]、Ru[86]、Sn[87]等的含砷化合物，其部分结构如图 7-10 所示。

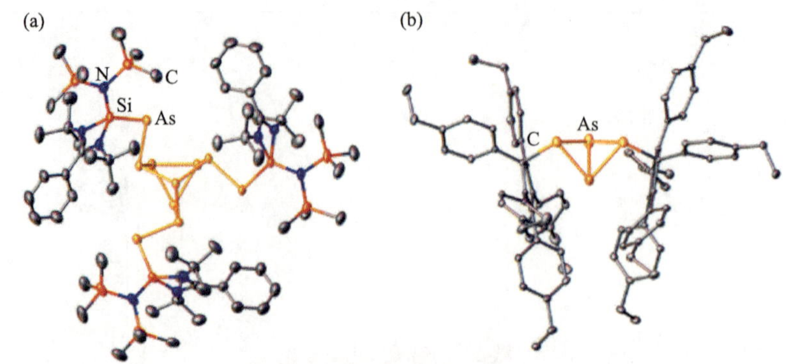

图 7-9　两种主族元素配合物与 As_4 反应所得化合物[45]

（a）具有 As_{10} 笼状结构的化合物；（b）首例金属有机取代 As 化合物。结构中氢原子及溶剂分子均被省略

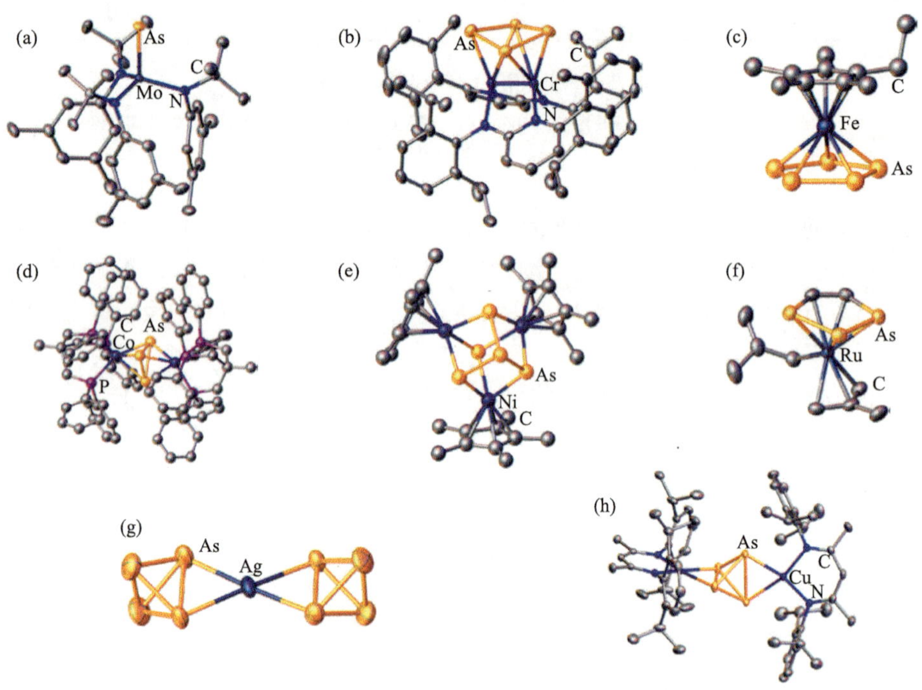

图 7-10　几种过渡金属元素及其配合物与 As_4 形成的几种化合物结构[45]

（a）Mo；（b）Cr；（c）Fe；（d）Co；（e）Ni；（f）Ru；（g）Ag；（h）Cu

目前，相比其同系物 P_4 来说，As_4 与主族元素或者过渡金属化合物可进行的反应仍然很有限。这归因于黄砷固有的毒性、制备复杂性和对大气以及光的敏感性等。此外，由于黄砷溶液的浓度仅能依靠制备时间来估算，因此它所涉及的反应很难精确地按照化学计量比来进行。这些原因都导致了关于黄砷的化学反应研

究进展缓慢。相信如果在制备方法及存储技术上取得突破，那么该领域的研究将会被极大推进。

7.3　新型砷单质的研究进展

除了上述三种传统砷单质外，近年来随着实验制备技术和理论方法的快速发展，新型结构的砷单质不断涌现，其中包括一维结构、二维结构、笼状及环状结构，下面针对这几种类型的砷单质展开介绍。

7.3.1　一维结构砷单质

2009 年，Karttunen 等[88]采用系统的量化计算方法预测了第Ⅴ主族元素（包含砷）的几种单层纳米管结构（图 7-11），并表明它们均具有半导体性质。其中砷纳米管半径为 5.0 Å，在多种纳米管结构中，斜方六面体结构的稳定性要好于正交晶系。

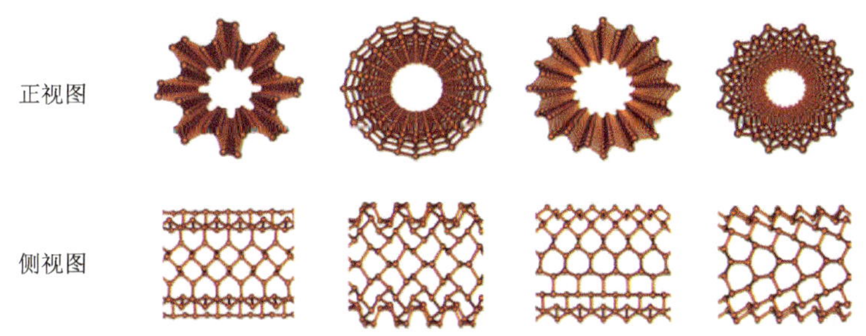

图 7-11　四种纳米管正视及侧视结构图[88]

尽管 2009 年便有了砷单质纳米管结构的预测，但直到 2018 年，Hart 等[89]才采用模板法合成了两种新型一维砷单质。将预干燥的单壁碳纳米管（SWCNT）和灰砷研磨混合均匀置于一个长 20 cm 的石英安瓿瓶中，抽真空至 10^{-4} Pa，加热至 200℃并保持 2 h。然后，将密封的石英安瓿瓶在管式炉中加热至 615℃并保持 12 h。重复加热安瓿瓶 3 次，每次旋转安瓿瓶 180°以保证砷升华。最后一次加热安瓿瓶之后保证升华的砷能够在安瓿瓶的温度较低一侧引入 SWCNT 中。多余的砷通过硝酸处理之后用水洗掉。他们将 As_4 分子引入 SWCNT 中，合成了具有单股锯齿链以及双股锯齿阶梯链的两种结构（图 7-12），表明两种结构在 SWCNT 中可以均匀地线性生长。两种链式结构为研究砷原子簇和二维砷提供了良好模型，并且有望成为一类新的砷单质电子材料。此外，在该结构中首次采用高分辨电镜

观察到 As_4 这种极为活泼的分子，说明 SWCNT 的限域效应可以很好地稳定 As_4，使得该材料有望成为一种温和释放 As_4 分子的反应源。

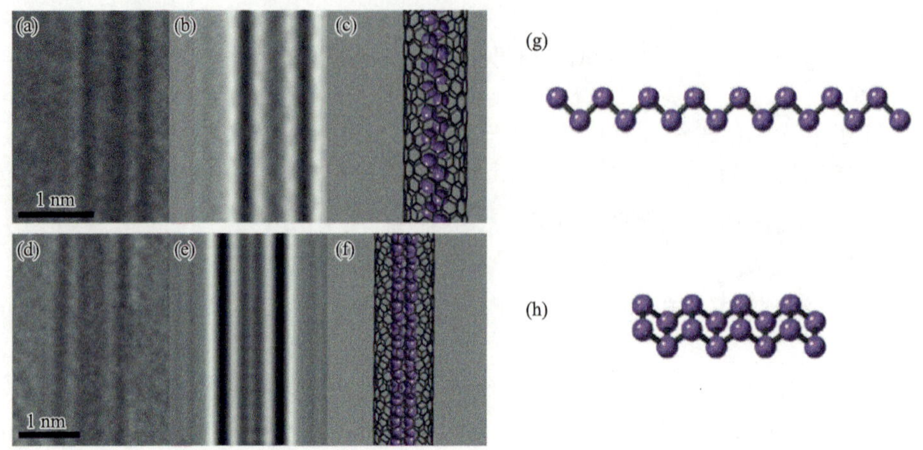

图 7-12　新型 SWCNT 内的一维结构砷同素异形体：SWCNT 中限域的单股锯齿链的（a）高分辨电镜图、（b）模拟高分辨电镜图及（c）结构模拟图；SWCNT 中限域的双股锯齿阶梯链的（d）高分辨电镜图、（e）模拟高分辨电镜图及（f）结构模拟图；（a～c）以及（d～f）显示为同一区域；（g）、（h）分别为（c）、（f）中的 DFT 计算解析的链状 As 单质结构图[89]

在理论方面，对砷一维结构的认知也不断推进，近期的结果表明[90]，砷烯纳米管可以物理吸附苯和苯酚分子，因此其有望作为苯和苯酚检测的化学纳米传感器。

7.3.2　二维结构砷单质

如上所述，二维材料在催化、传感、能源存储、器件设计等领域的优异表现激发了研究者们的极大兴趣。除了将已知灰砷、黑砷进行剥离得到二维砷单质外，科学家们还采用理论计算方法预测了多种结构的二维砷单质，这些二维砷单质统称为砷烯。

2015 年，Zhang 等[91]预测了单层剥离灰砷所形成的砷烯结构，并比较了其与块体灰砷在键长、键角等方面的差别。在灰砷中，单层内键长和键角分别为 2.49 Å 和 97.27°，在砷烯中其键长及键角略有形变，为 2.45 Å 和 92.54°（图 7-13）。此外，他们所预测砷烯的单层厚度也从灰砷的 1.39 Å[33]降至 1.35 Å。同时，当砷单质从块体转为单层结构时，将伴随电学性能的变化，即从准金属变为间接半导体结构，此时砷烯将有 2.49 eV 的禁带宽度。此外，这种间接半导体还可以通过拉伸应变转化为直接半导体。Luo 等[31]验证了这一预测，并表明当该材料从二维变为一维结构时，半导体性能将消失。Luo 等[92]则发现当砷单质层数从 1 变为 2 时，材料将会从间接半导体变为直接半导体，计算认为这种转变归因于二者截然不同的量子限域效应。

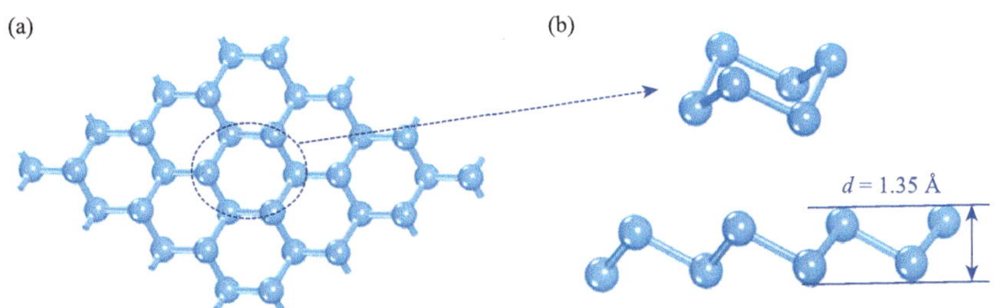

图 7-13　从灰砷剥离得到砷烯的（a）俯视图和（b）截面图[91]

除了将灰砷及黑砷剥离获得二维结构砷单质外，Mardanya 等[33]还预测了另外两种单层结构砷单质并标记为 γ-As 和 δ-As，其结构如图 7-14 所示。这两种结构与单层灰砷及黑砷类似由非平面的六元环构成，其厚度分别为 1.68 Å 及 2.40 Å。通过比较四种单层砷单质的性质，作者提出单层灰砷结构最为稳定，其次是单层黑砷、γ-As 以及 δ-As。Zhang 等[93]进一步拓展了砷烯家族，预测了 ε-Ar、ζ-Ar、η-Ar、θ-Ar 以及 ι-Ar 的结构（图 7-15）。理论计算数据证实了这些材料的稳定性，并得出结论 γ-As、δ-As、ε-Ar、ζ-Ar 为直接半导体，而 η-Ar、θ-Ar 以及 ι-Ar 为间接半导体。这些材料具有从可见光到深紫外光的吸收区间。其中 ζ-Ar 具有最大的吸收强度，且在其 x 和 y 轴方向上还具有独特的线二色性。这些稳定的二维砷单质有望为新型光电器件提供特殊的光电性能。

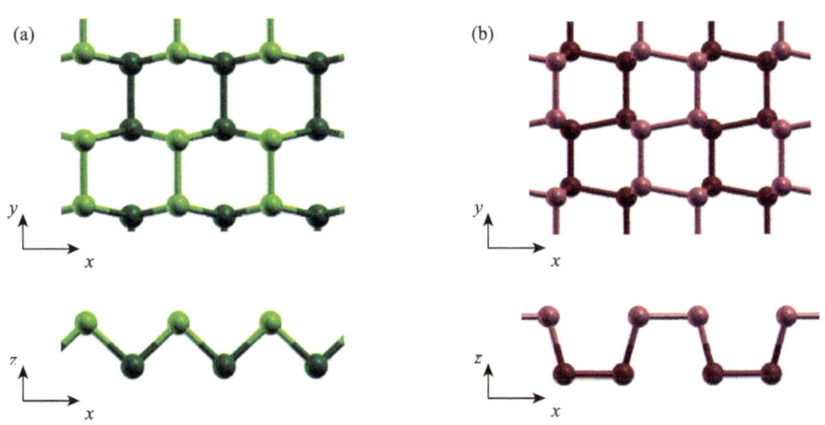

图 7-14　（a）γ-As 以及（b）δ-As 砷单质结构的俯视图及截面图[33]

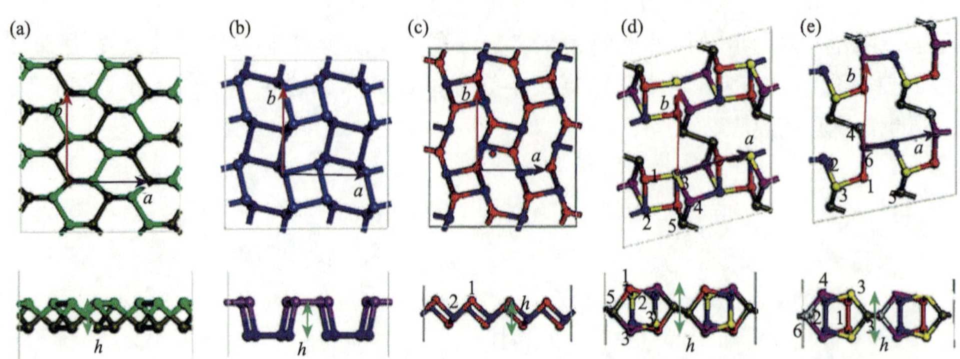

图 7-15　（a）～（e）分别为 ε-Ar、ζ-Ar、η-Ar、θ-Ar 以及 ι-Ar 的俯视图以及截面结构示意图[93]

此外，Li 等[94]预测了具有八元环结构的二维砷单质，并证实其热力学及动力学上的稳定性。此后，Kong 等[95]预测了四元、六元和八元环交替的 4(8)-6 模型二维结构砷单质。该材料具有大量六元环稳定结构，作者采用声子计算确认了其热力学稳定性优于具有八元环分子层结构的二维砷单质。Jamdagni 等[96]还预测出了具有孔状结构的砷烯，进一步扩充了砷烯家族的数量。

综上，二维结构的砷烯家族在实验上的例证还很有限，主要集中在灰砷及黑砷进行剥离的砷烯结构。但理论计算已经预测其家族的多样化，并且成员还在不断扩展。这些结构在传感、电子传导、光学吸收、面内各向异性、线二色性等方面的潜在性质，将为其在光电器件、传感器、癌症治疗等研究和制造领域带来不可估量的前景[97-101]。

7.3.3　笼状及环状砷单质

相比于近年来火热的二维结构砷烯，笼状及环状结构的砷单质的研究更早。早在 2004 年，Baruah 等[102]便采用全电子密度泛函理论研究了 As_4 及其他六种笼状结构的砷单质 As_n（$n = 8$、20、28、32、36、60）的几何形状（图 7-16）、振动稳定性、能量性能等，并预测了相应的红外光谱和拉曼光谱信息，其中 As_{60} 与著名的足球烯 C_{60} 结构类似。研究表明，除了 As_{20} 外，其他构型均不稳定并且将会解离成 As_4 单元。该研究预测了 As_{20} 可能出现的拉曼光谱峰，并对这些笼状结构后续的化学合成及表征手段提供了一定帮助。

此后，Karttunen 等[103]采用量子化学计算方法模拟了一系列 n 值更大的笼状及环状结构的砷单质，包括具有 I_h 点群结构的 As_{80}、As_{180}、As_{320}、As_{500}，D_{24h} 点群结构的 As_{240}，以及 As_{120}（D_{12h}）、As_{160}（D_{16h}）、As_{360}（D_{36h}）等（图 7-17），

并对比了它们和已知的灰砷和黄砷在稳定性及电学方面的性能。研究表明，笼状砷单质同素异形体通过形成笼状弯曲面来减小未共用电子对的排斥作用，因此得到更稳定的结构，这种结构稳定性类似于灰砷。另一类模拟的环状砷单质 As_{120}、As_{160}、As_{360}，它们在结构上与环状结构的红磷类似。量化计算结果表明这些笼状及环状砷单质稳定性均好于黄砷，而笼状结构的同素异形体在结构及稳定性上均与单层灰砷近似。环状结构中当成环原子数达到 200 时稳定性最高，其后稳定性稍有下降。随后，该研究小组[104]又预测了一系列笼状结构第Ⅴ主族元素的单质结构（包含 As），并将它们以最小结构单元分类，即分为具有四面体、八面体及二十面体的三组结构（图 7-18）。他们认为以四面体结构为基本单元的材料在热力学上最稳定，其次为八面体结构，最后为二十面体结构。同时，这种多面体笼状结构可以通过多层结构的堆积来增加其稳定性。

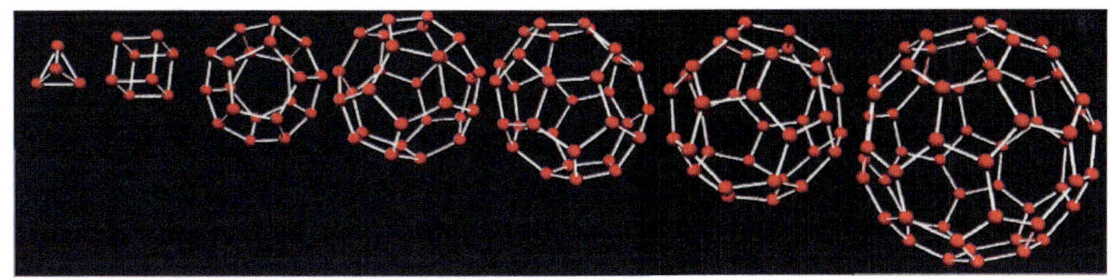

图 7-16　As_n（n = 4、8、20、28、32、36、60）的结构示意图[102]

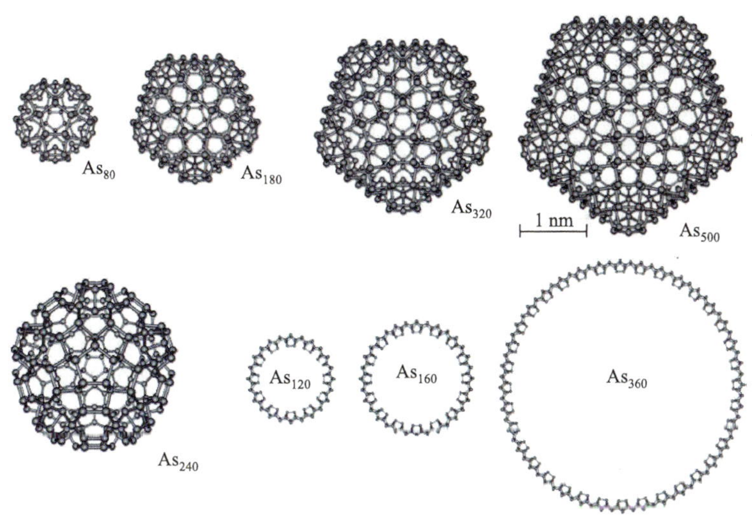

图 7-17　笼状及环状结构 As_n（n = 80、180、320、500、240、120、160、360）的结构示意图[103]

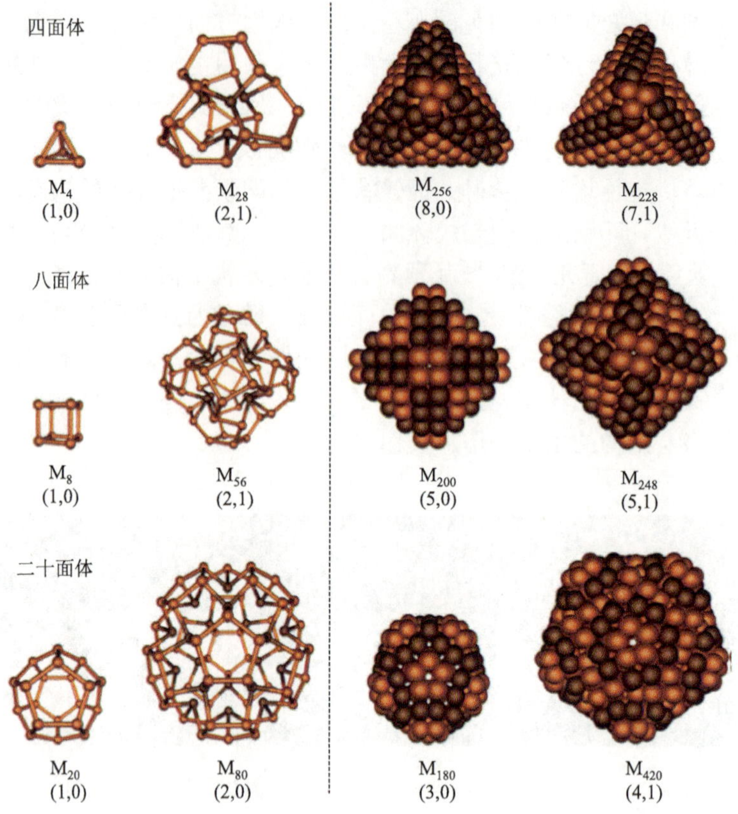

图 7-18　第Ⅴ主族元素多面体富勒烯结构示意图[104]

左侧：每种结构家族的最小多面体笼（$[(h, k) = (1, 0)]$），以及内外各向异性能量最优的最小笼结构（指向内部的原子用较深颜色表示）。右侧：采用空间填充模型绘制的较大的多面体结构（与斜方六面体不同的配位的非顶点原子用深色表示）

7.4　教 学 提 示

（1）一般无机化学教材常介绍的传统砷单质只有灰砷、黑砷、黄砷。除此之外，近些年通过理论计算及实验研究已经报道了几十种砷单质的同素异形体结构，包括一维砷纳米线（管）、二维砷烯、笼状及环状砷单质结构等。虽然到目前为止，灰砷仍然是砷单质应用于生产生活的主要形式，但是在实验方面，黑砷的单层剥离制备、黄砷的化学反应以及一维砷纳米线的成功制备，无疑都为“砷化学”的发展拓宽了道路。

（2）在理论计算方面，二维砷烯、笼状及环状砷单质结构的模拟和性质预测，显示出这些特殊结构在电子传导、光学吸收、各向异性、线二色性等方面具有的潜在应用，这将为其在光电器件的研究和制造领域带来不可估量的前景。在诸多关于砷单质特别是新型结构的研究中，以理论研究为主，这种理论先行的研究模式可为探索和制备新型功能材料提供理论指导，也确实体现了“量子化学已经闯入到化学学科的主流”的观点。

（3）笼状及环状结构的砷单质是新型砷同素异形体物态。研究表明，笼状砷单质同素异形体结构稳定性类似于灰砷，环状砷单质同素异形体结构稳定性类似于黄砷，是否预示着它们的单质同素异形体与块状砷单质在结构上有着某种渊源？

（4）值得注意的是，砷和它的化合物几乎都有剧毒！本章介绍了使用砷的保护措施和检测方法。但是，一旦发现砷中毒，要注意及时治疗，不然后果不可想象。排砷治疗常用如下方法[105]：①临床上主要使用含巯基（—SH）类药物，如二巯丙醇（MSDS）、二巯丙磺酸钠（DMPS）等。②硒及硒配方制剂，其排砷机制主要是硒与砷竞争功能基团（—SH 和二硫键—S—S），促进砷从机体排出，减少砷在体内蓄积。③刺梨汁富含维生素 C、维生素 E 及微量元素硒，具有一定的排砷作用。④使用松花粉灌胃（6.25 g/kg），第 45 天时血清中砷含量和谷胱甘肽过氧化物酶活力与阴性对照组比较均有显著性差异，提示中药制剂松花粉具有排解血砷、提高谷胱甘肽过氧化物酶活力的作用。绿豆对砷的吸附作用极强，解砷毒效果显著。⑤利用自然疗养因子（空气疗法、温泉疗法）疗养 1 个月后发砷明显下降。

学习思考题

1. 砷的常见同素异形体除了黑砷、灰砷和黄砷，还有哪些？
2. 简述砷的常见同素异形体的相互转化条件。
3. 请简述黑砷、灰砷以及黄砷的物理性质的差别。
4. 砷在自然界中主要以氧化物还是硫化物形式存在？为什么？
5. 砷的毒性主要表现在哪些方面？
6. 砷的常见检测方法有哪些？
7. 从砷的氧化物制取单质砷时，常用的还原剂有哪些，各有什么优缺点？
8. 黑砷作为一种新型二维材料，它的结构特点是什么，潜在的应用有哪些？
9. 黄砷与它的同系物白磷有哪些异同点？
10. 稳定在碳纳米管中的一维结构纳米砷以什么结构存在，它有什么用途？
11. 什么是砷烯，它与石墨烯有什么异同点？它通常采用什么方法制备？
12. 笼状结构的单质砷结构特点是什么，为什么预测它们的稳定性要好于黄砷？
13. 目前单质砷的研究虽然较早期已有明显提升，但仍明显少于同族的 N 及 P，可能的原因是什么？

14. 在诸多关于砷单质特别是新型结构的研究中，以理论研究为主，这种理论先行的研究模式有什么好处，除了砷单质外，你能否举出一些例子说明在新型材料合成中理论先行的重要性？

15. 通过本章的学习你对单质砷是否有新的认识？为了使该材料为人类社会发展做出更多的贡献，你认为应该有哪些需要注意的方面？

参 考 文 献

[1] 凌永乐，化学元素的发现. 3 版. 北京：商务印书馆，2014

[2] 项斯芬，严宣申，曹庭礼，等. 无机化学丛书：氮、磷、砷分族. 北京：科学出版社，1995

[3] 宋天佑，徐家宁，程功臻，等. 无机化学（下册）. 3 版. 北京：高等教育出版社，2015

[4] Rosenblatt G M，Lee P K. J Chem Phys，1986，49：2995-3066

[5] Gokcen N A. Bull Alloy Phase Diagrams，1989，10：11-22

[6] Kalendarev R I，Sazonov A I，Rodionov A N，et al. Mater Res Bull，1984，19：11-15

[7] StöHr H. Z Anorg Allg Chem，1939，242：138-144

[8] Greaves G N，Elliott S R，Davis E A. Adv Phys，1979，28：49-141

[9] Emsley J，Nature’s Building Blocks：An A-Z Guide to the Elements. Oxford：Oxford University Press，2001

[10] Bentley R. Chemical Educator，2002，7（2）：51-60

[11] 宣昭林，刘戎，李艳杰. 中国地方病防治杂志，2004，19（4）：162-163

[12] Wen S P，Zhu X S. Talanta，2018，181：265-270

[13] Leal P M，Alonso E V，Guerrero M M L，et al. Talanta，2018，184：251-259

[14] Chen S Z，Zhan X L，Lu D B，et al. Anal Chim Acta，2009，634（2）：192-196

[15] Chen D H，Huang C Z，He M，et al. J Hazard Mater，2009，164（2-3）：1146-1151

[16] Li P，Zhang X Q，Chen Y J，et al. RSC Adv，2014，4（90）：49421-49428

[17] Ma J P，Jiang L H，Wu G G，et al. J Chromatogr A，2016，1466：12-20

[18] Huang C Z，Xie W，Li X，et al. Microchim Acta，2011，173（1-2）：165-172

[19] Ma J P，Lu W H，Chen L X. Curr Anal Chem，2012，8（1）：78-90

[20] Zounr R A，Tuzen M，Khuhawar M Y. J Mol Liq，2017，242：441-446

[21] 位晨希，马继平，吴阁格，等. 青岛理工大学学报，2019，40（3）：80-87

[22] Liu W，Hu J L，Yang H X. Chinese Journal of Analysis Laboratory，2014，33（4）：462-465

[23] Jia X Y，Gong D R，Wang J N. Talanta，2016，160：437-443

[24] 郑雅杰，崔涛，彭映林. 中国有色金属学报，2012，22（7）：2103-2108

[25] 王小平，周振联. 环境工程，2003，21（5）：46-48

[26] 欧阳通. 环境科学，2004，25（6）：43-47

[27] 姜浩，廖立兵，王素萍. 地球化学，2002，31（6）：593-601

[28] 吴水波. 混凝-微滤工艺的饮用水除砷研究. 天津：天津大学，2007

[29] 樊荣涛，闫惠珍，岳银玲. 中国卫生检验，2005，15（9）：1128-1129

[30] 张斐，王欣. 现代盐化工，2019，4：9-10

[31] Kou L Z，Ma Y D，Tan X，et al. J Phys Chem C，2015，119（12）：6918-6922

[32] Greenwood N N，Earnshaw A. Chemistry of the Elements. 2nd ed. Oxford：Butterworth-Heinemann，1997
[33] Mardanya S，Thakur V K，Bhowmick S，et al. Phys Rev B，2016，94（3）：035423
[34] 一机部仪表材料研究所技术情报室. 仪表材料，1971，4：16
[35] 侯汉娜，陈甜甜. 环境保护科学，2014，40（6）：42-45
[36] 石黑三郎. 电器学会杂志，1970，90（4）：561-565
[37] 岸田元良. 化学工业，1966，8：769-774
[38] 姚元芝. 知识介绍，1999（4）：24-25
[39] 高胜利，杨奇. 化学元素新论. 北京：科学出版社，2019
[40] 胡德元. 改性活性炭吸附去除氟硅酸中砷的研究. 贵阳：贵州大学，2008
[41] Zhao L X，Xu Q N，Wang X M，et al. Phys Rev B，2017，95（11）：115119
[42] Hu Y，Qi Z H，Lu J Y，et al. Chem Mater，2019，31（12）：4524-4535
[43] Sturala J，Sofer Z，Pumera M. Npg Asia Mater，2019，11：42
[44] Antonatos N，Mazanek V，Lazar P，et al. Nanoscale Adv，2020，2（3）：1282-1289
[45] Seidl M，Balazs G，Scheer M. Chem Rev，2019，119（14）：8406-8434
[46] Chen Y B，Chen C Y，Kealhofer R，et al. Adv Mater，2018，30（30）：1800754
[47] PušElj M，Ban Z，Grdenić D. Z Anorg Allg Chem，1977，437：289-292.
[48] Osters O，Nilges T，Bachhuber F，et al. Angew Chem Int Edit，2012，51（12）：2994-2997
[49] Smith P M，Leadbetter A J，Apling A J. Philos Mag，1975，31：57-64
[50] Krebs H，Holz W，Worms K H. Chem Ber，1957，90：1031-1037
[51] Krebs H. Angew Chem Int Edit，1953，65：293-299
[52] Antonatos N，Luxa J，Sturala J，et al. Nanoscale，2020，12（9）：5397-5401
[53] Clark A H. Mineral Mag，1970，37：2
[54] Li R P，Han N N，Cheng Y C，et al. J Phys-Condens Mat，2019，31（50）：505501
[55] Gao C F，Li R P，Zhong M Z，et al. J Phys Chem Lett，2020，11（1）：93-98
[56] Zhong M Z，Meng H T，Liu S J，et al. ACS Nano，2021，15（1）：1701-1709
[57] Golani P，Yun H H，Ghosh S，et al. Nanotechnology，2020，31（40）：405203
[58] Zhong M Z，He J. J Semicond，2020，41（8）：080402
[59] Zhu Y M，Zheng W，Wang W L，et al. J Raman Spectrosc，2020，51（8）：1324-1330
[60] Kandemir A，Iyikanat F，Sahin H. J Mater Chem C，2019，7（5）：1228-1236
[61] Zhong M Z，Xia Q L，Pan L F，et al. Adv Funct Mater，2018，28（43）：1802581
[62] Shen S Y，Gan Y，Xue X X，et al. Appl Phys Express，2019，12（7）：075502
[63] Akgenc B. J Mater Sci，2019，54（13）：9543-9552
[64] Sheng F，Hua C Q，Cheng M，et al. Nature，2021，593（7857）：56
[65] Schwarzmaier C，Sierka M，Scheer M. Angew Chem Int Edit，2013，52（3）：858-861
[66] Schwarzmaier C，Schindler A，Heindl C，et al. Angew Chem Int Edit，2013，52（41）：10896-10899
[67] Seitz A E，Hippauf F，Kremer W，et al. Nat Commun，2018，9：361
[68] Morino Y，Ukaji T，Ito T. B Chem Soc Jpn，1966，39：64-71
[69] Bettendorff A. Justus Liebigs Ann Chem，1867，144：110-114
[70] Scherer O J，Sitzmann H，WolmershäUser G. J Organomet Chem，1986，309：77-86
[71] Tan R P，Comerlato N M，Powell D R，et al. Angew Chem Int Edit，1992，31（9）：1217-1218
[72] Seitz A E，Eckhardt M，Sen S S，et al. Angew Chem Int Edit，2017，56（23）：6655-6659

[73] Heinl S，Balazs G，Stauber A，et al. Angew Chem Int Edit，2016，55（50）：15524-15527
[74] Curley J J，Piro N A，Cummins C C. Inorg Chem，2009，48（20）：9599-9601
[75] Schwarzmaier C，Noor A，Glatz G，et al. Angew Chem，2011，50（32）：7283-7286
[76] Scherer O J，Blath C，WolmershäUser G. J Organomet Chem，1990，387：C21-C24
[77] Schwarzmaier C，Timoshkin A Y，Balazs G，et al. Angew Chem Int Edit，2014，53（34）：9077-9081
[78] Heinl S，Timoshkin A Y，Muller J，et al. Chem Commun，2018，54（18）：2244-2247
[79] Di Vaira M，Midollini S，Sacconi L. J Am Chem Soc，1979，101：1757-1763
[80] Scherer O J，Pfeiffer K，Heckmann G，et al. J Organomet Chem，1992，425：141-149
[81] Grassl C，Bodensteiner M，Zabel M，et al. Chem Sci，2015，6（2）：1379-1382
[82] Scherer O J，Braun J，WolmershäUser G. Chem Ber，1990，123：471-475
[83] Scherer O J，Braun J，Walther P，et al. Chem Ber，1992，125：2661-2665
[84] Spitzer F，Sierka M，Latronico M，et al. Angew Chem Int Edit，2015，54（14）：4392-4396
[85] Schmidt M，Seitz A E，Eckhardt M，et al. J Am Chem Soc，2017，139（40）：13981-13984
[86] Turbervill R S P，Goicoechea J M. Chem Commun，2012，48（49）：6100-6102
[87] Hinz A，Goicoechea J M. Angew Chem，2016，55（50）：15515-15519
[88] Karttunen A J，Tanskanen J T，Linnolahti M，et al. J Phys Chem C，2009，113（28）：12220-12224
[89] Hart M，Chen J，Michaelides A，et al. Angew Chem Int Edit，2018，57（36）：11649-11653
[90] Jyothi M S，Nagarajan V，Chandiramouli R. Comput Theor Chem，2021，1204：113381
[91] Zhang S L，Yan Z，Li Y F，et al. Angew Chem Int Edit，2015，54（10）：3112-3115
[92] Luo K，Chen S Y，Duan C G. Sci China Phys Mech，2015，58（8）：087301
[93] Zhang B F，Zhang H，Lin J H，et al. Phys Chem Chem Phys，2018，20（48）：30257-30266
[94] Li P，Luo W D. Sci Rep-Uk，2016，6：25423
[95] Kong X R，Li L Y，Leenaerts O，et al. Phys Rev B，2017，96（3）：035123
[96] Jamdagni P，Thakur A，Kumar A，et al. Phys Chem Chem Phys，2018，20（47）：29939-29950
[97] Hu Y，Wang X Z，Qi Z H，et al. Adv Funct Mater，2021，31（52）：2106529
[98] Li W J，Fang X，Wang D K，et al. Physica E，2021，134：114933
[99] Mushtaq M，Godara S，Khenata R，et al. RSC Adv，2021，11（41）：25217-25227
[100] Liu C，Sun S，Feng Q，et al. Adv Mater，2021，33（37）：2102054
[101] Gao Y F，Cheng Z X，Wen M R，et al. Nanotechnology，2021，32（24）：245702
[102] Baruah T，Pederson M R，Zope R R，et al. Chem Phys Lett，2004，387：476-480
[103] Karttunen A J，Linnolahti M，Pakkanen T A. ChemPhysChem，2007，8（16）：2373-2378
[104] Karttunen A J，Linnolahti M，Pakkanen T A. Theor Chem Acc，2011，129（3-5）：413-422
[105] 李羡筠. 职业与健康，2012，28（6）：742

第 8 章　氧元素单质的同素异形体

提要　结合最新研究进展，全面介绍了氧的同素异形体，可分为氧气、臭氧、固态 O_2（α、β、γ、δ、ε、ζ 相）和 O_4（θ 相）9 种。简要叙述了各种同素异形体的存在、组成和结构、制备和性质。

8.1　氧的一般介绍

8.1.1　氧的一般性质

氧（oxygen）的化学元素符号为 O，原子序数为 8，原子质量为 15.9994 u。在标准状况下，两个氧原子结合形成氧气，是一种无色无臭无味的双原子气体，化学式为 O_2；氧在臭氧层中经紫外线的作用也可以生成每个分子由三个氧原子构成的臭氧（O_3），臭氧在标准状况下是一种有特殊臭味的淡蓝色气体。氧元素单质除氧气和臭氧气体外，还有固态氧（α、β、γ、δ、ε、ζ、θ 相）共 9 种同素异形体[1]。氧是一种易起化学反应的、氧化性强的氧族非金属元素，非金属性和电负性仅次于氟。单质氧有多种同素异形体，它的化学反应活性和氧化性因形态不同而有所区别。除了氦、氖、氩、氪、氟，氧与所有元素都能起氧化反应，而反应产生的化合物称为氧化物。一般而言，绝大多数非金属氧化物的水溶性呈酸性，而碱金属或碱土金属氧化物则为碱性。此外，几乎所有的有机化合物可在氧中剧烈燃烧生成二氧化碳与水蒸气。

8.1.2　氧在自然界的存在

氧是自然界中分布最广和含量最多的元素之一，仅次于氢和氦。地球上氧主要储存在岩石圈、大气层、水圈和生物圈等中，在这些储存圈中，氧元素都是含量最高的元素。其中，岩石圈是氧元素最大的储存圈（含量按质量计约占地球氧总量的 99.5%）[2]。地球的大气层、水圈和生物圈所含的氧含量不到地球上氧总量的 0.05%。在岩石圈中，氧主要以地壳和地幔中的二氧化硅、硅酸盐以及其他氧化物和含氧酸盐的形式存在，按质量计其约占岩石层的 47%。在水圈中，氧主要作为水分子、溶解的分子氧和碳酸（H_xCO_3）的组成部分而存在。在大气层中，氧则主要以单质状态存在，其含量以质量计约占 23%，以体积计约占 21%，相当于大约 34×10^{18} mol 的氧气[3]。生物圈和大气层中氧气的产生主要通过陆地和海洋中植物的光合作用和大气中氧化物（N_2O 和 H_2O）光解实现的。氧气的消耗途径包括有氧呼吸、微生物氧化、化石燃料燃烧、光化学氧化、闪电固氮、工业固氮、火山气体氧化、化学风化、O_3 反应等。氧可在自然界中的岩石圈、大气层、水圈和生物圈等各储存圈中以不同形式的物质进行相互转化，也可在各圈之间进行相互转化，构成自然界中的氧循环（图 8-1）。

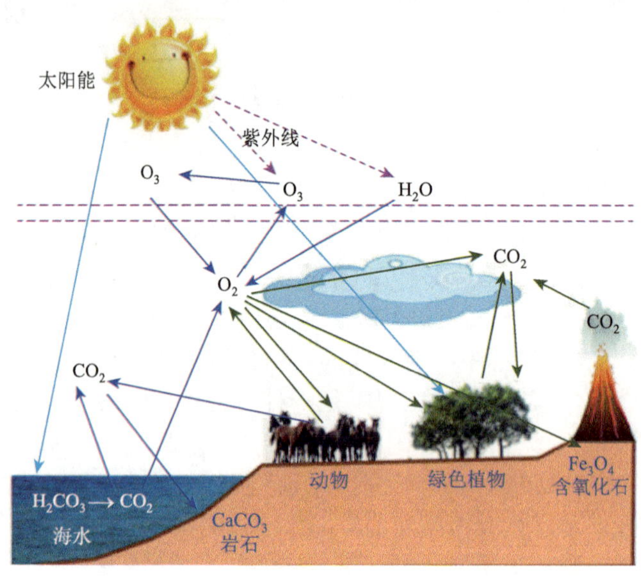

图 8-1　自然界中氧循环示意图

8.1.3　氧的成键特性

氧可以得到两个电子形成 O^{2-}阴离子，与活泼金属的阳离子结合形成离子型化合物。例如碱金属氧化物和大部分碱土金属化合物。氧原子通过共用电子对形成共价键，氧原子之间可以形成 O_2、O_3 等单质。氧与电负性大的元素化合时呈 +2 氧化态，与电负性小的元素化合时一般显示−2 氧化态，在过氧化物中呈−1 氧化态。氧原子未参与杂化的 p 轨道的电子可以与多个原子形成多中心离域 π 键，例如 O_3、SO_2、NO_2 等。氧原子 p 轨道的电子对可以向其他原子的空轨道配位形成 σ 配键或者 π 配键或者 d-pπ 配键。氧原子的电子经重排后空出的 p 轨道，可以接受其他原子的电子对的配位形成配键[4, 5]。以分子为基础的化学键，O_2 分子结合一个电子，形成超氧化物，例如 KO_2、RbO_2 等。O_2 分子结合或共用两个电子形成过氧化物，如 Na_2O_2、BaO_2、H_2O_2 等；O_2 分子可以用孤电子对与金属离子进行配位，形成 O_2 分子配合物。与氮、氟相似，氧也有形成氢键的倾向。氧既可作为质子的给予体，如 O—H···X（X = F、O 等），又可作为接受体，如 H_2O···H—X。

8.1.4　氧的发现和命名

瑞典药剂师舍勒（C. W. Scheele，1742～1786 年）在 1771 年，通过加热氧化汞（HgO）和各种硝酸盐产生了氧气。因为它是当时唯一已知的支持燃烧的介质，舍勒将这种气体称为“火空气”。他在《论空气与火》的手稿中记述了这一发现[6]。

舍勒

1774 年，英国牧师普里斯特利（J. Priestley，1733～1804 年）发现利用凸透镜将阳光聚焦在玻璃管中的氧化汞上，会释放一种气体，他称之为“去燃空气”。他指出，蜡烛在该气体中燃烧更亮，老鼠在吸入该气体时更活跃。普里斯特利在自己呼吸这种气体后写道：“吸入这种气体，与普通空气相比，我感觉我的肺部并没有明显的不同，但后来有一段时间，我觉得我的胸部感觉特别轻松。”[7]1775 年，普里斯特利在论文《进一步发现空气》中论述了他的发现，同时这篇论文也收录在他的《对不同类型空气的实验和观察》一书的第二卷中。首先发表让他享有了发现的优先权[8]。

普里斯特利

拉瓦锡（A. L. Lavoisier，1743～1794 年）于 1772 年第一次进行了充分的氧化定量实验，并第一次正确地解释了燃烧是如何进行的。1774 年，他质疑燃素理论，进行了类似的实验，并证明普里斯特利和舍勒发现的物质是一种化学元素。他在 1777 年出版的《燃烧概述》一书中记录了这一实验和其他有关燃烧的实验，证明了空气是两种气体的混合物：“重要的空气”和氮，其中“重要的空气”对燃烧和呼吸是必不可少的；将“重要的空气”这个词重新命名为氧（oxygène）。虽然在当时受到英国科学家的反对，并且是英国人普里斯特利首次将这种气体分离出来并记录下来，但因查尔斯·罗伯特·达尔文（Charles Robert Darwin，1809～1882 年）的祖父伊拉斯谟·达尔文（Erasmus Darwin，1731～1802 年）在他的畅销书《植物园》（1791 年）中写了一首题为“氧气”的诗歌，歌颂了这种气体，“氧”还是被一直沿用了下来[9]。

拉瓦锡

8.2 气 态 氧

8.2.1 氧气（O_2）

8.2.1.1 结构

氧气（O_2）为双原子氧（图 8-2），键长 121 pm，键能 498 kJ·mol^{-1}。与生物圈内其他分子的双键或两个单键相比，双原子氧的键能更低，所以它与任何有机分子的反应都会释放热能[10, 11]。氧气的两个氧原子形成共价键，双原子氧的一个 2p 轨道形成 σ 键，另两个 2p 轨道形成 π 键。其分子轨道式为 $(\sigma_{1s})^2(\sigma_{1s}^*)^2(\sigma_{2s})^2(\sigma_{2s}^*)^2(\sigma_{2p})^2(\pi_{2p})^4(\pi_{2p}^*)^2$，因此氧气是奇电子分子，具有顺磁性。

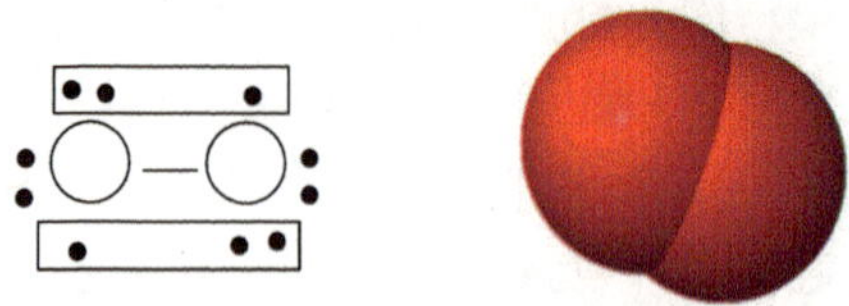

图 8-2 双原子氧（O_2）分子的电子式（左）和结构模型（右）

8.2.1.2 性质

氧气是一种氧化剂，易与大多数元素以及其他化合物形成氧化物。在标准压力和温度下，氧气是一种无色、无嗅、无味的气体。氧在水中比氮更易溶解，在淡水中比在海水中更易溶解。氧在水中的溶解度随温度的升高而降低，在 0℃的溶解度为 14.6 mg·L^{-1}，大约是 20℃（7.6 mg·L^{-1}）的两倍。氧气在 90.20 K 冷凝，在 54.36 K 冻结。液态 O_2 和固态 O_2 都是浅天蓝色透明物质（吸收了红色光而呈现蓝色）[12]。液态氧（图 8-3）是高反应活性物质，必须与可燃物质隔离。

图 8-3 液态氧

极光和气辉（夜辉）的部分颜色来自于氧气分子的光谱[13]。氧气分子会吸收赫茨贝格连续区和舒曼-龙格带内的紫外辐射，形成原子氧。

氧最主要的化学性质是助燃。几乎所有的可燃物燃烧都需要氧气。能够支持聚合物燃烧的氧气的最小浓度叫作极限氧指数（limiting oxygen index）。可燃物燃烧是剧烈氧化反应，常见的燃烧有：

碳　氧气充足时：$C + O_2 \xlongequal{点燃} CO_2$　（8-1）

　　氧气不充足时：$2C + O_2 \xlongequal{点燃} 2CO$　（8-2）

镁　$2Mg + O_2 \xlongequal{点燃} 2MgO$　（8-3）

铁　只能在纯氧中燃烧：$3Fe + 2O_2 \xlongequal{点燃} Fe_3O_4$　（8-4）

镁是一个例外。镁在氧气、二氧化碳、氮气中都能够燃烧。

8.2.1.3　制备

工业上利用分离液态空气和电解水制取氧气（图 8-4）。

实验室制备方法较多：

● 实验室小规模制氧一般是加热氯酸钾和催化剂二氧化锰的混合物，生成氧气和氯化钾[14]。

$$2KClO_3 \xlongequal{MnO_2,\ \triangle} 2KCl + 3O_2\uparrow \quad (8\text{-}5)$$

用此方法制得的氧气通常含有少量的氯气。

● 加热高锰酸钾可制备氧气。

$$2KMnO_4 \xlongequal{\triangle} K_2MnO_4 + MnO_2 + O_2\uparrow \quad (8\text{-}6)$$

● 用过氧化氢溶液和催化剂二氧化锰反应制得氧气，同时产生水[15]。

$$2H_2O_2 \xlongequal{MnO_2} 2H_2O + O_2\uparrow \quad (8\text{-}7)$$

● 电解水也能制得氧气（图 8-5）。电解水时，正极产生氧气，负极产生氢气。

$$2H_2O \xlongequal{\quad} 2H_2\uparrow + O_2\uparrow \quad (8\text{-}8)$$

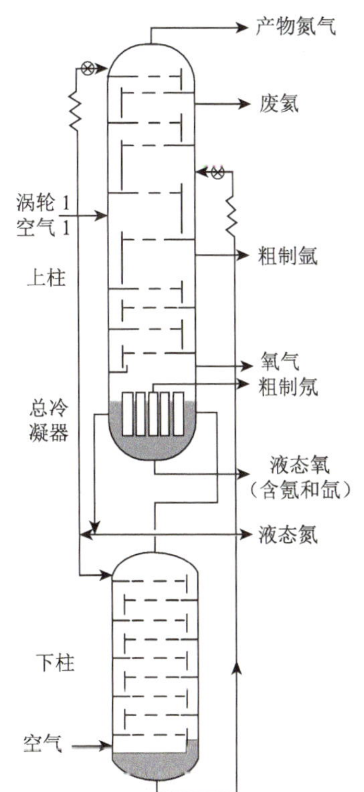

图 8-4　空气分离蒸馏柱

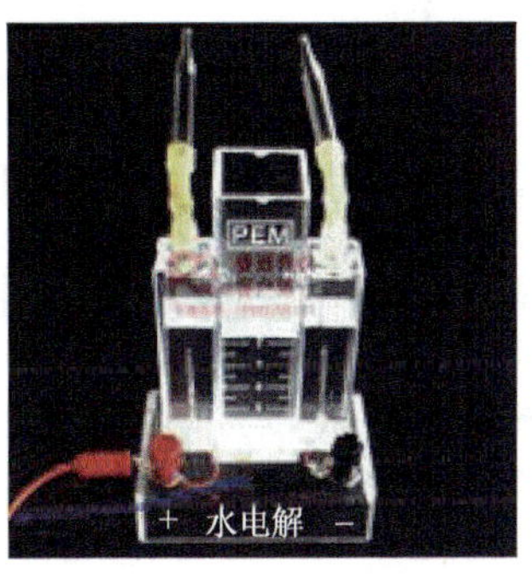

图 8-5　微型电解水装置

8.2.1.4　用途

如图 8-6 所示，氧被大量用于熔炼、精炼、焊接、切割和表面处理等冶金过程中；液体氧是一种制冷剂，也是高能燃料氧化剂。它和锯屑、煤粉的混合物称为氧炸药，是一种比较好的爆炸材料；氧与水蒸气相混，可用来代替空气吹入煤气气化炉内，得到具有较高热值的煤气。液体氧也可作火箭推进剂；氧气是许多生物过程的基本成分，因此氧也用来在飞机、潜艇、太空船[16]、潜水[17]及火灾中维持生命。医疗上用氧气疗法医治肺炎、煤气中毒等缺氧症[18]。石料和玻璃产品的开采、生产和创造均需要大量的氧。

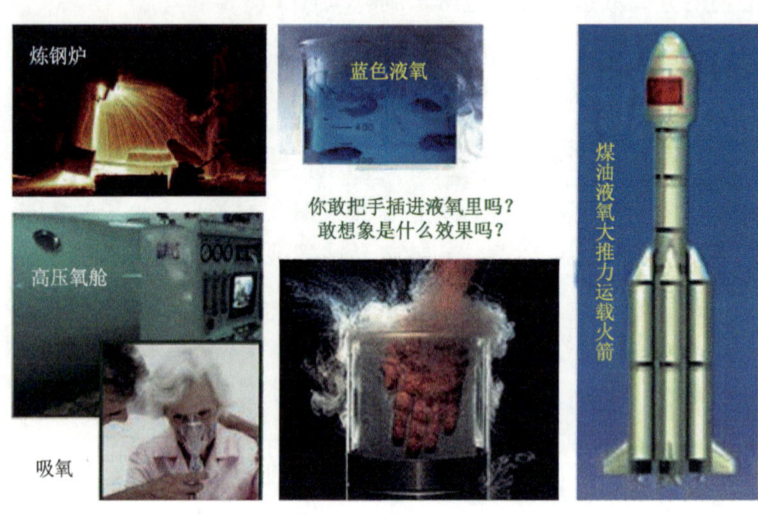

图 8-6　氧的主要用途

8.2.2　臭氧（O_3）

8.2.2.1　结构

臭氧分子由 3 个氧原子组成呈弯曲形对称结构（图 8-7）。中心原子采取 sp^2 杂化，两个杂化轨道与其他两个氧原子形成两个 σ 键，另一杂化轨道容纳孤对电子，除此之外，互相平行的 $2p_z$ 轨道重叠形成三中心四电子的大 π 键（图 8-8）。

臭氧分子可以结合一个电子形成臭氧根离子（O_3^-），所形成的化合物为离子型臭氧化合物。臭氧分子也可以形成臭氧链—O—O—O—，构成共价型臭氧化物，如 O_3F_2[19]。

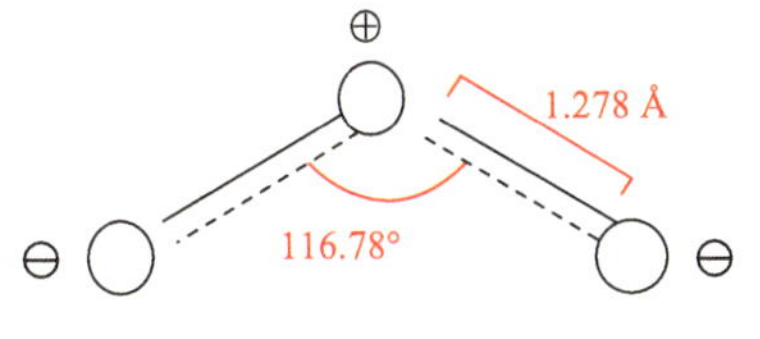

图 8-7　臭氧的结构图

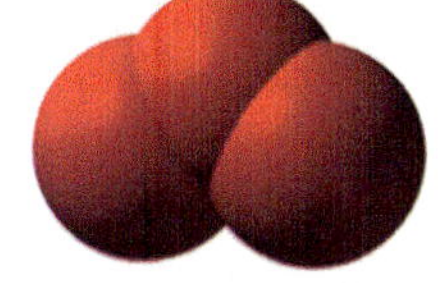

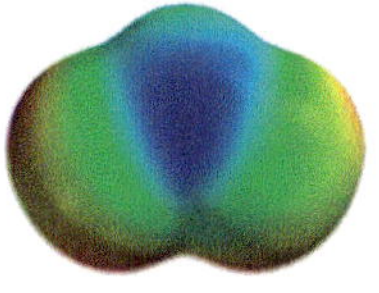

图 8-8　臭氧分子的分子轨道示意图

8.2.2.2　性质

臭氧在常温下是一种有特殊臭味的淡蓝色气体，微溶于水，易溶于四氯化碳或碳氟化合物而显蓝色。在−112℃凝结成深蓝色的液体，低于−193℃会形成紫黑色固体。低浓度的臭氧闻起来就像下过雨后出门闻到的“新鲜空气”的那种气味，十分怡人。人暴露在 0.1～1 ppm 的臭氧中会产生头痛，眼睛灼热感，刺激呼吸道。臭氧反应活性强，极易分解，很不稳定，比氧活泼。臭氧也会因光、热、水分、金属、金属氧化物以及其他的触媒而加速分解为氧。例如：

● 不稳定性。事实上，臭氧是吸能物质，常温下可缓慢分解为 O_2：

$$3/2O_2(g) \xlongequal{\quad} O_3(g) \qquad \Delta_r H_m^{\ominus} = +142.7\ \text{kJ}\cdot\text{mol}^{-1} \tag{8-9}$$

● 强氧化性。臭氧能迅速且定量地氧化 I^-成 I_2，此反应也可以用来测定 O_3 的含量：

$$O_3 + 2H^+ + 2e^- \longrightarrow O_2 + H_2O \qquad E^{\ominus} = 2.07\ \text{V} \tag{8-10}$$

$$O_3 + H_2O + 2e^- \longrightarrow O_2 + 2OH^- \qquad E^{\ominus} = 1.20\ \text{V} \tag{8-11}$$

$$O_3 + 2I^- + 2H^+ \xlongequal{\quad} I_2 + O_2 + H_2O \tag{8-12}$$

臭氧可将某些难以氧化的单质和化合物氧化：

$$2Ag + 2O_3 \longrightarrow Ag_2O_2 + 2O_2 \tag{8-13}$$

8.2.2.3　制备

工业上，臭氧用干燥的空气或氧气，采用 5～25 kV 的交流电压进行无声放电制取，用空气做氧源时会衍生出大量氮氧化合气体。目前最先进的臭氧制备方法为高能量紫外线光解空气而对应生成纯净的臭氧。另外，在低温下电解稀硫酸，或将液体氧气加热都可制得臭氧。

三聚体三过氧化三丙酮分解也可以产生臭氧，但反应较为剧烈，不宜使用：

$$C_9H_{18}O_6 \xlongequal{\quad} 3C_3H_6O + O_3 \tag{8-14}$$

臭氧发生器（系统）选用的主要控制参数为臭氧发生量、臭氧浓度、放电电压、功率、空气处理介质等。

8.2.2.4 用途

臭氧作为一种常温下的气态强氧化剂，能迅速弥漫整个灭菌空间，灭菌不留死角，杀菌更彻底。因此臭氧可用于净化空气及饮用水、杀菌、处理工业废物和作为漂白剂[20]。一些游泳池以臭氧取代氯气用于消毒。臭氧的灭菌过程属生物化学氧化反应：能氧化分解细菌内部葡萄糖所需的酶，使细菌灭活死亡；直接与细菌、病毒作用，破坏它们的细胞器和 DNA、RNA，使细菌的新陈代谢受到破坏，导致细菌死亡；透过细胞膜组织，侵入细胞内，作用于外膜的脂蛋白和内部的脂多糖，使细菌发生通透性畸变而溶解死亡。

值得一提的是，臭氧可用于环保的另外两个反应很出名。一个是金在 O_3 作用下可以迅速溶解于 HCl：

$$2Au + 3O_3 + 8HCl = 2H[AuCl_4] + 3O_2 + 3H_2O \qquad (8\text{-}15)$$

另一个是用 O_3 处理电镀工业含 CN^- 废液；

$$O_3 + CN^- \longrightarrow OCN^- + O_2 \longrightarrow CO_2 + N_2 + O_2 \qquad (8\text{-}16)$$

8.3 固态 O_2

8.3.1 一般介绍

在固态 O_2 中，既存在磁交换相互作用，又存在分子间的范德瓦耳斯力，并且晶体的总能量主要由交换相互作用所提供[21]，进而引发国内外研究者对固态 O_2 的兴趣。当前，已经确定高压下固态 O_2 共存在六个相，有三个低压相和三个高压相。常压低温下，固态 O_2 具有 3 相，分别为单斜 α-O_2 相[22]、菱方状 β-O_2 相[23]、立方 γ-O_2 相[24, 25]，其温度稳定区间分别为 0～45.6 K、23.9～43.8 K、43.8～54.3 K[22-25]。单斜 α-O_2 相具有反铁磁性，这是简单电子对模型所无法解释的[22]。在 295 K，压力增加到约 5.4 GPa 时，固态 O_2 转变为菱方层状 β-O_2 结构，磁性行为变为短程有序[24]。γ-O_2 相属于立方体晶系和顺磁性[26]。随着低温高压技术以及测量技术的进步，研究者们通过拉曼、红外、中子衍射、电子衍射、布里渊散射、X 射线等重要手段对高压下"*pVT* 关系、磁学性质、晶格结构及相变等物理性质进行了充分的研究"[27]。另外，理论研究方面，研究者们运用密度泛函理论和第一性原理通过计算预测等手段也取得了一些重要成果。高压室温下，固态 O_2 有 3 相，分别是橘色的 δ-O_2 相、暗红色的 ε-O_8 相和金属 ζ-O_8 相。当压力增加到约 6 GPa 时，α-O_2 相转变为另一个绝缘相 δ-O_2 相[28, 29]. 在约 8 GPa 的较高压力下，氧的磁序被破坏，形成由 O_8 团簇组成的第三个绝缘相 ε-O_8 相[30, 31]。大约 10 GPa 时，固态 O_2 晶体呈透明浅蓝色，随着压力的增加依次转变为橙色、红色[32]。进一步加压到大约 40 GPa 时，由红色转为暗红色，并且几乎是不透明的。当压力高于 96 GPa 时，ε-O_8 相经等结构转变为金属 ζ-O_8 相[33]；在压力大约 100 GPa 时，固体氧变成超导体，转变温度为 0.6 K，且电阻率测量和迈斯纳退磁信号已证实这一转变[25]。压强在 220 GPa 之前，没有新相出现[34]。当压强大于 260 GPa 时有新相出现，预示着金属结构不稳定，此时的相变由声子软化引起[21]。

8.3.2　固态 O_2 的结构及性质

8.3.2.1　低压相

常压下，在 $T \leqslant 24$ K，24 K$<T<$44 K 以及 44 K$\leqslant T<$54 K 的温度范围，氧分别结晶为 α、β、γ 相[34]。α、β、γ 三相都属于低压相，均为层状结构，常压下可稳定存在。低温 α-O_2 相具有底心单斜的对称性，空间群为 $C2/m$，分子排列彼此平行且垂直于（001）面[21]。该结构是具有长程反铁磁序的绝缘体，所有自旋沿着单斜晶系的 b 轴排列，最近邻分子之间自旋方向相反，一个磁单胞中包含两个不同的分子[35]。β-O_2 相具有菱形对称性，属非磁性，具有小四极矩双原子分子最佳堆积，空间群为 $R\overline{3}m$，其分子排列与 α-O_2 一样[21]。由于磁性相互作用，β-O_2 相这种小四极矩双原子分子结构的变形可以分别导致磁性 α-O_2 相和 δ-O_2 相的单斜或斜方结构[36, 37]。在 295 K 下，固态 O_2 加压至 5.4 GPa 时转变为菱方层状 β-O_2 相结构，磁性变为短程有序[24]。单晶结构分析表明，高温 γ-O_2 相的每个单胞含有八个氧分子，其分子方向无序排列，对称性为立方结构，空间群为 $Pm3n$，呈现出顺磁性。其中的两个分子位于 $2a$ 的位置，坐标分别为（0, 0, 0）和（1/2, 1/2, 1/2），其电子云呈现出球形对称性。另外的六个位于 $6d$ 的位置，坐标分别为（1/4, 1/2, 0）、（3/2, 1/2, 0）、（0, 1/4, 1/2）、（0, 3/4, 1/2）、（1/2, 0, 3/4）和（1/2, 0, 1/4），具有扁球形的电子云密度[19, 38]。

8.3.2.2　高压相

低温下，当压力达到约 3 GPa 时，α-O_2 相转变为 δ-O_2 相（图 8-9），具有正交晶系 $Fmmm$ 空间群，当压强为 6.2 GPa 时，晶格常数 $a = 4.33$ Å，$b = 3.06$ Å，$c = 6.83$ Å，分子键长为 1.206 Å[29]。与 α-O_2 相一样，δ-O_2 相也具有反铁磁性，但两者磁序排列不同。如图 8-10 所示，图中颜色相同的分子自旋方向相同，颜色不同的分子间自旋方向相反[39]。在氧分子所在平面内，δ-O_2 相与 α-O_2 相磁序相同，

面间第一近邻 δ-O_2 相具有顺磁性，而 α-O_2 相具有反铁磁性[29]。同时，δ-O_2 相其磁矩随压力呈线性变化的趋势，在压强为 7 GPa 时，其磁矩为 0.77 μ_B[21]。

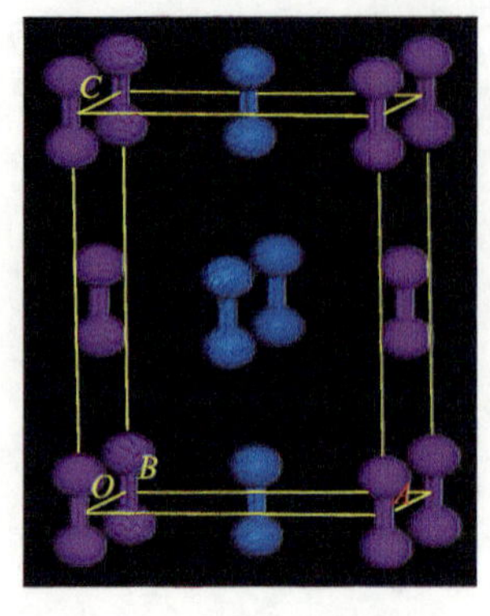

图 8-9　δ-O_2 相的晶体结构[33]

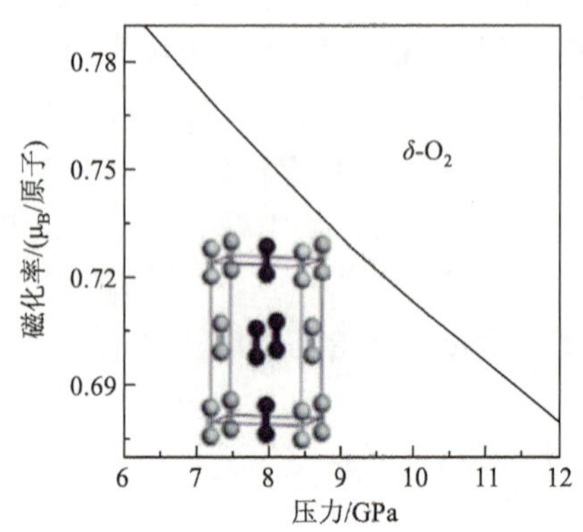

图 8-10　δ-O_2 相磁矩随压力变化图[23]

不同条件下，O_8 存在状态不同，但都是经固态 O_2 相变而得到，目前已发现的有 ε-O_8 相和 ζ-O_8 相。Lars F. Lundegaard 等通过电荷耦合器件面积探测器和单晶 X 射线衍射发现，ε-O_8 相是四个 O_2 分子结合成一个菱面体分子单位，由弱化学键连接在一起构成了团簇 O_8[31]。1979 年，Nicol 等利用金刚石压砧技术加载氧气首次发现了 ε-O_8 相[37]。在压力为 10～96 GPa 范围内，ε-O_8 相均能稳定存在，压力使其颜色变为暗红色[37, 40]。同时，Neaton 和 Ashcroft 运用第一性原理预测到 ε-O_8 相为单斜晶系，具有 $C2/m$ 空间群[41]。2006 年，Lars F. Lundegaard 等通过高压 X 射线衍射实验证实 ε-O_8 相的氧分子以$(O_2)_4$分子团簇形式存在，但仍然保持双原子分子结构[28, 29]。如图 8-11 所示，四个 O_2 分子结合成菱形（O_2）的 4 个分子单元是对称等价的，其对称中心为（0, 0, 0）和（0.5, 0.5, 0）的晶格点[42]。在 17.6 GPa 下，在菱形体中，每个分子有两个相邻的分子，其间距为 2.18 Å（17.6 GPa），对整个晶格而言，团簇间最小距离为 2.56 Å，分子间夹角为 96°和 84°（图 8-12）。该实验所观察到的反射指标证实了在 ε 相稳定的压力范围内，其对称性都是以 c 为中心的单斜体[29]，同时 ε-O_8 相具有封闭壳层体系的成键特征，分子间相互作用主要涉及 O_2 的半填充 1 π_g 轨道[43]。

在 $T = 77$ K、$p = 11.4$ GPa 时，ε-O_8 晶格常数 $a = 8.141$ Å、$b = 5.747$ Å、$c = 3.773$ Å，$\beta = 117.07°$[19]。在 ε-O_8 相中，O_2 分子间存在强大的分子间力（分子间电荷转移），这一观点已被紫外吸收光谱[44]、红外光谱[45, 46]以及拉曼光谱[47]等研究证实。实验研究表明，ε-O_8 相没有磁性[48, 49]，为层状结构，具有与固态 O_2 的其他相（γ 相除外）相同的平行排列结构。因 ε-O_8 相在 10～96 GPa 高压范围内较稳定，广泛用于高压 X 射线衍射[41, 43, 50]和光谱分析[27, 37, 41]以及理论研究[42, 43]。

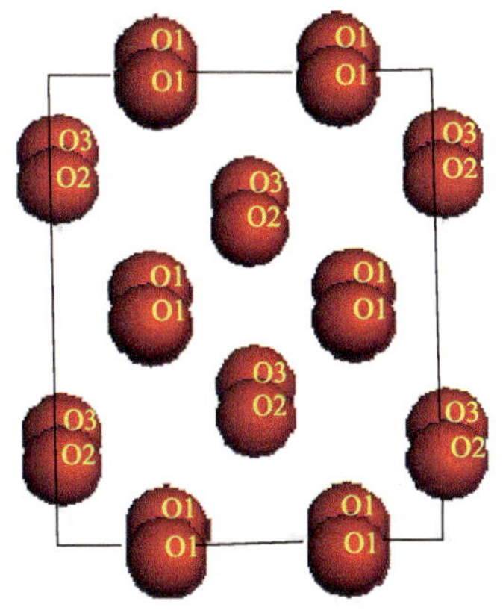

图 8-11　ε-O_8 相的晶体结构图[42]

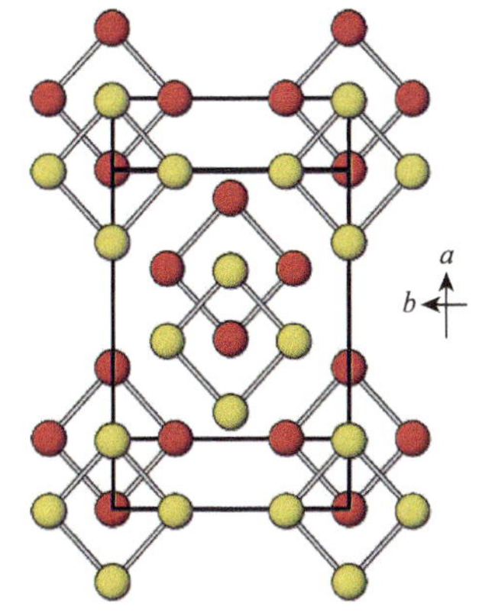

图 8-12　在 17.6 GPa 时，垂直于 *ab* 平面的 ε-O_8 相结构[29]

具有 D_{2h} 对称性的$(O_2)_4$ 配合物具有大量的允许振动模式。其中在几十厘米范围内，有三种红外模式（1500 cm^{-1} 处的 B_{2u}、1443 cm^{-1} 处的 B_{2u} 和 292 cm^{-1} 处的 B_{1u}）的吸收和四种 Ag 拉曼模式的测量，三种红外模式的吸收与文献[51]报道的红外光谱数据一致，四种 Ag 拉曼模式中有三种模式（1600 cm^{-1}、342 cm^{-1} 和 161 cm^{-1}）[37]已经被观测到，第四种拉曼模式约为 1380 cm^{-1}，是$(O_2)_4$ 单元的特征信号。Lars F. Lundegaard 的实验表明，当压力为 33 GPa 时，在 1430 cm^{-1} 处观察到新拉曼线，如图 8-13 所示，新谱线被解释为$(O_2)_4$ 分子单元的第五种拉曼激活模式[29]。

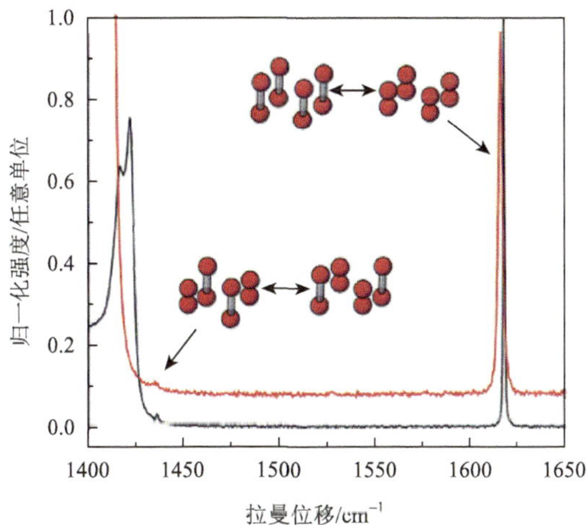

图 8-13　ε-O_8 的拉曼（红色）和傅里叶变换-拉曼（黑色）光谱，显示了$(O_2)_4$ 分子单元两种拉伸模式[29]

当压力高于 96 GPa 时，ε-O_8 相转变为 ζ-O_8 相[30, 31]，也称为金属氧。ζ-O_8 相是超导体，理论[52]预测了该超导 ζ 相，实验[32]证实了 ζ-O_8 相与 ε-O_8 相具有相同结构，只是 ζ-O_8 相在 O_8 团簇间的 O—O 距离比在 ε-O_8 相团簇内的 O—O 距离短。同时在 0.008～1.92 TPa 压强范围内，绝缘 ε-O_8 相或等结构超导 ζ-O_8 相的分子键呈现出显著的稳定性。其中，在 0.1～1.5 TPa 压强范围内，理论预测 ζ-O_8 相可稳定存在[53]，这与实验报道一致[36]。

早在 1990 年，光学工作者通过近红外区反射率增加的现象，发现了金属 ζ-O_8 相。Tosatti 等运用第一性原理分子动力学的方法，从 δ-O_2 相出发不经过中间的高压 ε-O_2 相，直接得到金属 ζ-O_8 相。结果表明，高压 δ-O_2 相磁性的消失伴随结构相变，磁性坍塌导致固体 O_2 转变为金属 ζ-O_8 相[54]。*Fmmm* 结构的正交 δ-O_2 相，沿着[100]方向的(001)面移位形成具有 *C*2/*m* 结构的金属相[19]。当压力大于 96 GPa 时，ε-O_8 相转变为 ζ-O_8 相[30, 25]。刘艳辉运用第一性原理预测了金属 ζ-O_8 相[43]，发现该相为单斜晶系，空间群为 *C*2/*m*，每个单胞内有 8 个氧分子。当压强为 17.6～220 GPa 时，对实验确定具有单斜 *C*2/*m* 对称性的 ε-O_8 相进行几何优化，发现在 50 GPa 时，晶格常数发生突变，经历 ε-O_8 到金属 ζ-O_8 相的相变。预测的金属相的结构与文献[49]的结论一致，具有分子特征且磁性消失。当压力为 50 GPa 时，金属 ζ-O_8 相的晶格常数为：$a = 7.687$ Å，$b = 4.517$ Å，$c = 3.47$ Å，$\beta = 112.344°$[53]。相变过程中，原有的团簇结构被打破，但没有出现分子解离现象[53]。与 ε-O_8 相比较，其团簇内最短的分子间距离增大，而团簇间最短的分子间距离减小，导致 ε-O_2 相原有的 $(O_2)_4$ 团簇状结构坍塌，但仍然保持分子特征[43]，磁性消失。50 GPa 时，计算金属 ζ-O_8 相的声子谱和声子态密度发现，金属相具有分子特征，在 50～220 GPa 时金属相的声子谱稳定，无软化发生。但当压强达到 260 GPa 时，声子谱出现软化，预示着金属相结构不稳定，有新相出现[19]。

8.3.2.3 β-δ-ε 相转变

理论计算指出 δ-ε 相的转变压强为 12.2 GPa，而实验结果表明，当温度为 200 K 时，测得的相变压强约为 10 GPa，实验值与理论值不一致，这是由是温度效应造成的不同[37, 48]。相变后，体系的磁性消失，由原来 δ-O_2 相的反铁磁性转变 ε-O_8 相的无磁性，能带结构由直接带隙转变为间接带隙。光学性质方面，相变前后两者的光学性质发生了很大的变化，具体表现为相变前吸收较强的区域，在相变后减弱；吸收较弱的区域，相变后吸收峰增强[19]。在较低能量的可见光区域，ε-O_8 相光学介电函数的虚部的吸收峰变强，峰位向低能方向移动[54]。

δ-O_2 相和 ε-O_8 相固态 O_2 能带结构的计算表明，低于 50 GPa 时，ε-O_8 相依然保持分子晶体态，低压时，其氧分子可能具有磁矩，以某种方式作短程排序，并且合适的磁排序能降低体系的能量和能量密度。在 10 GPa 这个临界点处，直接能隙等于间接能隙，这可作为 δ-ε 相变的一个判据。压强进一步增加，固态 O_2 晶体将由直接带隙转变为间接带隙结构，根据 $\pi_u \rightarrow \pi_g$*带间激发能随压强增加而逐渐减小的速率可以预测，在 ε-O_8 相内至少还会发生一次电子结构相变，使得氧分子的磁矩消失[55]。

由固态 O_2 的相图可知，在压力不高于 16 GPa，温度为 0～600 K 的范围内，β-O_2 相均可以存在。β-δ-ε 相共存的三相点，发生在 $T_{\beta\delta\varepsilon} = 386\ \text{K} \pm 5\ \text{K}$ 和 $p_{\beta\delta\varepsilon} = 11.5\ \text{GPa} \pm 0.3\ \text{GPa}$，液态 β-δ-ε 相共存的三相点发生在 $T_{f\delta\varepsilon} = 645\ \text{K} \pm 10\ \text{K}$ 和 $p_{f\delta\varepsilon} = 16.3\ \text{GPa} \pm 0.7\ \text{GPa}$[19]。其中 β、δ 与 ε 相的结构关系如图 8-14 所示，β 和 δ 结构都可以用 α 相的 C 心单斜晶胞来描述，分子集中在单胞的晶格点上[37]。

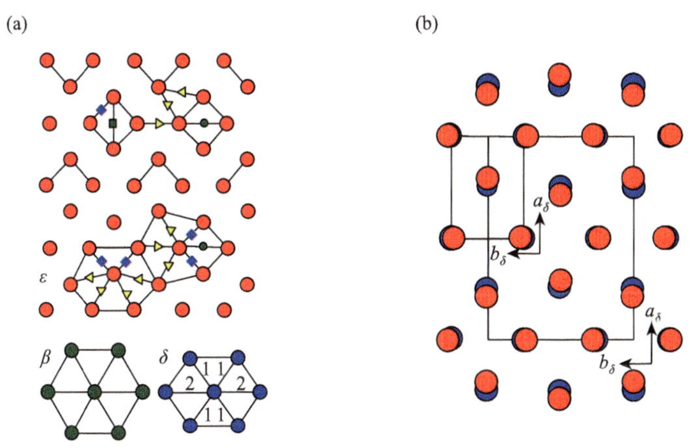

图 8-14 β、δ 与 ε 相的结构关系[48]

8.3.2.4 ε-ζ 相转变

刘艳辉等[21]对高压下 ε-O_8 相和 ζ-O_2 相结构进行了分析，通过分析压力作用下键长的变化，推测相变的主要原因为相变时键长 L（O1—O1）发生突变。声子谱和声子态密度计算表明，在相变时，ε-O_8 相有稳定的声子谱。声子谱没有出现虚频，说明 ε-ζ 相变与声子软化无关。O 原子 K 边吸收谱的计算表明，在相变时，O1 原子的 K 边吸收的 σ^*和 π^*轨道发生变化[19]，O_2 原子 σ^*峰变化较小，π^*峰几乎没变[43]。在 96 GPa 压力下，X 射线衍射实验同样证明 ε-O_2 转变为金属相 ζ-O_2，其晶体体积变化较小（$\Delta v/V \sim 1.4\%$），表明由 ε-O_2 相到 ζ-O_2 相是一个较弱的等结构相变过程[31]。通过比较近红外反射率[56]、拉曼散射[37]、金属传导率以及超导电性[57]发现，上述相转变过程伴随着明显的电子结构变化[55]。

致密的固体 O_2 通过半金属转变从绝缘体转变为金属[58]。压力大于 96 GPa 时，ε 相等结构转变为金属氧，这归因于单斜细胞中晶格常数不连续变化的等结构转变，在 96 GPa 时，晶格常数 a 和 c 延长了 0.7%，而 b 缩短了 1.4%[31]。在 95 GPa 以上，Desgreniers、Vohra 和 Ruoff 在反射谱中观察到固体 O_2 的 Drude 型金属行为，并将其解释为在固态 O_2 中发生了向自由电子态接近的转变[30]，固体分子氧变成金属[31]。96 GPa 以上的固态 O_2 处于分子状态，其超导性出现在分子金属态，这与 Shimizu 等得到的结论一致，同时他们通过电阻率测量和迈斯纳退磁信号揭示了在大约 100 GPa 压力下，氧超导性的转变温度为 0.6 K，这一转变也出现在分子金属态[23]。金属化过程的特点是伴随着结构转变，在 95 GPa 时金属化发生在一个突然的带隙闭合过程中[31]，这与 Desgreniers、Vohra 和 Ruoff 报道的一致；也伴随着光学反射率增加[36]、电阻-温度曲线斜率的变化以及价带的顶部与导带的底部发生杂化，这可以解释为成键轨道和反键轨道的混合，O_2 分子的成键特性和电子结构也发生了变化[58]。

ζ-O_8 金属化可归因于建立近自由电子的压力感应带重叠[53]，理论计算指出，当 O_8 团簇之间的距离小于团簇内的分子间距离时[59]，可以实现金属导电。

8.4　四聚氧（O_4）

8.4.1　制备

Wang 等利用 CALYPSO（粒子群优化算法的晶体结构分析）方法[60]，预测分子氧在高于 1.92 TPa 压力下可解离成较稳定的正方晶系 $I4_1/acd$ 结构（命名为 θ-O_4，每个单胞有 16 个原子，见图 8-15），其密度比 ζ-O_8 稍高（约 1.3%）[55]。聚合物螺旋链每个模拟单元最多容纳 24 个原子，粒子群搜索方法预测，空间群为 $I4_1/acd$，其结构与硫的高压相 S_4（S-III）相似[52]，可通过固态 O_2 在高压下发生相变制得。

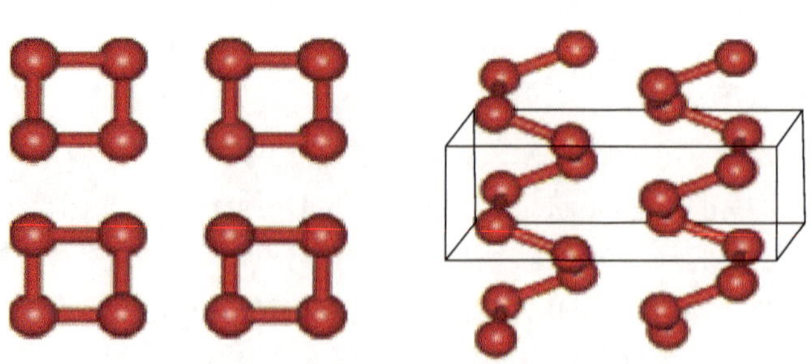

图 8-15　θ-O_4 相的晶体结构[55]

8.4.2　结构与性质

四聚氧（O_4）以亚稳态存在，存在时间很短。如图 8-15 所示，θ-O_4相的结构是一个方形链，每圈有四个氧原子，类似于硫的高压 S_4相，在这种构型中，每个氧原子都有两个相同的最近邻，在 2 TPa 时最接近的 O—O 距离为 1.153 Å，链沿 c 轴形成[30]。通过焓值随压力的变化曲线发现，θ-O_4相的能量比 ζ-O_8相更低，稳定性更好。当原子 θ-O_4相形成时，固态 O_2显著地转变为绝缘体而非超导体，其绝缘机制在于 θ-O_4中氧的成键行为具有独特之处。sp^3轨道分布在无限长的链上，同时键角为 98.79°，明显小于理想四面体角 109°，其角度偏差是由于孤立对间库仑排斥的相互作用[39]。

文献报道两个平行 O_2分子间存在 2 个平衡间距为 3.5 Å 的气相$(O_2)_2$二聚体，其实质是$(O_2)_4$菱面体结构中两个平行 O_2分子间夹杂的$(O_2)_2$二聚体[61]。Aquilanti 等[62]证实了这样的二聚体的形成需要化学自旋-自旋的贡献，若 Lars F. Lundegaard 等观察到的$(O_2)_4$分子单元的菱面体形状用开壳层 π^*轨道间的键合来解释[63]，则此气相二聚体$(O_2)_2$可被认为是化学上弱键合的单元[31]。

8.5　教学提示

（1）谈到氧元素，可能最为深刻的记忆有两个：一个是“生物体内 O_2的能量代谢过程”。氧是人体进行新陈代谢的关键物质，是人体生命活动的第一需要物质。氧气通过人的呼吸进入肺，再透过一层很薄的肺泡膜到达血液里，与血液里红细胞中的血红蛋白（hemoglobin，图 8-16）结合[64]，血红蛋白是运输氧气的“列车”，通过人体血液循环把氧气输送到身体各部分的组织细胞中。

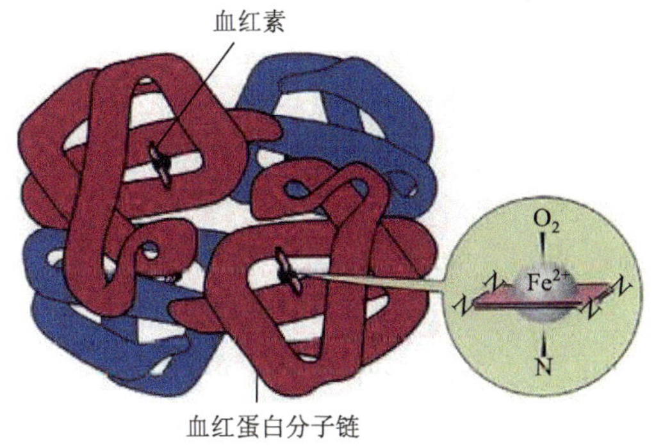

图 8-16　血红蛋白

另一个就是“臭氧层破坏与修复”。“薄薄”的臭氧层阻绝了 97%～99%的紫外线辐射，使地球免遭太阳紫外线过强的辐射，庇护着人类及地球上的所有生灵，被称为“生命之伞”[65]。臭氧层又是一个很脆弱的大气层，如果进入一些破坏臭氧的气体，它们就会与臭氧发生化学作用，使臭氧层遭到破坏。这叫作臭氧损耗（ozone depletion）。20 世纪 70 年代，科学家发现“南极上空的臭氧空洞”（图 8-17），平流层臭氧爆炸性增长，这一现象影响了科学界和政治界，甚至持续到今天[66]。1987 年 9 月，40 个国家在加拿大蒙特利尔签订了《关于消耗臭氧层物质的蒙特利尔议定书》（以下简称《蒙特利尔议定书》），建立了合作保护臭氧层的全球机制。由世界气象组织（WMO）等机构组织各国专家撰写的最新臭氧层评估报告[67]表明，臭氧损耗物质排放自 1960～1990 年呈增加趋势，在《蒙特利尔议定书》实施后，开始迅速下降。预期在 2045 年恢复到 1980 年以前的水平。因此，人类珍爱地球、自我保护生存环境是可以通过自身的努力来控制，并且是长期的。

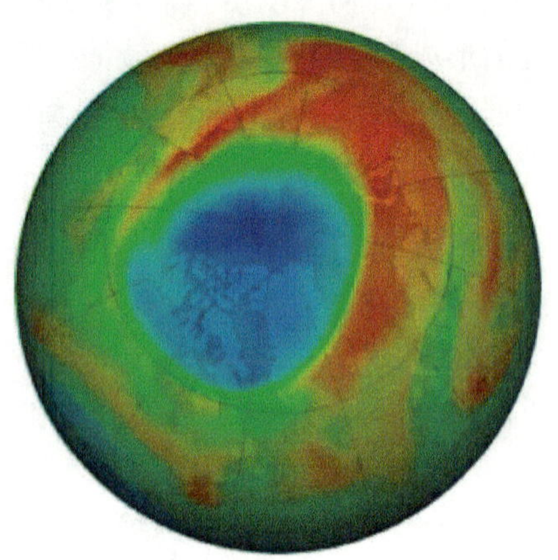

图 8-17　2000 年 9 月 10 日臭氧洞空间分布。蓝色和紫色区域为南极臭氧洞的范围，外围的黄色和红色表示高浓度臭氧区域

（2）在固态氧中共存在 α、β、γ、δ、ε、ζ、θ 相 7 种同素异形体。其中既存在磁交换相互作用，又存在分子间的范德瓦耳斯力，并且晶体的总能量主要是由交换相互作用提供[21]，引发了科学家对固态氧的研究兴趣。因为这样一种“构效关系”的存在对其相应的应用起着指导作用。与硅的同素异形体形成类似，它们是在苛刻条件下的相互转变，与温度和压力有关。可以看到，有些可在常温常压下发生形态转变，有些可在低压下形成，有些要在高压下才形成，即便都是在高压下，温度区间的不同也起着重要作用。例如，常压下，三个不同的温度区间 $T \leqslant 24\ \text{K}$、$24\ \text{K} < T < 44\ \text{K}$ 以及 $44\ \text{K} \leqslant T < 54\ \text{K}$，氧分别结晶为 α、β、γ 相[34]。这是非常有趣的。

（3）θ-O_4 的绝缘特性与氢[59]和卤素[63]的金属相形成对比。这种不同，基于氢和卤素原子的最外层电子分别为 1 个和 7 个，不能形成完美的饱和键[57]。θ-O_4 相的绝缘体似乎类似于聚合氮[68]，其中每个 N 原子的五个价电子形成三个共价键和一对孤对电子，使其价电子全部归属于 N。然而，由金属（超导）固体高压而成的四聚氧（θ-O_4）失去导电能力[69]，显然违背了高压金属化材料的传统观点。这种高密度氧 θ-O_4 相的由金属向绝缘体的转变，与已报道的高密度锂[70]和钠[71]如出一辙，这一结果为在极端条件下固态 O_2 和其他与氧有关的材料的性能转变提供了实验支撑。

学习思考题

1. 氧的同素异形体除了常见的氧气、臭氧 2 种外，还有哪些？

2. 画出臭氧分子的 π_3^4 分子轨道示意图。

3. 查阅相关文献（见文献[21]），您是如何理解“在固态氧中，既存在磁交换相互作用，又存在分子间的范德瓦耳斯力，并且晶体的总能量主要是由交换相互作用所提供”这句话的？是否能推测出一些固态氧同素异形体的性质与可能的用途？

4. 为何氧族元素的非金属活泼性弱于卤素？

5. 试述固态氧中 θ-O_4 和 ζ O_8 的结构及性质的区别。

6. 固态氧具有超导体性质的临界条件是什么？

7. 固态氧的同素异形体多种多样，从结构出发可以分为哪些类别？它们之间的关系如何？

8. Sun 等（参见文献[32]）发现大约 10 GPa 时，固态 O_2 晶体呈透明浅蓝色，随着压力的增加依次转变为橙色、红色，试用已学知识解释之。

9. 简单分子体系（H_2、N_2、I_2、O_2）在高压下的行为得到了广泛关注，但是只有氧分子具有磁矩，因此引发了研究固态氧的兴趣。试分析氧分子具有磁矩的原因。

10. 请您写出用 O_3 处理电镀工业含 CN^- 废液的反应方程式。

11. 固态氧是否会发生压致分子解离呢？如果可以，预测解离压力是多少？

12. 在固态氧中，具有顺磁性、磁无序和反铁磁性的相都有哪些？

13. 简述温度、压强对固态氧的 β 相、δ 相和 ε 相的影响。

14. 1979 年，Nicol 等利用金刚石压砧技术加载氧气首次发现了 ε-O_8 相，请通过文献查找该技术的关键点。

15. 同样都是氧化剂，简述臭氧和氧气在用作氧化剂时的差异。

参 考 文 献

[1] Desgreniers S，Vohr A Y K，Ruoff A L. J Phys Chem，1990，94（3）：1117-1122

[2] 张亚峰，安路阳，王宇楠，等. 煤炭加工与综合利用，2017，（12）：54-63

[3] Li J Z，Koner S，German M，et al. Environ Sci Technol，2016，50（21）：11943-11950

[4] 邢世增. 西北师范大学学报，1995，31（1）：83-87

[5] 卢倩. 化学教育，2001，22（5）：15-16

[6] 陈应宏. 世界科学，1994，（3）：46-47

[7] Greenwood N N，Earnshaw A. Chemistry of the Elements. 2nd ed. Butterworth-Heinemann，1997：645-665

[8] Priestley J. Experiments and observations on different kinds of air（in three volumes）. J. London：Johnson，1775

[9] Emsley J. Oxygen. Nature's Building Blocks：An A-Z Guide to the Elements. Oxford：Oxford University Press，2001：297-304

[10] Mcfarlan R L. J Chem Phys，1936，4（1）：60-64

[11] Thenard L. J Ann Chim Phys，1818，8：306-312

[12] Viswanathan V，Hansen H A，Rossmeisl J，et al. J Phys Chem Lett，2012，3（20）：2948-2951

[13] Busing W R，Levy H A. J Chem Phys，1965，42（9）：3054-3059

[14] Abrahams S C，Collin R L，Lipscomb W N. Acta Cryst，1951，4（1）：15-20

[15] Olovsson I，Templeton D H. Acta Chem Scand，1960，14（6）：1325-1332

[16] Riedl H，Pfleiderer G. US2158525. 1939-05-16

[17] Campos-Martin J M，Blanco-Brieva G，Fierro J L G. Angew Chem Int Ed，2006，45（42）：6962-6984

[18] 刘航，方向晨，贾立明，等. 工业催化，2013，21（8）：18-22

[19] 胡长诚. 化学推进剂与高分子材料，2017，15（2）：1-13

[20] Meidinger H. Liebigs Ann Chem，1853，88（1）：57-81

[21] 刘艳辉. 固态氧高压相变的第一性原理研究. 长春：吉林大学，2008

[22] English C A，Venables J A. Proc R Soc London，Ser A，1974，340（1620）：57-80

[23] Horl E M. Acta Cryst，1962，15：845-850

[24] LeSar R，Etters R D. Phys Rev B，1988，37（10）：5364-5370

[25] Shimizu K，SuhAra，K，Ikumo M，et al. Nature，1998，393（6687）：767-769

[26] Goncharenko I N. Phys Rev Lett，2005，94（20）：205701

[27] Desgreniers S，Vohra Y K，Ruoff A L. Phys Rev，1989，B39：10359

[28] Gorelli F，Santoro M，Ulivi L，et al. Phys Rev B，2002，65（17）：172106

[29] Goncharenko I N，Makarova O L，Ulivi L. Phys Rev Lett，2004，93（5）：055502

[30] Fujihisa H，Akahama Y，Kawamura H，et al. Phys Rev Lett，2006，97（8）：085503

[31] Lundegaard L F，Weck G，McMahon M I，et al. Nature，2006，443（14）：201-204

[32] Sun Y X，Xi W H，Wei G H. J Phys Chem B，2015，119（7）：2786-2794

[33] Akahama Y，Kawamura H，Häusermann D，et al. Phys Rev Lett，1995，74（23）：4690-4693

[34] Weck G，Desgreniers S，Loubeyre P，et al. Phys Rev Lett，2009，102（25）：255503.1-255503.4

[35] Liu L，Feng Y P，Shen Z X. Phys Rev B，2003，68（10）：104102.1- 104102.8

[36] Freiman Y A，Jodl H. J Phys Rep，2004，401（1-4）：1-228

[37] Akahama Y，Kawamura H. Phys Rev B，1996，54（22）：R15602-R15605

[38] Nicol M，Hirsch K R，Holzapfel W B. Chem Phys Lett，1979，68（1）：49-52
[39] 孙正昊. 高压下固态氧的磁性以及电子结构的第一性原理研究. 长春：吉林大学，2008
[40] Schiferl D，Cromer D T，Mills R L. Acta Cryst B，1981，B37：1329-1332
[41] Schiferl D，Johnson S W，Zinn A S. High Pressure Res，1990，4（1-6）：293-295
[42] Liu Y H，Tian F B，Jin X L，et al. Solid State Commun，2008，147（3-4）：126-129
[43] Johnson S W，Nicol M，Schiferl D. J Appl Cryst，1993，26（3）：320-326
[44] Neaton J B，Ashcroft N W. Phys Rev Lett，2002，88（20）：205503.1-205503.2
[45] Meng Y，Eng P J，Tse J S，et al. PNAS，2008，105：11640-11644
[46] Nicol M，Syassen K. Phys Rev B，1983，28（3）：1201-1206
[47] SyAssen K，Nicol M. Physics of Solid sunder Pressure. Amsterdam：North-Holland，1981
[48] Akahama Y，Kawamura H. Phys Rev B，2000，61（13）：8801-8805
[49] Agneweta S F，Swanson B I，Jones L H. J Chem Phys，1987，86（10）：5239-5245
[50] Gomonay H V，Loktev V M. Phys Rev B，2007，76（9）：094423.1-094423.9
[51] Gorelli F A，Ulivi L，Santoro M，et al. Phys Rev Lett，1999，83（20）：4093-4096
[52] Degtyareva O，Gregoryanz E，Somayazulu M，et al. Nat Mater，2005，4（2）：152-155
[53] Ma Y M，Oganov A R，Glass C W. Phys Rev B，2007，76（6）：064101.1-064101.5
[54] Serra S，Chiarotti G，Scandolo S，et al. Phys Rev Lett，1998，80（23）：5160-5163
[55] Zhu L，Wang Z W，Wang Y C，et al. PNAS，2012，109：751-753
[56] Klotz S J. Low Temp Phys，2018，192：1-18
[57] Amaya K. Proceedings of the International Conference on High Pressure Science and Technology（Joint AIRAPT-16 & HPCJ-38 Conference），Kyoto，1997
[58] Fukui H，Anh L T，Wada M，et al. PNAS，2019，116（43）：201905771
[59] Pickard C J，Needs R J. Nat Phys，2007，3（7）：473-476
[60] Wang Y，Lv J，Zhu L，et al. Phys Rev B，2010，82（9）：094116.1-094116.8
[61] Long C A，Ewing G E. J Chem Phys，1973，58（11）：4824-4834
[62] Aquilanti V，Ascenzi D，Bartolomei M，et al. Phys Rev Lett，1999，82（1）：69-72
[63] Takemura K，Minomura S，Shimomura O，et al. Phys Rev Lett，1980，45（23）：1881-1884
[64] Mueller A S，Pallauf J，Rafael J. J Nutrl Biochem，2003，14（11）：637-647
[65] 王恩眷. 知识就是力量，2020，(12)：48-51
[66] Jiang Y L. Environment Pollution and Climate Change，2021，5（5）：217
[67] World Meteorological Organization. Scientific Assessment of Ozone Depletion：2018-Report No. 58. Geneva：World Meteorological Organization，2018
[68] Pickard C J，Needs R J. Phys Rev Lett，2009，102（12）：125702. 1-125702. 4
[69] Shimizu K，Eremets M I，Suhara K，et al. Rev High Pressure Sci Technol，1998，7：784-786
[70] Lv J，Wang Y，Zhu L，et al. Phys Rev Lett，2011，106（1）：015503. 1-015503. 4
[71] Ma Y M，Eremets M，Oganov A R，et al. Nature，2009，458：182 185

第 9 章 硫元素单质的同素异形体

提要 硫是固态同素异形体数量最多的元素。本章根据硫化学的最新研究进展，全面考察了硫的固、液、气三态同素异形体的种类，讨论了它们的制备方法、晶体结构及其相互转化。

9.1 硫的一般介绍

9.1.1 硫的一般性质

硫（sulfur）通常又称作硫黄，是一种非常常见的无味无臭的非金属，纯的硫是浅黄色晶体。硫有许多不同的氧化态，常见的有–2、0、+4、+6 等，是氧族元素（ⅥA 族）之一，在元素周期表中位于第三周期。化学元素符号 S，原子序数 16，原子质量由 32.066 u 修改为 32.065 u。这小数点后面第三位的小小改动，有着重大的科学意义，也凝结着我国科学家 9 年的心血，这一成果已被国际原子量和同位素丰度委员会认可[1]。

硫与氢结合形成有毒化合物硫化氢，有一股臭味（臭鸡蛋味）。硫燃烧时的火焰是蓝色的，并散发出一种特别的硫黄味（二氧化硫的气味）。硫单质难溶于水，微溶于乙醇，易溶于二硫化碳。硫在所有的物态中（固态、液态和气态）都有不同的同素异形体。

对所有的生物来说，硫是一种重要的必不可少的元素，它是多种氨基酸的组成部分，尤其是大多数蛋白质的组成部分。硫在工业中也很重要，比如作为电池中或溶液中的硫酸；被用来制造火药；在橡胶工业中做硫化剂；还被用来杀真菌，用做化肥。硫化物在造纸业中用于漂白。硫酸盐在烟火中也有用途。硫代硫酸钠和硫代硫酸铵在照相中做定影剂。硫酸镁可用做润滑剂，被加在肥皂中和轻柔磨砂膏中，也可以用做肥料。

9.1.2 硫在自然界的存在

在自然界，硫是分布广泛、亲和力非常强的非金属元素，它以自然硫、硫化氢、属硫化物及硫酸盐等多种形式存在，并形成各类硫矿床。自然界中硫的最大储存库在岩石圈，在沉积岩、变质岩和火成岩三类岩石中总含量达 294 800×10^{20} g（图 9-1）。硫在水圈中的储存量也较大，在海水中含 13 480×10^{20} g，在极地冰帽、冰山和陆地冰川中含 278×10^{20} g，但在地下水、地面水、土壤圈、大气圈中含量均较小①。通过有机物分解释放 H_2S 气体或可溶硫酸盐、火山喷发（H_2S、SO_4^{2-}、SO_2）等过程使硫变成可移动的简单化合物进入大气、水或土壤中。

硫是植物生长发育所必需的矿质营养元素，主要参与光合作用、呼吸作用、氮固定、蛋白质和脂类合成等重要生理生化过程[2]。硫可增强植物环境胁迫的耐受性，清除有机毒物，并将有机毒物运送至液泡内隔离，使细胞免受毒害。硫还能够提高植物产量及品质，抵御重金属对植物的毒害，增强植物抗病虫能力。如果土壤中含硫量过低，就会导致植物正常生理活动受阻、代谢紊乱，甚至导致生态系统的破坏。

图 9-1　火山活动带地表的硫沉积示意图

硫是生物体必需的大量营养元素之一，含量在 0.002%数量级水平，是蛋白质、酶、维生素 B_1、蒜油、芥子油等物质的构成成分[3]。硫因有氧化和还原两种形态存在而影响生物体内的氧化还原反应过程。硫可形成多种无机和有机硫化合物，并给环境的氧化还原电位和酸碱度带来影响。

硫在生物圈内的分布很广泛（图 9-2）。硫循环，是指硫在大气、陆地生命体和土壤等几个部分中的迁移和转化过程。化石燃料的燃烧、火山爆发和微生物的分解作用是它的自然来源。在自然状态下，大气中的二氧化硫，一部分被绿色植物吸收；另一部分则与大气中的水结合，形成硫酸，随降水落入土壤或水体中，以硫酸盐的形式被植物的根系吸收，转变成蛋白质等有机物，进而被各级消费者所利用，动植物的遗体被微生物分解后，又能将硫元素释放到土壤或大气中，这样就形成了一个完整的循环回路。人类活动使局部地区大气中的二氧化硫浓度大幅升高，形成酸雨，对人和动植物产生不良影响[4]。

① 引自：胡欣，刘纪化，刘怀伟，等. 中国科学：地球科学，2018，48（12）：1540-1550.

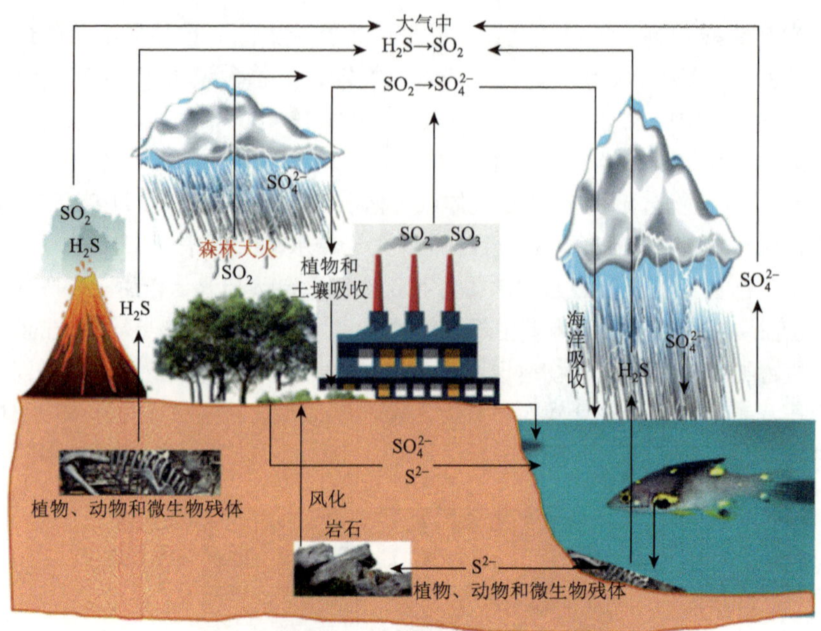

图 9-2　硫元素在自然界的循环过程示意图

9.1.3　硫的成键特点

硫与氧类似，既可以与电负性较小的原子结合形成离子型化合物，也能以两个共价单键形成共价型化合物。与氧原子不同的是，硫原子之间有强烈的成链倾向，而且这种长硫链也可以成为形成链状化合物的结构基础。硫单质中最稳定的是分子式为 S_8 的同素异形体。由于硫原子有可以被利用的 3d 轨道，成对的电子可以拆开成单地进入 3d 轨道进而参与成键，因此硫可以呈现最高为 + 6 的氧化态。另一方面，因为 d 轨道参与成键，使得硫原子可以与较多的配位原子结合，能够形成配位数为 2、4、5、6 的配合物（表 9-1）。硫原子形成氢键的倾向很弱，一般认为不形成。

表 9-1　硫元素的成键特征

结构基础	键型		结构图式	σ 键数目	π 键类型及数目		孤电子对数	分子形状	实例
共价键	成键轨道	p	:S—	1	π_3^4	2	1	直线	CS_2
		sp^2	:S<	2	π_3^4	1	1	角形	SO_2

续表

结构基础	键型	结构图式	σ 键数目	π 键类型及数目		孤电子对数	分子形状	实例
共价键 成键轨道			3	π_4^6	1	0	平面三角形	$SO_3(g)$
			2	—	0	2	角形	H_2S，SCl_2
			3	p-dπ	1	1	三角锥	H_2SO_3
	sp^3		3	p-dπ	3	1	三角锥	SO_3^{2-}
			4	p-dπ	2	0	四面体	H_2SO_4
			4	p-dπ	4	0	正四面体	SO_4^{2-}
	sp^2d		4	—	0	1	变形四面体	SF_4，SCl_4
	sp^3d^2		6	—	0	0	八面体	SF_6，S_2F_{10}
$—S_x^{2-}$	$x=2$	S_2Cl_2、过硫化氢（H_2S_2）及其盐（Ns_2S_2、FeS_2）、连二硫酸（$H_2S_2O_6$）等						
	$x>2$	多硫化氢（H_2S_x）和多硫化物[Na_2S_x、$(NH_4)_2S_x$]、连多硫酸（$H_2S_5O_6$）和连多硫酸盐						

9.1.4　硫的发现和命名

硫是人类最先知道的化学元素之一，在远古时代就被人们所知晓。大约在 4000 年前，埃及人已经会用硫燃烧制备二氧化硫来漂白布匹，古希腊和古罗马人也能熟练地使用二氧化硫来熏蒸消毒和用于漂白。公元前 9 世纪，古罗马著名诗人荷马在他的著作里讲述了硫燃烧时有消毒和漂白的作用。我国第一部药物学专著《神农本草经》中记载了 46 种矿物药品，其中就有石硫黄（即硫黄）[5]。公元 7 世纪，我国开始研究火药，当时的火药是黑火药（black powder），主要成分为硝酸钾、硫黄和木炭[6]。俄罗斯化学家罗蒙诺索夫（M. V. Lomonosor，1711～1765 年）在 1763 年发表了《论地层》的著作[7]，其中描述了硫："一提起地下的火是那么多，念头马上就转到地下的火里含的是

罗蒙诺索夫

什么物质。还有什么东西比硫更容易发火呢？火里还有什么比它更有力呢？”

但硫在早期被认为是一个化合物，即 1746 年英国化学家罗巴克（J. Roebuck，1718～1794 年）发明了铅室法制造硫酸。1776 年，法国化学家拉瓦锡（A. L. Lavoisier，1743～1794 年）首先确定了硫的不可分割性，认为它是一种元素，自此进入了近代化学的大门[8]。它的拉丁名称为 *sulphur*，传说其来自印度的梵文 sulvere，原意为鲜黄色。硫的英文名称为 sulfur。硫的化合物包括金属硫化物、硫酸盐和有机硫三大类。最重要的硫化物矿是黄铁矿 FeS_2，它是制造硫酸的重要原料。其次是黄铜矿 $CuFeS_2$、方铅矿 PbS、闪锌矿 ZnS 等。硫酸盐矿以石膏（$CaSO_4·2H_2O$）和芒硝（$Na_2SO_4·10H_2O$）为最丰富。

拉瓦锡

9.2 硫的相图

硫是一种重要的非金属元素，是目前报道的唯一能受动力学控制合成的新的同素异形体的一种元素[9]。由于 S—S 键键合时能形成多种形式的分子，能够以多种方式排列形成晶体，所以硫是能形成最多固态同素异形体的元素。这些同素异形现象主要是由单质硫的分子 S_8 在不同温度下加热时发生了质的变化，引起硫内部结构的变迁而引发起来的。硫同素异形体从晶体构型上可以分为硫环和硫链两种，从形态上可以分为固态硫、液态硫和气态硫[10]。

本书将以硫的相图（phase diagram of sulfur）为出发点，从固态硫、液态硫和气态硫角度对硫的同素异形体进行阐述，促进硫同素异形体的教学内容丰富和改革完善。在所有的物态中，硫都有不同的同素异形体，无论种类，硫单质常简写为 S[10, 11]。实验室使用的硫粉一般为斜方硫，其熔点为 385 K，当硫开始熔化时，此时结构仍为 S_8 环，其分子一般具有混杂排列的特征，故此时为黄色流动性液体。随着温度上升，热能使环中的硫原子震动增强，S—S 键开始断裂，生成的硫原子链在每端有一个未成对的电子，当链端的硫原子遇到另一个链时，形成共价键成为 S_{16} 链，继续聚合生成 S_{24} 等长链。由于长链互相缠绕使液体变得非常黏滞。把单质硫加热到 433 K 以上，S_8 环形分子破裂变成开链状的线形分子，并且聚合成更长链的大分子，黏度增高，颜色变暗红。在约 503 K 时，将这种液态硫急速倾入冷水中，纠缠在一起的长链硫被固定下来，成为可以拉伸的弹性硫（$S_μ$，elastic sulfur）。在更高的温度下，由于硫原子的震动更加剧烈，致使长链开始断裂成较小的链段，若继续加热到 563 K 以上，长硫链的大分子就断裂成短链的小分子，如 S_6、S_3、S_2 等，黏度重新降低，流动性加大因而液体再次变稀。到 717.6 K 时，硫就变成了硫蒸气，根据蒸气密度可知，硫的蒸气中含有 S_8、S_6、S_4、S_2 等分子。

在约 1273 K 时，蒸气的密度相当于 S_2 分子，到 1723 K 时，S_2 分子开始分解为单原子 S[10, 11]。

$$S_{24} \rightleftharpoons 2S_{12} \rightleftharpoons 3S_8 \rightleftharpoons 4S_6 \rightleftharpoons 6S_4 \rightleftharpoons 12S_2 \rightleftharpoons 24S \tag{9-1}$$

上述平衡随着温度的升高而向正反应方向移动，可同时存在四种相，由于单组分体系中最多只能三相共存（图 9-3）[10]：有四个三相点，实线为稳定平衡态，虚线为介稳平衡态。相图中实线是斜方硫（rhomboidal sulfur）、液态硫与硫蒸气三相间相互成平衡的情况。如果把斜方硫迅速加热或者将液态硫迅速冷却便可能出现斜方硫与液态硫间的平衡状态。但如果斜方硫缓慢加热或者液态硫缓慢冷却，便得不到斜方硫或液态硫与单斜硫（monoclinic sulfur）之间的二相平衡。

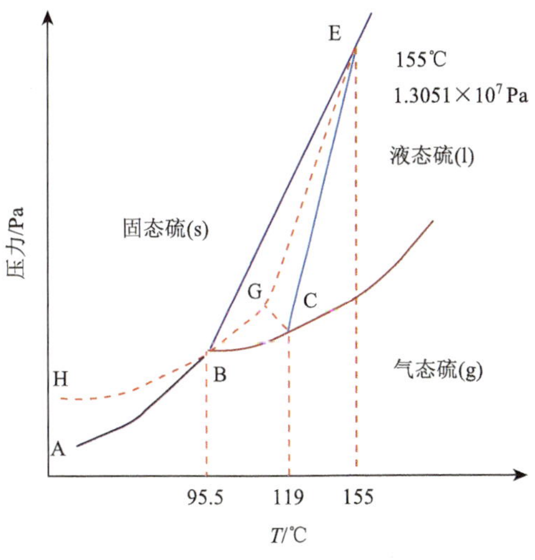

图 9-3　硫的相图[10]

下面我们将从固、液、气三态分别阐述硫的同素异形体（表 9-2）。

表 9-2　硫的同素异形体

硫的同素异形体	晶体结构	状态
气态硫的同素异形体	S	g
	S_2	g
	S_3	g
	trans-S_4	g
	non sym-S_4	g
	cis-S_4	g

续表

硫的同素异形体	晶体结构	状态
气态硫的同素异形体	ring-S_4	g
	branched-S_4	g
	tetrahedron-S_4	g
	S_5	g
环硫分子同素异形体	S_6	s, g, l
	α-S_7	s, g, l
	β-S_7	s, g, l
	γ-S_7	s, g, l
	δ-S_7	s, g, l
	α-S_8	s, g, l
	β-S_8	s, g, l
	γ-S_8	s, g, l
	α-S_9	s, g, l
	β-S_9	s, g, l
	S_{10}	s, g, l
	$S_6 \cdot S_{10}$	s, g, l
	S_{11}	s, g, l
	S_{12}	s, g, l
	S_{13}	s, l
	S_{14}	s, l
	S_{15}	s, l
	α-S_{18}	s, l
	β-S_{18}	s, l
	S_{20}	s, l
聚合硫	S_μ	s, l
	S_ψ	s, l
	S_ω	s, l

9.3　固　态　硫

固态硫有多种同素异形体，如环六硫、环八硫、环九硫、环十一硫、环十二硫、环十八硫、环二十硫等。其中环八硫最稳定，硫八环中每个硫原子采取 sp^3 不等性杂化，与另外两个硫原子以单键相连。

9.3.1　环硫分子同素异形体

环硫分子 S_n，$6<n<24$，在接近熔点时存在与硫链的平衡，部分称为π-S。在低温条件下倾向于聚合而最终连接成环状结构的分子，可分别皱挤成六边形的六元环（S_6）和八边形的八元环（S_8）两种结构，后者是热力学上最稳定的状态[11]。

9.3.1.1　S_6

1. 结构和性质

S_6 由 Engel 于 1891 年首次合成，由于当时尚不知道其分子结构被称为 Engel 硫、p-硫和 ε-硫[12]。直到 1914 年，Aten[13]根据分子质量确定为 S_6 分子单元，从而又命名为环六硫。S_6 晶体为橙黄色六边形棱柱，利用 X 射线衍射表征其分子结构（表 9-3），S_6 环分子为椅式构象[14]。Donohue 等[15]在 1961 年基于 X 射线衍射研究，第一次报道了晶体 S_6 完整结构，验证了菱面体结构，并确定了分子对称性为 D_{3d}。由于在标准温度-压力（STP）条件下，环六硫在 X 射线辐照下迅速分解，因此 Steudel 等[16]重新研究了 183 K 下 S_6 的分子和晶体结构，从而获得了更高的准确度（图 9-4、表 9-4）。由表 9-4 和图 9-4 可以看出，每个 S_6 分子在 350～353 pm（约 300 K）范围内有 18 个分子接触。这一事实与紧凑的分子结构相结合，说明了菱形 S_6 的高密度。另一方面，紧密的分子结构对键的几何形状有一定的影响，因此 S_6 分子不稳定[17]。到目前为止，除菱形 S_6 外没有发现六元硫同素异形体。

表 9-3　晶体 S_6 的分子结构参数（括号内为标准偏差），分子的点群：$\bar{3}m$ - D_{3d}

键长（pm）	205.7(1.8)	206.8(2)
键角（°）	102.2(1.6)	102.61(6)
扭转角（°）[a]	74.5(2.5)	73.8(1)
分子间最短距离	320.2 pm	—
参考文献	[15]	[16]

a. 绝对值。

表 9-4　环 S_6 的晶体结构参数（括号内为标准偏差），每个晶胞（原始）中有 3 个（1 个）分子

晶体点群	$R\bar{3}$-C_{3i}^2(No.148)		
点对称	$\bar{3}$-C_{3i}		
晶格常数/pm	$a\,(=b)$	1081.8(2)	1076.6(4)
	c	428.0(1)	422.5(1)

续表

晶体点群		$R\overline{3}$-C_{3i}^2(No.148)	
数量及分子间最短距离/pm	12	350.1	344.3(2)
	6	352.6	347.1(2)
	6	374.9	369.7(2)
温度/K		~300	183
参考文献		[15]	[16]

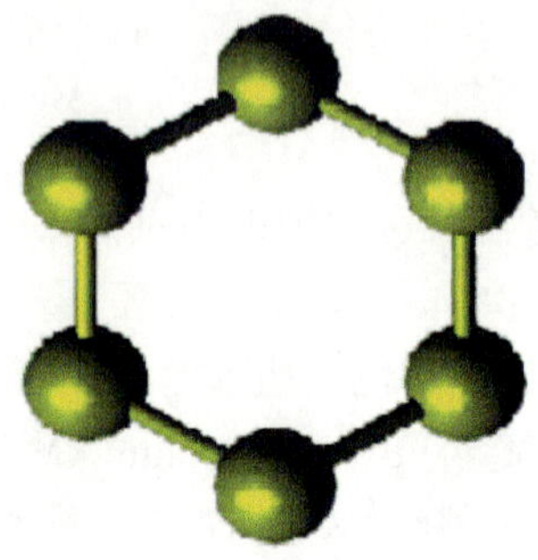

图 9-4　S_6的晶体结构，为菱形六面体沿 C 轴投影[14]

2. 制备

S_6为橙红色固体，可通过多种方法制备：

（1）S_6发现于 1891 年[18]，首次通过下列反应实现：

$$H_2S_4 + S_2Cl_2 \longrightarrow \text{cyclo-}S_6 + 2HCl \quad (\text{在稀释的乙醚溶液中}) \tag{9-2}$$

（2）早期也有研究报道[19]，可以通过两种廉价的化学品硫代硫酸钠和盐酸制备得到S_6：

$$Na_2S_2O_3 + 2HCl(aq) \longrightarrow 1/n\,S_n + SO_2 + 2NaCl + H_2O \tag{9-3}$$

通过甲苯从含水反应混合物中提取硫环，在冷却至 253 K 时，主要生成S_6、S_7和S_8的混合物，S_6作为主要产物，产率为 69%。然而，反应过程中有大量有毒SO_2气体放出，使这种制备方法不为人们所接受[19]。

（3）还有研究报道了一种制备简便但成本稍高的制备S_6的方法[20]。即将市售二氯二硫烷（“一氯化硫”）溶解在CS_2中，与碘化钾或碘化钠混合后在 293 K 下搅拌 15 min，从而原位还原生成碘和元素硫。后者主要由S_6组成，以及少量S_8和硫的聚合物S_{12}、S_{18}和S_{20}[19]：

$$S_2Cl_2 + KI \longrightarrow S_2I_2 + KCl \tag{9-4}$$

$$nS_2I_2 \longrightarrow nI_2 + S_{2n} \tag{9-5}$$

通过碘单质将硫代硫酸钠还原，然后分步沉淀分离出硫环，最后从 CS_2 中重结晶得到 S_6（收率 36%）[20]。

（4）Wilhelm 等[21]报道了一种高效制备 S_6 的方法。将 S_2Cl_2 和 H_2S_4 溶解于乙醚溶液中，反应生成 S_6，产率可达到 87%：

$$H_2S_4 + S_2Cl_2 \longrightarrow S_6 + 2HCl \tag{9-6}$$

制备得到的橙红色固体可以通过甲苯或者二硫化碳重结晶进行纯化。这种菱形晶体硫的密度为 2.209 $g \cdot cm^{-3}$，这在硫的同素异形体中密度是最大的。

（5）很容易由 Cp_2TiCl_2 和多硫化钠或多硫化铵水溶液制得 $Cp_2TiS_5(Cp = \eta^5\text{-}C_5H_5)$ 化合物，进而制备得到 S_6[22]，使用氯仿作为溶剂，产率可达到 87%。这主要是由于有机金属五硫化物可溶于几种有机溶剂生成在空气中稳定的暗红色晶体。由于商业的“二氯化硫”往往含有 SCl_2、S_2Cl_2 和 Cl_2 等杂质[22]。因此，该混合物在使用前需要进行蒸馏以获得纯净的 SCl_2。在 273～293 K 条件下，Cp_2TiS_5 可与许多 S—Cl 化合物反应作为硫转移试剂，形成 Cp_2TiCl_2 以及 S_6 和 S_{12}[23]：

$$Cp_2TiS_5 + SCl_2 \longrightarrow Cp_2TiCl_2 + S_6 \tag{9-7}$$

$$2Cp_2TiS_5 + 2SCl_2 \longrightarrow 2Cp_2TiCl_2 + S_{12} \tag{9-8}$$

由于 Cp_2TiCl_2 和 S_6、S_{12} 在 CS_2 中溶解度不同[24]，很容易实现 Cp_2TiCl_2、S_6 和 S_{12} 反应产物的分离。S_6 产率可达到 87%，S_{12} 产率可达到 11%[23]。

9.3.1.2　S_7

1. 结构和性质

Kawada 和 Hellner 在 1970 年[25]首次利用 X 射线分析了 S_7 的结构，但他们仅得出了该分子的二维投影。晶格常数 $a = 21.77$ Å，$b = 20.97$ Å，$c = 6.09$ Å。其空间群在 312 K 就分解了，所以至今没有关于其空间群的研究结果[23]。环 S_7 有着不寻常的键长（199.3～218.1 pm），因此被认为是最不稳定的同素异形体。

红外和拉曼光谱研究表明，S_7 的同素异形体至少有 α、β、γ、δ 四种结构。α-S_7 为亮黄色针状针状晶体，晶体结构无序[26, 27]。β-S_7 是由 δ-S_7 晶体转变形成的。γ-S_7 的结晶类似于 α-S_7，不过在特殊条件下，可以得到 γ-S_7 的单晶，属于单斜晶空间群 $P2_1/c\text{-}C_{2h}$。δ-S_7 可以形成块状、四方双锥体和石棺状单晶，属于单斜空间群 $P2_1/n\text{-}C_{2h}$[28]。γ-S_7 和 δ-S_7 的晶体结构参数见表 9-5，其结构如图 9-5 所示。

表 9-5 163 K 下 γ-S_7 和 δ-S_7 的晶体结构参数（括号内数据为标准偏差）[16, 26]

晶型		γ-S_7	δ-S_7
晶体点群		$P2_1/c$-C_{2h}^5	$P2_1/n$-C_{2h}^2
点对称		4	8[a]
晶格常数	a/pm	968.0（3）	1510.5（5）
	b/pm	764.1（2）	599.8（5）
	c/pm	940.9（2）	1509.6（5）
	β/°	102.08	92.15（5）

a. 不对称结构单元中的两个分子。

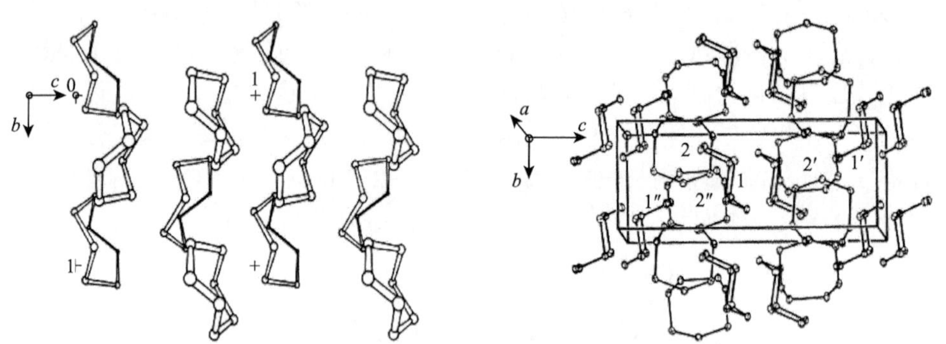

图 9-5 γ-S_7 晶胞单元（左）和 δ-S_7 晶胞单元（右）[26]

2. 制备

少量 S_7 可以通过 Cp_2TiS_5 在 273 K 下与 CS_2 中的二氯二硫烷反应来制备（参见上述的 S_6 的制备）[23]：

$$Cp_2TiS_5 + S_2Cl_2 \longrightarrow Cp_2TiCl_2 + S_7 \tag{9-9}$$

该反应等计量比地进行，但是由于其高溶解度，导致 S_7 的分离产率较低（23%）。此外，由于 S_7 在 293 K 时会迅速分解，因此需要储存在低于 293 K 的温度下。

在任何温度下，液态硫中除主要成分 S_8 外还含有百分之几的 S_7。此外，S_7 还存在其他环硫以及在较高温度下的聚合硫中[29]。在低温下将熔体淬火后，可以分离出 S_7，收率可达 0.7%，参考后述的“从 S_8 制备 S_{12}、S_{18} 和 S_{20}”。

将液态硫的 CS_2、CH_2Cl_2 或甲苯中的溶液快速冷却后可以得到 α-S_7，形成深黄色针状晶体，其熔点为 311.5 K。在 195 K 下从 CS_2 溶液中结晶，可得到块状四方双锥体和琥珀状晶体 δ-S_7。δ-S_7 粉末在 298 K 保存 10 min 可得到 β-S_7，在 248 K 下从含有少量四氰基乙烯的 CH_2Cl_2 溶液中获得 γ-S_7[26, 30]。

9.3.1.3　S_8

1. 结构和性质

现在已经发现了三种稳定的 S_8 固态同素异形体的结构，即 α-硫（斜方晶系）、β-硫和 γ-硫（均为单斜晶系，图 9-6）[30]。其中以斜方晶系的 α-硫最稳定，即通常所称的自然硫。α-S_8 在 369 K 以下稳定，β-S_8 在 369 K 以上稳定，369 K 是这两种变体的转变温度，也只有在这个温度时这两种变体处于平衡状态。

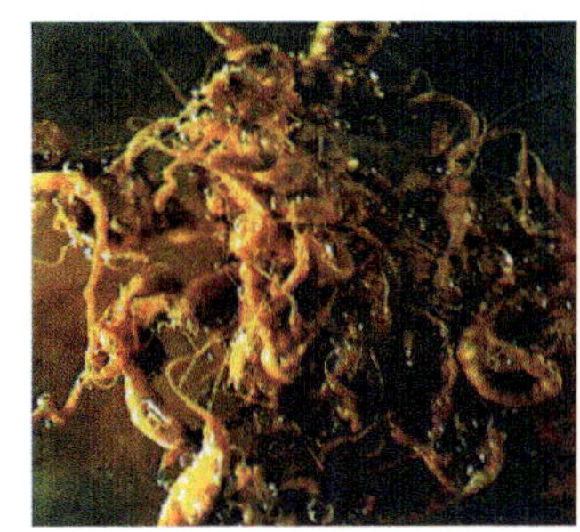

图 9-6　斜方硫（左）、单斜硫（中）和弹性硫（右）

1）斜方晶系的 α-硫

1935 年，Warren 和 Burwell[31]首次对 S_8 晶体以及分子结构进行了描述，1955 年 Abrahams 等[32]进一步研究了 S_8 的结构。1987 年，Rettig 和 Trotter 再次确认了 α-S_8 的结构[33]。α-S_8 由环状分子结晶而成（图 9-6），其结构俗称皇冠构型[34, 35]，高度对称。每个 S 原子采取 sp^3 杂化与另外 2 个硫原子通过共价单键（σ 键）相联结，分子中共有 8 个 S—S 单键。在此构型中键长是 204 pm，内键角为 108°，2 个面之间的夹角为 98°（表 9-6）[33]。α-S_8 空间群为 $Fddd$-D_{2h}，晶格包含 16 个分子，128 个原子，以两层排列，每层垂直于晶体 c 轴，形成所谓的“曲轴结构”，晶体呈双锥状或厚板状（图 9-7）[36]，其晶格常数 a = 10.4646 Å、b = 12.8660 Å、c = 24.4860 Å（表 9-6、表 9-7）。相关 S_8 分子的分子动力学计算结果表明，在 200 K 以下存在亚稳态单斜晶相[37]。然而，相关的实验中未观察到低温状态下 α-S_8 的相变[38]。S_8 属于非极性分子，不溶于水，微溶于乙醇和乙醚，溶于 CS_2、CCl_4 和苯等非极性溶剂，实验室常用 CS_2 除去粘在试管壁上的硫。

2）单斜晶系的 β-硫

α-硫加热到 367.4 K 转化为 β-硫。1937 年，Burwell[43]最早报道其晶格参数和空间群，Sands[44]报道了其原子参数，Templeton 等[40]报道了 β-S_8 晶体孪晶的晶体

学解释。β-S_8 空间群（$P2_1/c$-C_{2h}^5，表 9-8）由 2 个冠-状的 S_8 环，与 α-硫的情况一样，β-S_8 分子从 D_{4d} 对称性中略微变形（图 9-8）。晶格常数为 $a = 10.778$ Å、$b = 10.844$ Å、$c = 10.924$ Å、$\beta = 95.8°$（表 9-8）。晶胞单元中包含有 6 种 S_8 分子，48 个原子，密度为 1.94 g·cm^{-3}，比 α-硫小 12%。

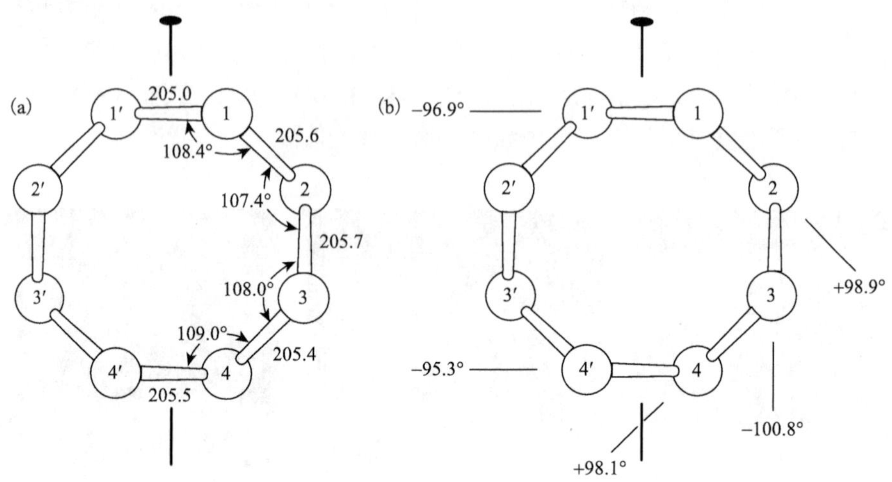

图 9-7　斜方晶系的 α-硫中 S_8 分子的分子结构，包括键长（pm）和键角（a）及扭转角（b）[33]

表 9-6　α-、β-和 γ-S_8 中 S_8 分子的分子结构参数（括号内为标准偏差）

晶体点群	$\bar{8}2m-D_{4d}$				
同素异形体	α-S_8	β-S_8^a		γ-S_8^b	
		o	d	Ⅰ	Ⅱ
键长/pm	204.6(3)	204.8(2.0)	204.2(4.4)	204.6(9)	204.5(9)
键长区间/pm	203.8～204.9	200.9～207.7	194.8～213.4	203.7～206.0	203.5～205.8
角度/(°)	108.2(6)	107.7(7)	108.3(1.6)	108.0(4)	107.5(4)
角度区间	107.4°～109.0°	106.2°～108.9°	105.6°～111.8°	107.8°～108.6°	107.1°～108.0°
扭转角/(°)	98.5(19)	99.1(1.7)	98.3(2.2)	98.6(5)	99.4(5)
扭转角区间	96.9°～100.8°	95.9°～101.5°	94.3°～102.4°	98.0°～99.2°	98.6°～99.9°
温度/K	298	218[c]		～300	
参考文献	[38]	[39, 40]		[41, 42]	

a. 字母“o”和“d”分别指代 β-S_8 处于有序和无序位置的分子；

b. Ⅰ和Ⅱ是指 γ-S_8 的两个独立分子，数据取自文献[42]；

c. T_c≈198 K 转变温度以上的无序结构，数据取自文献[39]。

表 9-7　α-S_8 在约 300 K 时的结构参数（括号内为标准偏差），每个晶胞（原始）中有 16（4）个分子

晶体点群		*Fddd*-D_{2h} (No.70)
晶格常数	*a*/pm	1046.46(1)
	b/pm	1286.60(1)
	c/pm	2448.60(3)
数量及分子间最短距离/pm	2	337.4
	4	350.4
	4	370.4
	4	377.3

表 9-8　β-S_8 在两个温度下的晶体结构数据（括号中为标准偏差）

体点群		$P2_1/c$-C_{2h}^5 (No.14)	$P2_1/c$-C_2^2 (No.4)
晶格常数	*a*/pm	1092.6(2)	1079.9(2)
	b/pm	1085.2(2)	1068.4(2)
	c/pm	1079.0(3)	1066.3(3)
	β/(°)	95.92(2)	95.71(1)
温度/K		297	113
参考文献		[40]	[39]

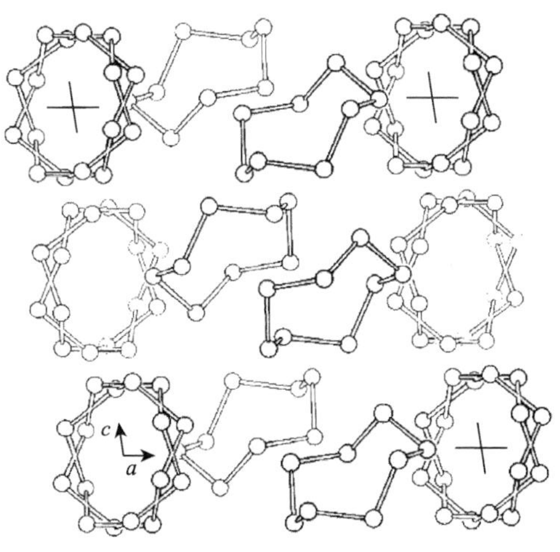

图 9-8　沿晶体 *b* 轴投影的单斜 β-S_8 晶胞[40]

3）单斜的 γ-硫

从 S_8 的溶液中可以获得 γ-硫，γ-S_8 分子呈“剪切便士卷”排列（图 9-9）[14]。Muthmann[45]在 1890 年首次描述了 γ-硫的结构。直到 1974 年 Watanabe 报道并确

定了 γ-S_8 的结构，最准确的结构数据是 Gallacher 于 1993 年报道的[42]。其空间群为 $P_{2/c}$，晶格常数为 $a = 8.442$ Å、$b = 13.025$ Å、$c = 9.356$ Å、$\beta = 124°98'$。与 α-S_8 和 β-S_8 相比，γ-S_8 环周围键长的差异非常明显，键长的变化要大得多。最短分子间距离大约为 345 pm，接近于 α-S_8 和 β-S_8 的值。γ-S_8 中的分子堆积效率与 α-S_8 相当，晶体结构数据列于表 9-9。

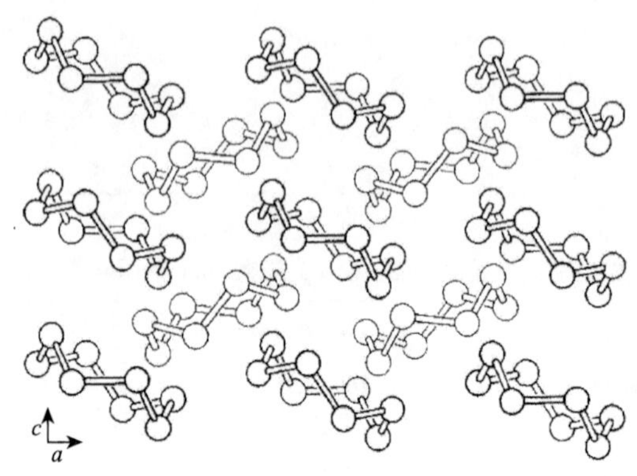

图 9-9　单斜 γ-S_8 向下投影到 b 轴的"剪切便士卷"结构[46]

表 9-9　γ-S_8 在 300 K 左右时的晶体结构数据（括号内为标准偏差）[42]

晶体点群		$P_{2/c}$-C_{2h}^4 (No.13)
点对称		2-C_2
晶格常数	a/pm	845.5(3)
	b/pm	1305.2(2)
	c/pm	926.7(3)
	β/(°)	124.89(3)

4）其他 S_8 同素异形体

在过去的 100 年里，大概有 24 种环 S_8 被描述[47]。目前依然存在质疑，除了 α-硫、β-硫和 γ-硫，其他同素异形体的结构是否稳定？此外，其他希腊字母命名的 S_8 的同素异形体可能是 α-硫、β-硫和 γ-硫的混合物，或者仅仅只是构成了特殊的晶体结构。

2. 制备

市售的硫样品通常由以 α-S_8 为主、少量的 S_μ 以及痕量的 S_7 的混合物组成[48, 49]。纯的 α-S_8 为绿黄色，正是由于少量 S_7 的存在，导致大多数商用产品硫为亮黄色固体[50]。在大多数溶剂中，S_8 以斜方晶 α-S_8 存在。在 369 K 以上单斜 β-S_8 可以稳定存在，通常是通过将液态硫缓慢冷却至低于三相点温度 388 K 以下获得的。在 298 K 下，β-S_8 在不到 1 h 内就可转化为多晶 α-S_8，但在低于 253 K 的温度下可稳定数周[50]。γ-S_8 在所有温度下都是亚稳态的，偶尔会发生结晶，例如在多硫化铵的乙醇溶液中[51]，乙基黄药酸铜发生分解。出人意料的是，γ-S_8 在自然界中存在于矿物质红硅铁矿中。此外，γ-S_8 是拉伸的“塑料硫”的成分，即通过将液态硫从 623 K 骤冷至 293 K（在冷水中）并沿其轴方向拉伸纤维而获得的。

9.3.1.4　S_9

1. 结构和性质

尽管 Schmidt 等[52]于 1970 年就制备出 S_9 晶体，但直到 1996 年，Steudel 等[53]才确定其结构。S_9 至少以两种同素异形体（α-和 β-S_9）结晶为深黄色针状结晶。α-S_9 的空间群是 $P2_1/n$（$=C_{2h}^2$），分子对称性接近 C_2（图 9-10）。键长为 203.2～206.9 pm，平均键长为 205.25 pm。在 173 K 时，单斜晶 α-S_9 的晶格参数为 $a=790.2$ pm、$b=1390.8$ pm、$c=1694.8$ pm、$\beta=103.2°$[53]。β-S_9 的结构尚未确定，然而其拉曼光谱表明该同素异形体具有与 α-S_9 相同的分子构象[53]。

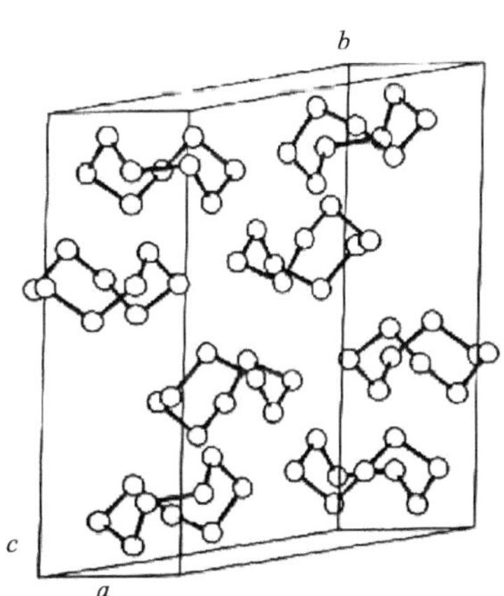

图 9-10　α-S_9 的晶胞结构[52]

2. 制备

目前报道的制备 S_9 的方法为：Cp_2TiS_5 与 S_4Cl_2[54]或 $S_4(SCN)_2$[53]反应。所需的二氯四硫烷（S_4Cl_2）可以在 293 K 下 CCl_4 溶剂中调控 S_6 的氯化反应制备得到，多余溶剂和副产物 S_2Cl_2 可通过蒸馏除去，产率可达到 30%：

$$S_6 + Cl_2 \longrightarrow Cl\text{-}S_6\text{-}Cl \tag{9-10}$$

$$Cl\text{-}S_6\text{-}Cl + Cl_2 \longrightarrow S_4Cl_2 + S_2Cl_2 \tag{9-11}$$

$$Cp_2TiS_5 + S_4Cl_2 \longrightarrow Cp_2TiCl_2 + S_9 \tag{9-12}$$

S_4Cl_2 是一种油状液体，但因其不稳定而无法通过蒸馏进行纯化，因此始终含有少量二氯硫烷等杂质。基于此，考虑将其转化为 $S_4(SCN)$，双氰基六硫烷由链状分子组成，形成无味的固体（熔点 308 K），尽管在室温下会迅速聚合，但易于通过重结晶进行纯化[53]：

$$S_4Cl_2 + Hg(SCN)_2 \longrightarrow S_4(SCN)_2 + HgCl_2 \tag{9-13}$$

该反应在 273 K、CS_2 中进行，以 S_6 作为反应原料，$S_4(SCN)_2$ 的产率为 27%。该产物在 293 K 的 CS_2 溶液中与 Cp_2TiS_5 反应生成 S_9，产率为 18%：

$$Cp_2TiS_5 + S_4(SCN)_2 \longrightarrow Cp_2Ti(SCN)_2 + S_9 \tag{9-14}$$

根据反应条件不同，S_9 结晶为 α-S_9 或 β-S_9，其拉曼光谱非常相似但不完全相同。α-S_9 形成强烈的黄色针状单斜晶体，熔点为 336 K[53]。α-S_9 和 β-S_9 均结晶为深黄色针状结晶。

9.3.1.5　S_{10}

1. 结构

Schmidt 等在 1965 年[23, 55]首次制备得到 S_{10}。单晶 X 射线研究表明 S_{10} 分子具有 D_2 对称性，唯一的对称元素是三个正交的双向旋转轴（C_2）[56]。该分子的构象与 S_{12} 相似，因为原子位于三个平面中（而不是 S_6 和 S_8 中的两个平面）（图 9-11）。S_{10} 可以从 S_{12} 分子切割而来的两个相同的 S_5 单元组成。S_{10} 中的平均键长为 205.6 pm，但是分子周围键长的变化显示出明显的交替（图 9-11）。两组扭转角分别为−77°和 + 123°。晶体 S_{10} 的空间群是单斜 $C_{2/c}$-C_{2h}^6 (No. 15)，其夹角仅有 37°[57]。晶胞中的四个分子占据 C_2 对称位点。在 163 K 时，晶格常数为 $a = 1253.3(9)$ pm、$b = 1027.5(9)$ pm、$c = 1277.6(9)$ pm（表 9-10）。分子间的最短距离是 323.1 pm、324.0 pm 和 329.1 pm，比晶体 S_6 中小得多。因此，S_{10} 的密度低于 S_6 的密度。

表 9-10　晶体 S_{10} 的分子结构参数（163 K）[16, 58]

晶体点群	222-D_2
平均键长/pm	205.6
键长区间/pm	203.3～207.8
平均键角/(°)	106.2
键角区间/(°)	103.4～110.2
扭转角/(°)	95.7
扭转区间/(°)	75.4～123.7

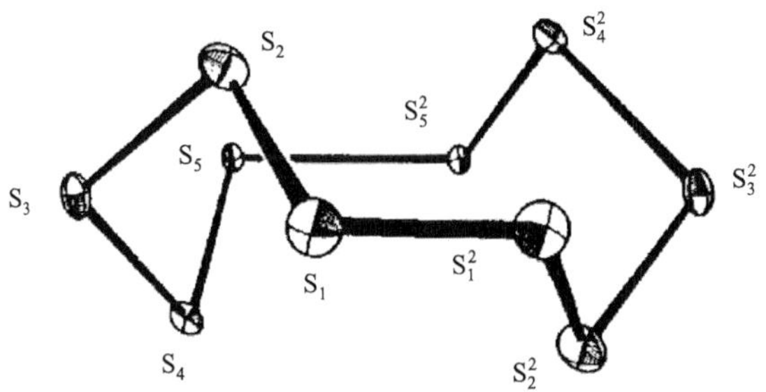

图 9-11　S_{10} 分子的几何结构（S_i 和 S_i^2 原子是 D_2 分子对称性）[58]

2. 制备

环十硫 S_{10} 可以按照以下几种不同的方法制备：

如果仅需要几克，则硫转移法最方便[23]：

$$2Cp_2TiS_5 + 2SO_2Cl_2 \longrightarrow 2Cp_2TiCl_2 + 2SO_2 + S_{10} \tag{9-15}$$

在 195 K 将 Cp_2TiS_5 和硫酰氯试剂混合在 CS_2 中，并在搅拌下将混合物加热至 273 K，得到 S_{10} 的产率为 36%。S_{10} 为黄色晶体，其在室温下缓慢分解为 S_8，部分聚合为 S_μ。

如果仅需要少量的 S_{10} 且允许 S_6 或 S_7 的存在，则用三氟过氧乙酸将 S 氧化得到中间体 S_6O_2 或 S_7O，其在 278 K 下于 CS_2 或 CH_2Cl_2 溶液中在几天内分解得到 S_{10}、不溶性硫以及 SO_2：

$$2S_6 + 4CF_3CO_3H \longrightarrow 2[S_6O_2] + 4CF_3CO_2H \tag{9-16}$$

$$2[S_6O_2] \longrightarrow S_{10} + 2SO_2 \tag{9-17}$$

$$2S_7 + 2CF_3CO_3H \longrightarrow 2S_7O + 2CF_3CO_2H \tag{9-18}$$

$$2S_7O \longrightarrow S_{10} + S_\mu + 3SO_2 \tag{9-19}$$

将添加过氧酸（由过氧化氢和三氟乙酸酐在 CH_2Cl_2 中制得）后的 S_6 或 S_7 溶液简单地保存在冰箱中，直到形成 S_{10}，然后通过重结晶提纯。

9.3.1.6　$S_6 \cdot S_{10}$

1. 结构

当从 S_6 制备 S_{10} 时，多次观察到新的硫同素异形体的形成，为橙黄色不透明的六边形晶体[58, 59]。单晶 X 射线研究表明可能存在分子加成化合物，即 $S_6 \cdot S_{10}$[58, 59]。$S_6 \cdot S_{10}$ 晶体的空间群为 I_2/a，这是单斜空间群 $C_{2/n}$（$= C_{2h}^3$，No. 12）的另一种表示方法。该结构分别由 S_6 和 S_{10} 分子交替组成[58]。晶格参数为 $a = 1954.1(8)$ pm、

b = 943.1(3) pm、c = 883.1(3)和 β = 105.11(3)°（图 9-12）。$S_6 \cdot S_{10}$ 中的分子 S_6 和 S_{10} 具有与 $S_6(D_{3d})$和 $S_{10}(D_2)$的纯晶体相同的分子构象。$S_6 \cdot S_{10}$ 中 S_{10} 为 C_2 对称，与纯 S_{10} 一样，而 S_6 分子的位点对称性由 C_{3i} 降低为 C_i。与纯组分相比，在 $S_6 \cdot S_{10}$ 中 S_6 和 S_{10} 的平均键参数几乎相同（表 9-11）。

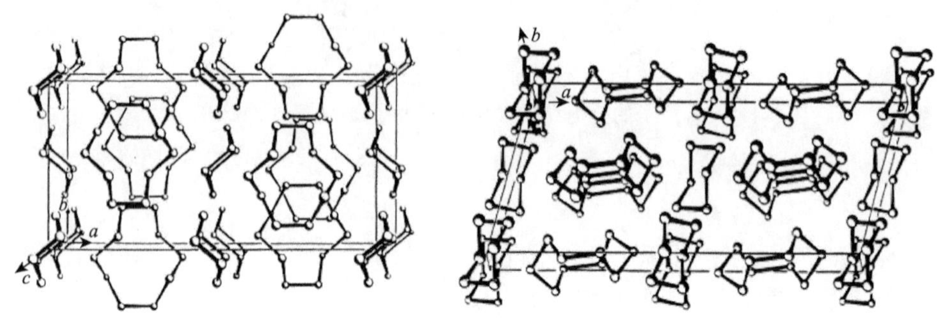

图 9-12　硫同素异形体 $S_6 \cdot S_{10}$ 的晶体结构的两个视图[58]

表 9-11　163 K 下 $S_6 \cdot S_{10}$ 中纯 S_6 和 S_{10} 同素异形体分子结构数据的平均值

分子	S_6		S_{10}	
同素异形体	S_6	$S_6 \cdot S_{10}$	S_{10}	$S_6 \cdot S_{10}$
键长/pm	206.8	206.2	205.6	205.8
键角/(°)	102.6	102.6	106.2	106.3
扭转角/(°)	73.8	73.8	95.7	96.2

2. 制备

当 S_6 和 S_{10} 按照化学计量比一起溶解在 CS_2 中并冷却后，得到橙黄色不透明的晶体，其熔点为 365 K。在溶液中，$S_6 \cdot S_{10}$ 的分子量为 258，对应于每个分子 8 个 S 原子，表明其完全解离。这是由不同大小的分子组成的化学元素的同素异形体的唯一例子。

9.3.1.7　S_{11}

1. 结构

1982 年，Steidel 等[60]发表了 S_{11} 单晶的 X 射线结构（图 9-13），为正交晶体（空间群 $Pca2_1$-C_{2v}^5，No. 29），在 163 K，其晶格参数为 a = 1493.3(10) pm、b = 832.1(5) pm 和 c = 1808.6(12) pm。但是，其分子对称性约为 C_2^3。由于为典型的奇数环，S_{11} 表现出不寻常的键长，约为 211 pm（分子 1）和 208 pm（分子 2），两

个相邻的短键距离为 203～204 pm。在 S_{11} 环中，扭转角分别为 141°(1)和 137°(2)，是有史以来最大的（表 9-12）。然而，晶体 S_{11} 具有类似于 S_6、S_9、S_{10} 和 S_{13} 的中等稳定性。

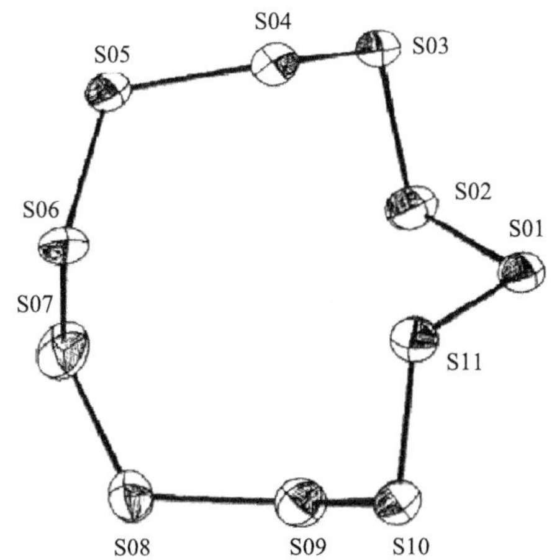

图 9-13　S_{11}（对称性 C_2）的分子构象

表 9-12　163 K[a] 时正交晶 S_{11} 的分子结构数据

点对称	2-C_2（接近）	
分子	分子 1	分子 2
平均键长/pm	205.7	205.5
范围	203.7～211.0	203.2～207.7
平均键角/(°)	106.0	106.3
范围	103.8～108.4	103.3～108.6
平均扭转角/(°)[b]	97.1	96.9
范围	70.5～140.5	69.3～137.1

a. 键长误差 0.3～0.4 pm，角度误差为 0.1°；b. 绝对值。

2. 制备

使用 Cp_2TiS_5 和二氯聚硫 S_nCl_2 进行的硫转移反应是通用的，在获得纯度足够的 S_6Cl_2 之后，可以制备 S_{11}：

$$Cp_2TiS_5 + S_6Cl_2 \longrightarrow Cp_2TiCl_2 + S_{11} \tag{9-20}$$

反应在 273 K 的 CS_2 中进行，得到纯的 S_{11} 黄色晶体（熔点 347 K），产率为 7%[61]。在固态状态下，S_{11} 分子具有近似 C_2 对称性[62, 63]。

9.3.1.8　S_{12}

1. 结构

固体环十二硫 S_{12} 是由 Schmidt 和 Wilhelm 于 1965 年首次合成的[64]。1966 年，Kutoglu 等[65]报道了其 X 射线结构分析结果。Steidel 等[66]在 1981 年对晶体 S_{12} 的结构进行了精细分析。研究表明 S_{12} 属于正交晶空间群 $Pnnm\text{-}D_{2h}^{12}$ (No. 58)，C_{2h} 点群对称，一个晶胞包含两个分子。X 射线单晶分析揭示了 S_{12} 的近似 D_{3d} 构象（图 9-14）[66, 67]。Hellner 等[67]研究了其晶格常数：$a = 4.730$ Å，$b = 9.104$ Å，$c = 14.7574$ Å，空间群为 $Pnmm\text{-}D_{2h}$（表 9-13）。晶胞中含有 2 个分子，24 个原子，密度为 2.036 $g\cdot cm^{-3}$[68]。

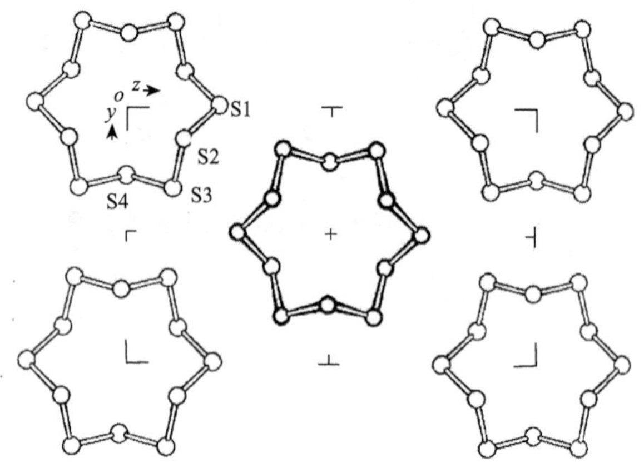

图 9-14　晶体中的 S_{12} 分子的结构（分子对称性 D_{3d}，位点对称性 C_{2h}）[66]

键长：S_1—S_2 205.7 pm、S_2—S_3 204.8 pm、S_3—S_4 205.2 pm；键角：S_1 105.4°、S_2 107.4°、S_3 106.6°、S_4 107.0°

表 9-13　约 300 K 的斜方晶 S_{12} 和约 168 K 的 $CS_2\cdot S_{12}$ 的分子结构参数

晶体点群	$\overline{3}m - D_{3d}$	
化合物	S_{12}	$CS_2\cdot S_{12}$
平均键长/pm	205.2	205.4
键长范围/pm	204.8～205.7	—
平均键角/(°)	106.6	106.2
键角范围/(°)	105.4～107.4	105.80～106.65
平均扭转角/(°)	88.0	87.2
扭转角范围/(°)	86.0～89.4	—

2. 制备

在热力学上，S_{12} 是仅次于 S_8 的第二稳定的硫的同素异形体。因此，在许多化学反应中反应硫产物为 S_{12}。另外，S_{12} 在所有温度下都是液态硫。S_{18} 和 S_{20}（通常与 S_{12} 一起形成）也是如此：

由 Cp_2TiS_5 和 SCl_2 制备 S_{12} 已在上述“S_6 的制备”中进行了描述：

$$2Cp_2TiS_5 + 2SCl_2 \longrightarrow 2Cp_2TiCl_2 + S_{12} \tag{9-21}$$

1965 年 Schmidt 和 Wilhelm[55]通过硫烷和一定链长的氯代硫烷反应制备得到 S_{12}：硫化氢 H_2S_n 和二氯硫烷 S_nCl_2 相互反应，脱去 HCl，形成新的 S—S 键。由于具有两个以上硫原子的纯硫烷很难制备，因此该合成方法使用了称为“天然硫烷”的硫烷混合物，该混合物很容易在 273 K 下由多硫化钠水溶液和浓盐酸制得[55]：

$$Na_2S_4 + 2HCl \longrightarrow H_2S_4 + 2NaCl \tag{9-22}$$

由于多硫化钠水溶液已经包含多个多硫化物阴离子，并且由于酸化导致一些相互转化反应，因此获得了硫化氢混合物 H_2S_n 而不是纯 H_2S_4。然而，该混合物在干燥的 CS_2/Et_2O 混合物中于 293 K 与二氯二硫烷烃反应，生成 S_{12}，通过 CS_2 萃取和分步结晶以分离出 S_{12}，产率达到 41%[69]：

$$2S_2Cl_2 + 2H_2S_4 \longrightarrow S_{12} + 4HCl \tag{9-23}$$

反应以乙醚作为溶剂，缓慢加入硫烷和氯代硫烷反应物。先生成 H-S-S_x-S-Cl 链状中间体，再发生成环反应。这种合成原理设计得很巧妙同时操作简单。Schmidt 和 Wilhelm[70]随后用类似的方法制备了 8 个新的环，表 9-14 总结了该制备方法。Schmidt 和 Wilhelm 经 25 小时逐滴地将在 CS_2 中的 S_4Cl_2 和在 CS_2 中的 H_2S_8 的混合物混合到二乙醚和 CS_2 的混合物中，12 小时后，定期地过滤出粗 S_{12} 晶体。将得到的粗 S_{12} 重新溶解于保持在 40℃下的 CS_2 中，并通过浓缩粗 S_{12}-CS_2 溶液来重结晶。最终的重结晶是在苯溶剂中重结晶得到硫，总的 S_{12} 收率为 15%～20%。

表 9-14　制备硫的同素异形体的方法

种类	试剂	参考文献
S_5	$(C_5H_5)_2MoS_4 + SCl_2$	[71]
S_6	(a) $HS_2O_3^- + HCl$	[72]
	(b)$S_2Cl_2 + H_2S_4$	[55]
S_7	$(C_5H_5)_2TiS_5 + S_2Cl_2$	[73]
γ-S_8	$CuSSCOC_2H_5$ + 吡啶	[71]
S_9	$(C_5H_5)_2TiS_5 + S_4Cl_2$	[74]

续表

种类	试剂	参考文献
S_{10}	(a)$H_2S_6 + S_4Cl_2$	[55]
	(b)$(C_5H_5)_2TiS_5 + SO_2Cl_2$	[75]
S_{11}	$(C_5H_5)_2TiS_5 + S_6Cl_2$	[75]
S_{12}	$H_2S_8 + S_4Cl_2$	[69, 76]
S_{18}	$H_2S_8 + S_{10}Cl_2$	[77]
S_{20}	$H_2S_{10} + S_{10}Cl_2$	[77]

由液态硫制备 S_{12}、S_{18} 和 S_{20}：达到平衡后的液态硫包含各种大小硫环[77]，根据它们的溶解度不同，可以通过萃取、分步沉淀和结晶等手段提纯分离。

由 S_2Cl_2 和碘化钾制备 S_{12}、S_{18} 和 S_{20}：溶解在 CS_2 中的二氯二硫烷烃在 293 K 下与碘化钾水溶液反应生成硫环的混合物：

$$nS_2Cl_2 + 2nKI \longrightarrow S_{2n} + nI_2 + 2nKCl \tag{9-24}$$

主产品为 S_6(36%)，通过一系列沉淀和萃取程序得到 S_{12}(1%～2%)、S_{18}(0.4%)和 S_{20}(0.4%)[78]。

巴尼基公开了一种制备环十二硫的方法，即金属硫衍生物与氧化剂在反应区中反应，以形成含环十二硫的反应混合物，总体而言，涉及制备环硫同素异形体，特别是其中同素异形体的同素环中的硫（S）原子数为 12 的环硫的制备方法。“金属硫衍生物”是指含有二价硫（S）原子和金属（M）原子的化合物，其中硫对金属原子的比率至少为 2∶1（S∶M≥2.0）。金属原子（M）可以是二价或多价的并且硫原子（S）是二价的形成 $n\geqslant 0$ 的链[79]。

9.3.1.9 S_{13}

1. 结构

Sandow 等[80]首先获得 S_{13} 的晶体。Steudel 等[81]使用 X 射线衍射研究了其晶体以及分子结构。S_{13} 单斜晶系空间群 $P2_1/c\text{-}C_{2h}^5$(No.14)，在 CS_2 或 $CHCl_3$ 中结晶得到六角形黄色晶体（图 9-15）。C_2 点群对称，1 个晶胞含有 8 个分子。在 $T = 163$ K 时，晶格参数为 $a = 1295(2)$ pm、$b = 1236(1)$ pm、$c = 1761(2)$ pm、$\beta = 110.41(9)°$。晶体结构数据和拉曼光谱均表明 S_{13} 晶体可能是某种无序性晶体结构。S_{13} 与 S_{11} 结构相似。通过用 S_2 单元取代 S_{12} 的一个原子可以获得 S_{13} 环。在 173 K 时，其分子结构参数见表 9-15。

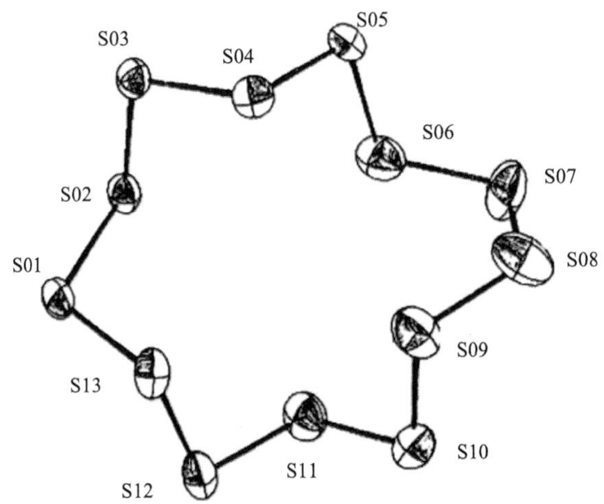

图 9-15　S_{13}（对称性 C_2）的分子构象[81]

表 9-15　单斜 S_{13} 在 173 K 时的分子结构参数[81]

晶体点群	C_2（接近）	
分子	Ⅰ	Ⅱ
平均键长 b/pm	204.6	205.2
键长范围/pm	197.8～207.4	199.5～211.3
平均键角/(°)	106.4	106.1
键角范围 a/(°)	103.3～111.1	102.8～107.8
平均扭转角 b/(°)	85.3	85.4
扭转角范围/(°)	30.9～116.3	29.5～114.1

a. 键长误差 0.4～0.5 pm，角度误差为 0.1°～0.2°；b. 绝对值。

2. 制备

制备 S_{13} 要通过配体转移反应，首先需要合成链状二氯辛硫烷，通过在 273～293 K 的 CS_2/CCl_4 混合物中调控环 S_8 的氯化反应即可制备得到二氯辛硫烷：

$$S_8 + Cl_2 \longrightarrow S_8Cl_2 \tag{9-25}$$

反应产物除 S_8Cl_2 外，还含有 S_8 以及其他副反应产生的二氯硫烷。但是，S_8Cl_2 在 293 K 下与 Cp_2TiS_5 反应生成硫环混合物，从中分离出黄色 S_{13} 晶体，产率为 5%[80]：

$$Cp_2TiS_5 + S_8Cl_2 \longrightarrow Cp_2TiCl_2 + S_{13} \tag{9-26}$$

9.3.1.10　S_{14}

1. 结构

Steudel 等[81]获得了 S_{14} 的单晶，并报道了 S_{14} 晶体的 X 射线结构和拉曼光谱研究的结果。S_{14} 晶体的空间群是三斜晶体的 $P\bar{1}$-C_i^1（表 9-16）。在 173 K，晶格参数为 $a = 546.9(3)$ pm、$b = 966.2(5)$ pm、$c = 1433.1(7)$ pm、$\alpha = 95.97(4)°$、$\beta = 98.96(4)°$、$\gamma = 100.43(4)°$[81]。晶胞包含两个具有近似 C_s 对称性且带有镜平面的分子（图 9-16）。分子结构参数总结在表 9-15 中，其平均键长接近于 S_8 和 S_{12}。平均扭转角大约为 93°，表明 S_{14} 具有一定的稳定性，该稳定性在室温下可维持几天。

表 9-16　晶体 S_{14} 在 173 K 时的分子结构参数[81]

晶体点群	M-C_s(≡C_1h)
平均键长 ª/pm	205.3
范围/pm	204.7～206.1
平均键角 ª/(°)	106.3
范围/(°)	104.0～109.3
平均扭转角 ª/(°)	93.1
范围/(°)	72.5～101.7

a. 绝对值。

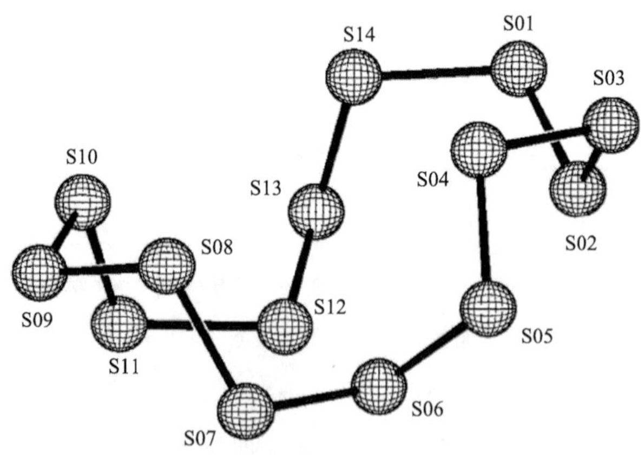

图 9-16　晶体中 S_{14} 分子的分子构象（对称 C_s）[81]

2. 制备

1998 年首次通过新型配体转移反应合成出 S_{14}。首先通过 Zn、S_8 和 TMEDA

（四甲基乙二胺）反应制备六硫代锌络合物$[(TMEDA)ZnS_6]$[81]，进一步和 S_8Cl_2 反应可以得到 S_{14}[反应式（9-27）和式（9-28）]：

$$Zn + 3/4S_8 + TMEDA \longrightarrow [(TMEDA)ZnS_6] \quad (9\text{-}27)$$

$$[(TMEDA)ZnS_6] + S_8Cl_2 \longrightarrow S_{14} + [(TMEDA)ZnCl_2] \quad (9\text{-}28)$$

该反应在 273 K（0℃）的 CS_2 中进行，分离出 S_{14}，熔点为 390 K，棒状深黄色晶体，收率 11%。S_8Cl_2 试剂是通过对 S_8 进行氯化而制得的。

9.3.1.11　S_{15}

1. 结构

环型 S_{15} 是少数几种尚没有得到单晶结构的硫同素异形体之一，因此其结构是未知的。然而，已经得到了溶液中 S_{15} 的拉曼光谱和紫外（UV）光谱，这暗示了其环状结构[82]。估计 S_{15} 的键长平均值为 207 pm（范围 203～210 pm）[82, 83]。根据密度泛函理论计算，S_{15} 分子具有 C_2 对称性，核间距范围为 205.3～206.5 pm，键角为 104.1°～109.4°，绝对扭转角为 77.1°～112.3°。

2. 制备

由 Cp_2TiS_5 与硫酰氯在 CS_2 中反应可以制备 S_{15}，同时还可以生成 S_{10} 和 S_{20}。通过反复的结晶和沉淀将三种产物分离[82]：

$$3Cp_2TiS_5 + 3SO_2Cl_2 \longrightarrow 3Cp_2TiCl_2 + S_{15} + 3SO_2 \quad (9\text{-}29)$$

得到柠檬黄色粉末 S_{15}，其产率为 2%，具有特征拉曼光谱。S_{15} 的形成可能通过几种中间体进行[82]。第一步是金属环的开环反应，$Cp_2Ti(Cl)S_5SO_2Cl$ 中间体可能会释放 SO_2，从而生成 $Cp_2Ti(Cl)S_5Cl$，通过与另一种此类分子反应可形成 S_{10}，或可与 SO_2Cl_2 反应生成 S_5Cl_2，进而与 Cp_2TiS_5 反应最终也生成 S_{10}。在后一反应中，$Cp_2Ti(Cl)S_{10}Cl$ 必须是作为中间体，它将与另一种此类分子反应生成 S_{20} 或与 S_5Cl_2 反应生成 S_{15}（图 9-17）。

9.3.1.12　S_{18}

1. 结构

环十八硫有两种同素异形体，通常称为 α-S_{18} 和 β-S_{18}[61]（图 9-18）。两种同素异形体中的 S_{18} 分子相似，不同之处在于四个扭转角的符号相反，分别对应内型异构体和外型异构体。内型异构体具有 C_{2h} 对称性（包含双重旋转轴和垂直于该轴的镜像平面），而外型异构体具有较低的 C_i 对称性（反转中心是唯一的对称元

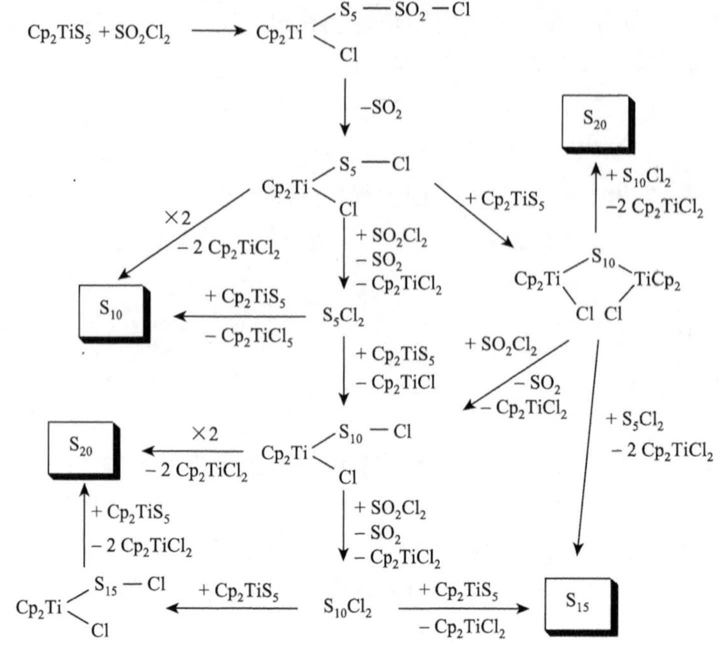

图 9-17　S_{15}的制备

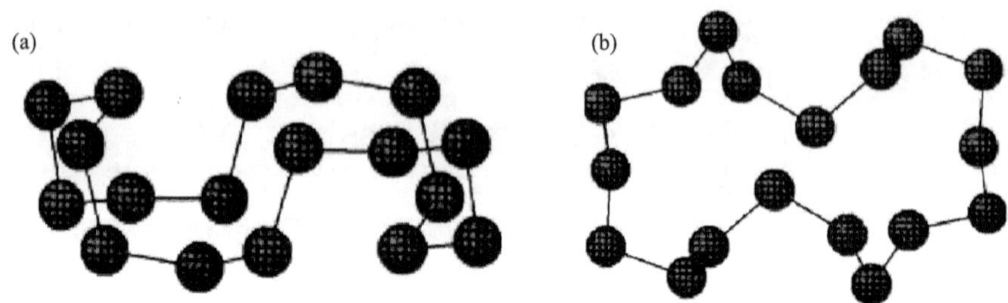

图 9-18　α-S_{18}（a）和β-S_{18}（b）的分子构象

素）。α-S_{18} 是深柠檬黄色菱形晶体，属于正交晶体系统。分子排列成伪六边形紧密堆积，这说明了 α-S_{18} 晶体的密度更大。β-S_{18} 是单斜晶体。表 9-17 总结了其晶体和分子结构数据。

表 9-17　室温下 S_{18} 的两个同素异形体的晶体和分子结构参数[16, 27]

同素异形体	*endo*-S_{18}(α-S_{18})	*Exo*-S_{18}(β-S_{18})
晶体点群	$P2_12_12_1$-$D_2^4 \equiv V^4$（No.19）	
平均键长/pm	205.9(3)	207.8(5)
键长范围/pm	204.4～206.7	205.3～210.3

续表

同素异形体	*endo*-S_{18}(α-S_{18})	*Exo*-S_{18}(β-S_{18})
平均键角/(°)[a]	106.3(1)	106.3(3)
键角范围/(°)	103.8～108.3	104.2～109.2
平均扭转角/(°)[a]	84.4(2)	80.0(3)
扭转角范围/(°)	79.5～89.0	66.5～87.8

a. 绝对值。

2. 制备

由 S_2Cl_2 和碘化钾制备 S_{18}：溶解在 CS_2 中的二氯二硫烷在 293 K 下与碘化钾水溶液反应生成偶数硫环的混合物，见反应式（9-21）。主要产品是 S_6(36%)，还有副产物 S_{12}(1%～2%)，*endo*-S_{18}(0.4%)和 S_{20}(0.4%)。

由液态硫制备：通过萃取和分步结晶从淬灭的硫熔体中分离出少量的 S_{18}。参见上述“由液态硫制备 S_{12}、S_{18} 和 S_{20}”的内容。

通过硫烷和氯代硫烷反应制备得到 S_{18}，反应方程式如下[16]：

$$H_2S_8 + S_{10}Cl_2 \longrightarrow S_{18} + 2HCl \tag{9-30}$$

9.3.1.13　S_{20}

1. 结构

环二十硫晶体在正交晶系中结晶为淡黄色针状晶体。C_2 对称位点上，一个晶胞包含四个分子。空间群为 *Pbcn* ($D_{2h}^{14} \equiv V_h^{14}$, No. 60)，晶格常数为 a = 1858.0 pm、b = 1318.1 pm、c = 860 pm（图 9-19，表 9-18）。尽管 S_{20} 环相对平坦，但是分子所需的空间以及晶体中不利的堆积导致环 S_{20} 密度较小。

表 9-18　正交 S_{20} 分子结构参数[54, 84]

晶体点群	2-C_2
平均键长/pm	204.7(5)
键长范围/pm	202.3～210.4
平均键角/(°)	106.5(2)
键角范围/(°)	104.6～107.7
平均扭转角/(°)	83.0(4)
扭转角范围/(°)	66.3～89.9

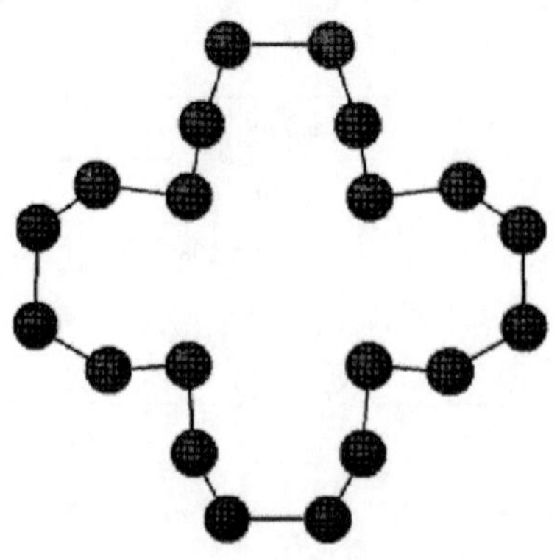

图 9-19　S_{20} 的分子结构[84]

2. 制备

环二十硫 S_{20} 可以通过不同方法制备。最方便的是由 Cp_2TiS_5 通过硫转移进行合成，这视条件而定，可制备 S_{10}、S_{15} 或 S_{20}[54]。

通过配体转移：优化了 S_{20} 的制备方法，使用硫酰氯与 Cp_2TiS_5 在 298 K 的 CS_2 中反应：

$$4Cp_2TiS_5 + 4SO_2Cl_2 \longrightarrow 4Cp_2TiCl_2 + S_{20} + 4SO_2 \tag{9-31}$$

在上面的制备方法中给出了该多步反应的可能的反应机理（参见“S_{15} 的制备”部分）。获得的产物为淡黄色晶体，产率为 8%，有时仍含有痕量的 S_{10}，这可以通过从 CS_2 中重结晶将其除去。通过 HPLC，在该反应混合物中检测到的最大硫环为 S_{30}，但尚未分离出来[85]。

由液态硫制备：通过萃取和分步结晶从淬灭的硫熔体中分离出少量 S_{20}，参见上述“由液态硫制备 S_{12}、S_{18} 和 S_{20}”。

由 S_2Cl_2 和碘化钾制备 S_{20}：溶解在 CS_2 中的二氯二硫烷在 293 K 下与碘化钾水溶液反应生成均硫环的混合物[见反应式（9-21）]，可以得到 S_{20} (0.4%)。富含硫的二碘硫烷 SnI_2 可能是该反应的中间体，该分子在分子内消除 I_2 并闭环至 S_{20}。

Schmidt[86]通过硫烷和氯代硫烷反应制备得到 S_{20}。

$$H_2S_{10} + S_{10}Cl_2 \longrightarrow S_{20} + 2HCl \tag{9-32}$$

9.3.2　同素环硫的同素异形体

理论研究表明，小的硫分子可以对应的势能超表面上的局部极小值而形成多种同素异形体。目前，已经对 S_8 分子进行了大量研究，并且已经报道了至少 9 种异构体[87]（图 9-20）。表 9-19 中相对焓数据的可靠性源于实验结果 S—S 键解离焓为（150±2）$kJ\cdot mol^{-1}$ 与计算得到其在 298 K 时相对焓为 154 $kJ\cdot mol^{-1}$ 结果较为一致[87]。

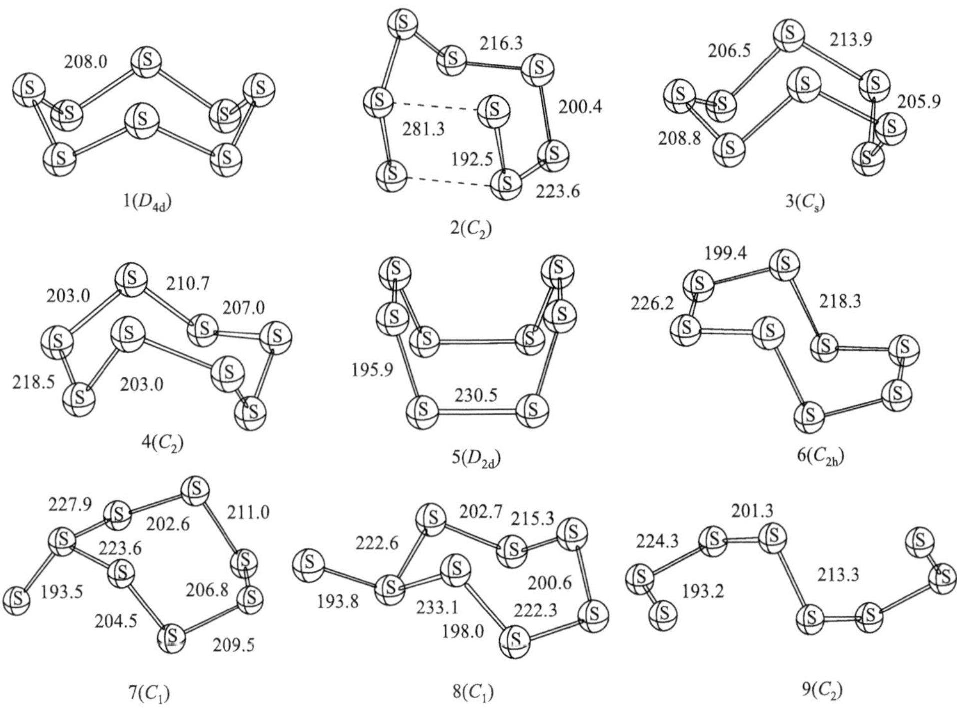

图 9-20　以 B_3LYP/6-31 G(2df)计算的 S_8 分子的各种异构体的几何形状[87]

键长度单位为 pm

表 9-19　以 $3X(MP_2)$计算得到的图 9-20 所示的 S_8 同素异形体的相对焓（以 $kJ\cdot mol^{-1}$ 为单位）[87]

种类	$\Delta H_{298}^{\ominus}$	$\Delta G_{298}^{\ominus}$
皇冠-S_8(1)	0.0	0.0
团簇-S_8(2)	33.3	28.3
内-外-S_8(3)	35.2	27.8
扭曲-S_8 环(4)	37.7	30.1
船式-S_8(5)	44.8	41.1
椅式-S_8(6)	57.0	48.5
$S_7=S_{ax}$(7)	92.9	82.5
$S_7=S_{eq}$(8)	95.8	86.6
三重态链-S_8(9)	154.4	129.1

9.3.3 长链硫的同素异形体（聚合硫 S_μ、S_ψ 和 S_ω）

在 293 K 下也不溶于二硫化碳的元素硫被称为聚合硫。这些材料由链状大分子组成，但是很可能会存在大环 S_n ($n>50$)。换句话说，聚合硫是长度不同的链和大小不同的环的混合物，而不是纯的化合物。目前人们已经获得了一部分结晶相，并通过 X 射线晶体学确定了其分子结构。这些晶相称为 $S_{\omega1}$ 和 $S_{\omega2}$，并由螺旋链组成。此外，聚合硫通常被称为 μ-硫或 S_μ，但 S_μ 和 S_ω 之间没有本质上的区别[88, 89]。

9.3.3.1 纤维硫 S_ψ

1. 结构

由于特殊处理带来的操作过程的复杂性以及制备过程中环和聚合物部分的相互转化，关于纤维硫结构的阐明一直是一个难题。Prins 等[90, 91]对纤维硫分子结构的确定做出了重要贡献。其研究表明，假设两种成分的图样重叠，就可以理解硫的衍射图，即链状聚合硫和单斜 γ-S_8，纤维状硫被称为 S_ψ。Lind 和 Geller[92, 93]系统研究了纤维硫的分子和晶体结构，其链分子具有螺旋构象（图 9-21）。其键参数与最稳定的环分子（S_8、S_{12}）的键参数相似，键长为 206.6 pm，略大于 S_8，扭转角为 85.3°，与硫链的非张力值几乎相同[94]。S_ψ 分子和晶体结构参数总结在表 9-20 中。

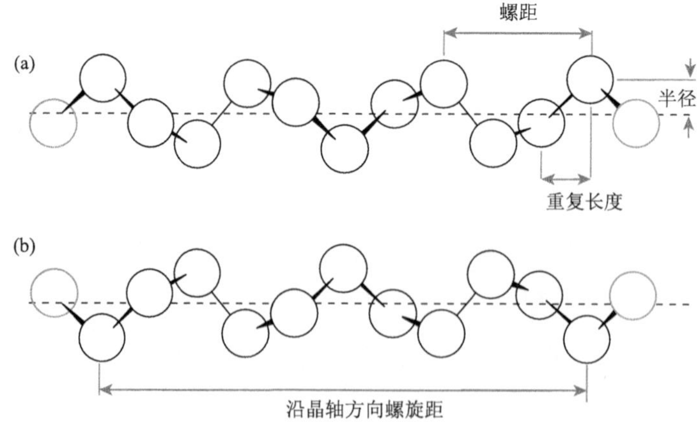

图 9-21　纤维硫同素异形体中存在的硫螺旋视图[94]

左螺旋（a）和右螺旋（b）以及特征参数

表 9-20　纤维硫 S_ψ 的晶体和分子结构参数[94]

晶系	单斜
晶体点群	$P_2 = C_2^1$(No. 3)
a/pm	1760
b/pm	925
c/pm	1380（为螺距的 3 倍）
β/(°)	113
螺旋系，ka	～10/3（3 个周期 10 个原子）
半径/pm	95.0（3）
螺距 P_b/pm	460
原子重复长度 p_c/pm	137
转角 γ_d/(°)	108
键长/pm	206.6
键角/(°)	106.0
扭转角/(°)	85.3

2. 制备

纤维状硫的结晶样品可以通过拉伸新鲜淬火的液态硫或直接从热的硫熔体中拉丝来制备。骤冷的熔体（塑料硫）具有黏弹性且呈透明的黄色，但在室温下会缓慢转变为不透明的晶体材料。几天后，该材料除聚合物外还包含一部分 S_8 环和痕量的 S_7，而所有其他环均已转化为聚合物或 S_8[95]。可以通过用 CS_2 萃取得到硫环，然后使聚合物硫的不溶部分结晶（Smith 将其称为 S_μ[96]，Das 之后将其称为 S_ω[97]）。如果塑料硫被拉伸（是其原始硫的千分之一长度）将导致结晶。所得的长丝是 S_8 环和聚合硫的混合物。提取可溶环部分后，获得纤维状晶体同素异形体（Prins 等[90, 91]将其称为 S_ψ）。

9.3.3.2　第二纤维和层状硫（$S_{\omega1}$ 和 $S_{\omega2}$）

1. 结构

Tuinstra 从 $S_{\omega1}$ 和 $S_{\omega2}$ 的 X 射线与 S_ψ 的 X 射线层线得出结论：这些聚合物具有相同的分子构象。由于 $S_{\omega1}$ 和 $S_{\omega2}$ 的衍射图样比 S_ψ 差得多，其螺旋原子的确切位置仍然是不确定的[97, 98]。但是，可以确定 $S_{\omega1}$ 和 $S_{\omega2}$ 的螺旋结构的总体排列（图 9-22）。$S_{\omega1}$ 的结构是正交晶型，其大小与假斜方晶系的 S_ψ 的晶胞几乎相同（表 9-21）。在这些结构中，螺旋线彼此平行排列。由于其与纤维状硫同素异形体 S_ψ 相似，Tuinstra 将 $S_{\omega1}$ 命名修改为“第二纤维状硫”或 S_ψ'[98]。

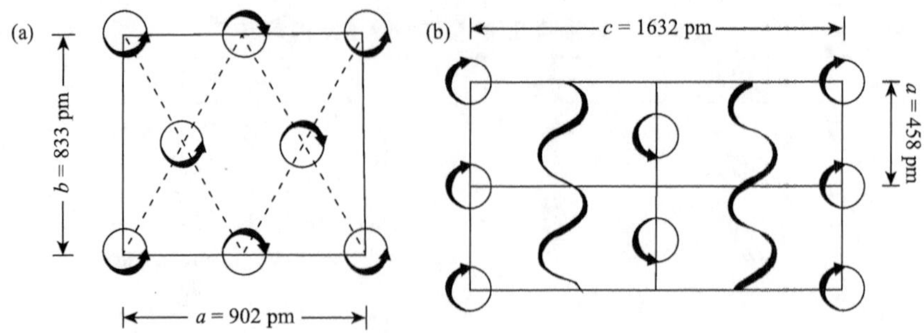

图 9-22　(a) $S_{\omega 2}$（第二纤维状硫或者 S_{ψ}'）沿 c 轴的晶体结构[98]；(b) $S_{\omega 2}$（层状硫或 S_{χ}）沿 b 轴的晶体结构示意图[14, 97]

表 9-21　“第二纤维状硫”（$S_{\psi}' = S_{\omega 1}$）和“层状硫”（$S_{\chi} = S_{\omega 2}$）的晶体结构参数[98]（其分子结构参数与纤维状硫 S_{ψ} 非常相似）

同素异形体	第二纤维状硫 a	层状硫
晶系	单斜	四方晶相（底心）
晶体点群	$Pccn\text{-}D_{2h}^{10}$ (No. 56)	$I\bar{4}\text{-}S_4^2$ (No. 82)
晶格常数		
a/pm	902	458(～1380/3) b ($a = b$)
b/pm	833	
c/pm	458(～1380/3) b	1632

a. 数据已从部分拉伸的样本中获取。强拉伸纤维给出了纤维状硫 S_{ψ} 的衍射图。

b. 与 $^{10}S_3$ 螺旋轴重复长度（1380 pm）的三分之一接近。

据报道 $S_{\omega 2}$ 的结构为四边形，其螺旋垂直于晶胞的 c 轴（图 9-22）。同层的螺旋具有相同的分子结构，并且一层中的所有螺旋具有相同的旋向性，见图 9-22（b）。这种结构是不寻常的，但并非不可能，因为硫螺旋的螺距与相邻螺旋轴的分子间距离相同，约为 460 pm（请参见表 9-20）。$S_{\omega 2}$ 的结构类似“交叉纹理胶合板”。这种特殊性导致 Tuinstra 将其命名修改为“层状硫”（S_{χ}）[97]。Ezzine 等[99]基于 Tuinstra[98]提出的 $S_{\omega 1}$ 和 $S_{\omega 2}$ 结构，在理论上研究了两种同素异形体的排斥和吸引力相互作用能，发现在 0 K 下 $S_{\omega 1}$ 同素异形体比 $S_{\omega 1}$ 更稳定。

2. 制备

已经发现，通过冷却和升华制备的不溶性硫的晶体样品的衍射图谱是相同的，但不同于纤维状硫 S_{ψ}。这些晶体形式被 Das[100]称为 S_{ω}。后来，Erametsa 和 Suonuuti[101]表明 S_{ω} 由两个独立的同素异形体组成，它们分别称为 S_{μ} 和 S_{ω}。如果在光照下制备不溶性硫，则 S_{ω} 是主要形式。Tuinstra 分别将两个不同的同素异形

体命名为 $S_{\omega1}(=S_{\omega})$和 $S_{\omega2}(=S_{\mu})$。普通淬火的不溶硫 $S_{\omega}(=S_{\omega1}+S_{\omega2})$，将样品拉伸至其原始长度的约 1000%可以得到最佳取向的衍射图样。进一步拉伸导致其转化为众所周知的纤维状硫 S_{ψ}。据报道，可以通过提取可溶性环后，仔细加热 Crystex（一种硫的品牌）得到 $S_{\omega1}$[102]。

除了从高于 433 K 的温度淬火硫熔体之外，还可以通过各种方法获得聚合硫或不溶硫。如：

“冷却”液态硫[101]（比淬火略慢的过程）或淬火而不拉伸产品。

将硫蒸气升华到（相对）冷的基材上[101]。

在冷溶剂如二硫化碳中淬灭硫蒸气（“超升华”；商品名为 Crystex 的硫）。

在室温下[101]辐照硫环溶液或在低温下[103]辐照固体 S_8。

亚稳态同素异形体（如 S_6、S_7 等）的热分解[104]。

此外，似乎也可以在高压和高温（1.7～2.8 GPa，460～600 K）下获得聚合硫（$S_{\omega1}$ 和 $S_{\omega2}$），例如所谓的 Geller's 的 I 相[93]。但是，该相后来被确定为单斜晶结构，类似于 Geller 的高压相Ⅲ(～3 GPa，～540 K) [105]。根据在 5～370 K 温度范围内 $S_{\omega2}(=S_{\chi})$的摩尔热容的测量，怀疑该同素异形体会在 310 K 以上转变为更稳定的相，新相的结构尚不清楚[102]。

9.4　气　态　硫

Berkowitz 研究表明硫蒸气包含所有分子 S_n，$2<n<10$，包括所有奇数环硫。Buchler[106]在硫蒸气中检测到 S_{12}。

9.4.1　S_2 的制备和结构

在临界点 1313 K 处，气相平衡时 S_2 分子含量近 45%[107]。在 1000 K 和 1Torr（$1.333\,22\times10^2$ Pa），低压条件下，S_2 纯度可高达 99%。也可以通过电解或者在气相中光解 S_2Cl_2[108]以及类似的分子制备得到 S_2。火焰中产生的 S_2 分子使硫燃烧时呈蓝色。

S_2 在所有的硫的小分子中是最稳定的。S_2 分子基态[109]为 $^3\Sigma_g^-$，和 O_2 一样，但其三重激发态远高于 O_2。

9.4.2　S_3 的制备和结构

S_3 被 Erdmann 称为硫代臭氧[110]，他认为 S_3 存在于液体硫中。Ld'Or 在 1909 年发表了 S_3 的紫外光谱，但 Rosen[109]认为应该归属于 S_2。Braune[111]把它归属于 S_4，

大多数物理化学家都认为不存在 S_3，直到 1964 年 Berkowitz 在质谱仪上发现了 S_3[112]。从那时起，才证明 S_3 存在于硫蒸气和液体硫中。热力学测量结果表明在临界点存在 6% S_3 分子。硫蒸气中 S_3 存在的最佳条件是 10 Torr，713 K，占据硫蒸气的 10%～20%，呈现出樱桃红色。

S_3 可以通过光解 S_3Cl_2 或者跟其他类似的分子制备得到[112]。实验[113]得到的光电电离值为 9.68±0.03，可以得到两种 S_3 离子：S_3^- 和 S_3^{2-}。

电子跃迁显示其存在旋转结构，初始跃迁在 23 465 cm^{-1}，$^{32}S_3$ 的振动位移为 34，其基态振动频率为 $\nu = 590\ cm^{-1}$，第一激发态振动频率为 $\nu' = 420\ cm^{-1}$。其跃迁能和休克尔（Hückel）计算模型结果惊人的一致。S_3 的弯曲结构类似 O_3、SO_2 和 S_2O。基态为 $^1\Sigma$，末端原子的电负性为–0.078。计算得到其键长为 1.98 Å，键角为 120°[114]。

9.4.3　S_4 的制备和结构

S_4 存在于气态硫以及液态硫中[115]，和 S_3 共存。其存在的最佳条件是 20 Torr，723 K，大约占据硫蒸气的 20%。在临界点，其含量为 24%～40%[116]。通过光解四硫化物或者 S_2 分子聚合[117]都可以得到 S_4。

如图 9-23 所示，S_4 有 6 种同素异形体，可以成环、成链以及分支结构，其末端原子上数据为其电负性。通过 Hückel 半经验公示计算表明：其反式链结构和分支结构具有相似的稳定性，稳定性远高于其他四种结构[118]。

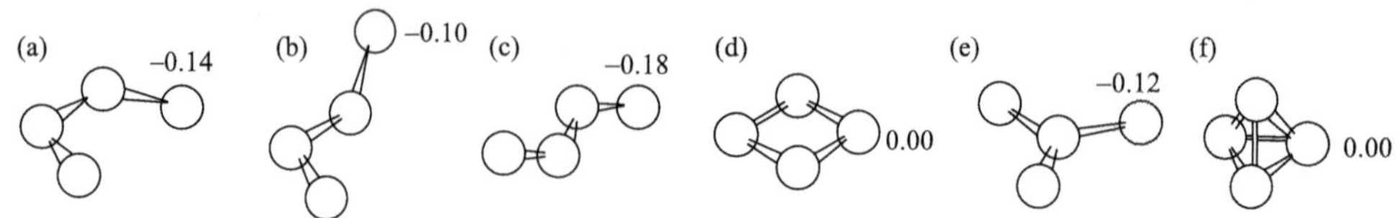

图 9-23　（a）～（f）S_4 的六种同分异构体，末端原子上的数字表示电荷[118]

9.4.4　S_5 的制备和结构

S_5 可以存在于气态[119]、液态甚至是固态硫[108]中，但是其相关研究报道并不多。热力学相关研究表明 S_5 呈环状结构[16, 120, 12, 50, 51]，计算结果则更倾向于其呈链式结构。

9.4.5　其他气态硫分子

在硫的蒸气中还发现了 S_6、S_7、S_8、S_9、S_{10} 和 S_{12}[106, 119]，它们很可能以环硫

的形式存在。同样的环也可能在液体硫中存在，很可能正是气态硫环存在导致了硫的奇怪的熔点变化[120-122]。然而，所有这些分子在室温下也以纯固体的形式存在，详见上文阐述。

9.5 液 态 硫

常温下普通硫黄为黄色固体[123]，以八元环状态 S_8 存在，367.5 K 下为斜方晶体（α-S），367.5 K 以上为单斜晶体（β-S），当反应温度达到 432.4 K 时，硫升华熔融为液体，在 $T_\lambda \approx 432.4$ K 处发生转变，在体系中形成聚合硫[124, 125]。下面将进一步讨论温度对液体硫的影响。

9.5.1 423 K 以下的液态硫

深度过度冷却可以得到硫的小液滴。LaMer 将直径为 0.2 μm 颗粒的液体在 298 K 下保存长达 20 天。Hamada[126]在显微镜下观察了液滴在 153～203 K 之间的成核，并在 223 K 处测定得到其结晶速率为 1.16 $cm^{-3} \cdot s^{-1}$。Bolotova 等观察到在熔硫结晶过程中形成了各种类型的晶球[127]。纯的 β-S 的熔点是 392.6 K，但 Thackray[128]观察到微晶在 393.4 K 处熔化，而 Schmidt 则表明理想熔点高达 406 K。平衡熔体的凝固点为 387.6 K，该点被称为“自然”熔点。

9.5.2 432.4 K 的液态硫

在 $T_\lambda \approx 432.4$ K 左右，液体硫的几乎所有性质都存在不连续性。在同一温度区域测得了声速、极化率、压缩性、摩尔极化率、电导率、表面张力等许多性质均随温度变化而显著变化，通常被称为 λ 温度，其是由于黏度的突变而引发的。

9.5.3 682 K 以上的液态硫

在 682 K 以上的高温下，液体硫的黏度迅速下降，同时，它的性质变得极其活泼。其颜色先变成红色，然后变成棕色，最后几乎变成黑色。因此，除了最纯的硫（99.999%以上）外，其他硫的颜色被与有机杂质反应后的物质的颜色所掩盖。纯的、沸腾的硫与其平衡蒸气具有相同的颜色[108]，其蒸气保留了液体的颜色。吸收曲线谱分别与 S_3、S_4 和 S_5 的光谱一致。这些物种的光谱是从气相或低温基质分离得到的。液态硫的化学性质非常活泼，几乎与所有的化学物质都可以发生反应，这是由于液硫中含有 S_3、硫代臭氧和其他小分子硫。

9.5.4 不溶性硫黄

不溶性硫黄[108, 129]（insoluble sulfur，IS）是一种硫的同素异形体，是由普通硫黄在一定温度聚合而成的线性大分子，其分子量在 4 000～40 000 之间。由于其在硫黄的良溶剂二硫化碳中不溶，而被称为不溶性硫黄，具有以下几大特性：①由于不溶于橡胶、不易迁移，能够有效减少喷霜现象；②可以均匀地分散在橡胶中，从而有效避免橡胶半成品的焦烧倾向；③线性大分子链不稳定，受热易分解，较低温度下就可以快速引发橡胶硫化；④可以提高橡胶半成品、胶料与钢丝帘线之间的黏合度。这些优良特性使得不溶性硫黄能够广泛应用于各种橡胶制品的生产以及贵金属处理回收、污水、废水处理、染料、纺织工业等领域。

9.5.5 不溶性硫黄的制备

1827 年，Dums 将熔融状态的硫喷入水中，意外得到了不溶性硫黄。1857 年，Berrthlo 研究发现用电解的方法可以生成聚合硫。1906 年，Smith 和 Holmes 通过将硫蒸气通入碘水中制备得到聚合硫。但上述方法制备得到的聚合硫都不稳定[130]。1911 年，Wiganal 通过在非氮挥发性气体或冰与乙醇混合物将熔融状态的硫骤冷，得到较为稳定的聚合硫。20 世纪 30 年代，美国 STAUFFER 公司成功生产出不溶性硫黄，质量分数为 50%～60%。但是由于不溶性硫黄生产过程面临着易燃易爆、易腐蚀的难题，直到 70 年代 STAUFFER 公司才生产出质量分数高达 90%以上的不溶性硫黄产品。我国直到 1984 年才生产出来了质量稍高的该产品。

不溶性硫黄是由普通硫黄开环聚合而成，反应机理是自由基反应，反应步骤分为链引发、链增长、链终止三部分。其聚合反应机理可以用下列基元反应表示[方程式（9-33）至式（9-36）]：

链引发：$S_8\text{环} \xrightleftharpoons{\text{加热}} \cdot S_8\cdot$ （短链硫双端自由基） （9-33）

链增长：$\cdot S_8\cdot + S_8\text{环} \xrightleftharpoons{\text{加热}} \cdot(S_8)_2\cdot$ （长链硫双端自由基） （9-34）

……

$\cdot S_8\cdot + S_8\text{环} \xrightleftharpoons{\text{加热}} \cdot(S_8)_n\cdot$ （不溶性硫黄双端自由基） （9-35）

链终止：$\cdot(S_8)_n\cdot + 2M \xrightleftharpoons{\text{加热}} M(S_8)_nM$ （M 为链终止剂） （9-36）

目前报道的生产方法主要有接触法[131]、辐射法[132]、低温熔融法[133]、高温气化法[134]。

9.5.5.1　接触法

接触法，即把二氧化硫和硫化氢气体通入到酸性介质或者水溶液中进行接触反应，从而制备得到不溶性硫黄[131]。研究表明，将二氧化硫和硫化氢同时通入酸化的低碳脂肪醇中，得到中品位不溶性硫黄。待反应结束后，加入碘结晶剂，能够加速不溶性硫黄结晶固化。通过干法热分解煤系硫铁矿，得到硫化氢、二氧化硫、硫化亚铁等产物，进一步对产物进行湿化催化氧化，可以得到中高品位的不溶性硫黄[131]。接触法的优点是原料廉价易得，制备得到的不溶性硫黄含量和稳定性较高。但由于原料二氧化硫是腐蚀性气体，对于生产设备要求较高，同时毒性较大，对环境保护要求较高，导致该方法难以工业化。

9.5.5.2　辐射法

将含硫聚合物溶解在酸性溶液中，用射线对其进行辐射，可以制备出中、低品位的不溶性硫黄。在含有双氧水的惰性溶剂（甲苯、氯仿、四氯化碳等），用波长大于 320 nm 的光辐射斜方硫制备出不溶性硫黄，再加入路易斯酸，最后过滤分离出产品。但由于辐射法对环境影响较大，对人体伤害较高，生产成本也较高，工业生产中很少用此方法。

9.5.5.3　高温气化法

气化法又称为高温法[132]，即硫黄在高温条件下 S—S 开环断裂成小分子，这些小分子硫蒸气在快速冷却过程中聚合成为长链分子后，高速喷入含有稳定剂的急冷液中，得到中低品位的不溶性硫黄的粗产品。再进一步对粗产品固化、萃取、干燥，从而制备出高品位不溶性硫黄。虽然一步气化法工艺可以提高生产效率，简化工艺流程，节约生产成本，但由于反应温度较高、对设备腐蚀较严重，萃取过程中使用的二硫化碳属于易燃易爆品，且毒性较高，导致气化法也难以实现工业化生产。

9.5.5.4　低温熔融法

低温熔融法[133]，即将干燥的硫黄和稳定剂加入到反应釜内，升温到 432.4 K 以上，恒温反应一段时间后，将熔融态的硫黄迅速倒入淬冷液中，经固化、萃取、干燥后制备出高品位的不溶性硫黄。该生产工艺反应温度较低，能耗小，生产操作简单且较安全，被广泛研究。王勇等[134]研究了不同稳定剂、不同品种油和不同填充油稳定剂对不溶性硫黄热稳定性的影响。邱奎等[135]对聚合反应的影响因素等进行了研究。黄伟等[136]进一步研究了低温法制备不溶性硫黄的主要影响参数。江碧清等[137]通过中间模拟实验，确定了工业化生产不溶性硫黄的主要工序，制备的高品位充油型不溶性硫黄，高温稳定性高于90%，基本性能指标满足工厂生产需求。

虽然熔融法工艺条件比较温和，操作简单安全，生产成本较低，但产率较低是限制其工业化连续生产的关键因素。改进影响产率的工艺条件，如反应温度、恒温时间、稳定剂的种类、稳定剂加入量等，可以有效提高产率，提高产物的高温稳定性。而这也正是各生产厂家、科研院校亟待解决的问题。

9.6 教学提示

（1）现有教材介绍硫时还是：分子式为 S_8 的单质最为稳定，最常见的是正交硫（斜方硫、菱形硫）和单斜硫。本章突破了这个传统，以硫的相图为出发点，从固态硫、液态硫和气态硫角度对硫的同素异形体进行了全面阐述，介绍了已知硫的所有同素异形体，这对促进硫同素异形体的教学内容丰富和改革完善是有利的。

（2）可以看出，硫是目前报道的唯一能受动力学控制合成新的同素异形体的一种非金属元素。由于 S—S 键键合时能形成多种形式的分子，能够以多种方式排列形成晶体，所以硫是能形成最多固态同素异形体的元素。这些同素异形现象主要是由单质硫的分子 S_8 在不同温度下加热时发生了质的变化，引起硫内部结构的变迁而引发来的。硫同素异形体从晶体构型上可以分为硫环和硫链两种，从形态上可以分为固态硫、液态硫和气态硫。

学习思考题

1. 单质形态的硫怎样在火山喷发时形成并沉积？

2. 为什么说硫资源在国民经济中特别是在化学工业中具有重要地位，它的消费量是一个国家工业发展程度的重要标志之一？

3. 为什么硫是能形成最多固态同素异形体的元素？

4. 为什么 S_7 被认为是最不稳定的同素异形体？

5. 试分析随着温度和压力的变化，硫的同素异形体之间是如何相互转化的。

6. 不溶性硫黄是一种硫的同素异形体，是由普通硫黄在一定温度聚合而成的线性大分子，其分子量在 4 000～40 000 之间，试根据结构和性质出发，分析其有哪些应用前景？

7. 目前报道的生产不溶性硫黄方法主要有接触法、辐射法、低温熔融法和高温气化法，试对比分析各有哪些优缺点。

8. 现在已经发现三种稳定的 S_8 固态同素异形体的结构，请列举并阐述其异同。

9. Cp_2TiS_5 常应用于制备 S_6、S_9、S_{10}、S_{11}、S_{12}、S_{13}、S_{15}、S_{18}、S_{20} 等一系列硫的同素异形体，试分析其相关反应机理？

10. 为什么硫黄温泉可以治皮肤病？

11. 锂硫电池是一种以硫元素作为电池正极，金属锂作为负极的锂电池，试通过查阅文献分析锂硫电池的优势。

12. 试分析硫是目前报道的唯一能受动力学控制合成新的同素异形体的一种元素。

13. 为什么大多数商用产品硫为亮黄色固体？

14. 当从 S_6 制备 S_{10} 时，多次观察到新的硫同素异形体的形成，为橙黄色不透明的六边形晶体。单晶 X 射线研究表明可能存在分子加成化合物 $S_6{\cdot}S_{10}$。试分析 $S_6{\cdot}S_{10}$ 和 S_6 以及 S_{10} 有何区别？

15. 硫的同素异形体多种多样，从结构出发可以分为哪些类别？它们之间的关系如何？

参考文献

[1] 曹菲. 中国科技月报，2001，1：36-38

[2] 张晋华，王雷，聂亚峰，等. 环境科学与技术，2001，24（6）：1-5，37

[3] 刘阳，姜丽晶，邵宗泽. 微生物学报，2018，58（2）：191-201

[4] 周健民，沈仁芳. 土壤学大辞典. 北京：科学出版社，2013

[5] 尚志钧. 神农本草经校注. 北京：学苑出版社，2008

[6] 罗祖春. 石材，2005，5：38-41

[7] Lomonosor M V. 论地层. 马万钧译. 北京：科学出版社，1958

[8] Thompson Dennis W. EHQ，1995，25（2）：163-180

[9] 张克强，季民，李军幸，等. 含硫化物废水生物处理过程中单质硫的形成特性. 福州：首届全国农业环境科学学术研讨会论文集，2005.

[10] 金伟建. 化学教学，1991，1：27-29

[11] Steudel R，Eckert B. Solid Sulfur Allotropes Sulfur Allotropes//Elemental Sulfur and Sulfur-Rich Compounds I. Berlin Heidelberg：Springer，2003：1-80

[12] Meyer B. Chem Rev，1976，（3）：367-388

[13] Aten H. Z Phys Chem，1914，86（1）：1-35

[14] Ilkhani R A. J Mol Struct，2015，1098：21-25

[15] Donohue J，Caron A，Goldish E，et al. JACS，1961，83（18）：3748-3751

[16] Steudel R. Z Naturforsch B，1983，38（5）：543-545

[17] Warren D S，Gimarc B M. J Phys Chem，1993，97（16）：4031-4035

[18] Greenwood N N，Earnshaw A. Chemistry of the Elements. Second Edition. Oxford：Pergamon Press，1998

[19] Steudel R，Mäusle H-J. Z Anorg Allg Chem，1979，457（1）：165-173

[20] Steudel R，Frster S，Albertsen J. Eur J Inorg Chem，1991，124（10）：2357-2359
[21] Schmidt M，Wilhelm E. Inorg Nuclear Chem Lett，1965，1（2）：39-41
[22] Kpf H，Block B，Schmidt M，et al. Chem Ber，1968，101（1）：272-276
[23] Schmidt M，Block D C B，Block D C H D，et al. Angew Chem Int Edit，1968，80（16）：660-660
[24] Schmidt M，Block H. Z Anorg Allg Chem，1971，385（1-2）：119-122
[25] Kawada I，Hellner E. Angew Chem Int Edit，1970，9（5）：379-379
[26] Steudel R，Schuster F. J Mol Struct，1978，44（2）：143-157
[27] Benson S W. Chem Rev，1978，78（1）：23-25
[28] Steudel R，Reinhardt R，Sandow T. Angew Chem Int Edit，1977，16（10）：716
[29] Steudel R，Steidel J，Pickardt J，et al. J Praktische Chem，1980，11（27）：7-8
[30] Lau G E，Cosmidis J，Grasby S E，et al. Geochim Cosmochim Act，2017，(200)：218-231
[31] Warren B，Burwell J. J Chem Phys，1935，3（1）：6-8
[32] Abrahams S C，Kalnajs J. Act Crystallog，1955，8（8）：503-506
[33] Rettig S J，Trotter J. Act Crystallog，1987，43（12）：2260-2262
[34] Ni Z Y，Liu H C，Xia J L. Res Microbiol，2014，165（8）：639-646
[35] 张仿刚，徐宾. 化学教育. 2014，35（9）：84-87
[36] Caron A，Donohue J. Act Crystallog，2010，18（3）：562-565
[37] Pastorino C，Gamba Z. Chem Phys，2001，273（1）：73-76
[38] Becucci M，Bini R，Castellucci E，et al. J Phys Chem B，1997，101（12）：2132-2137
[39] Goldsmith L M，Strouse C E. Phys Inorg Chem，1978，9（8）：7808
[40] Templeton L K，Templeton D H，Zalkin A. Inorg Chem，1976，15（8）：1999-2001
[41] Rosenfield R E，Parthasarathy R. JACS，1974，96（6）：1925-1930
[42] Gallacher A C，Pinkerton A A. Act Crystallog Sect C，1993，49（1）：125-126
[43] Burwell A W. Process of desulfurizing crude petroleum：US738656 A. 1903-08-09
[44] Sands D E. 1965，87（6）：1395-1396
[45] Muthmann W X. Cryst Mater，1890，17（1）：336-338
[46] Meyer B. Elemental Sulfur：Chemistry and Physics. New York：Interscience，1965：71
[47] Meyer B. Chem Rev，1964，64（4）：429-451
[48] Steudel R，Holz B. Z Naturforsch B，1988，43（5）：581-589
[49] Bressan M，Morvillo A. J Organomet Chem，1986，304（1）：267-269
[50] Bacon R F，Fanelli R. Ind Eng Chem，2002，34（9）：1043-1048
[51] Lau G E，Cosmidis J，Grasby S E，et al. Geochim Cosmochim Act，2017，200：218-231
[52] Schmidt M，Wilhelm E. J Chem Soc D Chem Commun，1970，17：1111-1112
[53] Steudel R，Bergemann K，Buschmann J，Luger P，et al. Inorg Chem，1996，35（8）：2184-2188
[54] Zysman-Colman E，Leste-Lassere P，Harpp D N，et al. J Sul Chem，2008，29（3-4）：309-326
[55] Schmidt M，Wilhelm E. Inorg Nucl Chem Lett，1965，1（2）：39-41
[56] Tuinstra F. J Chem Phys，1967，46（7）：2741-2746
[57] Schmidt M，Block B，Block H D，et al. Angew Chem Int Edit，1968，7（8）：632-633
[58] Steudel R，Steidel J，Reinhardt R. Z Naturforsch B，1983，38（12）：1548-1556
[59] Steudel R，Steidel J，Sandow T，et al. Z Naturforsch B，1978，33（10）：1198-1200
[60] Sandow T，Steidel J，Steudel R. Angew Chem Int Edit，1982，94（10）：782-783

[61] Abraha A，Williams D E. Inorg Chem，1999，38（19）：4224-4228
[62] Steidel J，Steudel R. J Chem Soc，1982，22：1312-1313
[63] Steude R，Steidel J，Sandow T. Z Naturforsch B，1986，41（8）：951-957
[64] Schmidt M，Wilhelm E. Inorg Nucl Chem Lett，1965，1（2）：39-41
[65] Kutoglu A，Hellner E. Angew Chem Int Edit，1966，5（11）：965-965
[66] Steidel J，Steudel R，Kutoglu A. Z Anorg Allg Chem，1981，476（5）：171-178
[67] Kutoglu A，Hellner E. Angew Chem Int Edit，1966，78（22）：1021
[68] Berkowitz J，Marquart J R. J Chem Phys，1963，39（2）：275-283
[69] Schmidt M，Knippschild G，Wilhelm E. Chem Ber，1968，101（1）：381-382
[70] Schmidt M. Angew Chem Int Edit，1973，85（11）：474-484
[71] Schmidt M，Block D C B，Block D C H D，et al. Angew Chem Int Edit，1968，7（8）：632-633
[72] Schmidt M，Wilhelm E. Z Naturforsch B，1970，25（12）：47-59
[73] Schmidt M，Block B，Block H D. et al. Angew Chem Int Edit，1968，7（8）：632-633
[74] Hunsicker S，Jones R O，Gantefo R G. J Chem Phys，1995，102（15）：5917-5936
[75] Giolando D M，Rauchfuss T B，Wilson S R. JACS，2002，106（21）：6455-6456
[76] Schmidt M，Wilhelm E. Angew Chem Int Edit，1966，78（22）：1020-1020
[77] Schmidt M，Wilhelm R N E，Debaerdemaeker T，et al. Z Anorg Allg Chem，1974，405（2）：153-162
[78] MUsle H J，Steudel R. Z Anorg Allg Chem，1980，463（1）：27-31
[79] M R 拉宁汉，S K 柯克，L W 布莱尔，等. 制备环十二硫的方法：CN 108699026A. 2018-10-23
[80] Sandow T，Steidel J，Steudel R. Angew Chem Int Edit，1982，94（10）：782-783
[81] Steudel R，Schumann O，Buschmann J，et al. Angew Chem Int Edit，1998，37（17）：2377-2378
[82] Steudel R，Holz B. Z Naturforsch B，2015，43（5）：581-589
[83] Steudel R. Topics in Curr Chem，1982，102（5）：177-197
[84] Steudel R，Musle H J. Angew Chem Int Edit，1979，18（2）：152-153
[85] Steudel R，Strauss E M. Angew Chem Int Edit，1984，23（5）：362-363
[86] Ward A T. J Phys Chem，1968，72（12）：4133-4139
[87] Plalenka D A，Cifra P，Martoňák R. J Chem Phys，2015，142（15）：170
[88] Dr P D，Behler J，Klink B，et al. Angew Chem Int Edit，2002，114（17）：3331-3335
[89] Meyer B. Chem Rev，1976，76（3）：367-388
[90] Prins J A，Schenk J，Hospel P A M. Physics，1956，22（6-12）：770-772
[91] Prins J A，Schenk J，Wachters L H J. Physics，1969，23（6-10）：746-752
[92] Lind M D，Geller S. J Chem Phys，1969，51（1）：348-353
[93] Geller S，Lind M D. Science，1967，155（3758）：79-80
[94] Steudel R. Angew Chem Int Edit，1975，14（10）：655-664
[95] Tuinstra F. Physics，1967，34（1）：113-125
[96] Smith A. P Roy Soc Edinb A，1904，24：342-343
[97] Kleinberg J，Taebel W A，Audrieth L F. J Chem Phys，1939，11（7）：151
[98] Tuinstra F. Physica，1967，34（1）：113-125
[99] Ezzine M，Pellegatti A，Minot C，et al. NJC，1998，22（12）：1505-1514
[100] Das S R，Ind. J. Phys. 1938，12（2），163-165
[101] Erametsa O，Suonuuti H，Suom. Kemi. Part B 1959，32（3），47-49

[102] Miltenburg J C V，Fourcade J，Ezzine M，et al. J Chem Thermodyn，1993，25（9）：1119-1125
[103] Steudel R，Holdt G，Young A T. JGR，1986，91（B5）：4971-4977
[104] Steudel R. Z Naturforsch B，1988，19（34）：581-589
[105] Seff K. J Phys Chem B，2002，77（7）：2601-2605
[106] Buchler J. Angew Chem Int Edit，1966，78（22）：1021
[107] Rau H，Kutty T R N，Guedesdecarvalho J. J Chem Thermody，1973，5（2）：291-302
[108] Meyer C B，Stroyer-Hansen T，Jensen D，et al. JACS，1971，93（4）：1034-1035
[109] Rosen B. Spectroscopic Data Relative to Diatomic Molecules. Oxford：Pergamon，1970
[110] Sewzyk P，Erdmann W. Sulfur Evaporator：US20090007482 A1. 2009-01-08
[111] Braune H，Steinbacher E. Z Naturforsch A，1952，7（7）：486-492
[112] Meyer B，Stroyer-Hansen T，Oommen T V. J Mol Spectrosc，1972，42（2）：335-343
[113] Berkowitz J，Lifshitz C. J Chem Phys，1969，50（10）：4245-4250
[114] Meyer B，Stroyer-Hansen T. J Phys Chem，1972，76（26）：327-331
[115] Brabson G D，Andrews L，Mielke Z. J Physl Chem，1991，95（1）：79-86
[116] Abboud J L M，Esseffar M，Herreros M，et al. J Phys Chem A，1998，102（41）：7996-8003
[117] Sugiyama T，Suzuki Y，Takeuchi T. J Chromatogr Sci，1972，11（12）：639-641
[118] Hess B A，Schaad L J. JACS，1973，95（12）：3907-3912
[119] Sun C W，Chen Z W，He Z G，et al. Extremophiles，2003，7（2）：131-134
[120] Wong M W，Steudel R. Cheml Phys Lett，2003，379（1-2）：162-169
[121] Krebs K，Beine H. Z Anorg Allg Chem，1967，355（3-4）：113-119
[122] Wiewiorowski T K，Parthasarathy A，Slaten B L. J Phys Chem，1968，72（6）：1890-1892
[123] 君轩. 世界橡胶工业，2011，38（1）：45
[124] 李文灿. 不溶性硫磺的合成、改性及其对橡胶性能的影响. 青岛：青岛科技大学，2014
[125] Kerker M，Daby E，Cohen G L，et al. J Phys Chem，1963，67（10）：2105-2111
[126] Hamada S，Kudo Y. B Chem Soc Japan，2006，52（4）：1063-1066
[127] Bolotova G I. Chem Tech Fuels Oil，1974，10（5）：414-417
[128] Thackray M. J Chem Eng Data，1970，15（4）：495-497
[129] 王柳英，邱祖民，邱俊明，等. 化工科技，2006，14（6）：49-53
[130] Spencer B H . Process of Eliminating Sulfur from the Sulfur-Containing Constituents of Petroleum：US809087A. 1906-01-02
[131] 贺宗昌，邵娜. 山东化工，2005，34（4）：35-37，42
[132] 李发全. 一种不溶性硫磺的生产方法及不溶性硫磺：CN111547684A. 2020-08-18
[133] 由文颖，张玉清，周集义，等. 橡胶工业，2007，54（3）：163-165
[134] 王勇，付建建，贾建福，等. 当代化工，2016，(11)：2552-2555
[135] 邱奎，宋梦桃，张迎，等. 天然气化工：C1 化学与化工，2010，35（4）：51-54
[136] 黄伟，崔伟. 上海化工，2003，28（2）：16-18
[137] 江碧清，邵永春，李娜. 江苏化工，2005，33（6）：28-31

第 10 章　硒元素单质的同素异形体

提要　结合史实文献和最新研究进展，汇总了硒的同素异形体，可分为气态硒、液态硒、固体硒、纳米硒和硒团簇五大类，其中常温常压下主要有固体硒、纳米硒和硒团簇三大类。重点介绍了固体硒、纳米硒和硒团簇的种类、结构、性质、制备和应用等。

10.1　硒的一般介绍

10.1.1　硒的一般性质

硒是一种非金属化学元素，是人和动物必需的微量元素和植物有益的营养元素，在元素周期表中第四周期VIA 族，元素符号为 Se，原子序数为 34，原子量为 78.971[1]。硒单质通常状态下为固体，熔、沸点分别为 221℃和 685℃。硒可以和硝酸或硫酸反应，可以在空气中燃烧，产生二氧化硒，伴有蓝色火焰。

硒存在多种同素异形体。由于其结构多样性及其众多特性，例如优异的单向导电性和光电特性、独特的相变、超导性和光诱导现象，被广泛用于催化、电子工业、玻璃工业、化工颜料工业、冶金工业、化妆品工业、医药保健食品工业、饲料工业以及农业与生物等领域。在纳米结构中，三方硒具有较好的光电导性、压电性和导热性，可用于制备光电器件和半导体元件；处于纳米级的单质硒具有活性强、毒性低、吸收好、安全使用量高等优点，是一种新型的补硒形态，具有良好的应用前景。

10.1.2　硒在自然界的存在

硒在地壳中的分度值按照质量计为 5×10^{-6}%～9×10^{-6}%，为同族元素硫含量的 1/6000，属于稀有分散元素，自然界存在的稳定同位素及相应的丰度为 ^{74}Se（0.87%）、^{76}Se（9.0%）、^{77}Se（7.6%）、^{78}Se（23.5%）、^{80}Se（49.8%）、^{82}Se（9.2%）。硒在自然界分布广泛，但很不均匀。地壳中的硒 40%存在于岩石中，主要为火成岩、变质岩和沉积岩。在中国，地壳中硒的平均丰度是 5.8×10^{-6}%，低于地球上

图 10-1　世界硒都——恩施

的其他地区，其中变质岩中含量为 $7\times10^{-6}\%$、火成岩内为 $6.7\times10^{-6}\%$、沉积岩内为 $4.7\times10^{-6}\%$，其余类型岩石中硒含量更低。目前为止，已发现自然界中的硒矿物百余种（包括自然硒，碲硒矿，铅、铜、铋、银、汞等硒化物矿，硒硫化物矿，氧化物和含氧酸盐矿等）[2]，其中首次在中国发现的仅有两种，即硒锑矿（Sb_2Se_3）和单斜蓝硒铜矿（$CuSeO_3\cdot2H_2O$）。但是独立的、可直接开采的硒矿床很少，在一些金属矿物中硒往往与硫共生。在火山成因的某些天然硫中，有的硒含量甚至可以到达 5%以上。湖北省地质矿产勘查开发局于 1993 年 3 月至 1994 年 5 月期间在恩施地区勘查到一个规模可观的独立硒矿床[3]，为全球所罕见，因此恩施被称为"世界硒都"（图 10-1）。土壤中的硒主要来自岩石风化和大气沉降，存在形式主要有硒化物、元素硒、亚硒酸盐、硒酸盐和有机硒化物[4]，主要取决于土壤 pH 和氧化还原条件，土壤类型也有一定的影响[5]。此外，工业废弃物的堆放也是部分地区土壤硒的来源。硒是煤中除 S、N、F、Cl、Br、Hg 外，极易挥发的微量元素，是煤中潜在的有毒微量元素之一，也是燃煤的元素之一。煤和富硒黑色岩系中，硒主要以有机结合态和硫化物结合态存在。水中的硒主要来自岩石风化、水土流失和大气干湿沉降，部分水体硒也来源于工业污水的排放和废料堆积的淋滤。水中硒可以被动植物、微生物所利用而进入食物链，也可以通过吸附到沉积物形成沉积岩。大气中的硒来源于火山喷发、化石燃料燃烧。此外，一些甲基化微生物可以在好氧或厌氧条件下将无机硒转化成二甲基硒等，所以污水处理厂附近空气常常含有较高含量的硒。植物也能将无机硒代谢形成甲基硒，通过叶面挥发。动物摄入过量硒时代谢产生的甲基硒可以经呼吸排出体外，亦可以经尿液排出。

10.1.3　硒的成键特性

硒的价层电子构型为 $4s^24p^4$，常见氧化数为–2、0、+2、+4、+6，共价键半径为 117 pm，第一电离势为 947 $kJ\cdot mol^{-1}$，第一电子亲和势为–195 $kJ\cdot mol^{-1}$，第二电子亲和势为–420 $kJ\cdot mol^{-1}$，电负性为 2.55，常见配位数为 2、4、6。硒主要形成共价键：硒原子间共用电子对形成各种单质，原子之间有成链/环的倾向，但是成链的倾向不如硫原子；和硫原子类似，硒有可以被利用的 4d 轨道，因此硒可以呈现最高为+6 的氧化态，配位数可为 2、4、6；其他元素与硒形成的共价化合物以+4 氧化态最稳定；硒除了可形成+1、+2、+4 和+6 氧化态的卤化物外，还可形成表观为+1 氧化态的二聚卤化物和拟卤化物 X_2Y_2；此外，硒还能形成若干聚合阳离子化合物，其氧化态<1。

10.1.4　硒的发现和命名

在 1817 年，贝采里乌斯（J. J. Berzelius，1779～1848 年）和甘恩（J. G. Gahn，1745～1818 年）发现了硒。这两位化学家在瑞典的格里普什姆附近拥有一家化工厂，用铅室法生产硫酸。生产过程中，黄铁矿在铅室里产生了一种红色沉淀物，据推测是一种砷化合物，因此黄铁矿制造酸的用途被终止了。他们还观察到红色沉淀在燃烧时会散发出一种辣的气味，这种气味不是砷的典型气味，而在碲化合物中也发现了类似的气味，因此贝采里乌斯在给马塞特（A. Marcet，1770～1822 年）的第一封信中说这是一种碲化合物。然而，这些矿石中碲化合物很少，因此贝采里乌斯又重新分析了红色沉淀物，并在 1818 年给马塞特写了第二封信，称这是一种新的类似硫和碲的元素。由于它与以地球命名的碲元素相似，贝采里乌斯根据希腊的月亮女神 Selene 命名了这一新元素[6, 7]。

贝采里乌斯

甘恩

10.2　气　态　硒

固体硒在沸点温度下（常压下 958 K）蒸发得到硒蒸气[图 10-2（a）]。和硫类似，硒在气态时的结构很复杂，有 Se_1、Se_2、Se_3、Se_4、Se_5、Se_6、Se_7、Se_8 等 8 种气态分子，所有分子处于平衡状态。由于 Se_2 分子的稳定性高，所以蒸气的主要成分是 Se_2 与 Se_1 的混合蒸气[8]或 Se_2 与从 Se_3 到 Se_8 的其他所有物种的混合蒸气[9]。压强对气态硒的分子结构影响明显，在真空中，较高的温度下，气态硒倾向于分解成较少原子的分子[10, 11]。Becker 等研究了硒的真空紫外光谱并讨论了不同环硒（$n = 5$～8）分子的几何结构和电子结构[12]。Se_6 和 Se_8 是具有强简并电子基态的高度对称环（D_{3d} 和 D_{4d}），而 Se_5 和 Se_7 分子是较低对称性（C_{1h}）的环（图 10-3）。

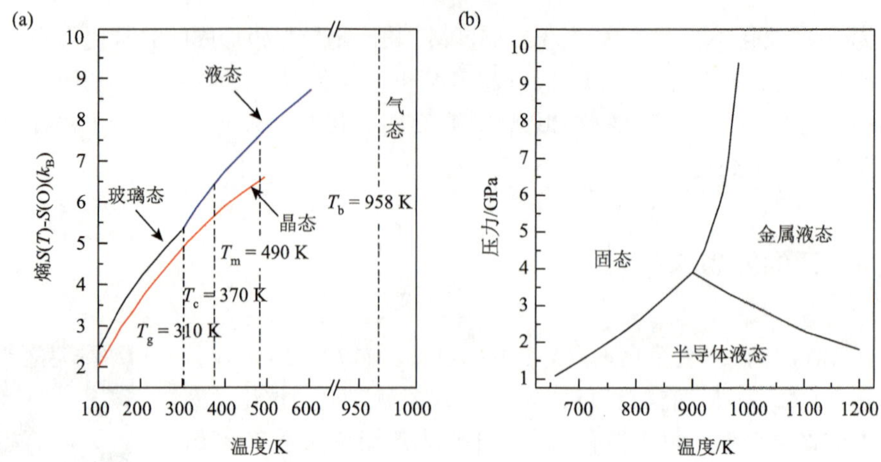

图 10-2 （a）熵作为温度的函数，气相、液相、晶相、无定形硒（a-Se）和玻璃硒（g-Se）的转化；（b）固体硒和液态硒的温度-压力相图

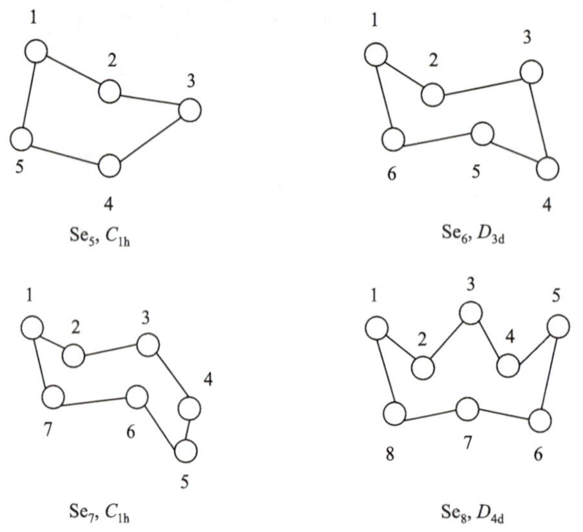

图 10-3 Se_5、Se_6、Se_7和 Se_8 的结构

10.3 液 态 硒

液态硒是最不寻常的元素液体之一，具有半导体性质[图 10-2（b）]，在熔点（$T_m = 490$ K）以上表现出高黏度，临界点以下（$T_c = 1860$ K，$P_c = 380$ bar）存在带隙和具有低电导率（600℃时电导率为 $10^{-3}\ \Omega^{-1}\cdot cm^{-1}$）[13]，被称为“液体半导体”（liquid-semiconductor）。液态硒的导电性随着温度的升高而增加，接近常压下液

态金属在临界点附近的电导率的值。但本质上硒在临界点附近是分子流体，而不是金属流体[14]。

20 世纪 60～90 年代，由于液态硒的特殊性，受到人们广泛的关注，开展了大量的理论和实验研究。黏度[15]、X 射线分析[16]、静态顺磁磁化率[10]和红外吸收[17]证明低温下液态硒由类似于液态硫的环和链的混合物组成（图 10-4），环-链平衡随着温度的升高而改变，逐渐转化成链分子，在熔点（217℃）附近，主要由长链高分子组成（平均链长 10^4～10^5 个原子）。中子衍射结果表明自由旋转链分子中键长为 2.38 Å，键角为 103°，最近邻配位数为 2.0[18]。随着温度的升高，链分子的平均长度变短。液态硒中分子间原子的最近邻距离约为 3.4 Å，接近结晶态的相应值（3.44 Å）[19]。由于这种双重共价键合的结构，三方晶体硒的电子结构的主要特征在熔化时保持不变，即最高填充价带是由非键孤对电子形成的，而导带则与反键 4p 电子有关。液态硒的半导体特性与这种键合方式有关。Tamura 研究了液-气临界点附近的热力学性质、电子性质和结构，证实了在 1500℃和 51 MPa 条件下存在近似的双重配位结构（平均链长仅为 7 个原子，使配位数略低于 2）[20]。

应用理论计算和分子模拟对液态硒键角的分布、环结构的存在、链的长度、键的寿命等进行了相应研究和报道[21-25]。Misawa 和 Suzuki 提出了一个近似液态硒无序链模型，解释了液态硒分子中环和链分子之间的转化[21]。Kresse 等[23]的模拟结果相当准确地再现了由结构因子 $S(k)$ 和成对相关函数 $g(r)$ 表征的液态硒的结构性质，很好地描述了动力学性质（包括自扩散系数和振动光谱）。结果表明硒的电子结构在熔融过程中变化不大，与实验结果基本一致。模拟结果得到了键角分布、Se_n 环在液体中的浓度和结构[图 10-4（b）]等实验难以获得的信息。而且发现液态硒结构中存在缺陷，且缺陷对性质有影响[26, 27]。

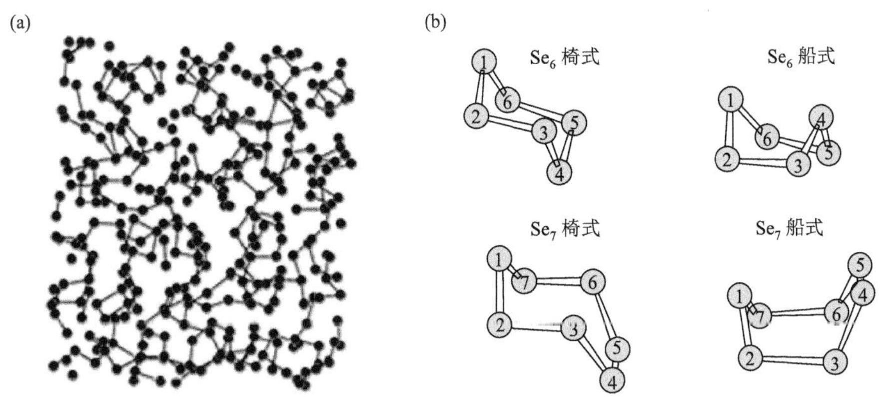

图 10-4　（a）液态硒的一种简单的链结构；（b）在 870 K 下模拟的液态硒 Se_6 和 Se_7 环结构的椅式和船式构型

10.4 固　体　硒

常温常压下固体硒单质有红色或灰色粉末的、灰色金属状的，也有黑色玻璃状的（图 10-5 列出了灰色金属状和红色硒同素异形体的照片）。固体硒的同素异形体主要可分为晶态硒和非晶态硒两大类。晶态硒有 7 种，包括有 α-Se、β-Se、γ-Se、δ-Se 四种形式的红色单斜环八硒（monoclinic cyclo-octaselenium，m-Se）、灰色金属性三方晶态硒（trigonal selenium，t-Se）、菱方晶态硒（rhombohedral selenium，r-Se）、正交晶态硒（orthorhombic selenium，o-Se）；非晶态硒有 2 种，包括无定形红硒（amorphous red selenium，a-Se）和玻璃状黑硒（glassy black selenium，g-Se）。晶态硒中以灰色金属性三方晶态硒最为稳定，密度 4.81 $g \cdot cm^{-3}$。商用的常见形式是玻璃状黑硒，结构也最为复杂。

图 10-5　灰色金属状和红色硒同素异形体

10.4.1　晶态硒

10.4.1.1　结构

单斜硒存在四种形式（α-Se、β-Se、γ-Se、δ-Se），由皱褶 Se_8 环通过不同堆叠方式而形成（图 10-6，表 10-1）[28-32]。所有形式的单斜硒都不稳定，易转化为三方硒。α-Se、β-Se 和 γ-Se 单胞中都含有 4 个 Se_8 环。δ-Se 的 β 角为 127.819°，与其他单斜硒的 β 角有明显不同（α-Se：90.81°、β-Se：93.13°、γ-Se：93.61°），空间群为 $P2_1/c$。晶格中硒原子之间接触紧密（3.534～3.774 Å），小于范德瓦耳斯半径总和。三方晶态硒，灰黑色，与 Te 结构类似，其晶格由六边形排列的螺旋链组成（图 10-6）[33]。这种结构可以看作是一个扭曲的立方晶格。单胞包含 3 个原子，分别位于（u, 0, 0），（$-u/3$, $-2u/3$, $c/3$）和（$-u/3$, $2u/3$, $2c/3$）。每个原子有两个属于同一个链的邻原子和四个属于相邻链的次近邻原子。有两种空间群：右手螺旋的 $P3_121$（D_3^4）和左手螺旋的 $P3_221$（D_3^6）。布拉维晶格是六边形的。菱方晶态硒是由硒六元环（Se_6）组成的，单胞含有 3 个 Se_6（对称性为 D_{3d}），空间群为 $R\overline{3}$[34]。正交晶态硒单位晶胞包含 28 个原子，可能由四个 S_7 环组成[35-37]。

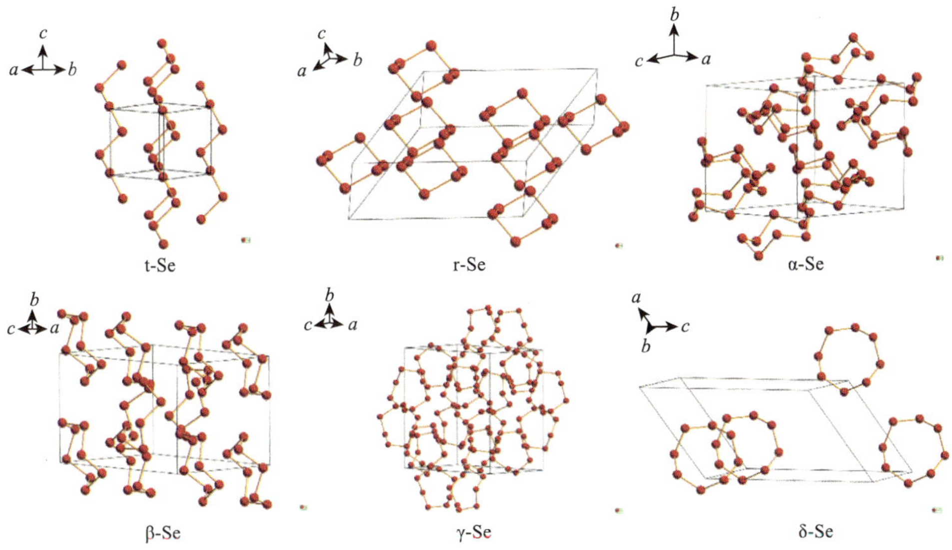

图 10-6　三方硒（t-Se）、菱方硒（r-Se）和红色单斜环八硒（α-Se、β-Se、γ-Se、δ-Se）的晶体结构图

表 10-1　三方晶态硒、菱方晶态硒、正交晶态硒、单斜硒（α-Se、β-Se、γ-Se、δ-Se）的晶体结构参数和性质汇总

项目	三方晶态硒	菱方晶态硒	正交晶态硒	单斜硒			
晶体	t-Se	r-Se	o-Se	α-Se	β-Se	γ-Se	δ-Se
结构单元	Se_∞链	Se_6 环	Se_7 环	Se_8 环	Se_8 环	Se_8 环	Se_8 环
空间群	$P3_121$ 或 $P3_221$	$R\overline{3}$	$P2_1/m$	$P2_1/n$	$P2_1/a$	$P2_1/c$	$P2_1/c$
单胞	3 个原子	3 个 Se_6 环	28 个原子，约 4 个 Se_7 环	4 个 Se_8 环	4 个 Se_8 环	8 个 Se_8 环	18 个原子
晶胞参数	$a=4.3662$ Å；$b=4.3662$ Å；$c=4.9536$ Å；$\alpha=90°$；$\beta=90°$；$\gamma=120°$；$V=81.78$ Å^3	$a=11.362$ Å；$b=11.362$ Å；$c=4.429$ Å；$\alpha=90°$；$\beta=90°$；$\gamma=120°$；$V=495.16$ Å^3	$a=26.32$ Å；$b=6.88$ Å；$c=4.34$ Å；$\alpha=90°$；$\beta=90°$；$\gamma=90°$	$a=9.054$ Å；$b=9.083$ Å；$c=11.601$ Å；$\alpha=90°$；$\beta=90.81°$；$\gamma=90°$；$V=953.94$ Å^3	$a=12.85$ Å；$b=8.07$ Å；$c=9.31$ Å；$\alpha=90°$；$\beta=93.13°$；$\gamma=90°$；$V=964.00$ Å^3	$a=15.018$ Å；$b=14.713$ Å；$c=8.789$ Å；$\alpha=90°$；$\beta=93.61°$；$\gamma=90°$；$V=1938.16$ Å^3	$a=9.041$ Å，$b=8.969$ Å，$c=14.517$ Å；$\alpha=90°$；$\beta=127.819°$；$\gamma=90°$；$V=929.9$ Å^3

续表

项目	三方晶态硒	菱方晶态硒	正交晶态硒	单斜硒			
平均键长/Å	2.373	2.356	2.36	2.336	2.34	2.334	2.333
平均键角	103.1°	101.1°	103°	105.7°	105.7°	105.8°	105.7°
平均二面角	101.0°	76.2°	0～113°	102.0°	—	101.1°	—
颜色	金属灰色	金属灰色	—	红色	红色	红色	红色
密度/($g·cm^{-3}$)	4.807	4.71	4.67	4.46	4.352	4.33	4.512
光电流峰/eV	1.8	2.6	2.6	2.8	2.8	2.8	—
带隙/eV	1.87	1.9	1.9	2.1	—	—	—

10.4.1.2　制备

单斜 α-Se 和 β-Se 是通过在室温下缓慢（α-Se）或快速（β-Se）蒸发黑色玻璃硒的 CS_2 或苯溶液获得的[38]。α-Se 晶体为多面体晶体，而 β-Se 晶体为棒状晶体。β-Se 晶体还可以通过二氯化硒和金刚烷胺在四氢呋喃中的反应得到[39]。单斜 γ-Se 从二哌啶四硒的 CS_2 溶液中获得（产率为 75%）[40]：

$$Se_4(NC_5H_{10})_2 + 2CS_2 = 3/8Se_8 + Se(S_2CNC_5H_{10})_2 \qquad (10\text{-}1)$$

在索氏装置中用二硫化碳萃取细粉玻璃态硒，直到形成深橙红色的饱和溶液。过滤溶液，在室温下从皮氏培养皿中蒸发溶剂，得到红色不规则六边形板状 δ-Se 晶体[30]。

灰色三方晶态硒是热力学上最稳定的形式，通过加热其他同素异形体、缓慢冷却熔融硒或热苯胺中非晶态硒的饱和溶液或在−220℃下冷凝硒蒸气获得[33, 41-43]。

除了单斜晶系的 Se_8 外，从红色无定形硒的 CS_2 溶液中结晶还可以得到 Se_6 菱方硒晶体[44]。在有机溶剂中，环硒同素异形体 Se_6、Se_7 和 Se_8 处于平衡状态[45]，结晶分别得到菱方晶态硒、正交晶态硒、单斜硒[35, 36, 46, 47]。Se_2Cl_2 和 KI 在 CS_2 中 20℃下反应，通过 Se_2I_2 的分解产生 Se_6 和 Se_8 的混合物[48]。几乎纯的 Se_7 溶液可通过如下反应获得[49]：

$$\eta^5\text{-}Cp_2TiSe_5 + Se_2Cl_2 = Se_7 + \eta^5\text{-}Cp_2TiCl_2 \qquad (10\text{-}2)$$

10.4.1.3　性质

硒可以和硝酸或硫酸反应，也可以和大多数金属反应，如：

$$Se + Cu \xlongequal{\triangle} CuSe \tag{10-3}$$

$$Se + 2Ag \xlongequal{\triangle} Ag_2Se \tag{10-4}$$

$$Se + Zn \xlongequal{\triangle} ZnSe \tag{10-5}$$

$$3Se + 2Al \xlongequal{\triangle} Al_2Se_3 \tag{10-6}$$

$$Se + 2\,K \xlongequal{\text{液氧}} K_2Se \tag{10-7}$$

硒和碱金属氰化物共熔，得到硒氰酸盐，如：

$$KCN + Se \xlongequal{\quad} KSeCN \tag{10-8}$$

和过渡金属氰化物在液氨中反应，会有不同的反应发生，如：

$$3Se + 2CuCN \xlongequal{\quad} Cu(SeCN)_2 + CuSe \tag{10-9}$$

$$22Se + 12AgCN + 16NH_3 \xlongequal{\quad} 6Ag_2Se + Se_4N_4 + 12NH_4SeCN \tag{10-10}$$

硒可以用作光敏材料、电解锰行业的催化剂。

10.4.2　非晶态硒

10.4.2.1　结构

非晶态结构的硒有无定形红硒（a-Se）和玻璃状黑硒（g-Se）两种。g-Se 是具有玻璃态的非晶态硒，可以看成是一种“无机聚合物”。严格来讲，a-Se 是指通过过冷液态限制玻璃态的形成而得到的熔融淬火材料，是非晶态材料。

非晶态硒 g-Se 和 a-Se 的结构较复杂，本节主要从结构均匀性、键合结构的短程结构和中程结构等方面进行理论和实验研究。非晶态硒结构存在不均匀性，如硒团簇[50]、椭球空洞和分形结构[51, 52]、晶体夹杂物（其结构随衬底温度而变化）[53, 54]以及缺陷[55, 56]。

研究者对非晶态硒的键合结构进行了大量的研究和分析。短程结构由三个参数决定，即最近邻配位数 $Z = 2 \pm 0.1$，共价键长度 $r = 2.30 \sim 2.37$ Å，角度 $\theta \approx 105°$［图 10-7（a）和（b）］。g-Se 的这些值与 t-Se 和 m-Se 的几乎相同。中程结构参数包括分子间距离 R、二面角 φ（反式/顺式构型）、环/链比率等。图 10-7（c）和（d）为无定形硒聚合物结构示意图模型。

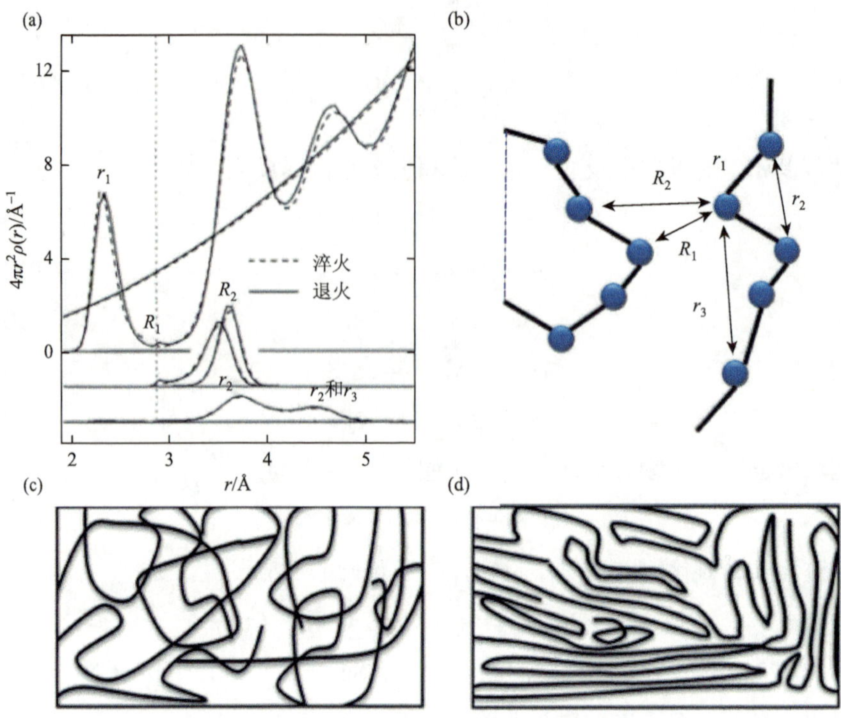

图 10-7 （a）淬火和退火（室温，一天）g-Se 的 RDF，其中在约 2.4 Å、3.7 Å 和 4.6 Å 的三个峰值通过反向 Monte Carlo 程序分解成成对距离；（b）a-Se 结构示意图，r_1、r_2、r_3 为链内原子距离，R_1 和 R_2 为链间原子距离；非晶态聚合物结构的示意模型：（c）互穿线圈和（d）折叠链缨状微束模型

10.4.2.2 制备

如图 10-2 所示，a-Se 可由气相、液相和晶相制备。由于非晶态材料处于准平衡状态，制备程序和老化过程决定了所制备材料的结构和性质。a-Se 薄膜的制备方法最常用的是真空热蒸发法[57-59]。将气体分子（如 Se_6）冷凝可直接制备出大面积的薄膜，厚度可达约 0.5 mm[60]。衬底材料、衬底温度、基底振动、沉积速率、沉积角度、光照等都会影响薄膜的厚度及性质。此外，溅射[61]、化学气相沉积[62]、激光沉积[63-65]和电子束蒸发[66]等方法也已被用于制备 a-Se 薄膜。a-Se 粉末的制备主要采用球磨法[67, 68]。在该方法中，机械能与摩擦热将 t-Se 样品转化为非晶态粉末，但样品的形状难以控制。g-Se 的制备可采用熔体淬火法[69]。纯度为 5～6 N 的市售硒珠或通过各种技术化学纯化的硒薄片可作为原料，在真空密封的石英安瓿瓶中，一定温度下熔化，并以选定的冷却速率淬火至室温或更低温度得到 g-Se。可以通过研磨和抛光或通过在玻璃化转变温度附近挤压而成大块的 g-Se[51, 70, 71]。

10.4.2.3　性质

非晶态硒具有一些独特的电子性质（导电性、雪崩击穿、电子开关与电结晶）。纯 g-Se 硒完全是由电子导电的，没有离子的贡献。室温下、活化能为 0.7～1.0 eV 时，直流电导率低至 10^{-17} S·cm^{-1}[72]。对于 a-Se，有两个重要的量控制光生载流子的运动。一个是缺陷控制的漂移迁移。迁移率 μ_d 定义为 $\mu_d \approx \mu(n/n_t)$，其中 μ 是带迁移率，n 和 n_t 是带和带尾陷阱中的载流子密度。另一个是载流子寿命 τ，可能受深陷阱控制。a-Se 中的光生载流子在室温下输出常规矩形（非色散）Ip(t)信号[73]。对于膜，这些传输参数是衬底温度、膜厚度、弛豫（老化）、偏压照明和掺杂的函数。

a-Se 薄膜在光学飞行时间测试中表现出光电导雪崩击穿效应[74]。空穴和电子光电流在电场大于 1 MV·cm^{-1} 时突然增加。这种效应会引起 a-Se 光电导灵敏度的显著增强[75]，为开发非晶光电导体摄像机奠定了基础。许多研究表明雪崩行为与电场大小（≤1.6 MV·cm^{-1}）、温度（100～300 K）、a-Se 膜厚（0.5～200 μm）和光波长（400～600 nm）等有密切关系。

由于 a-Se 的结晶温度相对较低（≈100℃），可能发生焦耳加热结晶，表现出电卵记忆效应。早在 20 世纪七八十年代，人们就已经探索了 g-Se 和 a-Se 的电开关和记忆现象，这些可能与光结晶有关。例如，Matsushita 等[76]研究了 Fe-Se/SnO_2 结构的记忆效应。Petrêtis 等[77]观察到电晕充电下 a-Se 薄膜的电击穿现象。在这些现象中，很可能发生从 a-Se 到 t-Se 的转变。这些开关的阈值为 0.1～1 MV·cm^{-1}，类似于雪崩击穿，但是与雪崩击穿不同的是电子开关似乎是通过电极或表面的载流子注入来实现的。

非晶态硒也具有一些独特的光诱导现象（瞬时效应、光结晶、矢量效应、光致变色和变形）。Vonwiller 首次报道了非晶态硒的光诱导现象——“光照下 g-Se 的流动性”[78]。随后，Ovshinsky 和 Fritzsche[79]在光学（以及电）相变方面的开创性工作引发了世界范围内对非晶态硒的光诱导结构变化研究的广泛关注。a-Se 中的光诱导现象有两种。一种是热变化——加热模式，光吸收引起温度升高，从而控制结构变化[79]；另一种是光致变化——光子模式，在这种模式中，电子激发直接导致一系列转变（不受温度影响）。光子模式可进一步分为两种：仅在光照过程中出现的光子模式（如光电导性）和光照后存在的光子模式，这两种模式分别称为瞬态效应和记忆效应，其中记忆效应可能是不可逆的（永久的）也可能是可逆的（亚稳态的）。不可逆的变化可看作是一种光诱导的稳定过程，如光结晶和环到链转变[80]。根据激发光的偏振态是各向同性的还是各向异性的，所有光致变化可以分为标量变化和矢量变化。除此之外，电子和高能束也可以引起非晶态硒的一些结构变化。

10.4.2.4　应用

a-Se 光导薄膜已经被应用于电视摄像机[75]。a-Se 膜的光触发雪崩击穿工作方式使其具有超高的灵敏度，高出晶体硅光电探测器（电荷耦合器件）的 10^2 倍。目前的研究主要集中在抑制 a-Se 薄膜的热不稳定性和光学不稳定性[81]以及提高红光灵敏度[82, 83]。

a-Se 可用于制备 X 射线成像板，开发用于医疗和科学的 X 射线成像仪[84, 85]。a-Se 薄膜的 X 射线成像包括直接和间接转换两种类型。直接型具有更简单的结构，由宽区域厚的 a-Se 薄膜夹在正偏压的顶电极和背电容器之间。硒薄膜将 X 射线光子转化为电子和空穴，给像素电容器充电，信号由薄膜晶体管选通。其还可以设计成采用雪崩倍增的 X 射线探测器。在间接型中，a-Se 薄膜用作光电导体[86]检测由诸如 Tl-CsI 等材料制成的堆叠 X 射线荧光屏发射的可见图像。在这个系统中，a-Se 薄膜可以薄到几微米，它可以在中等外加电压下以雪崩倍增模式工作。

a-Se 胶片的静电印刷和干板 X 射线照相术基本已被淘汰，被有机光电导和数字 X 射线成像取代。但 a-Se 在 X 射线探测方面仍然是具有优势。近些年，非晶硒在电学、光电导和光子器件方面的新应用表现出潜力[87-89]，包括二极管、太阳能电池、多孔硒膜超级电容器、光电和 X 射线探测器以及 ps 响应的光开关。

10.5　纳　米　硒

通过将材料的形态和尺寸从整体状态调整到纳米尺度就可以很容易地控制材料的性质。与块体材料相比，由于量子限制效应和大的比表面积，纳米材料表现出独特的性质（光学性质、光导性质、热电性质、压电性质、非线性、热性能、低毒性等），在许多领域具有巨大的应用潜力（包括在诊断和治疗、生物医用材料、电子器件、探测器、催化、化学传感器、静电复印、太阳能电池、燃料电池、锂-硒电池、生物和环境修复、食品中的应用）。此外，由于零维（0D）、一维（1D）和二维（2D）纳米结构中电子相互作用的方式不同，材料的维度显著影响了它们的性质和应用。近年来在各种形貌的硒纳米晶体（单斜纳米硒、三方纳米硒、无定形纳米硒、玻璃硒纳米材料，其中三方纳米硒的合成最多）的合成方面取得了显著进展[90-94]，开发了各种合成方法（如水热法和溶剂热法、液相剥离法、脉冲激光烧蚀法、真空气相沉积法、光催化法、电化学法、生物法、微波法等），用于制备包括零维纳米颗粒（小于 5 nm 的表现出量子效应的量子点、5～100 nm 的纳米颗粒）、一维纳米结构（纳米线、纳米管、纳米棒和纳米带）、二维纳米片、三维纳米球（大于 100 nm 颗粒）以及更复杂分级结构。图 10-8 为各种形貌的纳米硒材料及其应用领域。

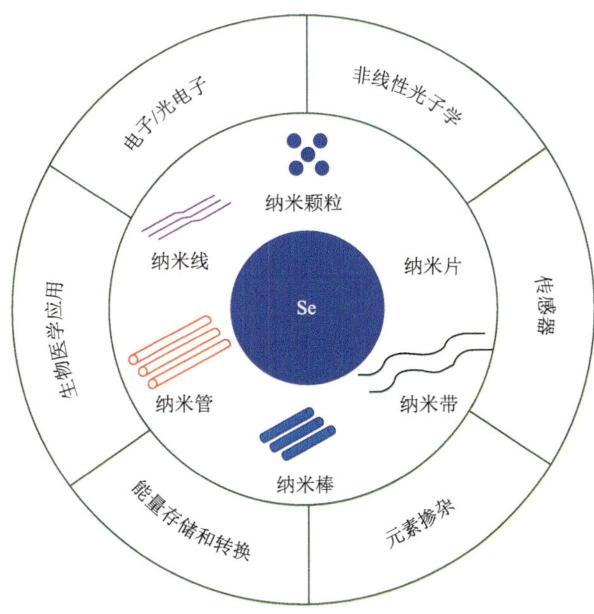

图 10-8　硒纳米结构的示意图及其广泛的潜在应用

10.5.1　零维纳米硒

10.5.1.1　硒量子点

1. 制备

在过去的几十年里，量子点（QDs）以其独特的与尺寸相关的电子和光学性质吸引了众多研究人员和科学家的关注。脉冲激光烧蚀法是合成量子点的一种简单、快速、通用、环境友好和快速生长的方法。此方法基于熔融/蒸发和破碎机制，通过激光照射悬浮在液体介质中的大尺寸半导体纳米颗粒合成量子点。Singh 等[95]研究表明激光辐照悬浮于蒸馏水中的平均粒径为 69 nm 的 β-Se 纳米颗粒可以得到 Se 量子点[合成过程见图 10-9（a）]。脉冲激光束在含有大量的硒粉液柱中心的强聚焦会引起水分子的光学击穿、硒纳米颗粒的熔化/汽化和碎裂，同时在焦点附近产生强烈的声发射和光发射。激光辐照使 β-Se 纳米颗粒转变为不同尺寸的 α-Se 量子点[如图 10-9（b）所示]。硒量子点的尺寸和光学性质与辐照时间密切相关，遵循辐照时间的二阶指数衰减函数，而尺寸减小速率直接依赖于量子点的直径，这与放射性衰变模型非常相似。此方法可获得直径最小为 2.74 nm 的硒量子点。随着激光辐照时间的延长，硒量子点的表面缺陷密度增大，缺陷/电子陷阱能级能量减小。

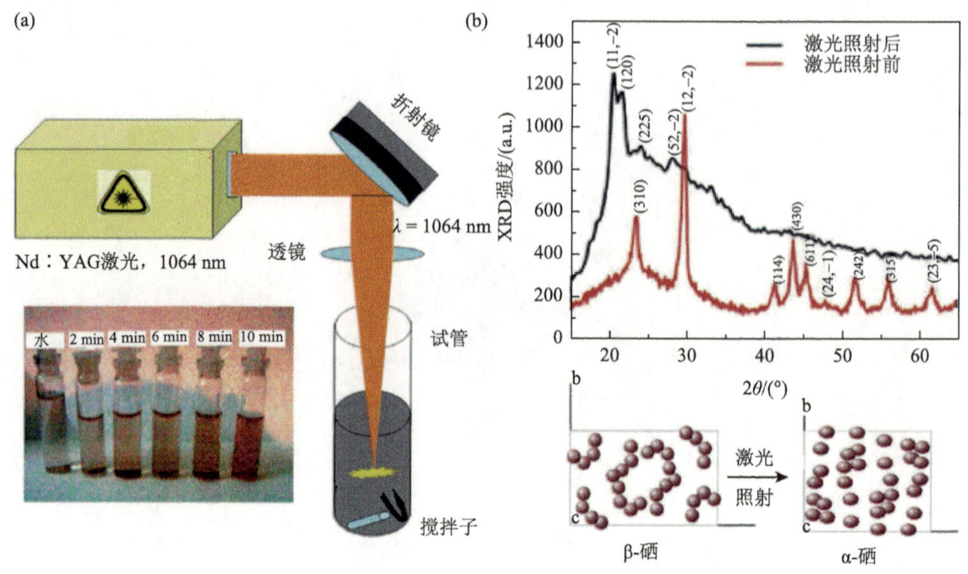

图 10-9　(a) 实验装置和不同时间烧蚀产生的硒量子点溶液的照片；(b) 激光照射前后硒量子点的 XRD 图谱和原子排列图

Qian 等[96]开发了一种超声液相剥离法用以合成硒量子点。以 $NbSe_2$ 粉体为原料，*N*-甲基-2-吡咯烷酮（NMP）为分散剂，进行超声处理。在处理过程中，Nb—Se 键解离、硒量子点形成，而铌通过离心分离。硒量子点的粒径分布较窄，为 1.9～4.6 nm[图 10-10（a）和（b）]，在 NMP 中分散稳定，无需钝化剂。此方法合成的硒量子点具有六方晶体结构[图 10-10（h）]。同样采用这种方法，还可制备另一种具有链状结构的三方硒量子点（t-Se QDs）[97]。

2. 性质及应用

在紫外光激发下，硒量子点发出强烈的蓝光，且荧光性质强烈依赖于激发波长[96]，荧光量子产率高达 22.7%，优于石墨烯量子点。基于此研究中发现的 Se 量子点优异的荧光特性，它们有望在生物成像、光电以及纳米复合材料中得到广泛的应用。张晗等[97]系统研究了 Se 量子点的光载流子动力学和路径，确定了不同衰变寿命的四种光载流子跃迁行为。从价带顶到导带底的两种非辐射跃迁源于 Se 的非直接带隙，辐射跃迁在高强度激发条件下发生，这与稳态荧光特性一致。硒量子点具有快速宽带光响应，有望应用于可见光波段的光电探测器。因此，他们将制备的硒量子点直接沉积在 ITO 玻璃上作为工作电极，检测了光电化学系统中硒量子点的光响应行为。结果发现，硒量子点光电化学光电探测器在可见光范围内表现出良好的光响应特性。

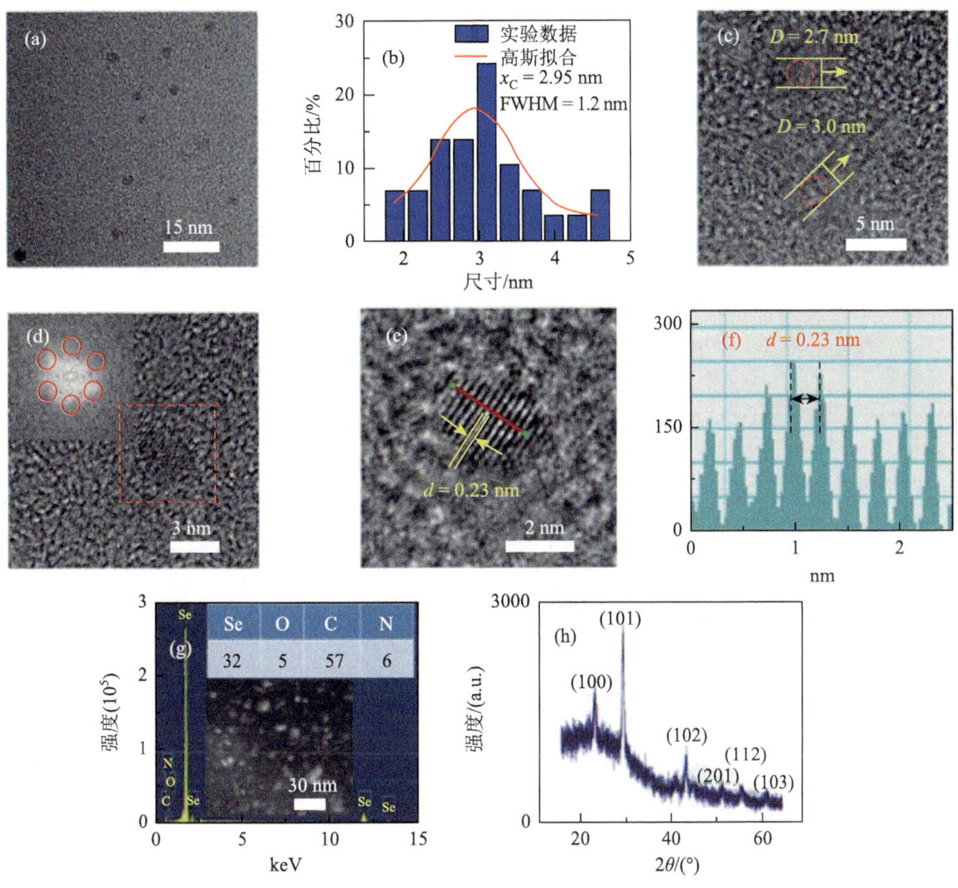

图 10-10　Se 量子点的 TEM、HRTEM、粒径分布、EDS 分析和 XRD 图

近年来针对日益严重的环境和能源问题，纳米 TiO_2 催化剂和太阳能电池被广泛研究。已发现 Se 和 Se 修饰的 TiO_2 纳米颗粒对水中有机污染物的分解具有紫外和可见光活性。在量子点敏化太阳能电池和光电化学电池制氢等研究的启发下，硒量子点修饰 TiO_2 材料有望成为高效的光催化剂。Fujishima 等于 2014 年报道了一种在 TiO_2 表面负载高分散硒量子点的电流倍增诱导两步光沉积技术[CD-2PD，见图 10-11（a）]。以水和 2-甲基-2-丙醇作溶剂时，在 H_2SeO_3 溶液中 TiO_2 上形成大的 Se 颗粒聚集体（约 100 nm）。相反，以乙醇和甲醇作溶剂时，溶液中 TiO_2 上形成高度分散的硒量子点[图 10-11（b）]。平均粒径随辐照时间的增加而增大，2 h 时达到 8.7 nm。在后一种溶剂中硒的光沉积速率比在前一种溶剂中快得多，这些显著的差异可以归因于光电化学测试中乙醇和甲醇的电流倍增效应。在含有 Cd^{2+}的乙醇和甲醇溶液中对 Se/TiO_2 进行紫外光照射，可将 Se 量子点转化为均匀的 CdSe 量子点（约 2 nm）。这种原位 CD-2PD 技术能够将 CdSe 量子点均匀地掺

入到 TiO_2 纳米晶薄膜中（CdSe/mp-TiO_2），得到具有更高的能量转换效率的量子点敏化太阳能电池[98]。

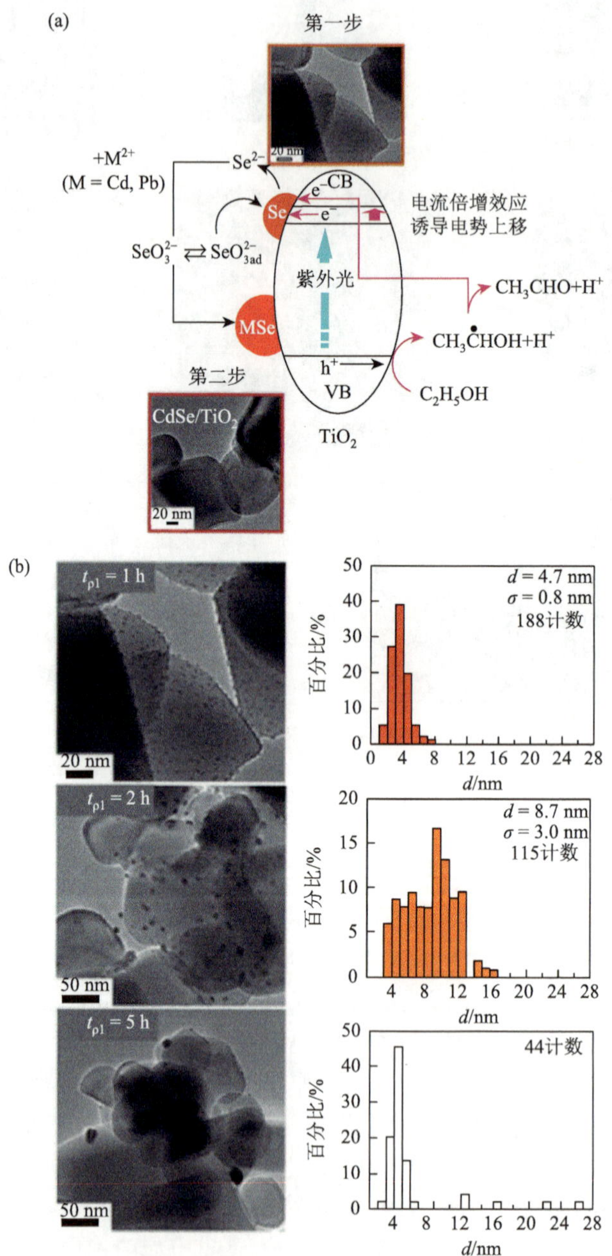

图 10-11　（a）在 TiO_2 表面负载高分散硒量子点的电流倍增诱导两步光沉积技术；（b）Se/TiO_2 表面硒颗粒大小分布和 TEM 图

10.5.1.2　硒纳米颗粒

1. 制备

硒纳米颗粒的制备方法有很多，包括脉冲激光烧蚀法、超声法、电化学方法、离子液体诱导合成、亚硒酸钠的酸解、表面活性剂介导合成、光催化法等物理化学合成方法以及绿色的生物合成法。

1）脉冲激光烧蚀法

脉冲激光烧蚀法除了可以方便合成 Se 量子点外，还可以合成具有稍大尺寸的硒纳米颗粒。Quintana 等[99]采用脉冲激光烧蚀法（532 nm 的 YAG 激光）制备了硒纳米颗粒。他们将硒纳米颗粒沉积在三种不同的基底上（金膜、硅片和玻璃），并用原子力显微镜（AFM）对其进行观察和表征。硒纳米颗粒的大小、形状和数量与实验条件密切相关，特别是与能量密度、激光脉冲数和基底性质密切相关。

2）超声法

Li 等[100]开发了一种前驱体超声转化法用于制备不同粒径的 t-Se 纳米颗粒。通过控制还原剂的用量、超声频率和时间，可以实现所需粒径的纳米硒的可控制备。

3）电化学方法

电化学合成已被证明是制备纳米颗粒的一种通用而简单的方法。Ye 等[101]采用电化学方法成功地制备了硒纳米颗粒。使用蔗糖、聚乙烯吡咯烷酮和十二烷基磺酸钠（SDS）所得到的纳米颗粒的直径不同，分别为 85 nm、43 nm 和 60 nm。在 SDS 修饰的硒纳米颗粒中加入十六烷基三甲基溴化铵（CTAB）后，通过静电组装得到海胆状 Se。

4）离子液体诱导合成

Langi 等[102]在聚乙烯醇稳定剂存在下，通过离子液体与硒前体硒磺酸钠在水介质中的反应制备了硒纳米粒子。该方法能够在环境条件下制备尺寸范围为 76～150 nm 的球形硒纳米颗粒。合成的纳米颗粒可以很容易地从水溶胶中分离出来，并且可以在水介质中重新分散。Redman 等[103]利用空气和水稳定离子液体的阴极电沉积工艺合成了硒纳米粒子。

5）亚硒酸钠的酸解

Stroyuk 等[104]以 Na_2SeSO_3 为原料，采用酸解法制备了纳米硒溶胶，并讨论了合成条件和合成后处理条件对硒纳米粒子尺寸、结构和粒度分布的影响。结果表明，在聚合物（聚磷酸钠、明胶、聚乙烯醇、聚乙二醇）和表面活性剂（十二烷基磺酸钠、氯化十六烷基吡啶）的水溶液中，Na_2SeSO_3 在非氧化酸（如 HCl、H_3PO_4 等）的作用下可分解形成 25～200 nm 的无定形硒纳米颗粒，在 90℃下老化后转化为 150～250 nm 的三方硒纳米晶体。

6）表面活性剂介导合成

在合成过程中纳米颗粒自发自聚结成大颗粒是合成较小纳米颗粒的一项重大挑战。采用表面活性剂介导的方法可解决上述问题。Mehta 等[105, 106]报道了纳米颗粒在 CTAB 和双(2-乙基己基)磺基琥珀酸钠（AOT）水溶液中的合成及稳定性。表面活性剂为无机反应提供了独特的环境。这些胶束为纳米粒子提供了空间稳定性，抑制了它们的聚集倾向。Johnson 等[107]在 AOT 反胶束中通过调节水与表面活性剂的摩尔比制备了不同大小的硒纳米颗粒，发现沉淀速率随 AOT 浓度的变化而变化，浓度为 5×10^{-4} mol·L^{-1} 时颗粒仍以悬浮形式存在。在 Triton X-100 的水溶液中，用 $NaBH_4$ 还原亚硒酸水溶液，可实现硒纳颗粒的液相合成。非离子表面活性剂的胶束可防止团聚，提高稳定性[108]。

7）光催化法

光催化方法具有反应快、安全、纳米颗粒的大小可控等优点，是室温下制备硒纳米颗粒的重要技术。其最重要的特点是将反应过程中产生的无机废物转化为毒性较小的副产物。多金属氧酸盐（POM，如 $SiW_{12}O_{40}^{4-}$、$PW_{12}O_{40}^{3-}$）阴离子具有各种含氧桥的金属团簇。光照引起 O→M 电荷转移，激发态 POM*表现出强氧化性，可氧化各种有机物（如异丙醇），自身转变为还原形式 POM(e$^-$)，从而还原 Se(Ⅳ)得到 Se 纳米颗粒，反应方程式如下：

$$\mathrm{POM} + h\nu \longrightarrow \mathrm{POM}^* \tag{10-11}$$

$$\mathrm{POM}^* + \text{异丙醇} \longrightarrow \mathrm{POM(e^-)} + \text{氧化产物} \tag{10-12}$$

$$\mathrm{POM(e^-)} + \mathrm{Se(IV)} \longrightarrow \mathrm{Se} \tag{10-13}$$

Triantis 等[109]利用光催化方法还原 Se(Ⅳ)（Na_2SeO_3）制备了硒纳米颗粒，并且研究了 POM 性质、反应物浓度、离子强度等参数对反应的影响及对 Se 纳米颗粒粒径的影响。采用类似的方法，Yang 等[110]通过改变反应温度来控制硒纳米颗粒的大小。TiO_2 作为最常用的半导体光催化剂，也可用于硒纳米颗粒的光催化合成[111-113]。Nguyen 等[113]以商用 TiO_2（Millennium PC-500 和 PC50）为光催化剂合成了硒纳米颗粒。在光照下，TiO_2 光生电子还原硒（Ⅳ）和硒（Ⅵ）离子生成 Se^0。

8）生物合成法

物理化学方法合成时间长，通常在高温和酸性条件下进行，而且需要使用对人类健康和环境都有害的化学物质。近年来，利用生物系统（包括微生物、植物和植物提取物）合成硒纳米颗粒的环境友好技术广受人们的关注[114-118]。生物被当作替代化学品的封盖剂、还原剂和稳定剂。生物合成法无毒、经济，并使用环境友好的非有害物质，通常会得到更稳定的纳米材料，引起了人们的极大兴趣。细菌合成：Sarathchandra 等[119]在研究巨大芽孢杆菌生物转化硒时发现有红色物质生成，这些物质一般会附着于细菌细胞的表面或存在于细胞质内。之后，多种细菌[如大肠杆菌（*Escherichia coli*）、枯草芽孢杆菌（*Bacillus subtilis*）、泰勒肠杆菌（*Enterobacter taylorae*）、蜡样芽孢杆菌（*Bacillus cereus*）、酿酒酵母（*Saccharomyces cerevisiae*）、嗜碱假单胞菌（*Pseudomonas alcaliphila*）等]也被报道具有将硒酸盐或亚硒酸盐转化为红色单质纳米硒的能力[91, 120-125]。真菌合成：Vetchinkina 等发现药用担子菌香菇可将亚硒酸钠和 1, 5-二苯基-3-硒代戊二酮还原为球形纳米硒颗粒[126]。然而，利用微生物合成生物纳米颗粒有其固有的缺点，例如一些微生物具有致病性、合成时间长和步骤复杂。由于上述问题，人们对使用植物提取物的生物合成方法更加感兴趣[127]。植物提取物具有环境友好性，而且此方法不需要进行“细胞培养”的步骤，使得纳米颗粒的大规模合成成为可能。植物化学物质有黄酮、醛类、多酚、酮类、酰胺类和羧酸等，它们在 Se 纳米颗粒合成过程中起到催化还原金属离子和稳定 Se 纳米颗粒的作用[118, 128]。这种方法合成 Se 纳米颗粒也可以在细胞外进行，将植物提取物与硒前体盐溶液混合，通过离心收集纳米颗粒[117]。基于食品原料也可合成纳米硒，食品源常用的还原剂为抗坏血酸、肽类、多糖、多酚和有机酸等物质[129, 130]。其中，肽类主要是一些小分子的肽或氨基酸；糖类以具有还原性的小分子糖类为主；不同的还原剂合成纳米硒的反应条件、难易程度和纳米硒的物化性质均不同。也有研究报道可以将微波加热法和生物合成相结合制备硒纳米颗粒[131]。

无定形硒（a-Se）纳米颗粒由于其精细的合成过程和易快速相变导致其稳定性差，限制了其应用。近年来，也有研究者开发了各种方法合成无定形硒纳米颗粒。Zhang 等[132]用葡萄糖还原亚硒酸钠制备了均匀的无定形硒纳米球，然后通过不同的后续处理将 a-Se 转化为 t-Se，得到了具有球、管、棒、带、线等形貌的 t-Se 纳米材料。从 a-Se 纳米球到 t-Se 1D 纳米结构的转变过程遵循“固-液-固”的形成机制，而从 a-Se 纳米球到 t-Se 纳米球的转变过程遵循晶相转变机制。最近，Guleria 等开发了一种 a-Se 纳米颗粒的绿色合成方法——离子液体辅助法[133-137]。这种方法不但能在室温下快速合成 a-Se 纳米颗粒，而且可以将非晶态硒纳米粒子的稳定性延长到数月。

2. 性质及应用

1）光学性质

硒在可见光下的光电导、光电转换和整流特性使其光学性质具有重要意义。相对于块体硒，纳米硒的吸收峰发生了蓝移[138]。由于其本征量子限域效应，纳米硒光学性质依赖于形貌和尺寸[105, 139-145]。聚合物模板以及表面稳定剂也会影响硒纳米颗粒在紫外区域吸收峰[104, 142]。Stroynk 等发现稳定剂的类型对纳米颗粒的光学性质的影响不大[104]。Li 等[139]发现无定形纳米硒溶液的颜色随着颗粒大小和形貌的变化而发生变化，从浅粉色逐渐变为粉色、砖红色，最后变为灰色。单分散和均匀的球形纳米颗粒的光谱上在 540 nm 处出现强的吸收峰。增加 L-半胱氨酸浓度会引起纳米硒的聚集（存在链间相互作用），在 580 nm 处出现强的吸收峰并进一步红移。Shah 等[140]研究表明 Na_2SeSO_3 和聚乙烯醇稳定剂的浓度影响硒纳米颗粒的大小，进而影响其光吸收性能。随着 Na_2SeSO_3 前驱体浓度增加，纳米颗粒的尺寸增大，最大吸收峰向高波数移动，峰强度先减后增。硒纳米颗粒粒径越小、峰强度越高。固定硒磺酸钠和丙烯酰胺单体的浓度时，聚乙烯醇稳定剂的增加使颗粒尺寸减小，最大吸收峰蓝移，强度增加，这与早期报道的现象相吻合[141-143]。使用丙烯腈、*N*, *N'*-二甲基双丙烯酰胺、丙烯酸钠、丙烯酰胺和甲基丙烯酸甲酯单体所合成的纳米颗粒的平均粒径依次增大，最大吸收峰值红移。Mehta 等[105, 145]详细研究了表面活性剂、还原剂和前驱体浓度对硒纳米粒子带隙的影响。量子限域效应改变了纳米颗粒的带隙。可通过带隙的大小估计粒子的聚集率和尺寸。较高浓度的表面活性剂抑制了颗粒的生长，而较低浓度的表面活性剂提高了颗粒的团聚速率。还原剂浓度越高，通过成核过程生成的颗粒越小，速度越快。

2）荧光性质

荧光半导体硒纳米材料因其广泛的应用前景而引起了极大的兴趣，其具有生物成像功能，有抗癌、抗菌、抗氧化、抗炎等作用，可作为细胞标记物和治疗剂。Hassanien 等[146]研究了通过辣木叶提取物技术合成的硒纳米颗粒的荧光（PL）光谱。激发峰在约 399 nm，发射峰位于约 599 nm，这与其他文献报道值一致[147]。Khalid 等[148]测试了紫外激发下纳米颗粒的完整 PL 光谱（可见光到红外光）。硒纳米颗粒在 350 nm 处泵浦光激发下，416 nm 和 580 nm 处出现 PL 峰。通过近场共焦荧光显微镜对沉积在硅衬底上的单个硒纳米颗粒的固有荧光进行了表征。激发波长为 532 nm，采集在 560～750 nm 的红光到近红外探测窗口中的荧光，硒纳米粒子的发射特性呈现出先降低后稳定的趋势，Se 的高折射率导致中等亮度。磷酸缓冲溶液中测量的 5 个硒纳米颗粒的平均寿命为（4.53 ± 0.77）ns，相对较短，表明这些纳米颗粒可作为荧光寿命显微镜的生物标记物。在细胞内培养的硒纳米颗粒具有稳定的荧光而且可移动硒纳米颗粒不影响细胞活力或分裂过程，这意味着在不需要标记物或染料的情况下硒纳米颗粒可以在细胞中被追踪和成像。在硒纳米颗粒周围包覆聚乙烯醇涂层可以增强发射。因此，硒作为一种稳定荧光的抗菌材料，具有双重功能，在生物医学成像和治疗领域具有重要的应用价值。

3）热性质

硒纳米颗粒的热性质可以采用差示扫描量热法（DSC）、热重分析（TGA）、差示热分析（DTA）、热机械分析（TMA）、动态力学分析（DMA）/动态力学热分析（DMTA）和介电热分析进行研究。无定形硒纳米颗粒的 DSC 曲线上有 85～93℃和 220～230℃的峰（图 10-12）。前者是无定形到晶态硒的放热转化，不同方法合成的具有不同形貌和大小的纳米硒的此峰的位置和对应的转变焓不同[102]；后者归属为 t-Se 的熔点[149]，受聚合物和合成温度的影响。例如，DSC 曲线上在 220.6℃、～221℃、～175℃和～70℃的吸热峰分别对应于 t-Se 纳米棒、大块 t-Se、m-Se 和 a-Se 的熔点[150]。熔融焓的降低与纳米颗粒的尺寸变化有关。DSC 单峰越窄，纳米颗粒越均匀。此外，主要的质量损失出现在 300℃以后，峰值大概在 470℃，这是由 Se 的蒸发所引起的。

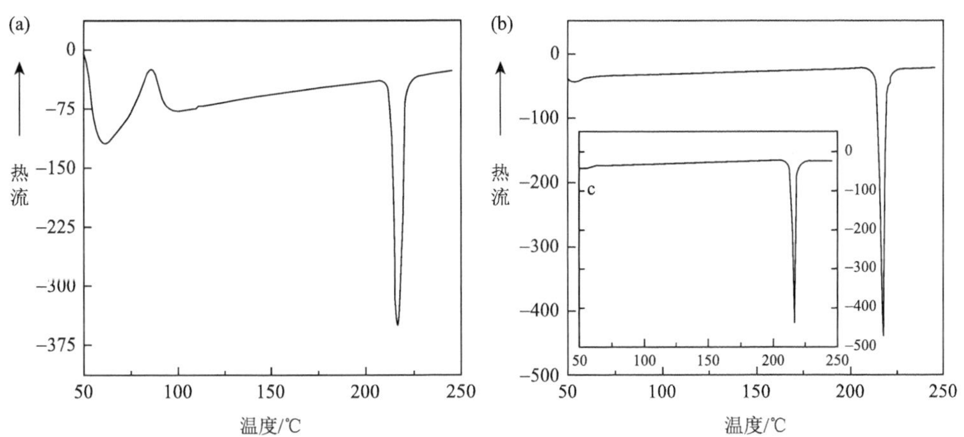

图 10-12　合成的硒纳米颗粒（a）、测试一次后的硒纳米颗粒（b）和标准商业样品（c）的 DSC 图

4）毒性

随着硒纳米颗粒在诊疗和生物方面应用的迅速发展，对硒纳米材料的毒理学性质进行详细的研究具有重要意义；综合评价影响纳米材料生物相容性或毒性的不同参数对发展技术的安全性和长期性至关重要。在将硒纳米颗粒全面应用于医药领域之前，需要解决：①纳米颗粒的形态与表面功能化及其体内活性之间的关系；②生物兼容性和选择性；③硒纳米材料如何在体内代谢或从体内移除等问题。硒的毒性取决于其化学形态。亚硒酸钠和硒代蛋氨酸等许多硒化合物兼具生物活性和毒性。有机硒中，硒半胱氨酸比硒甲基硫磷毒性作用小。无机硒中，亚硒酸盐比硒酸盐和硒的毒性大。灰色硒和黑色硒在自然界中无生物活性也无毒。相比之下，红色纳米硒具有一定的生物可利用性。纳米硒具有更高的生物活性和

更低的毒性，在医药等领域具有广阔的应用前景。纳米颗粒的剂量、形貌及表面功能化都会影响其对细胞的毒性。

5）催化

硒作为一种非金属、耐甲醇的阴极材料，在染料电池中对氢和其他有机物的电化学氧化反应具有很高的稳定性和电催化活性。这些反应包括氢氧化反应（HOR）、甲酸氧化反应、氧还原反应（ORR）、乙醇氧化反应（EOR）和甲醇氧化反应（MOR）。传统的直接甲醇燃料电池（DMFCs）中聚合物电解质膜内会沉积甲醇，从而使催化剂的电池性能降低。硒纳米粒子的高耐甲醇性使其成为 ORR 的潜在阴极材料，硒的引入会抑制上述过程，提高电池性能。另外，硒纳米颗粒还具有光催化性能。Yang 等[110]研究了 Se 纳米颗粒的紫外光光催化降解刚果红的催化性能。结果表明，纳米颗粒具有完整的矿化过程，染料的脱色速率与纳米颗粒的浓度呈线性关系。硒纳米粒子的粒径对染料的脱色率也有影响，即脱色率随硒粒径的增大而降低。表面活性剂介导合成的 Se 纳米颗粒对亚甲基蓝的光催化脱色具有更高的活性[108]。

6）营养补充剂

硒是维持健康和生长所必需的微量元素。然而，硒过量毒性可能会造成严重的损害。硒纳米颗粒具有低毒性和摄入后逐渐释放硒的能力，因此被认为是一种新型的营养补充剂[114]。Se 纳米颗粒在胃肠道（GIT）中的吸收和代谢过程如下：GIT 的表面覆盖着上皮细胞分泌的黏液，黏液中的孔隙（～100 μm）可以允许纳米颗粒通过该层进行传输[151]。Se 纳米颗粒在人体内的吸收、转运和排泄受其颗粒大小和表面性质的影响。在胃肠道条件下，pH 的变化可能引发纳米颗粒在 GIT 内的聚集[152]。此外，与蛋白质的相互作用会影响纳米粒子的表面化学性质，并导致其电荷和聚集状态的变化。对于这种情况，可以使用聚合物稳定的 Se 纳米颗粒。例如，壳聚糖稳定的 Se 纳米颗粒在各种 pH 条件和酶处理下表现出极好的稳定性[153]。2, 2′-叠氮基双(3-乙基苯并噻唑啉-6-磺酸)可以很容易地降解纳米颗粒的壳聚糖壳，导致硒的释放[154]。

7）食品包装

由于 Se 纳米颗粒在腌制食品中发挥着抗氧化和抗菌的作用[117, 127]，因此可应用于活性食品的包装，延长食品的保质期。尽管 Se 纳米颗粒在活性食品包装中的生物杀灭机制尚不清楚，但可以推测 Se 纳米颗粒与细菌细胞壁的肽聚糖层发生了物理作用，并进一步破坏 DNA 的双链结构[155-157]。而且 Se 纳米颗粒还可诱导细胞凋亡/程序性细胞死亡[158]。可添加硒纳米颗粒的包装材料包括不可降解的材料和可生物降解的聚合物材料。其中生物聚合物因具有生物相容性、可生物降解性和无害性而更受青睐。Vera 等[159, 160]将纳米硒掺入到柔性多层塑料中，开发了肉类和其他新鲜食品的活性包装材料，与非 Se 纳米颗粒包装相比，基于 Se

纳米颗粒的活性包装表现出优异的抗氧化性能，延长了保质期并抑制了食品的氧化，并且纳米硒不发生迁移。还有研究表明与非活性低密度聚乙烯膜相比，负载 Se-Ag 纳米颗粒的 Furcellan 和明胶的纳米复合膜具有优异的新鲜猕猴桃防腐性能[161]。

8）诊疗

硒纳米颗粒毒性低、表面积大、表面化学性能优良，是诊断、治疗和临床应用中最有前途的材料之一。图 10-13 汇总了硒在治疗中的各种应用[162]。癌症是 21 世纪危害人类健康和生命的疾病之一，引起了临床医生和研究人员的极大关注。日益严重的药物毒性和耐药性问题严重阻碍了癌症的治疗。人们已经尝试了大量的策略用于治疗癌症，其中纳米技术可提高药物靶向性，同时抑制毒性，极大地改善了治疗方法。无机纳米颗粒，尤其是 Se 纳米颗粒在对抗耐药性问题和减轻与化疗药物相关的毒性方面具有很好的优势。Se 纳米颗粒对恶性细胞和正常细胞表现出不同的活性。Guleria 等[134]对硒纳米颗粒的抗氧化性能进行了研究，发现其清除自由基的活性与其相态和形态有显著的相关性。随后，探讨了 Se 纳米颗粒的相态对其抗癌效果的影响。有趣的是，a-Se 纳米颗粒的性能优于晶体 Se，具有更显著的癌细胞杀伤能力（高达 80%），同时对正常细胞保持良性。Wang 等[163]证明了 Se 纳米颗粒对腹腔注射的 H22 肝癌细胞具有杀伤作用。Se 纳米颗粒优先定位于癌细胞内，产生活性氧（ROS），杀死癌细胞。Ahmed 等[164]证实了 Se 纳米颗粒在肝癌中的体内疗效。他们发现 Se 纳米颗粒可以减轻 *N*-亚硝基二乙胺诱发的肝癌，并且显著降低 DNA 的损伤。Kong 等[165]观察到 Se 通过降解雄激素受体来减少 LNCaP 前列腺癌细胞的生长。Se 激活了 Akt/Mdm2 途径，通过调节雄激素受体的 mRNA 和蛋白质表达降低了其转录活性。Ali 等[166]发现 Se 纳米颗粒的预处理可抑制由亚硝三乙酸铁诱导的肺癌的发生。Vekariya 等[167]发现 Se 可调节 MCF-7 乳腺癌细胞中的雌激素受体 α 信号，并导致细胞色素 C、Bax 和 P-p38 表达的增加。Pi 等[168]研究表明 Se 纳米颗粒能显著降低 MCF-7 细胞的黏附力，诱导细胞凋亡和坏死，并降低 CD44 的表达，导致 MCF-7 细胞内细胞骨架 F-肌动蛋白的紊乱和失调。Luo 等[169]的研究表明 Se 纳米颗粒在一定剂量下对 MDA-MB-231 细胞具有抗增殖活性。另外，Se 纳米颗粒在 S 期具有良好的抗增殖活性和对 HeLa 细胞的抑制作用[169, 170]。

未经处理的 Se 纳米颗粒存在稳定性问题，导致纳米颗粒的功效和理化特性受损。为了提高其稳定性和生物相容性，人们进行了各种各样的尝试。例如，通过使用生物相容的物质（如多糖）对 Se 纳米颗粒进行表面修饰，提高生物黏附性，增强其生物相容性和稳定性，延长其在癌细胞中的停留时间[171]；用含 NH_3^+ 基团的壳聚糖修饰 Se 纳米颗粒，提高其在水中的稳定性，改变表面电荷促进细胞吸收[172]。

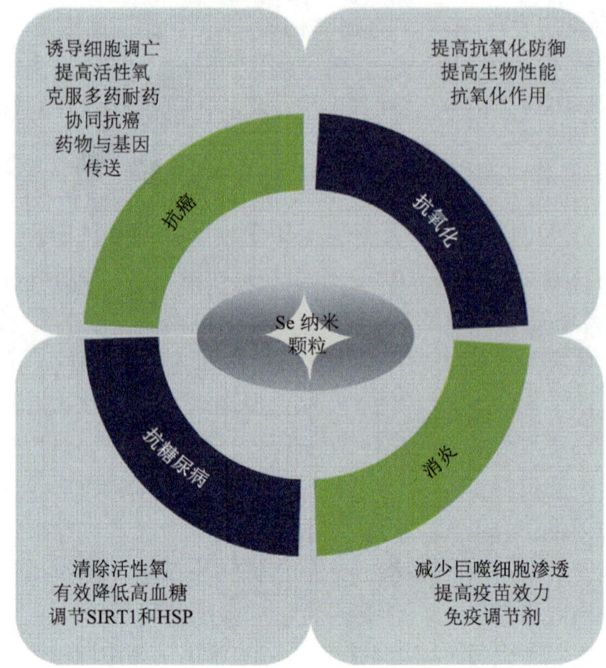

图 10-13　硒纳米颗粒在医疗方面的应用

治疗系统应具有识别和区分癌细胞和正常细胞的能力。多种功能化策略被用于将药物靶向到肿瘤组织[173, 174]。ATP 是一种内源性能量化合物，作为一种神经递质，能选择性地结合各种癌症（包括肝癌细胞）中的嘌呤受体。Zhang 等合成了 ATP 修饰的 Se 纳米颗粒，这种 Se 纳米颗粒能与肿瘤中的嘌呤受体特异性结合[173]。小分子功能化 Se 纳米颗粒的靶向性还可以抑制纳米颗粒的副作用[174]。

将化疗药物与 Se 纳米颗粒的结合或者以 Se 纳米颗粒复合物的形式使用有助于提高药物的疗效，诱导更好的细胞内吞，降低耐药和全身毒性。例如，5-氟尿嘧啶包覆的 Se 纳米颗粒在 A375 细胞中表现出增强的抗癌活性[175]；Se 纳米颗粒与伊立替康合用可提高体内外抗肿瘤活性[176]；阿霉素和 Se 纳米颗粒联合应用是一种有效的肿瘤化疗方法，这种组合在低浓度下表现出协同抗癌活性[177]；负载功能化 Se 纳米颗粒的茴香霉素的抗肝癌作用更好[178]。

Se 纳米颗粒除了表现出在抗癌中的以上作用以外，还具有对药物毒性的保护作用[179, 180]和对炎症性疾病[181, 182]、糖尿病及相关并发症的治疗作用[183]。

9）传感器

硒纳米材料具有优异的物理化学性能（导电性和电化学性能），可用来制备高灵敏度和高选择性的化学传感器。细胞外生物合成的硒纳米颗粒可用于 H_2O_2

的生物传感，其检测下限很低，为 8×10^{-8} mol·L^{-1}[120]。硒纳米颗粒修饰电极对过氧化氢的还原具有良好的电催化活性，过氧化氢浓度增加，其还原电流也随着逐渐增大。Zapp 等[184]利用硒的氨基衍生物制造了一种用于检测 H_2O_2 的电化学传感器。Iranifam 等[185]利用放大化学发光（CL）法，采用硒纳米颗粒检测废水中二硝基丁基苯酚。二硝基丁基苯酚与 $KMnO_4$ 在酸性介质中的反应会引起发光，硒纳米颗粒能加速 $KMnO_4$-二硝基苯酚的电子传递和氧化还原反应，使 CL 信号增强。Wang 等[186]报道了一种使用胶态硒纳米颗粒在室温下快速、方便且经济高效地检测鉴定乳制品或其他食品中三聚氰胺的方法。这种方法可以检测浓度为 500 μg·L^{-1} 的三聚氰胺，而检测氨酰亚胺、三聚氰酸和氰脲二胺的结果为阴性，表明对三聚氰胺具有明显的特异性。三聚氰胺试纸对乳制品和动物饲料中的三聚氰胺的检出限分别为 50 μg·L^{-1} 和 100 μg·L^{-1}，在相同数量的标记抗体下，其价格比胶体金纳米颗粒便宜很多。

10.5.2　一维纳米硒

在过去的二十年里，1D 半导体纳米结构，如纳米线、纳米管、纳米棒和纳米带，由于其独特的性质和潜在的应用而引起了人们的极大兴趣。三方硒的晶体结构是高度各向异性的，由共价结合的硒原子的螺旋链组成，这使原子很容易沿 c 轴方向生长成 1D 结构。合成方法有气相沉积、水热-溶剂热法、微波法、胶束法、激光烧蚀法和液-液界面技术。

10.5.2.1　硒纳米棒

1. 制备

单晶硒纳米棒可以通过多种方法合成，如溶液法[150, 187, 188]、激光烧蚀法[189]和液-液界面技术[149]。Chen 等[150]使用 L-半胱氨酸作为还原剂和软模板合成了硒纳米颗粒，然后仅控制超声处理时间便可制备硒纳米棒（图 10-14）。他们提出了“球破裂-取向聚集-生长”的硒纳米棒形成机制。Chiou 等[187]采用简单的化学还原方法在室温下合成了单晶硒纳米棒。首先，硼氢化钠还原 H_2SeO_3 形成 Se 颗粒晶种，随后多糖分子导向硒的各向异性晶体生长，晶体沿着这些晶种的择优方向生长形成纳米棒。硒纳米棒为三方硒，其直径为 40～60 nm，长度可达 1 μm。Jiang 等[189]采用激光烧蚀法，用波长为 1064 nm 和脉冲时间为 7 ns 的 Nd：YAG 激光照射，合成了不同尺寸的高纯三方硒纳米棒。控制实验条件，可以制备出宽度为 20 nm 到几百纳米，长度为 10 μm 的横向尺寸不同的硒纳米棒。此外，利用液-液界面技术由单分散非晶硒纳米粒子也可制备单晶硒纳米棒[149]。首先在聚乙烯吡咯烷酮的作用下，水合肼还原 H_2SeO_3，然后向该分散体中进一步加入弱极性溶剂，如正丁醇，并持续温和搅拌，使无定形硒颗粒转移到液-液界面上，形成了聚乙烯吡咯烷酮包覆的均匀硒纳米颗粒的稳定分散体，随后在该界面上发生结晶和形貌演变，最终形成直径为 100～120 nm、长度可达几十微米的单晶硒纳米棒。Zhu 等[190]采用一步无模板无表面活性剂微波多元醇法制备了具有三方结构的硒纳米棒和纳米线。该方法简单、快速、成本低，可用于大规模制备一维硒纳米结构。使用水热法，在无模板和表面活性剂条件下也可以得到硒纳米棒[188]。

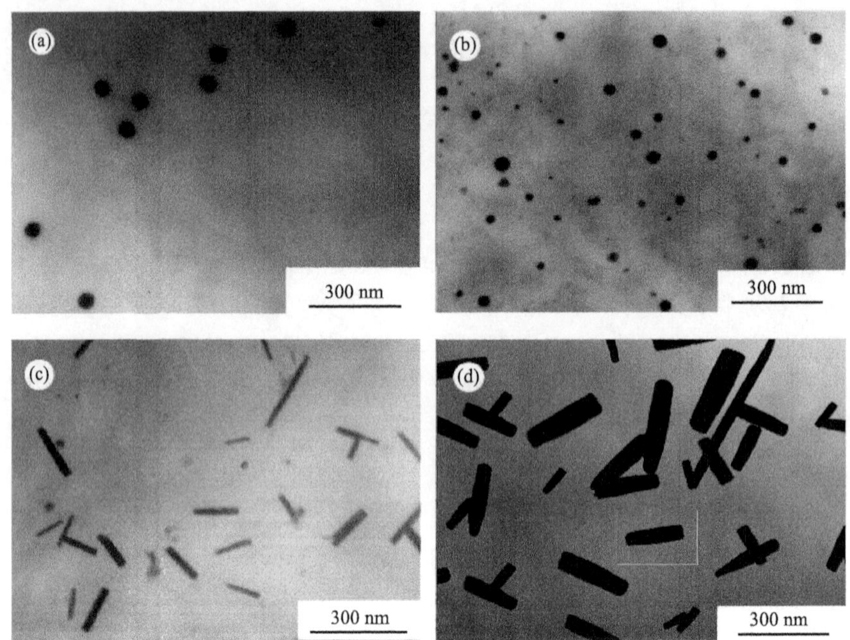

图 10-14　不同超声时间[（a）2 min，（b）8 min，（c）14 min，（d）20 min）]获得的纳米硒的 TEM 图像

2. 性质及应用

Chiou 等[187]研究了硒纳米棒光降解亚甲基蓝（MB）染料污染物的光催化活性。EPR 结果表明 Se 纳米棒在停止光照后仍然可持续产生·OH。因此，经过短时间的光照后，Se 纳米棒在黑暗环境中表现出明显的光催化活性。与商用 P25 TiO_2 和 Se 纳米颗粒相比，Se 纳米棒具有更优异的光催化性能，原因是硒纳米棒的单晶性有利于内部电荷载流子转移和提高载流子利用效率。Se 纳米棒在重复使用和循环使用后仍具有相当的光催化活性。

10.5.2.2　硒纳米线

1. 制备

Wu 等[191]采用水热法成功合成了一种长度为 10～100 μm、直径约 500 nm 的硒纳米线。Liao 等[192]采用一步溶剂热法，以葡萄糖作为绿色还原剂还原 SeO_2，在 150℃下大规模合成三方硒纳米线及其束。这些纳米线的直径分布均匀，在 80～110 nm 之间，长度可达几十微米。一些纳米线倾向于通过平行长轴方向聚集，形成纳米线束。t-Se 纳米线的形成和生长遵循固-液-固机制。Ju 等[193]采用有机酸辅助化学转化法制备了 Se 纳米线。反应过程中有机酸的浓度对控制最终产物的形貌至关重要。Zhang 等[194]采用一种简单实用的碳热化学气相沉积法成功制备了沿[001]方向生长的直径为 20～60 nm 的硒纳米线。Gates 等[195]发现横向尺寸可控的（在 10～800 nm 内）、长度可达数百微米的均匀硒纳米线可通过在 100℃下用过量肼还原 H_2SeO_3 合成。此外，他们还报道了一种大规模合成横向尺寸更小的（10～30 nm）、尺寸均匀晶体硒纳米线的实用方法，硒纳米线沿[001]方向生长，结晶度极佳[196]。Yan 等[197, 198]将半导体纳米线光电器件集成到功能性聚合物纤维中合成了单晶硒纳米线。在室温、没有任何化学反应的情况下，沉积在固体载体上的厚度可控的非晶硒薄膜在有机溶剂（如丙醇）中经过相转变可得到硒纳米线。Gao[199]报道了一种室温下在水溶液中制备 α-单斜硒纳米线的湿化学方法。硒二谷胱甘肽分解产生的硒分子在先形成的 α-单斜硒纳米粒子表面上不断堆积并沿着[001]方向逐渐生成 α-单斜硒纳米线。Kumar 等[200]以 Ag 纳米颗粒为前驱体实现了玻璃硒（g-Se）纳米线的合成。Ag_2Se 晶核的演化引起 t-Se 纳米线的生长。

2. 性质及应用

Zhang 等[194]研究了 Se 纳米线的能带结构和光学性质。硒纳米线的紫外可见光谱中对应于直接跃迁和间接跃迁的峰相对于块体硒有明显的蓝移，荧光结果进一步证实了上述发现。Gates 等[195]也发现了这种蓝移现象。他们还使用四探针法测量了单个纳米线的光电导率，当样品从黑暗中取出并用 3 $\mu W \cdot \mu m^{-2}$ 钨光照射时，光电导率增加了 145 倍（图 10-15）。智能传感设备具有高伸缩性和自供电特性，是下一代可穿戴式人体集成应用的关键。以硒纳米线为活性层，可制备可穿戴压电纳米发电机。纳米发电机具有可靠的耐久性。该装置可作为自供电传感器应用于人体综合传感和监测[191]。Yan 等[197, 198]利用超快瞬态吸收光谱、纳秒闪光光解和时间分辨太赫兹光谱研究了硒纳米线的载流子动力学和迁移率。硒纳米线具有高效的光吸收、较长的载流子寿命、良好的迁移率、易于合成和可加工性，使其成为高性能电子和光电器件的研究热点。

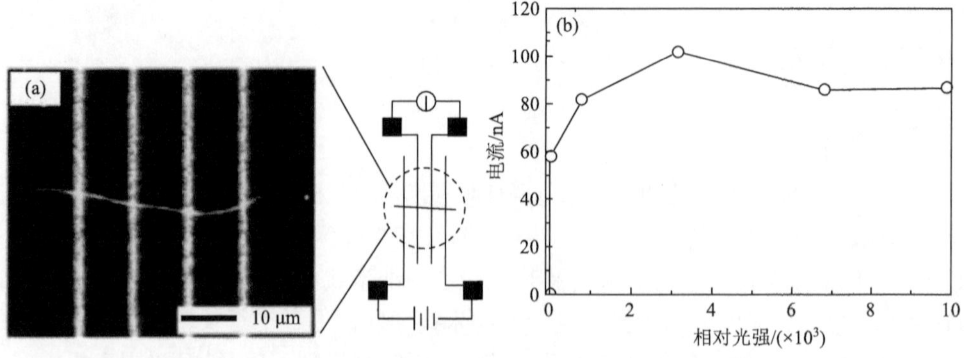

图 10-15　直径约 32 nm 的 t-Se 纳米线的光电导测量

（a）硒纳米线与四个平行金电极对齐的光学显微照片；（b）t-Se 纳米线的光电流随光强度的变化

10.5.2.3　硒纳米带

1. 制备

单晶硒纳米带可以通过真空气相沉积[201, 202]、水热法[203]和碳热化学气相沉积法合成[194]。例如，Wang 等[201]通过块体硒粉的真空气相沉积，在硅衬底上制备了超宽硒纳米带（图 10-16）。纳米带表面均匀光滑，宽度为 500～5000 nm，厚度约为 90 nm，长度可达数百微米。纳米带沿[001]方向生长，与硒的螺旋链方向一致。Luo 等[202]通过简单的真空蒸发法制备了宽度为 100～800 nm、厚度为 20～90 nm 的[001]取向的单晶硒纳米带。采用简单的水热法，以纤维素为还原剂和导向剂，在低温下可成功制备硒纳米带[203]。Schindler 等通过汽-液-固（VLS）机制简单方便地制备了超薄 t-Se 纳米带[204]。该纳米带结晶度高，优先沿 c 轴生长，平均厚度为 15 nm，长度可达几百微米。形成过程中的中间产物是串珠，在冷却过程中，受到 t-Se 各向异性晶体结构的限制，串珠逐渐演变成一维纳米结构。

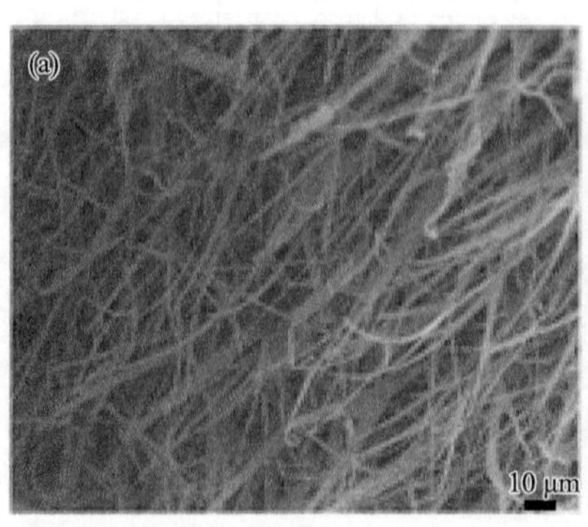

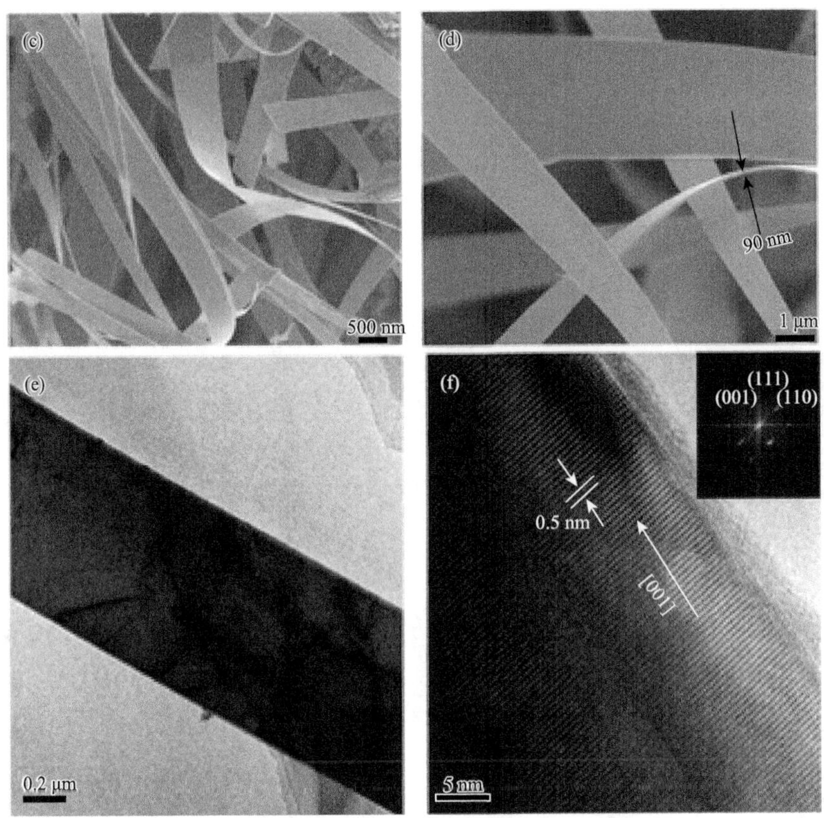

图 10-16　沉积在 Si 衬底上的 Se 纳米带在不同放大倍数下的 FE-SEM 图（a～d）、单个 Se 纳米带的 TEM 图（e）和 Se 纳米带的 HRTEM 图（f）以及插图中相应的快速傅里叶变换（FFT）图

2. 性质及应用

硒纳米带的光吸收峰的强度变化和位置偏移与一维纳米结构的直径变化和组装行为有关。硒一维纳米结构的尺寸和组装效应可能带来新的应用或提高现有器件的性能[203]。Se 纳米带在纳米光电器件方面具有重要的应用[202]。由 Se 纳米带制备的场效应晶体管具有典型的 p 型导通特性，空穴迁移率和空穴浓度分别为 $0.63\ cm^2·V^{-1}·s^{-1}$ 和 $9.35\times10^{16}\ cm^{-3}$。对 Se 纳米带基光电探测器的光电导分析表明，它对可见光具有很高的灵敏度。响应度和光电导增益分别为 $3.27\times10^4\ A·W^{-1}$ 和 6.77×10^4。该装置可以在各种弯曲条件下工作，具有良好的再现性和稳定性。

10.5.2.4　硒纳米管

1. 制备

硒纳米管的合成通常需要使用表面活性剂和模板。Liu 等[205]报道了一种在表面活性剂聚氧乙烯十二烷基醚（$C_{12}E_{23}$）的胶束溶液中合成硒纳米管的方法。Na_2SeSO_3 在酸性条件下歧化得到均匀的单晶 Se 纳米管，其直径为 80～300 nm，长度为几微米至 10 μm 以上。Zhang 等[206]报道了一种在十六烷基三甲基溴化铵存在下大规模合成多面单晶 Se 纳米管的快速液相方法。所得纳米管直径均匀，其长度范围从几十微米到约 100 μm（图 10-17）。Ma 等[207]研究了表面活性剂浓度对硒纳米管形成的影响。在不同的表面活性剂浓度下可以获得不同的纳米结构，包括纳米线、纳米管和纳米带。在 $C_{12}E_{23}$ 浓度为 18.4×10^{-3} $mol\cdot L^{-1}$ 时，获得了外径为 150～250 nm、长度为 3～7 μm 的均匀硒纳米管。Zhang 等[208]以聚氧乙烯山梨醇酐单月桂酸酯（Tween 20）为表面活性剂制备了亚微米单晶 t-Se 纳米管。类似的方法也被用于制备 Te 和其他各向异性材料的亚微米管。用来合成硒纳米管的表面活性剂还包括 Span 和其他 Tween 系列的非离子表面活性剂。表面活性剂的浓度直接影响了纳米管的形貌、尺寸和表面电荷。此外，硒纳米管还可以通过不需要使用表面活性剂和模板的方法合成。例如，Chen 等[209]报道了一种不使用模

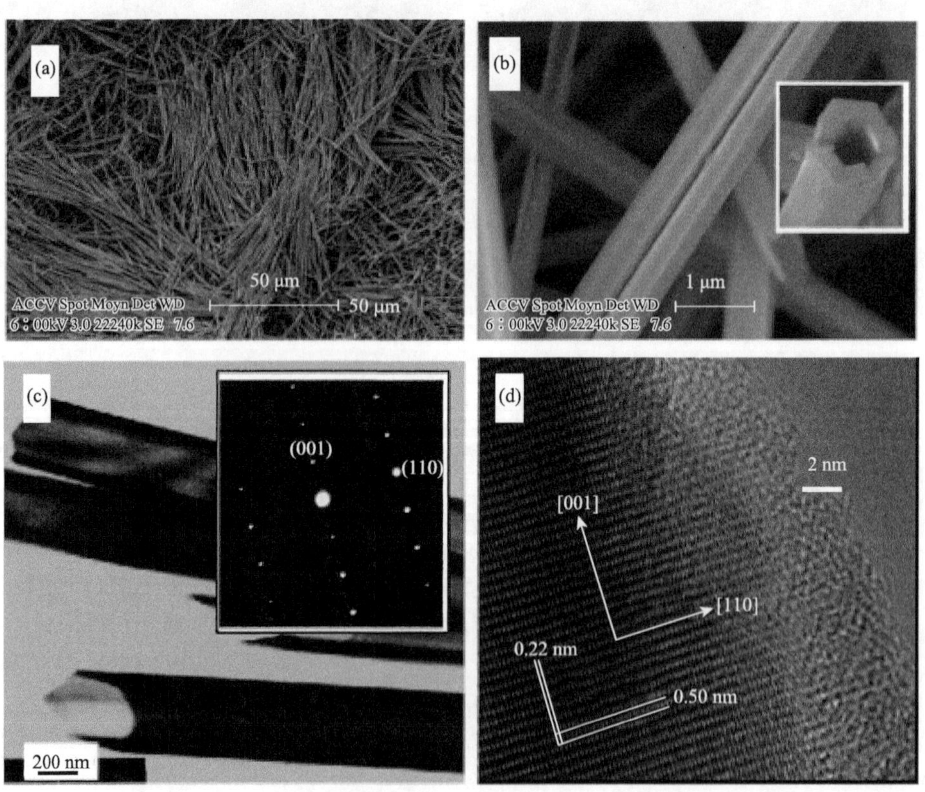

图 10-17　硒纳米管（a）SEM 图；（b）放大 SEM 图，插图为纳米管的六角开口；（c）TEM 图，插图为单个硒纳米管的电子衍射图案；（d）单个纳米管边缘获得的 HRTEM 图

板和表面活性剂的环境友好的合成工艺，成功地制备了大量硒纳米管。在无水乙醇中，85℃下可获得外径为 180～350 nm 的三方 Se 纳米管，其形成受“固-溶-固”生长过程的控制。首先生成非晶态硒纳米颗粒，然后转化为晶种，随后生长成纳米线或纳米管。温度、溶剂以及原料的浓度对最终形貌的形成至关重要。单晶 t-Se 纳米管和纳米线可以通过超声化学方法合成[210]。不稳定的 α-硒粒子转化为更稳定的 t-Se，然后超声诱导下球形 t-Se 表面开始生长形成硒纳米管，最后转化为纳米线。

2. 性质及应用

Zhang 等[206]使用循环伏安法研究了所合成的 t-Se 纳米管的电化学行为。结果表明，t-Se 纳米管的电活性与无定形 Se 纳米粒子和块体 t-Se 的电活性有很大的不同，其受电解质溶液酸度的影响很大。t-Se 纳米管可以作为构建光电子器件的元件，也可以作为构建其他一维纳米结构的模板。Liu 等[205]采用一种新颖的双终端器件结构，在室温下研究了 633 nm 激光照射下单晶硒纳米管的光电导特性。发现单晶硒纳米管与 W 和 Au 形成肖特基势垒，势垒高度是光强的函数。在低于 $1.46\times10^{-4}\ \mu W\cdot\mu m^{-2}$ 的光照下，Au-Se-W 杂化结构具有明显的开关特性，导通电压随着光照强度的增加而降低。在高于 $7\times10^{-4}\ \mu W\cdot\mu m^{-2}$ 的光照下，该器件具有欧姆电导，光电导率高达 $0.59\ \Omega\cdot cm^{-1}$，明显高于碳纳米管和 GaN 纳米管的值。这一发现表明硒纳米管不仅是一种非常有效的太阳能电池材料，而且是一种很好的光传感器材料。Zhang 等[208]研究了所合成超长单晶硒亚微管的电化学储氢性能。常温常压，其电化学充放电容量为 $265\ mAh\cdot g^{-1}$（相当于单壁碳纳米管中含有 0.97%的氢）。产物的形貌对其电化学储氢性能有显著影响。

10.5.3　二维纳米硒

10.5.3.1　制备

2D 材料因其原子层厚度、宽带吸收和超快光学响应而成为热点材料。相对于 0D 和 1D 硒纳米结构的研究，目前对 2D 硒纳米结构的合成和相关性质的了解还比较少。已报道的 2D 硒纳米片的制备方法有液相剥离和物理气相沉积（PVD）。Xing 等[211]使用液相剥离法，在 NMP 或异丙醇（IPA）中成功地制备了 2D 硒纳米片。增加离心转速（$4000\ r\cdot min^{-1}$）可以获得超薄的 2D 硒纳米片，其横向尺寸在 40～125 nm 之间，平均厚度为 3～6 nm。Ye 等[212]采用物理气相沉积法合成了高质量、大尺寸的硒纳米片。该合成方法的原理及硒纳米片的 SEM 图如图 10-18 所示。

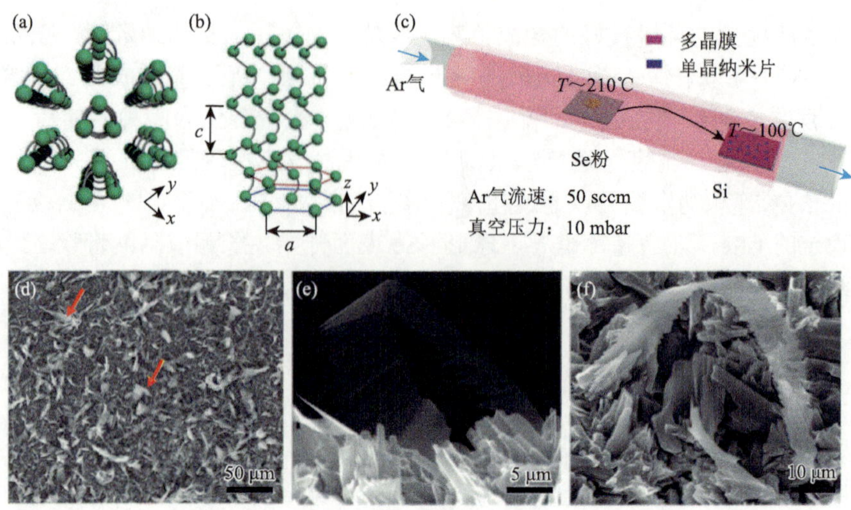

图 10-18　PVD 生长的大面积 Se 纳米片及其表征

（a，b）硒的结构；（c）PVD 方法示意图；（d）Si（111）衬底上制备的硒纳米片的低倍 SEM 图；（e）锯状结构和（f）羽毛状孪晶结构的硒纳米片的放大 SEM 图

10.5.3.2　性质及应用

液相剥离的 2D 硒纳米片的带隙与尺寸有关，随着厚度的减小，带隙在 1.98～2.31 eV 之间变化。这种 2D 硒纳米片显示出很强的荧光效应，在生物成像领域具有潜在的应用前景。另外，这种 2D 硒纳米片的光调制器件可以产生超短光脉冲[211]。Ye 等对所合成的硒纳米片进行了光谱表征[212]。角分辨拉曼光谱表明硒纳米片具有很强的面内各向异性。基于硒纳米片的背栅场效应晶体管表现出 p 型输运行为。如图 10-19 所示，$V_{ds} = 3$ V 时通态电流密度约为 20 $mA \cdot mm^{-1}$。在 300 K 下，硒纳米片的固有空穴迁移率为 0.26 $cm^2 \cdot V^{-1} \cdot s^{-1}$。硒纳米片光电晶体管显示出高达 263 $A \cdot W^{-1}$ 的优异光响应性，上升时间为 0.1 s，下降时间为 0.12 s。这些结果表明，2D 形式的范德瓦耳斯晶体硒为开发器件应用提供了可能性。

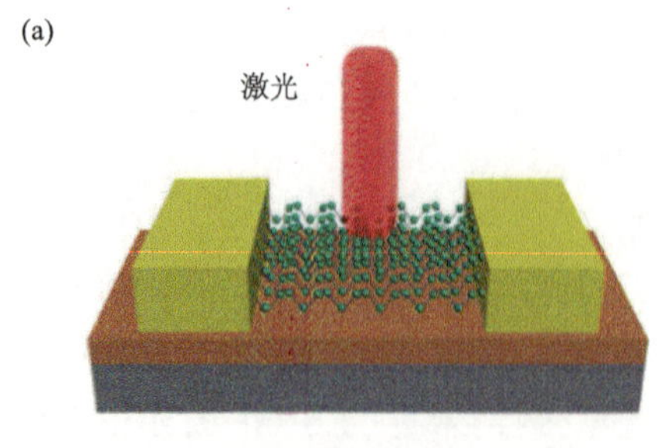

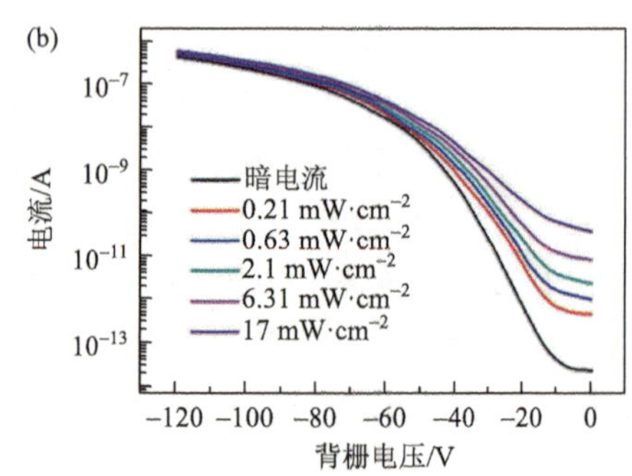

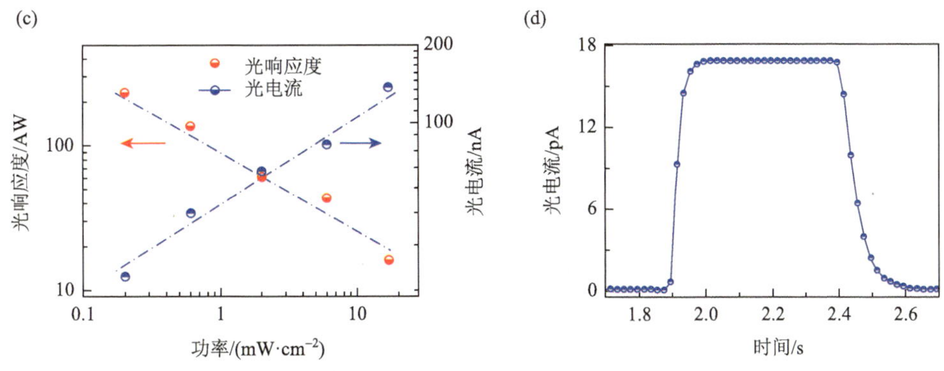

图 10-19　硒纳米片光电晶体管的光电特性

（a）背栅硒纳米片光电晶体管的原理图；（b）在 $V_{ds}=3$ V 的不同激光辐照功率下测量的 Se 纳米片光电晶体管的传输曲线；（c）光电流（I_{ph}）和响应度（R_λ）作为在 $V_{ds}=3$ V 和 $V_g=-80$ V 下测量的激光辐照功率的函数；（d）激光开启或关闭时光电流的上升或衰减特性

10.5.4　三维纳米硒

3D 纳米硒主要包括硒纳米球（大于 100 nm 颗粒）、微球及其他三维纳米硒（如具有纳米竹筏、多孔花状微结构、多孔苹果状微结构、蝴蝶状微结构的纳米硒）等。采用水热法可合成直径为 200～500 nm 的三方硒纳米球[213]。Zhang 等[214]采用水热法以 SeO_2 和葡萄糖为试剂，聚乙烯吡咯烷酮（PVP）为表面活性剂在 150℃下成功制备了具有孔结构的新型 t-Se 微球。使用表面活性剂 CTAB 合成不同形貌硒纳米结构时，调节 pH = 1 可得到硒纳米球[206]。Song 等[215]采用溶剂热法，在醋酸纤维素存在下，用乙烯醇还原 SeO_2，首次实现了竹筏状单晶硒超结构的高收率合成（图 10-20）。不同形态的筏形结构的形成与温度、醋酸纤维素的用量、反应时间，甚至预热处理密切相关。Zhang 等[216]开发了一种简便的液相沉积法用于制备 t-Se 多孔微结构。以锌和镍箔为基底，大规模制备了多孔花状硒微结构和多孔苹果状硒微结构。亚硒盐和 $N_2H_4 \cdot H_2O$ 之间在基底上发生氧化还原反应；配位剂乙二胺四乙酸（EDTA）使粒子具有更高的稳定性。通过调节实验参数可以改变颗粒的形貌。从金属箔中释放出的 Zn/Ni 离子的配位能力对最终产品的多孔形貌具有重要作用。合成过程中 N_2 的释放造成 Se 颗粒中产生了孔隙。Zeng 等[217]提出了一种由元素硒通过溶剂热和老化途径简单合成具有蝴蝶状微观结构的 t-Se 的方法。溶剂热过程促进硒在乙二胺中的溶解，形成棕色均匀的 $[Se(en)_x]$溶液，引入丙酮后得到无定形硒纳米颗粒，然后其转化为三方硒，进一步沿 c 轴组装形成六角形棒。由于立体阻碍以及六角形杆的两侧在相反方向上的发展，获得了由两个长外杆和一个短内杆组成的蝴蝶状结构（图 10-21 为蝴蝶状微观结构的 t-Se 的 SEM 图）。

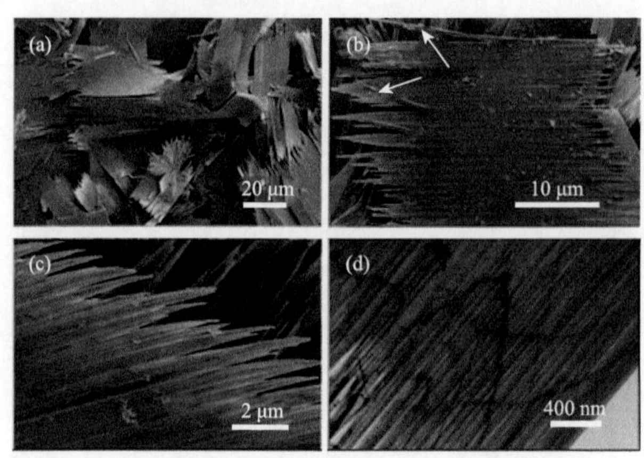

图 10-20　筏形三方 Se 的 FESEM 图（a～c）和 TEM 图（d）

图 10-21　蝴蝶状微观结构的 t-Se 的 SEM 图

现将前述各种纳米硒的合成方法及其特点汇总于表 10-2。

表 10-2　纳米硒的合成方法汇总

<table>
<tr><th>纳米硒</th><th>形貌</th><th colspan="2">合成方法</th><th>大小</th><th>原料</th><th>合成条件</th><th>参考文献</th></tr>
<tr><td rowspan="4">零维</td><td rowspan="2">量子点</td><td colspan="2">脉冲激光烧蚀法</td><td>(2.74±2.32) nm</td><td>β-Se 纳米颗粒</td><td>1064 nm 激光光照 15 min</td><td>[95]</td></tr>
<tr><td colspan="2">超声液相剥离法</td><td>(4.9±0.6) nm</td><td>$NbSe_2$，N-甲基-2-吡咯烷酮</td><td>5℃超声 48 h，超声功率 400 W</td><td>[96]</td></tr>
<tr><td rowspan="2">纳米颗粒</td><td rowspan="2">物理法</td><td>脉冲激光烧蚀法</td><td>(75±5) nm</td><td>商用无定形硒</td><td>532 nm Nd∶YAG 脉冲激光，脉冲 3 次</td><td>[99]</td></tr>
<tr><td>超声法</td><td>52.1 nm、42.3 nm、37.1 nm、25.2 nm、17.4 nm</td><td>无定形硒纳米颗粒，乙醇溶剂</td><td>65℃超声不同时间（42 kHz 和 59 kHz）</td><td>[100]</td></tr>
</table>

续表

纳米硒	形貌	合成方法		大小	原料	合成条件	参考文献
零维	纳米颗粒	化学法	电化学方法	85 nm、43 nm、60 nm	石墨粉和硒粉 3∶1，含 0.05 mol·L^{-1} NaCl 和不同改性剂的电解液	−1.2 V 恒电位电解	[101]
			离子液体诱导合成	76～150 nm	Na_2SeSO_3，聚乙烯醇，（$[Hmim]^+CH_3SO_3^-$）离子液体	环境条件下	[102]
			亚硒酸钠的酸解	150～250 nm	Na_2SeSO_3，HCl 溶液，聚合物（如明胶）和表面活性剂（如十二烷基磺酸钠）	回流，90℃老化 2h	[104]
			表面活性剂介导合成	14～17 nm	SeO_2，水合肼，AOT 或 CTAB	室温	[105]
			光催化法	100 nm	亚硒酸钠或硒酸钠，TiO_2 光催化剂	200 W Hg 灯，380 nm 紫外光，pH = 3.5	[111]
		生物合成法		17～500 nm	硒酸盐或亚硒酸盐	细菌合成、真菌合成、植物提取物合成	[91]
一维	纳米棒	超声法		直径 14 nm，长 50～220 nm	H_2SeO_3，L-半胱氨酸	室温超声 14 min	[150]
		激光烧蚀法		宽 20 nm 至几百纳米，长 10 μm	硒粉	1064 nm Nd∶YAG 激光照射，脉冲 7 ns，Ar 气氛	[189]
		液-液界面技术		直径 100～120 nm，长几十微米	H_2SeO_3，水合肼，聚乙烯吡咯烷酮，正丁醇	室温搅拌	[149]
		化学还原		直径 40～60 nm，长 1 μm	CMC 稳定的 H_2SeO_3，NaOH，$NaBH_4$	25℃搅拌 2 h	[187]
		水热法		直径 50 nm	SnSe 晶体粉末，草酸	170℃，2 h	[188]
	纳米线	溶剂热法		直径约 500 nm，长 10～100 μm	SeO_2，葡萄糖，PVP，$NH_3·H_2O$，水和乙醇	160℃，20 h	[191]
		溶液法		直径 10～800 nm，长几百微米	H_2SeO_3，水合肼	100℃回流	[195]
		有机酸辅助化学转化法		直径 40 nm，长 1μm	SnSe 晶体，酒石酸	180℃水热 1 h	[193]
		碳热化学气相沉积法		直径 20～60 nm，长几微米	硒粉，活性炭	Ar 气氛，500℃，2h	[194]
	纳米带	真空气相沉积		宽 500～5000 nm，厚 90 nm，长几百微米	硒粉	蒸发温度：200℃，沉积温度：100℃	[201]
		真空蒸发		宽 100～800 nm，厚 20～90 nm，长 20～40 μm	硒粉	250℃，1 h	[202]

续表

纳米硒	形貌	合成方法	大小	原料	合成条件	参考文献
一维	纳米带	水热法	宽 200～1500 nm，厚几十纳米，长几十微米	H_2SeO_3，纤维素	160℃，15 h	[203]
		气-液-固机制	宽 50～300 nm，厚 15 nm	硒粉	蒸发温度：600℃，沉积温度：300℃	[204]
	纳米管	胶束介导合成	直径 80～300 nm，长几微米至 10μm 以上，壁厚 30～50 nm	Na_2SeSO_3，聚氧乙烯十二烷基醚（$C_{12}E_{23}$）	室温	[205]
		溶液法	直径 300 nm，长几十至 100μm，壁厚 40 nm	H_2SeO_3，CTAB，水合肼	(70±0.5)℃	[206]
		无模板溶液法	直径 250～320 nm，壁厚 80～120 nm	H_2SeO_3，葡萄糖	85℃，4 h	[209]
		超声化学法	直径小于 200 nm	H_2SeO_3，水合肼	室温	[210]
二维	纳米片	液相剥离法	大小 40～120 nm，厚 3～6 nm	硒粉	0～10℃	[211]
		物理气相沉积法	长 50 μm，宽 8 μm，厚 5 nm	硒粉	蒸发温度：210℃，沉积温度：100℃	[212]
三维	纳米球	水热法	1 μm	SeO_2，葡萄糖，聚乙烯吡咯烷酮	150℃，20 h	[214]
	纳米竹筏	溶剂热法	—	SeO_2，乙二醇，醋酸纤维素	160℃，36 h	[215]
	多孔微结构	液相沉积法	—	H_2SeO_3，EDTA，水合肼	150℃，24 h	[216]
	蝴蝶状微结构	溶剂热和老化途径	—	硒粉，乙二胺	160℃，2 h	[217]

10.6　硒　团　簇

近年来，原子团簇在纳米电子学和催化领域有着广阔的应用前景，引起了人们的广泛关注。原子团簇表现出特殊的尺寸效应，具有与原子态和体相不同的性质。团簇的结构表征是材料科学的一个基本目标。自 20 世纪 90 年代中期以来，硒团簇因其有趣的光诱导现象以及在半导体器件和高效光电化学电池制造中的潜在应用而受到广泛研究。

10.6.1　理论计算

质谱分析表明，硒蒸气主要由 Se_2、Se_5、Se_6、Se_7 和 Se_8 组成，这意味着

$Se_n(n>8)$团簇可以看成是由小的硒团簇基本单元结合而成。Hohl 等[218]通过局域自旋密度近似结合分子动力学和模拟退火进行了理论研究，对理解 $Se_n(n=3\sim8)$团簇的结构做出了重大贡献。除 $n=4$ 外，Se_n 中性同分异构体的低能结构与对应$S_n(n=3\sim8)$非常相似。遗憾的是，与热力学数据相比，$Se_n(n=3\sim8)$团簇原子束缚能的理论值被高估了。基于 Se 团簇的低能结构，Li 等[219]用离散变分法研究了 Se_n 的电子结构、结合能、电离势和电子亲和势。然而，在局部密度近似的水平上，计算得到的电离势与实验结果有很大的偏差[220]，这可能是由于理论方法的局限性或分子动力学中提出的中性团簇结构与实际有差异所引起的。针对这些问题，Pan 等[221]采用基于密度泛函理论的局域密度近似和广义梯度近似方法，系统地研究了 $Se_n(n<8)$团簇的几何结构和能量学。计算得到的原子平均结合能和电离势与已有的实验结果符合得很好。此外，他们还研究了 $Se_n^+(n\leq8)$团簇的几何结构和能量学。除了 Se_7^+ 和 Se_8^+ 的离解能外，计算的断裂路径与测量结果一致。在 $n\leq8$ 范围内，Se_n^+ 的最低能量结构与 Se_n 的相同。Mauro 等[222]使用 Mauro 和 Varshneya 的从头算原子间势和本征向量跟踪方法（定位过渡态）对 Se_3-Se_8 团簇的势能景观进行了全面的描述。链状结构主要是 Se_3 和 Se_4 团簇，而环结构主要是 Se_5-Se_8。Se_8 环的几何结构特别稳定。简并态之间的同构跃迁通常只需很小的活化能。不同的固有结构之间的转换可能涉及一个或多个键的断裂和重组。Xu 等[223]结合 Hartree-Fock/密度泛函理论（DFT）研究了 $Se_n/Se_n^-(n=1\sim5)$ 物种的分子结构和电子亲和性。采用了七种不同的密度泛函（B3LYP、BLYP、BHLYP、BP86、B3P86、BPW91 和 B3PW91），探索了 $Se_n(n=2\sim5)$ 的基态结构。理论水平上得到的最可靠的绝热电子亲和能分别为 1.99 eV(Se)、1.88 eV(Se_2)、2.75 eV(Se_3)、2.72 eV(Se_4)、2.10 eV(Se_5)。用 DFT 方法预测的中性硒团簇的第一离解能分别为 3.05～3.99 eV(Se_2)、1.44～2.29 eV(Se_3)、2.28～3.94 eV(Se_4)、2.44～2.98 eV(Se_5)。Alparone 等[224]利用传统的从头算方法[HF，MP2，MP3，MP4，CCSD，CCSD(T)]和密度泛函理论（B3LYP，CAM-B3LYP）研究了 Se_2 和环状 $Se_n(n=2\sim12)$团簇的几何构型（表 10-3）、相对稳定性、结合能、二阶总能量差（D2E）、垂直电离能（VIEs）、垂直电子亲和性（VEAs）和偶极极化率。计算结果表明，$n=6$ 和 8 的偶数 Se_n 被认为是相对稳定的团簇。相对于硫团簇，硒团簇中每个原子的结合能较低，而每个原子的平均偶极极化率较高。

表 10-3　Se_n（$n=2\sim12$）团簇的结构示意图

Se_n 团簇	结构	Se_n 团簇	结构
Se_2	$D_{\infty h}$	Se_3	D_{3h}

续表

Se_n 团簇	结构	Se_n 团簇	结构
Se_4	D_{2d}　D_{4h}	Se_9	C_s　C_2　C_{3v}
Se_5	C_s　C_2　D_{5h}	Se_{10}	D_2　D_{5d}
Se_6	D_{3d}　D_2　C_{2v}	Se_{11}	C_2(a)　C_2(b)
Se_7	C_2　C_s椅式　C_s船式		
Se_8	C_s　D_{4d}　D_{2d}	Se_{12}	D_{6d}　D_{3d}

10.6.2　实验研究

10.6.2.1　游离的硒团簇

硒团簇的制备、结构和电子性质的实验工作也有一些报道。硒能在真空和气体中形成孤立的原子团簇。游离的硒团簇的制备一般采用蒸气冷凝技术、电晕放电以及激光汽化与超声膨胀技术相结合的方法。Tribollet 等开发了蒸气冷凝技术用于制备硒团簇，并研究了所制备硒团簇的结构和性质[220, 225, 226]。在开口的坩埚中，将硒在氦气气氛中约 200℃（压力 133.3～533.2 Pa）下加热蒸发，然后将氦气和冷凝室的铜壁在液氮温度下冷却。这种方法还可以制备 Li、Te 团簇[226, 227]，但很难获得大的团簇，原因可能是分子之间的结合能很小。Becker 等[228]制备了硒团簇并采用光电实验在分子束中测量了不同尺寸硒团簇的真空紫外光电子能谱。硒团簇的光电子能谱随着团簇尺寸的增大而收敛，尺寸增加（n 高达 25 的 Se_n 团簇）光电子谱接近于非晶态固体硒的光电子谱。较大的硒聚集体是 Se_5、Se_6、Se_7 和 Se_8（平衡蒸气的成分）分子通过范德瓦耳斯分子间作用力结合而成的团簇。Bréchignac 等采用类似的方法制备了硒团簇并利用光热激发团簇的单分子衰变研究了含 7～30 个原子的硒团簇离子的解离。含 14 个以上原子的团簇蒸发得到 Se_6、Se_7 和 Se_8 物种，而含 7～10 个原子的较小团簇则通过释放 Se_2 而离解[229]。

Nagaya 等[230]利用第三代强 X 射线源对 Se 团簇束进行了 EXAFS 测试，得到了 Se 小团簇的 EXAFS 谱，并与理论预测进行了比较。Brabson 等[231]在红外光谱和可见光谱上观察到硒的精细结构成分之间的禁止跃迁。同时，观察到两种不同的 Se_4 异构体和 Se_3 在 350 cm^{-1} 处的 v_3 基元。Kawai 等[232]利用新型电晕放电辅助团簇离子源形成硒团簇。蒸发室中的硒离子促进簇状生长。在温度 150～280℃，压力 31.9～57.9 kPa 的电晕放电室中，观察到了 $Se_n^+(n = 2\sim4)$ 团簇离子。结果表明，随着温度的升高，簇强度逐渐增大。在此基础上，讨论了团簇离子的形成过程。Yang 等[225]采用激光蒸发和超声膨胀相结合的方法制备了硒团簇阳离子。利用反射式飞行时间质谱仪对原子团簇离子进行了检测。中性二聚体蒸发是能量最低的光解通道。一般来说，奇数团簇阳离子的离解阈值比偶数团簇阳离子的离解阈值大得多。奇数阳离子的离解阈值随团簇尺寸的增大而减小，偶数阳离子的离解阈值随团簇尺寸的增大而增大。在高光子能量下，某些团簇阳离子的光解反应表现出连续的中性二聚体蒸发机制。

10.6.2.2　负载型硒团簇

硒团簇还可以被置于金属表面、纳米材料表面或引入到纳米材料孔道中。游离的硒团簇只有有限的性质，而和其他材料结合的硒团簇稳定性高，表现出特异的性质。Li 等[219]在高取向热解的石墨上制备了一种矩形的硒团簇晶格结构，并用扫描隧道显微镜对其进行了观察，发现其晶格间距为 0.72 nm×0.85 nm，单个分子直径为 0.53 nm。Lee 等[233]采用 Ar 溅射在 Au（111）上制备了硒团簇超结构。每个硒团簇都具有一定的规则结构，如原子链和三角链。Se 团簇具有很强的局域态。在硒吸附的 Au（111）表面上，Se 原子起着能量屏障和散射中心的作用，在其周围产生电子干涉图样。此外，硒原子团簇本身在团簇内形成量子限制态，并显示出与能量相关的干涉图样。

将硒团簇限域到孔材料的孔中对于研究硒的性质和结构以及合成具有特殊性能的材料都具有非常重要的作用，这方面的研究也得到了研究者们的广泛关注。为了研究限域对晶体排列的影响，Chancolon 等[234]将硒引入平均直径为 12 Å、23 Å 和 50 Å 的碳纳米管中，分别用 X 射线衍射和 X 射线吸收光谱对 Se 长程晶体学排列和 Se 短程原子环境的演化进行了表征。当管径为 12 Å 时，观察到从最初无序的三角结构（其中部分链没有很好地连接）到有序环的结构转变；当纳米管平均直径小于等于 20 Å 时，Se—C 键在结构转变中起一定的作用。

沸石分子筛是一类非常重要的孔结构材料，在 Bogomolov 等[235]的一项开创性工作之后，硒团簇引入到各种沸石孔中的研究被大量报道[236-243]。Terasaki 等[238]通过电子显微镜照片证明了丝光沸石（$Na_8Al_8Si_{40}O_{96}\cdot24H_2O$）中的硒团簇为单链硒。Khouchaf 等[239]利用 X 射线吸收光谱（XAS）研究了钠型丝光沸石小孔和大孔中的 Se 的原子结构，并与六方硒的结果进行了比较，证实丝光沸石孔道中的 Se 单链的引入。另外，还通过 X 射线衍射和拉曼散射对引入到沸石孔中硒团簇的原子结构进行了研究。Togashi 等[244]通过对 X 射线散射耦合的单晶结构的解析对含硒丝光沸石的结构进行了分析。Simoncic 等[240]使用单晶 X 射线对引入到 Na-丝光沸石孔道中的 Se 进行了结构表征。Goldbach 等[241]使用 X 射线散射和拉曼光谱对引入到各种 Y 沸石（Nb-Y、La-Y、Ca-Y、Cu-Y）孔道中的 Se 团簇进行了表征（图 10-22）。用 X 射线粉末衍射法也可以确定 Nd-Y 分子筛骨架中硒团簇的结构[242]。Li 等[243]报道了 $AlPO_4$-5 单晶基体中孤立一维 Se 链的制备过程，并使用 X 射线散射讨论了孔道内螺旋 Se 链的结构。天然沸石、天然丝光沸石和合成的 $AlPO_4$-5 具有不同形状的空腔和孔道，环分子通常和一维螺旋链在这些空腔和孔道内共存。Poborchii 等[245]采用偏振拉曼光谱和光吸收光谱证明了 Se_6 环在沸石和 $AlPO_4$-5 中保持原始 D_{3d} 对称性。然而，Se_6 环在丝光沸石通道中发生明显变形。

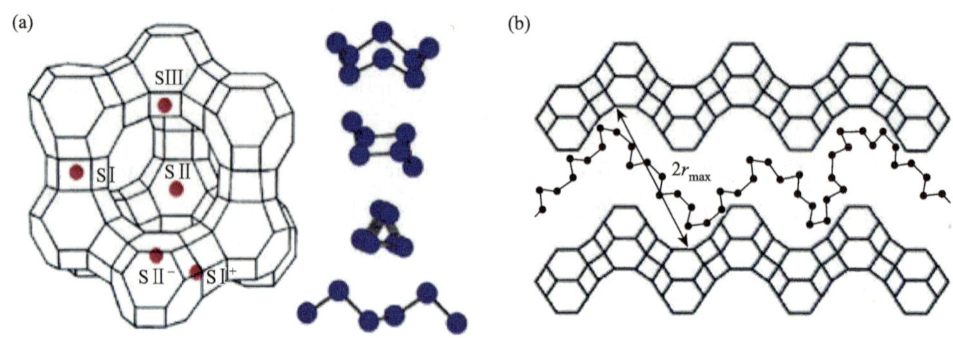

图 10-22　（a）八面沸石超笼、Se_8（D_{4d}）、Se_6（D_{3d}）环以及螺旋链示意图；（b）八面体孔隙内硒链排列示意图

具有平行纳米孔道的钙霞石晶体对引入客体材料和制备一维结构具有吸引力。Poborchii 等[237]将 Se 引入各种钙霞石晶体孔道内并使用单晶 X 射线衍射、偏振拉曼光谱、光吸收光谱和发光光谱对材料进行了研究。结果表明，Se 以 Se_2^{2-} 和 Se_2^- 二聚体的形式稳定地存在于孔道中心，并沿孔道取向排列。对于不同的样品，Se_2^{2-} 和 Se_2^- 二聚体绝对和相对浓度不同。在高浓度下，Se_2^{2-} 二聚体表现出线性链状结构。在低温下，Se_2^{2-} 和 Se_2^- 二聚体之间都有很强的键合。另一个重要的低温效应是拉曼光谱的变化，这是由于线性 Se_2^{2-} 链的振动被钙霞石的不相称势所扭

曲。所有样品都有很强的近红外偏振发光，二聚体的光离子化是发光机理中的重要步骤。

更值得注意的是，硒团簇和沸石孔内壁的原子（如钠）之间可能存在主客体相互作用[246]。Se/沸石（丝光沸石、八面沸石、ZSM-5、Y 沸石、$AlPO_4$-5）表现出若干特性，例如吸收边的蓝移、玻璃化转变温度的升高，以及独特的光诱导现象。无定形 Se 被限制在多孔玻璃的孔中，其光学禁带增大，并且随着孔径的减小，吸收光谱变宽，表明处于扩展状态的载流子被限制在独特的几何孔结构中[247]。由于分子筛的几何约束，团簇间的环或链无相互作用，分子筛中 Se 团簇的吸收光谱也发生蓝移[241, 243, 247]，ZSM-5 沸石中 Se（z-Se）的光学非线性比玻璃态硒（g-Se）的光学非线性高三个数量级（图 10-23）[248]。而且 Se 结构弛豫的热动力学尺寸变小，会导致玻璃化转变温度升高，活化能降低，非指数性降低[249]。在 $AlPO_4$-5 中，硒单链是柔性的，可以在 340 K 左右从一个弱扭曲相转变为另一个具有强烈无序结构的相（“熔融”状态）[243]。在这种沸石骨架的一维孔道中，硒链具有负压缩性[250]。

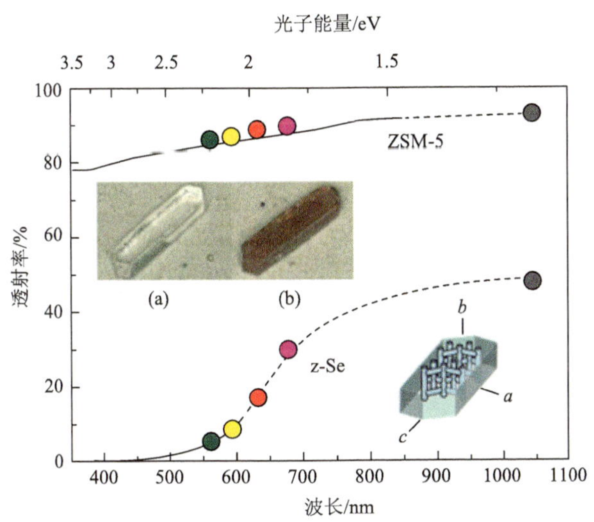

图 10-23　ZSM-5 和 z-Se 的透射光谱

插图为 ZSM-5（a）和 z-Se（b）的照片以及 ZSM-5 的示意图

金属有机骨架（MOF）是一类新型的孔材料，在各个领域都有着很好的应用前景。近年来，发展了一种基于 MOF 衍生纳米材料的制备方法。通过这种方法可合成嵌入 Se 团簇的多层径向结构的氮掺杂微孔碳材料（图 10-24），可应用于钠-硒二次电池[251]。

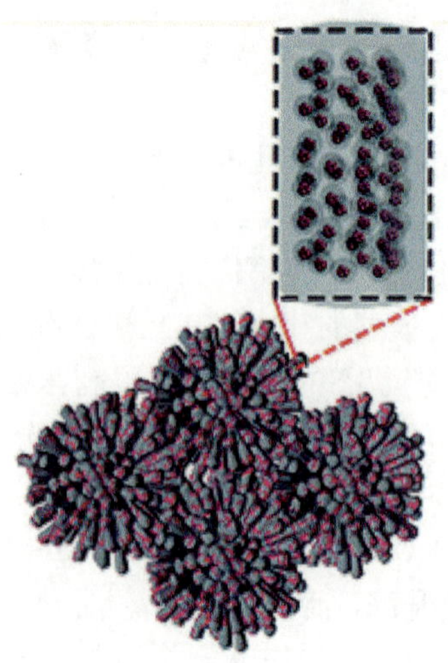

图 10-24　嵌入 Se 团簇的多层径向结构的氮掺杂微孔碳材料的结构示意图

10.7　教 学 提 示

（1）过去教材只介绍“硒在常温常压下有无定形硒和晶态硒两种”，全然没有显示随着研究进展，硒的同素异形体也是一个大家族，可分为气态硒、液态硒、固体硒、纳米硒和硒团簇五大类，其中常温常压下主要有固体硒、纳米硒和硒团簇三大类。固体硒包括 7 种晶态硒（α-Se、β-Se、γ-Se、δ-Se 等 4 种红色单斜环八硒，灰色金属性三方晶态硒，菱方晶态硒，正交晶态硒）和 2 种非晶态硒（无定形红硒和玻璃状黑硒）；纳米硒包括三维纳米硒（纳米球、纳米竹筏等）、二维纳米硒（纳米片）、一维纳米硒（纳米棒、纳米线、纳米带、纳米管）和零维硒（量子点和纳米颗粒）。

（2）液态硒是最不寻常的元素液体之一，具有半导体性质，在熔点（$T_m = 490$ K）以上表现出高黏度、临界点以下存在带隙和具有低电导率，被称为“液体半导体”。液态硒的导电性随着温度的升高而增加，接近常压下液态金属在临界点附近的电导率的值。但本质上硒在临界点附近是分子流体，而不是金属流体。固态硒的性质五花八门，特别是纳米硒和硒团簇都与功能材料相关。可以发现，硒团簇还可以被置于金属表面、纳米材料表面或引入到纳米材料孔道中。这种特异的性质将会使硒有更大的应用前景。

（3）纯硒元素和金属硒化物的毒性相对不大。硒是人体必需的微量元素。但它是一个“双刃剑”！有利的是：①可增强免疫力，硒具有清除氧自由基的作用，排出体内毒素，抗氧化，能有效地抑制过氧化脂质的产生，防止血凝块，清除胆固醇，增强人体抵抗力的作用。②防止糖尿病，硒是构成谷胱甘肽过氧化酶的活性成分，能防止胰岛素 β 细胞氧化破坏，使其功能正常，促进糖分的代谢，改善和降低血糖。③防止白内障，视网膜由于接触电离辐射较多，容易受伤，硒可以保护视网膜，增强玻璃体的光洁度，提高视力。④防止心脑血管疾病，硒是维持心脏正常功能的重要元素，对心脏心肌细胞具有保护和修复的作用，人体血硒水平的降低，会导致体内清除自由基的功能减退，造成有害物质的沉积。但人体摄取硒不足时，会造成克山病（Keshan disease：主要病症为心肌病变，包括心率加快、心电图异样、充血性心脏衰竭、心脏组织的多病灶坏疽等，严重时会导致生命危险甚至死亡）和溪山症（Kashin-Beck disease：主要病征为骨关节病变，包含骨关节、小腿、手臂的软骨骺板退化与坏死。此疾病为地域性、多发性、变形性骨关节病变）。然而物极必反，硒中毒（selenosis）可能发生在从事硒相关行业的工人以及摄取过多硒的人群中。目前硒的上限摄取量为每天 400 μg；硒的副作用发生最低量（LOAEL）为 910 μg。摄食过量时，极易导致毛发异样、指甲脱落、脚趾甲异样等副作用，也会干扰硫的正常代谢以及抑制蛋白质合成，严重过量会导致肝硬化、肺水肿（pulmonary edema），甚至丧命。

学习思考题

1. 硒矿物种类非常多，请尽可能列举出硒矿物并写出其主要成分的化学式。

2. 与传统提硒技术（火法前处理与传统湿法相结合、氯化-综合法及传统湿法）相比，真空冶金粗炼和精炼提纯硒的工艺有着生产流程短、无污染、金属回收率高和生产成本低等优势。查阅文献，试说明真空冶炼提纯硒的基本原理。

3. 液态硒具有特殊的电子结构和性质，例如，随着温度的升高，液态硒变为顺磁性；光学间隙在 1173 K 时减小至约 1.0 eV；当温度高于 1500 K 时，其导电性骤降，在临界点成为绝缘体，根据本章内容和查阅相关文献，从液态硒结构特点角度分析上述原因。

4. 简述固态硒非晶态和晶体的区别。

5. 确定各种硒同素异形体结构的研究方法有哪些？

6. 硒的同素异形体之间是否可以相互转化？如何转化？

7. 硒纳米颗粒的绿色合成方法有哪些？这些方法的基本原理是什么？

8. 光催化法制备硒纳米材料的基本原理是什么？制备过程中通常需加入甲酸、乙醇等，这些物质起到什么作用？

9. 虽然硒被医学界和营养界誉为“抗癌之王”、“天然解毒剂”和“长寿元素”等，但是您在选择和使用“补硒产品”时为什么还要慎之又慎？

10. 结合硒纳米材料制备的内容，试说明如何调控纳米材料的尺寸和形貌，以及它们如何影响纳米材料的性能？

11. 虽然硒纳米材料被广泛研究，但是其制备、性能和应用方面仍然存在一些挑战。您觉得硒纳米材料的制备、性能和应用研究面临的挑战主要有哪些？未来的发展方向是什么？

12. 在材料领域，孔的种类有哪些？除了分子筛、碳纳米管外，还有哪些孔材料？

13. 原子团簇表现出特殊的尺寸效应，具有与原子态和体相不同的性质。硒团簇因哪些有趣的性质在半导体器件和高效光电化学电池制造中显示出潜在应用？

14. 如何证明硒团簇和沸石孔内壁的原子（如钠）之间可能存在着主客体相互作用？

15. 硒团簇和其他非金属元素单质形成的团簇有何异同？

参 考 文 献

[1] Meija J，Coplen T B，Berglund M，et al. Pure Appl Chem，2016，88（3）：265-291

[2] 刘家军. 冶金地质动态，1994，（6）：14-16

[3] 王芳. 资源环境与工程，2016，30（2）：244-247

[4] 李静贤，刘家军. 资源与产业，2014，16（2）：90-97

[5] 李家熙，张光弟，葛晓立，等. 人体硒缺乏与过剩的地球化学环境特征及其预测. 北京：地质出版社，2000：1-204

[6] Weeks M E. J Chem Educ，1932，9（3）：474

[7] Trofast J. Chem Int，2011，33（5）：16-19

[8] Budininkas P，Edwards R K，Wahlbeck P G. J Chem Phys，1968，48（7）：2867-2869

[9] Rau H. J Chem Thermodyn，1974，6（6）：525-535

[10] Massen C H，Weijts A G L M，Poulis J A. Trans Faraday Soc，1964，60（0）：317-322

[11] Meschi D J，Searcy A W. J Chem Phys，1969，51（11）：5134-5138

[12] Becker J，Rademann K，Hensel F. Z Phys D：Atoms，Molecules and Clusters，1991，19（4）：229-231

[13] Gobrecht H，Gawlik D，Mahdjuri F. Phys Kondens Mater，1971，13（2）：156-163

[14] Hoshino H，Schmutzler R W，Hensel F. Ber Bunsenges Phys Chem，1976，80（1）：27-31

[15] Keezer R C，Bailey M W. Mater Res Bull，1967，2（2）：185-192

[16] Keezer R C，Moody J W. Appl Phys Lett，1966，8：233

[17] Srb I，Vaško A. Czech J Phys，1963，13（11）：827-840

[18] Misawa M，Suzuki K. Trans Jpn Inst Met，1977，18（5）：427-434

[19] Edeling M，Freyland W. Ber Bunsenges Phys Chem，1981，85（11）：1049-1054

[20] Tamura K. J Non-Cryst Solids，1990，117-118：450-459

[21] Misawa M，Suzuki K. J Phys Soc Jpn，1978，44（5）：1612-1618

[22] Bichara C，Pellegatti A，Gaspard J P. Phys Rev B，1994，49（10）：6581-6586

[23] Kirchhoff F，Kresse G，Gillan M J. Phys Rev B，1998，57（17）：10482-10495

[24] Phillips W A，Buchenau U，Nücker N，et al. Phys Rev Lett，1989，63（21）：2381-2384

[25] Hohl D，Jones R O. Phys Rev B，1991，43（5）：3856-3870
[26] Kresse G，Kirchhoff F，Gillan M J. Phys Rev B，1999，59（5）：3501-3513
[27] Warren W W，Dupree R. Phys Rev B，1980，22（5）：2257-2275
[28] Cherin P，Unger P. Acta Cryst，1972，28（1）：313-317
[29] Marsh R E，Pauling L，Mccullough J D. Acta Crystallogr，1953，6（1）：71-75
[30] Černošek Z，Růzicka A，Holubová J，et al. Main Group Met Chem，2007，30（5）：231-234
[31] Foss O，Janickis V. J Chem Soc，Dalton Trans，1980，（4）：624-627
[32] Burbank R. Acta Crystallogr，1951，4（2）：140-148
[33] Cherin P，Unger P. Inorg Chem，1967，6（8）：1589-1591
[34] Miyamoto Y. Jpn J Appl Phys，1980，19（10）：1813-1819
[35] Nagata K，Miyamoto Y. Jpn J Appl Phys，1984，23（6）：704-708
[36] Takahashi T，Yagi S，Sagawa T，et al. J Phys Soc Jpn，1985，54（3）：1018-1022
[37] Geshi M，Oda T，Hiwatari Y. J Phys：Condens Matter，2002，14（44）：10885-10890
[38] Moody J W，Himes R C. Mater Res Bull，1967，2（7）：523-530
[39] Maaninen T，Konu J，Laitinen R S. Acta Cryst，2004，60（12）：o2235-o2237
[40] Foss O，Janickis V. J Chem Soc，Chem Commun，1977，（23）：834-835
[41] Takumi M，Tsujioka Y，Hirai N，et al. J Phys：Conf Ser，2010，215：012049
[42] Miyamoto Y. Jpn J Appl Phys，1977，16（12）：2257-2258
[43] Takahashi T. Phys Rev B，1982，26（10）：5963-5964
[44] Nagata K，Ishibashi K，Miyamoto Y. Jpn J Appl Phys，1981，20（3）：463-469
[45] Steudel R，Strauss E-M. Z Naturforsch B，1981，36（9）：1085-1088
[46] Nagata K，Tashiro H，Miyamoto Y. Jpn J Appl Phys，1981，20（11）：2265-2266
[47] Nagata K，Miyamoto Y，Nishimura H，et al. Jpn J Appl Phys，1985，24（Part 2，No. 11）：L858-L860
[48] Laitinen R S，Pekonen P，Hiltunen Y，et al. Acta Chem Scand，1989，43，436-440
[49] Steudel R，Papavassiliou M，Strauss E-M，et al. Angew Chem Int Ed，1986，25（1）：99-101
[50] Cazzato S，Scopigno T，Yannopoulos S N.，et al. J Non-Cryst Solids，2009，355（37）：1797-1800
[51] Andonov P. J Non-Cryst Solids，1982，47（3）：297-339
[52] Witte H，Freistedt H，Bläsing J，et al. Physi Status Solidi（A），1994，145（2）：363-368
[53] Keck P H. J Opt Soc Am，1952，42（4）：221-225
[54] Montrimas E，Petr≐Tis B. J Non-Cryst Solids，1974，15（1）：96-106
[55] Gladden L F，Elliott S R. J Non-Cryst Solids，1987，97-98：1175-1178
[56] Vanderbilt D，Joannopoulos J D. Phys Rev B，1980，22（6）：2927-2939
[57] Audiere J P，Mazieres C，Carballes J C. J Non-Cryst Solids，1978，27（3）：411-419
[58] Suzuki K，Matsumoto K，Hayata H，et al. J Non-Cryst Solids，1987，95-96：555-562
[59] Goldan A H，Li C，Pennycook S J，et al. J Appl Phys，2016，120（13）：135101
[60] Derek M，George B，Kirill K，et al. Can J Phys，2014，92（7/8）：629-633
[61] Rechtin M D，Averbach B L. J Non-Cryst Solids，1973，12（3）：391-421
[62] Nagels P，Sleeckx E，Callaerts R，et al. Solid State Commun，1997，102（7）：539-543
[63] Scopigno T，Steurer W，Yannopoulos S N，et al. Nat Commun，2011，2（1）：195
[64] Caricato A P，Martino M，Romano F，et al. Appl Surf Sci，2007，253（15）：6517-6521
[65] Peled A，Friesem A A，Vinokur K. Thin Solid Films，1992，218（1）：201-208

[66] Sun H，Zhu X，Yang D，et al. Mater Lett，2016，183：94-96

[67] Jóvári P，Delaplane R G，Pusztai L. Phys Rev B，2003，67（17）：172201

[68] Zhao Y H，Lu K，Liu T. J Non-Cryst Solids，2004，333（3）：246-251

[69] Kirillov Y P，Shaposhnikov V A，Kuznetsov L A，et al. Inorg Mater，2016，52（11）：1183-1188

[70] Marshall J M，Owen A E. Phys Status Solidi（A），1972，12（1）：181-191

[71] Assunção M C. J Non-Cryst Solids，1991，136（1）：81-90

[72] Abdul-Gader M M，Al-Basha M A，Wishah K A. Int J Electron，1998，85（1）：21-41

[73] Kasap S，Koughia C，Berashevich J，et al. J Mater Sci：Mater Electron，2015，26（7）：4644-4658

[74] Juška G，Arlauskas K. Phys Status Solidi（A），1980，59（1）：389-393

[75] Tanioka K，Yamazaki J，Shidara K，et al. IEEE Electron Device Lett，1987，8（9）：392-394

[76] Matsushita T，Yamagami T，Okuda M. Jpn J Appl Phys，1972，11（11）：1657-1662

[77] Petrētis B，Bacevičiūtė K，Montrimas E，et al. J Non-Cryst Solids，1974，16（3）：418-426

[78] Vonwiller. O U. Nature，1919，104（2613）：345-347

[79] Ovshinsky S R，Fritzsche H. IEEE Trans Electron Devices，1973，20（2）：91-105

[80] Roy A，Kolobov A V，Oyanagi H，et al. Philos Mag B，1998，78（1）：87-94

[81] Reznik A，Lui B J M，Lyubin V，et al. J Non-Cryst Solids，2006，352（9）：1595-1598

[82] Ohkawa Y，Miyakawa K，Matsubara T，et al. IEICE Electron Expr，2009，6（15）：1118-1124

[83] Park W-D，Tanioka K. Appl Phys Lett，2014，105（19）：192106

[84] Kasap S，Frey J B，Belev G，et al. Sensors，2011，11（5）：5112-5157

[85] Kuo T-T，Wu C-M，Lu H-H，et al. J Vac Sci Technol A，2014，32（4）：041507

[86] Sultana A，Wronski M M，Karim K S，et al. IEEE Sens J，2010，10（2）：347-352

[87] Sharma R，Kumar D，Srinivasan V，et al. Opt Express，2015，23（11）：14085-14094

[88] Bernède J C，Touihri S，Safoula G. Solid-State Electron，1998，42（10）：1775-1778

[89] Patil A M，Lokhande A C，Chodankar N R，et al. Int J Hydrogen Energy，2016，41（39）：17453-17461

[90] Piacenza E，Presentato A，Zonaro E，et al. Phys Sci Rev，2018，3（5）：20170100

[91] Chaudhary S，Umar A，Mehta S K. Prog Mater Sci，2016，83：270-329

[92] Huang W，Wang M，Hu L，et al. Adv Funct Mater，2020，30（42）：2003301

[93] Zambonino M C，Quizhpe E M，Jaramillo F E，et al. Int J Mol Sci，2021，22（3）：989

[94] Xu C. Green Synthesis of Selenium Nanoparticles（SeNPs）Via Environment-Friendly Biological Entities//Green Synthesis of Nanoparticles：Applications and Prospects. Singapore：Springer，2020：259-271

[95] Singh S C，Mishra S K，Srivastava R K，et al. J Phys Chem C，2010，114（41）：17374-17384

[96] Qian F，Li X，Tang L，et al. Appl Phys Lett，2017，110（5）：053104

[97] Jiang X，Huang W，Wang R，et al. Nanoscale，2020，12（20）：11232-11241

[98] Fujishima M，Tanaka K，Sakami N，et al. J Phys Chem C，2014，118（17）：8917-8924

[99] Quintana M，Haro-Poniatowski E，Morales J，et al. Appl Surf Sci，2002，195（1）：175-186

[100] Li H，Song X，Yu X，et al. CrystEngComm，2019，21（37）：5650-5657

[101] Ye X，Chen L，Liu L，et al. Mater Lett，2017，196：381-384

[102] Langi B，Shah C，Singh K，et al. Mater Res Bull，2010，45（6）：668-671

[103] Redman D W，Murugesan S，Stevenson K J. Langmuir，2014，30（1）：418-425

[104] Stroyuk A L，Raevskaya A E，Kuchmiy S Y，et al. Colloids Surf A，2008，320（1）：169-174

[105] Mehta S K，Chaudhary S，Kumar S，et al. Nanotechnology，2008，19（29）：295601

[106] Mehta S K，Chaudhary S，Bhasin K K. J Nanopart Res，2009，11（7）：1759

[107] Johnson J A，Saboungi M-L，Thiyagarajan P，et al. J Phys Chem B，1999，103（1）：59-63

[108] Nath S，Ghosh S K，Panigahi S，et al. Langmuir，2004，20（18）：7880-7883

[109] Triantis T，Troupis A，Gkika E，et al. Catal Today，2009，144（1）：2-6

[110] Yang L B，Shen Y H，Xie A J，et al. Mater Res Bull，2008，43（3）：572-582

[111] Nguyen V N H，Beydoun D，Amal R. J Photochem Photobiol A，2005，171（2）：113-120

[112] Tan T T Y，Beydoun D，Amal R. J Mol Catal A：Chem，2003，202（1）：73-85

[113] Nguyen V N H，Amal R，Beydoun D. Chem Eng Sci，2005，60（21）：5759-5769

[114] Skalickova S，Milosavljevic V，Cihalova K，et al. Nutrition，2017，33：83-90

[115] Wadhwani S A，Shedbalkar U U，Singh R，et al. Appl Microbiol Biotechnol，2016，100（6）：2555-2566

[116] Kokila K，Elavarasan N，Sujatha V. New J Chem，2017，41（15）：7481-7490

[117] Menon S，Devi K S S，Agarwal H，et al. Colloid Interface Sci Commun，2019，29：1-8

[118] Ezhuthupurakkal P B，Polaki L R，Suyavaran A，et al. Mater Sci Eng C，2017，74：597-608

[119] Sarathchandra S，Watkinson J. Science，1981，211（4482）：600-601

[120] Wang T，Yang L，Zhang B，et al. Colloids Surf B，2010，80（1）：94-102

[121] Dobias J，Suvorova E I，Bernier-Latmani R. Nanotechnology，2011，22（19）：195605

[122] Zhang W，Chen Z，Liu H，et al. Colloids Surf B，2011，88（1）：196-201

[123] Dhanjal S，Cameotra S S. Microb Cell Fact，2010，9（1）：52

[124] Zhang L，Li D，Gao P. World J Microbiol Biotechnol，2012，28（12）：3381-3386

[125] Zahir Z A，Zhang Y，Frankenberger W T. J Agric Food Chem，2003，51（12）：3609-3613

[126] Vetchinkina E，Loshchinina E，Kursky V，et al. J Microbiol，2013，51（6）：829-835

[127] Ndwandwe B K，Malinga S P，Kayitesi E，et al. Int J Food Sci Technol，2021，56（6）：2640-2650

[128] Hussain I，Singh N B，Singh A，et al. Biotechnol Lett，2016，38（4）：545-560

[129] Liu Y，Zeng S，Liu Y，et al. Int J Biol Macromol，2018，114：632-639

[130] Nie T，Wu H，Wong K-H，et al. J Mater Chem B，2016，4（13）：2351-2358

[131] Mellinas C，Jiménez A，Garrigós M D C. Molecules，2019，24（22）：4048

[132] Zhang J，Fu Q，Xue Y，et al. CrystEngComm，2018，20（9）：1220-1231

[133] Guleria A，Singh A K.，Neogy S，et al. Mater Chem Phys，2017，202：204-214

[134] Guleria A，Chakraborty S，Neogy S，et al. Chem Commun，2018，54（63）：8753-8756

[135] Guleria A，Neogy S，Adhikari S. Mater Lett，2018，217：198-201

[136] Guleria A，Maurya D K，Neogy S，et al. New J Chem，2020，44（11）：4578-4589

[137] Guleria A，Neogy S，Raorane B S，et al. Mater Chem Phys，2020，253：123369

[138] Rajalakshmi M，Arora A K. Solid State Commun，1999，110（2）：75-80

[139] Li Q，Chen T，Yang F，et al. Mater Lett，2010，64（5）：614-617

[140] Shah C P，Singh K K，Kumar M，et al. Mater Res Bull，2010，45（1）：56-62

[141] Shah C P，Kumar M，Bajaj P N. Nanotechnology，2007，18（38）：385607

[142] Shah C P，Kumar M，Pushpa K K，et al. Cryst Growth Des，2008，8（11）：4159-4164

[143] Lin Z-H，Chris W C R. Mater Chem Phys，2005，92（2）：591-594

[144] Shah C P，Dwivedi C，Singh K K，et al. Mater Res Bull，2010，45（9）：1213-1217

[145] Mehta S K，Chaudhary S，Bhasin K K. J Nanopart Res，2008，11（7）：1759

[146] Hassanien R，Abed-Elmageed A A I，Husein D Z. ChemistrySelect，2019，4（31）：9018-9026

[147] Prasad K S，Selvaraj K. Biol Trace Elem Res，2014，157（3）：275-283
[148] Khalid A，Tran Phong A，Norello R，et al. Nanoscale，2016，8（6）：3376-3385
[149] Song J-M，Zhu J-H，Yu S-H. J Phys Chem B，2006，110（47）：23790-23795
[150] Chen Z，Shen Y，Xie A，et al. Cryst Growth Des，2009，9（3）：1327-1333
[151] Olmsted S S，Padgett J L，Yudin A I，et al. Biophys J，2001，81（4）：1930-1937
[152] Pornwilard M-M，Somchue W，Shiowatana J，et al. Food Res Int，2014，57：203-209
[153] Zhang C，Zhai X，Zhao G，et al. Carbohydr Polym，2015，134：158-166
[154] Huang Q Z，Wang S M，Huang J F，et al. Carbohydr Polym，2007，68（4）：761-765
[155] Dizaj S M，Lotfipour F，Barzegar-Jalali M，et al. Mater Sci Eng C，2014，44：278-284
[156] Hoseinnejad M，Jafari S M，Katouzian I. Crit Rev Microbiol，2018，44（2）：161-181
[157] Khezerlou A，Alizadeh-Sani M，Azizi-Lalabadi M，et al. Microb Pathog，2018，123：505-526
[158] Alam H，Khatoon Na，Raza M，et al. BioNanoScience，2019，9（1）：96-104
[159] Vera P，Echegoyen Y，Canellas E，et al. Anal Bioanal Chem，2016，408（24）：6659-6670
[160] Vera P，Canellas E，Nerín C. Nanomaterials，2018，8（10）：837
[161] Jamróz E，Kopel P，Juszczak L，et al. Food Packag Shelf Life，2019，21：100339
[162] Khurana A，Tekula S，Saifi M A，et al. Biomed Pharmacother，2019，111：802-812
[163] Wang X，Sun K，Tan Y，et al. Free Radical Biol Med，2014，72：1-10
[164] Ahmed H H，Khalil W K B，Hamza A H. Toxicol Mech Methods，2014，24（8）：593-602
[165] Kong L，Yuan Q，Zhu H，et al. Biomaterials，2011，32（27）：6515-6522
[166] Ali E N，El-Sonbaty S M，Salem F M. Int J Pharm，Biol Chem Sci，2013，2（4）：38-46
[167] Vekariya K K，Kaur J，Tikoo K. Nanomed：Nanotechnol，Biol Med，2012，8（7）：1125-1132
[168] Pi J，Yang F，Jin H，et al. Bioorg Med Chem Lett，2013，23（23）：6296-6303
[169] Luo H，Wang F，Bai Y，et al. Colloids Surf B，2012，94：304-308
[170] Ramya S，Shanmugasundaram T，Balagurunathan R. J Trace Elem Med Biol，2015，32：30-39
[171] Wu H，Li X，Liu W，et al. J Mater Chem，2012，22（19）：9602-9610
[172] Yu B，Zhang Y，Zheng W，et al. Inorg Chem，2012，51（16）：8956-8963
[173] Zhang Y，Li X，Huang Z，et al. Nanomed：Nanotechnol，Biol Med，2013，9（1）：74-84
[174] Pi J，Jin H，Liu R，et al. Appl Microbiol Biotechnol，2013，97（3）：1051-1062
[175] Liu W，Li X，Wong Y-S，et al. ACS Nano，2012，6（8）：6578-6591
[176] Gao F，Yuan Q，Gao L，et al. Biomaterials，2014，35（31）：8854-8866
[177] Tan L，Jia X，Jiang X，et al. Biosens Bioelectron，2009，24（7）：2268-2272
[178] Xia Y，You P，Xu F，et al. Nanoscale Res Lett，2015，10（1）：349
[179] Rezvanfar M A，Rezvanfar M A，Shahverdi A R，et al. Toxicol Appl Pharmacol，2013，266（3）：356-365
[180] Vekariya K K，Kaur J，Tikoo K. Toxicol Appl Pharmacol，2013，268（2）：212-220
[181] Zhu C，Liu G，Han K，et al. Chem Eng Process，2017，120：20-26
[182] El-Ghazaly M A，Fadel N，Rashed E，et al. Can J Physiol Pharmacol，2017，95（2）：101-110
[183] Kumar G S，Kulkarni A，Khurana A，et al. Chem-Biol Interact，2014，223：125-133
[184] Zapp E，Nascimento V，Dambrowski D，et al. Sens Actuators B，2013，176：782-788
[185] Iranifam M，Fathinia M，Sadeghi R T，et al. Talanta，2013，107：263-269
[186] Wang Z，Zhi D，Zhao Y，et al. Int J Nanomed，2014，9：1699-1707
[187] Chiou Y-D，Hsu Y-J. Appl Catal B：Environ，2011，105（1）：211-219

[188] Ju H，Park D，Kim J. Sci Rep，2017，7（1）：18051
[189] Jiang Z-Y，Xie Z-X，Xie S-Y，et al. Chem Phys Lett，2003，368（3）：425-429
[190] Zhu Y-J，Hu X-L. Mater Lett，2004，58（7）：1234-1236
[191] Wu M，Wang Y，Gao S，et al. Nano Energy，2019，56：693-699
[192] Liao F，Han X，Zhang Y，et al. Mater Lett，2018，214：41-44
[193] Ju H，Park D，Kim J. J Alloys Compd，2018，732：436-442
[194] Zhang H，Zuo M，Tan S，et al. J Phys Chem B，2005，109（21）：10653-10657
[195] Gates B，Mayers B，Cattle B，et al. Adv Funct Mater，2002，12（3）：219-227
[196] Gates B，Yin Y，Xia Y. J Am Chem Soc，2000，122（50）：12582-12583
[197] Yan W，Qu Y，Gupta T D，et al. Adv Mater，2017，29（27）：1700681
[198] Yan W，Burgos-Caminal A，Gupta T D，et al. J Phys Chem C，2018，122（43）：25134-25141
[199] Gao X，Gao T，Zhang L. J Mater Chem，2003，13（1）：6-8
[200] Kumar A，Mehta N，Dahshan A. Mater Today Commun，2020：101719
[201] Wang Q，Li G-D，Liu Y-L，et al. J Phys Chem C，2007，111（35）：12926-12932
[202] Luo L-B，Yang X-B，Liang F-X，et al. CrystEngComm，2012，14（6）：1942-1947
[203] Lu Q，Gao F，Komarneni S. Chem Mater，2006，18（1）：159-163
[204] Cao X B，Xie Y，Zhang S Y，et al. Adv Mater，2004，16（7）：649-653
[205] Liu P，Ma Y，Cai W，et al. Nanotechnology，2007，18（20）：205704
[206] Zhang S-Y，Liu Y，Ma X，et al. J Phys Chem B，2006，110（18）：9041-9047
[207] Ma Y，Qi L，Ma J，et al. Adv Mater，2004，16（12）：1023-1026
[208] Zhang B，Dai W，Ye X，et al. J Phys Chem B，2005，109（48）：22830-22835
[209] Chen H，Shin D-W，Nam J-G，et al. Mater Res Bull，2010，45（6）：699-704
[210] Li X，Li Y，Li S，et al. Cryst Growth Des，2005，5（3）：911-916
[211] Xing C，Xie Z，Liang Z，et al. Adv Opt Mater，2017，5（24）：1700884
[212] Qin J，Qiu G，Jian J，et al. ACS Nano，2017，11（10）：10222-10229
[213] Zhang H，Yang D，Ji Y，et al. J Phys Chem B，2004，108（4）：1179-1182
[214] Zhang L，Ni Y，Hong J. J Phys Chem Solids，2009，70（11）：1408-1412
[215] Song J-M，Zhan Y-J，Xu A-W，et al. Langmuir，2007，23（13）：7321-7327
[216] Zhang B，Ye X，Wang C，et al. J Mater Chem，2007，17（26）：2706-2712
[217] Zeng K，Chen S，Song Y，et al. Particuology，2013，11（5）：614-617
[218] Hohl D，Jones R O，Car R，et al. ChemPhys Lett，1987，139（6）：540-545
[219] Li Z Q，Yu J Z，Ohno K，et al. Phys Rev B，1995，52（3）：1524-1527
[220] Tribollet B，Benamar A，Rayane D，et al. Z Phys D：Atoms，Molecules and Clusters，1993，26：352-354
[221] Pan B C，Han J G，Yang J，et al. Phys Rev B，2000，62（24）：17026-17030
[222] Mauro J C，Loucks R J，Balakrishnan J，et al. J Non-Cryst Solids，2007，353（13）：1268-1273
[223] Xu W，Bai W. J Mol Struct：Theochem，2008，854（1）：89-105
[224] Alparone A. Theor Chem Acc，2012，131（6）：1239
[225] Yang X，Hu Y，Yang S，et al. J Chem Phys，1999，111（17）：7837-7843
[226] Tribollet B，Rayane D，Benamar A，et al. Z Phys D：Atoms，Molecules and Clusters，1992，24：87-93
[227] Bréchignac C，Busch H，Cahuzac P，et al. J Chem Phys，1994，101（8）：6992-7002
[228] Becker J，Rademann K，Hensel F. Z Phys D：Atoms，Molecules and Clusters，1991，19（4）：233-235

[229] Bréchignac C，Cahuzac P，Kébaïli N，et al. J Chem Phys，2000，112（23）：10197-10203
[230] Nagaya K，Yao M，Hayakawa T，et al. Phys Rev Lett，2002，89（24）：243401
[231] Brabson G D，Andrews L. J Phys Chem，1992，96（23）：9172-9177
[232] Kawai Y，Okada Y，Orii T，et al. Rev Sci Instrum，2004，75（5）：1904-1906
[233] Lee M，Kang S，Oh M，et al. Surf Sci，2019，685：19-23
[234] Chancolon J，Archaimbault F，Bonnamy S，et al. J Non-Cryst Solids，2006，352（2）：99-108
[235] Bogomolov V N，Poborchiĭ V V，Kholodkevich S V. JETP Lett，1980，31：434
[236] Katayama Y，Yao M，Ajiro Y，et al. J Phys Soc Jpn，1989，58（5）：1811-1822
[237] Poborchii V V，Lindner G-G，Sato M. J Chem Phys，2002，116（6）：2609-2617
[238] Terasaki O，Yamazaki K，Thomas J M，et al. Nature，1987，330（6143）：58-60
[239] Khouchaf L，Tuilier M H，Guth J L，et al. J Phys Chem Solids，1996，57（3）：251-258
[240] Simoncic P，Armbruster T. Microporous Mesoporous Mater，2004，71（1）：185-198
[241] Goldbach A，Saboungi M-L. Acc Chem Res，2005，38（9）：705-712
[242] Abeykoon A M M，Li J，Castro-Colin M，et al. Phys Rev B，2009，79（13）：132104
[243] Li I L，Zhai J P，Launois P，et al. J Am Chem Soc，2005，127（46）：16111-16119
[244] Togashi N，Sugiyama K，Yu J，et al. Solid State Sci，2011，13（4）：684-690
[245] Poborchii V V. Microporous Mesoporous Mater，2020，308：110559
[246] Ikawa A，Fukutome H. J Phys Soc Jpn，1990，59（3）：1002-1016
[247] Matsuishi K，Isome T，Ohmori J，et al. Phys Status Solidi（B），1999，215（1）：301-306
[248] Tanaka K，Saitoh A. Appl Phys Lett，2009，94（24）：241905
[249] Matsuishi K，Nogi K-I，Ogura H，et al. J Non-Cryst Solids，1998，227-230：799-803
[250] Ren W，Ye J-T，Shi W，et al. New J Phys，2009，11（10）：103014
[251] Dong W，Chen H，Xia F，et al. J Mater Chem A，2018，6（45）：22790-22797